微积分（Ⅱ）

陈　仲　王夕予　林小围　编著

东南大学出版社
·南京·

内 容 提 要

本书是普通高校"独立学院"本科理工类专业微积分(或高等数学)课程的教材. 全书有两册,其中《微积分(Ⅰ)》包含极限与连续、导数与微分、不定积分与定积分、空间解析几何等四章,《微积分(Ⅱ)》包含多元函数微分学、二重积分与三重积分、曲线积分与曲面积分、数项级数与幂级数、微分方程等五章.

本书在深度和广度上符合教育部审定的"高等院校非数学专业高等数学课程教学基本要求",并参照教育部考试中心颁发的《全国硕士研究生招生考试数学考试大纲》中数学一与数学二的知识范围,编写的立足点是基础与应用并重,注重数学的思想和方法,注重几何背景和实际意义,并适当地渗透现代数学思想及对部分内容进行更新与优化,适合独立学院培养高素质的具有创新精神的应用型人才的目标.

本书结构严谨,难易适度,语言简洁,既可作为独立学院等高校本科理工科学生学习微积分课程的教材,也可作为科技工作者自学微积分的参考书.

图书在版编目(CIP)数据

微积分. Ⅱ / 陈仲,王夕予,林小围编著. —南京:东南大学出版社,2018. 6

ISBN 978-7-5641-7783-6

Ⅰ. ①微… Ⅱ. ①陈… ②王… ③林… Ⅲ. ①微积分—高等学校—教材 Ⅳ. ①O172

中国版本图书馆 CIP 数据核字(2018)第 111114 号

微积分(Ⅱ)

出版发行	东南大学出版社
社　　址	南京市四牌楼 2 号(邮编:210096)
出 版 人	江建中
责任编辑	吉雄飞(联系电话:025-83793169)
经　　销	全国各地新华书店
印　　刷	南京京新印刷厂
开　　本	700mm×1000mm　1/16
印　　张	16. 5
字　　数	323 千字
版　　次	2018 年 6 月第 1 版
印　　次	2018 年 6 月第 1 次印刷
书　　号	ISBN　978-7-5641-7783-6
定　　价	36. 00 元

本社图书若有印装质量问题,请直接与营销部联系,电话:025-83791830。

前　言

著名的德国数学家高斯曾说："数学是科学的皇后". 人类的实践也已证明数学是所有科学的共同"语言"，是学习所有自然科学的"钥匙"，而数学素养更是成为衡量一个国家科技水平的重要标志. 独立学院理工类微积分课程是培养高素质应用型人才的重要的必修课，我们编写该课程教材的立足点是基础与应用并重，以提高学生数学素养为根本目标.

在基础与应用并重的思想指导下，我们编写了微积分课程的教学大纲，设计了课时安排，教材编写与教学实践密切结合，并多次修改力求完善. 在编写过程中，我们努力做到：

(1) 在深度和广度上符合教育部审定的"高等院校非数学专业高等数学课程教学基本要求"，并参照教育部考试中心颁发的《全国硕士研究生招生考试数学考试大纲》中数学一与数学二的知识范围. 在独立学院中，有不少学生是因为高考发挥失常而没有考上理想的高校，进入独立学院后他们发奋努力，立志考研. 我们编写教材时，在广度上尽可能达到考研的知识范围.

(2) 注重数学的思想和方法，适当地渗透现代数学思想，并运用部分近代数学的术语与符号，以求符合独立学院培养高素质的具有创新精神的应用型人才的目标. 教材除了使学生获得微积分的基本概念、基本理论和基本方法外，还要让学生受到一定的科学训练，学到数学思想方法，为其学习后继课程提供必要的数学基础，并为其毕业后胜任工作或继续深造积累潜在的能力.

(3) 通过教学研究，将一些经典定理、公式的结论或证明加以更新与优化. 如此，既改革了教学内容，又丰富了微积分学的内涵.

(4) 对于基本概念和重要定理注重几何背景和实际意义的介绍；对重要的、比较难理解的命题尽量给出几何解释，让学生对微积分的内容能有较好的理解.

我们的目标是全书结构严谨，难易适度，语言简洁，既适合培养目标，又贴近教学实际，便于教与学.

本书分两册，其中《微积分(Ⅰ)》包含极限与连续、导数与微分、不定积分与定积分、空间解析几何等四章，《微积分(Ⅱ)》包含多元函数微分学、二重积分与三重积分、曲线积分与曲面积分、数项级数与幂级数、微分方程等五章. 对数学要求较高的理工类专业，如电子、通信、电气、计算机等，本书可分两个学期讲授，第一学期讲授《微积分(Ⅰ)》,第二学期讲授《微积分(Ⅱ)》;其他理工类专业,如土木、地质、环境、化工等,本书可与《线性代数》分两个学期讲授,第一学期讲授《微积分(Ⅰ)》,第二学期讲授《微积分(Ⅱ)》与《线性代数》的基本内容(如略去三重积分、曲线积分与曲面积分、基变换·坐标变换、二次型等). 本书在附录部分提供了微积分课程的教学课时安排建议,供授课老师参考。

书中用 * 标出的部分为较难内容,供任课教师选用,一般留给学生课外自学. 书中习题分 A,B 两组,A 组为基本要求,B 组为较高要求,每一章末还配有复习题,供学有余力的学生练习. 书末附有习题答案与提示.

本书《微积分(Ⅰ)》由张玉莲、陈仲编著,陈仲写第 1,4 章,张玉莲写第 2,3 章;《微积分(Ⅱ)》由陈仲、王夕予、林小围编著,陈仲写第 5,6 章,王夕予写第 7,8 章,林小围写第 9 章.

感谢金陵学院教务处和基础教学部对编者的关心,感谢钱钟教授、王均义教授、黄卫华教授和王建民主任对编者的支持,感谢范克新、邓建平、袁明霞、马荣、章丽霞、魏云峰、邵宝刚等老师使用本书讲授微积分课程,并给编者提供宝贵的修改建议. 感谢东南大学出版社吉雄飞编辑的认真负责和悉心编校,使本书质量大有提高.

书中不足与错误难免,敬请智者不吝赐教.

编　者
2018.2 于南京大学

目　　录

5　多元函数微分学

在本书的前三章中，我们研究的函数是依赖于一个变元（自变量）的一元函数，而在现实世界中，常常要研究某个变量依赖于两个或两个以上的变元，表现为某客观对象的变化规律受两个或两个以上因素的制约. 为了定量地刻画某客观对象的变化规律，需要作多元分析，而多元函数微分学是进行多元分析的基础.

5.1　多元函数的极限与连续性

5.1.1　预备知识

1）点集

为书写与画图的方便，下面介绍二维平面 $\mathbf{R}^2$ 上点集基本概念，这些概念也适用于 n 维空间 $\mathbf{R}^n(n \geqslant 3)$.

定义 5.1.1（邻域）　设 $P_0 \in \mathbf{R}^2, \delta > 0$.

（1）$U_\delta(P_0) \xlongequal{\text{def}} \{P \mid P \in \mathbf{R}^2, \mid P_0P \mid < \delta\}$，称 $U_\delta(P_0)$ 为**点 P_0 的 δ 邻域**，并称点 P_0 为**邻域的中心**，δ 为**邻域的半径**.

（2）$U_\delta^\circ(P_0) \xlongequal{\text{def}} \{P \mid P \in \mathbf{R}^2, 0 < \mid P_0P \mid < \delta\}$，称 $U_\delta^\circ(P_0)$ 为**点 P_0 的去心 δ 邻域**.

定义 5.1.2（内点、边界点、开域、闭域）　设 $D \subseteq \mathbf{R}^2$.

（1）若 $P_0 \in D$，且 $\exists \delta > 0$，使得 $U_\delta(P_0) \subset D$，则称 P_0 是 D 的**内点**.

（2）若 $P_1 \in \mathbf{R}^2$，且 $\forall \delta > 0$，$U_\delta(P_1)$ 中既有点属于 D，又有点不属于 D，则称 P_1 是 D 的**边界点**. D 的边界点的集合称为 D 的**边界**，记为 ∂D.

（3）$\forall P \in D$，P 总是 D 的内点，又 $\forall P, Q \in D$，总存在连接 P, Q 的曲线 $\overset{\frown}{PQ}$，使得 $\overset{\frown}{PQ} \subset D$，则称 D 是**开域**.

（4）若存在开域 D_1，使得 $D = D_1 \cup \partial D_1$，则称 D 是**闭域**. 开域与闭域统称为**区域**.

例如，下列点集

$$D_1 = \{(x, y) \mid x^2 + y^2 < 1\}$$

$$D_2 = \left\{(x, y) \middle| \frac{1}{4} < x^2 + y^2 < 1\right\}$$

$$D_3=\{(x,y)\mid 0<x<1,0<y<1\}$$
$$\vdots$$

都是开域(见图 5.1).

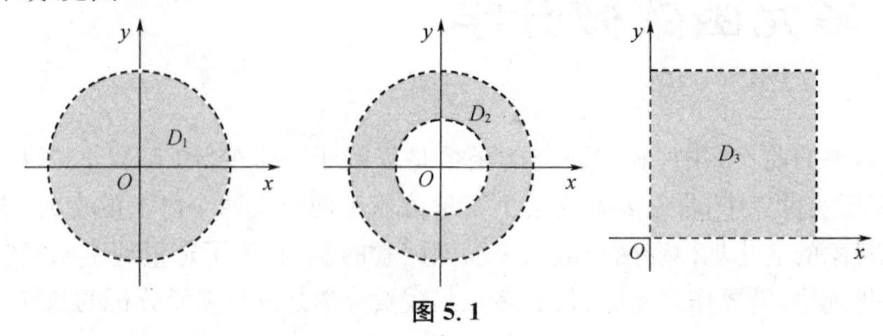

图 5.1

下列点集

$$D_4=\{(x,y)\mid x^2+y^2\leqslant 1\}$$
$$D_5=\left\{(x,y)\middle|\ \frac{1}{4}\leqslant x^2+y^2\leqslant 1\right\}$$
$$D_6=\{(x,y)\mid 0\leqslant x\leqslant 1,0\leqslant y\leqslant 1\}$$
$$\vdots$$

都是闭域(见图 5.2).

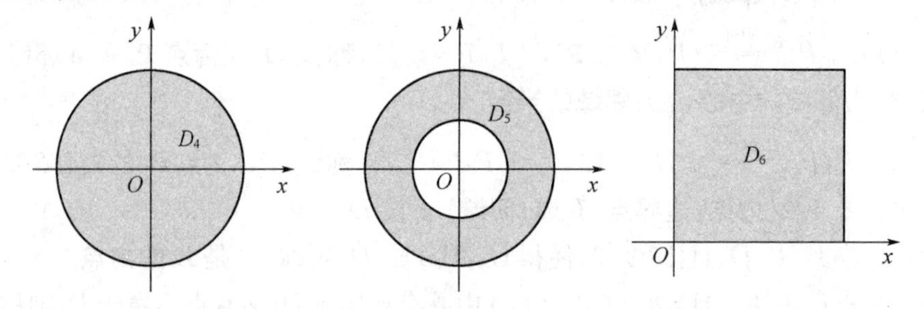

图 5.2

上面列举的区域有一共同特征,即它们总能包含在某个足够大的圆

$$\{(x,y)\mid x^2+y^2<K,K\in\mathbf{R}^+\}$$

中,所以又称为**有界区域**.此外还有**无界区域**的概念,例如

$$D_7=\{(x,y)\mid x\geqslant 0,y\geqslant 0\}$$
$$D_8=\{(x,y)\mid 1<x^2+y^2<+\infty\}$$
$$\vdots$$

都是无界区域.

定义 5.1.3(直径) 设 $D\subset\mathbf{R}^2$,且 D 为有界区域(或点集),称

$$d(D) \xlongequal{\text{def}} \max\left\{ |P_1P_2| \,\middle|\, P_1, P_2 \in D \cup \partial D \right\}$$

为**区域** D(**或点集**) **的直径**.

例如上述区域 D_1, D_2, D_4, D_5 的直径都是 2,区域 D_3, D_6 的直径都是$\sqrt{2}$;又如闭区间$[0,1]$与开区间$(0,1)$的直径都是 1.

2) 多元函数基本概念

在第1章中,我们称特殊的映射 $f: A \to \mathbf{R}(A \subseteq \mathbf{R})$ 为一元函数. 与此类似的,我们来引进多元函数概念.

定义 5.1.4(多元函数)　设 $D \subseteq \mathbf{R}^n (n \geqslant 2)$,我们称映射

$$f: D \to \mathbf{R}$$

为定义在 D 上的 ***n* 元函数**. n 元函数常常记为

$$z = f(P) \quad (P \in D)$$

或

$$z = f(x_1, x_2, \cdots, x_n) \quad ((x_1, x_2, \cdots, x_n) \in D)$$

称 $x_1, x_2, \cdots, x_n$ 为**自变量**,z 为**因变量**,D 为 f 的**定义域**.

对于 $P_0(x_1^0, x_2^0, \cdots, x_n^0) \in D$,对应的函数值记为

$$z_0 = f(P_0) = f(x_1^0, x_2^0, \cdots, x_n^0)$$

$\forall P \in D$,全体函数值的集合

$$f(D) \xlongequal{\text{def}} \{ f(P) \mid P \in D \}$$

称为函数 f 的**值域**.

二元函数和 n 元函数$(n \geqslant 3)$ 统称为**多元函数**.

在记号上,常常将二元函数 $f: D \to \mathbf{R}(D \subseteq \mathbf{R}^2)$ 记为

$$z = f(x, y) \quad ((x, y) \in D)$$

将三元函数 $f: D \to \mathbf{R}(D \subseteq \mathbf{R}^3)$ 记为

$$u = f(x, y, z) \quad ((x, y, z) \in D)$$

多元函数常常用解析表达式给出,并不明确标明定义域,此时**定义域**可理解为使这个解析表达式中因变量有确定的实数值而自变量所容许变化的范围.

例 1　二元函数 $z = \dfrac{1}{\sqrt{1 - x^2 - y^2}}$ 的定义域为开域

$$D = \{ (x, y) \mid x^2 + y^2 < 1 \}$$

其值域为

$$f(D) = \{z \mid 1 \leqslant z < +\infty\}$$

例 2 三元函数 $u = \ln(1 - x^2 - y^2 - z^2)$ 的定义域为开域

$$D = \{(x, y, z) \mid x^2 + y^2 + z^2 < 1\}$$

其值域为

$$f(D) = \{u \mid -\infty < u \leqslant 0\}$$

例 3 二元分段函数

$$z = \begin{cases} 1 & (x^2 + y^2 \leqslant 1); \\ \sqrt{x^2 + y^2} & (1 < x^2 + y^2 \leqslant 2) \end{cases}$$

的定义域为闭域

$$D = \{(x, y) \mid x^2 + y^2 \leqslant 2\}$$

其值域为

$$f(D) = \{z \mid 1 \leqslant z \leqslant \sqrt{2}\}$$

多元函数是多元微积分研究的主要对象.在这一章中我们重点研究二元函数,其研究的方法和结论原则上适用于其他多元函数.值得注意的是,一元函数的许多研究方法和性质在二元函数中得到了继承,但是又有若干结论与二元函数有着本质的区别(如可微性等),在学习多元函数的过程中要注意比较与对照.

在第 4.5 节中,我们曾介绍了各种二次曲面.例如旋转抛物面 $z = x^2 + y^2$,这个空间曲面的方程是一个二元函数.一般说来,二元函数

$$f: D \to \mathbf{R} \quad (D \subseteq \mathbf{R}^2) \tag{5.1.1}$$

的图形是一空间曲面.当(x_0, y_0)在其定义域上取定后,由二元函数(5.1.1)可确定 $z_0 = f(x_0, y_0)$,从而得到空间直角坐标系 $O\text{-}xyz$ 中一点 $P_0(x_0, y_0, z_0)$.当(x, y)取遍定义域 D 时,点 $P(x, y, z)$ 的集合构成一空间曲面 Σ,这一空间曲面 Σ 就是二元函数(5.1.1)的图形(见图 5.3).

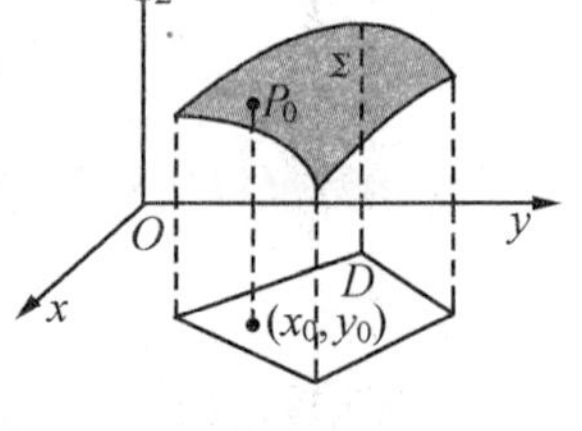

图 5.3

与一元复合函数和一元初等函数概念相对应,这里也有**多元复合函数**和**多元初等函数**的概念.例如,$z = f(u, v)$,其中 $u = \varphi(x, y)$,$v = \psi(x, y)$;$z = f(u)$,其中 $u = \varphi(x, y)$ 等等是多元复合函数.又如

$$z = x^2y + \frac{\sin(x+y)}{1+\sqrt{xy}}, \quad u = \ln(1+xyz) + \frac{\tan(x+z)}{e^{xyz}}, \quad \cdots$$

是多元初等函数.

与一元函数可用隐函数表示一样,多元函数也可用隐函数表示.例如球面方程

$$x^2 + y^2 + z^2 = R^2 \tag{5.1.2}$$

可确定两个二元函数

$$z = \sqrt{R^2 - x^2 - y^2}, \qquad z = -\sqrt{R^2 - x^2 - y^2} \tag{5.1.3}$$

它们的图形分别是上半球面与下半球面.值得注意的是,与一元隐函数一样,由隐函数方程确定的多元隐函数常常不能写成显函数形式.例如,由方程式

$$e^{x+z} + z = \sin(y+z)$$

能确定 $z = z(x,y)$(参见第 5.4 节),但不能解出用初等函数表示的显函数形式.

下面,我们介绍一下二元与三元向量函数的概念.

定义 5.1.5(向量函数) 设 $D \subseteq \mathbf{R}^2, \Omega \subseteq \mathbf{R}^3$.

(1) 设 $\varphi(u,v), \psi(u,v), \omega(u,v)$ 皆在 D 上有定义,称

$$\boldsymbol{r}(u,v) \xlongequal{\text{def}} (\varphi(u,v), \psi(u,v), \omega(u,v))$$

为三维空间 $\mathbf{R}^3$ 的**二元向量函数**.

(2) 设 $P(x,y,z), Q(x,y,z), R(x,y,z)$ 皆在 Ω 上有定义,称

$$\boldsymbol{F}(x,y,z) \xlongequal{\text{def}} (P(x,y,z), Q(x,y,z), R(x,y,z))$$

为三维空间 $\mathbf{R}^3$ 的**三元向量函数**.

3) 多元函数的初等性质

这里介绍的多元函数有界性与奇偶性概念,我们就二元函数进行叙述,对于三元及三元以上的多元函数可类似进行定义.

定义 5.1.6(有界性) 设 $D \subseteq \mathbf{R}^2, f: D \to \mathbf{R}$. 若 $\exists m, M \in \mathbf{R}$,使得 $\forall (x,y) \in D$,有

$$m \leqslant f(x,y) \leqslant M$$

则称函数 $f(x,y)$ **在 D 上有界**,记为 $f \in \mathscr{B}(D)$,并称 m 与 M 分别为函数 f 的**下界**和**上界**.

定义 5.1.7(奇偶性) 设 $D \subseteq \mathbf{R}^2, f: D \to \mathbf{R}$.

(1) 若 $\forall (x,y) \in D$,有 $(-x,y) \in D$,且

$$f(-x,y) = -f(x,y) \quad (f(-x,y) = f(x,y))$$

则称区域 D 关于 $x=0$ 对称,并称函数 f **关于 x 为奇函数(关于 x 为偶函数)**;

(2) 若 $\forall (x,y)\in D$,有 $(x,-y)\in D$,且

$$f(x,-y)=-f(x,y)\quad (f(x,-y)=f(x,y))$$

则称区域 D 关于 $y=0$ 对称,并称函数 f **关于 y 为奇函数(关于 y 为偶函数)**;

(3) 若 $\forall (x,y)\in D$,有 $(-x,-y)\in D$,且

$$f(-x,-y)=-f(x,y)\quad (f(-x,-y)=f(x,y))$$

则称区域 D 关于原点 $O(0,0)$ 中心对称,并称函数 f **关于 x,y 为奇函数(关于 x,y 为偶函数)**.

例如二元函数 $f(x,y)=x\cos y$,关于 x 为奇函数,关于 y 为偶函数,关于 x,y 为奇函数.

5.1.2 多元函数的极限

多元函数的极限概念是刻画函数性态、变化趋势以及研究多元函数微积分的重要基础.下面我们就二元函数进行叙述,其方法和结论完全适合三元及三元以上的多元函数.二元函数比一元函数表面上看只多了一个自变量,但极限问题要复杂得多.

定义 5.1.8(二元函数的极限) 设 $D\subseteq \mathbf{R}^2$,$f(x,y)$ 在 D 上有定义,$P_0(x_0,y_0)$ 是 D 的内点或边界点.若 $\exists A\in \mathbf{R}$,使得 $\forall \varepsilon>0$,$\exists \delta>0$,当 $P(x,y)\in U_\delta^\circ(P_0)\cap D$ 时,有 $|f(x,y)-A|<\varepsilon$,则称 A 为**函数 $f(x,y)$ 在 $P\to P_0$ 时的极限**,简称 A 为**函数 $f(x,y)$ 在 P_0 处的极限**.记为

$$\lim_{P\to P_0} f(P)=A \quad 或 \quad \lim_{\substack{x\to x_0\\ y\to y_0}} f(x,y)=A$$

二元函数极限的复杂性在于动点 P 趋向于点 P_0 的方式具有很大的自由度,它可以是直线方式,还可以是任意曲线方式,不像一元函数只有左、右极限两种方式.正因为如此,二元函数求极限的问题要困难得多.下面介绍几个常用的方法.

1) 运用“ε-δ”定义证明

此方法与一元函数基本相同,即 $\forall \varepsilon>0$,利用放缩法找 $\delta>0$.

例 4 试用“ε-δ”定义证明:$\lim\limits_{\substack{x\to 1\\ y\to 2}}(3x+2y)=7$.

证 设 $\rho=\sqrt{(x-1)^2+(y-2)^2}$,因

$$\begin{aligned}|3x+2y-7|&=|3(x-1)+2(y-2)|\\&\leqslant 3|x-1|+2|y-2|\leqslant 3\rho+2\rho=5\rho\end{aligned}$$

所以 $\forall \varepsilon > 0, \exists \delta = \frac{1}{5}\varepsilon$，当 $0 < \rho < \delta$ 时，有 $|3x + 2y - 7| < \varepsilon$.

2）运用极坐标变换求极限

令

$$x = x_0 + \rho\cos\theta, \quad y = y_0 + \rho\sin\theta$$

则

$$(x,y) \to (x_0, y_0) \Leftrightarrow \rho \to 0^+$$

例 5　试求 $\lim\limits_{\substack{x\to 0\\ y\to 0}} \frac{xy}{\sqrt{x^2+y^2}}$.

解　令 $x = \rho\cos\theta, y = \rho\sin\theta$，则

$$\lim_{\substack{x\to 0\\ y\to 0}} \frac{xy}{\sqrt{x^2+y^2}} = \lim_{\rho\to 0^+} \rho\sin\theta\cos\theta = 0$$

注　这里是因为无穷小量与有界变量的乘积仍是无穷小量.

3）运用等价无穷小替换法则求极限

例 6　试求 $\lim\limits_{\substack{x\to 0\\ y\to 2}} \frac{\sin x^2 y}{1-\cos(xy)}$.

解　因 $x\to 0, y\to 2$ 时，$x^2y \to 0, xy \to 0$，运用 $\square \to 0$ 时 $\sin\square \sim \square, 1-\cos\square \sim \frac{1}{2}\square^2$，则

$$原式 = \lim_{\substack{x\to 0\\ y\to 2}} \frac{x^2 y}{\frac{1}{2}(xy)^2} = \lim_{y\to 2} \frac{2}{y} = 1$$

4）运用一元函数的关于 e 的重要极限求二元函数的极限

例 7　试求 $\lim\limits_{\substack{x\to 0\\ y\to 2}} (1-xy)^{\frac{y}{x}}$.

解　因 $\square \to 0$ 时 $(1+\square)^{\frac{1}{\square}} \to \mathrm{e}$，所以

$$原式 = \lim_{\substack{x\to 0\\ y\to 2}} (1-xy)^{\frac{1}{-xy}(-y^2)} = \mathrm{e}^{-4}$$

在讨论二元函数极限时，若能取到两个不同的方式，使动点 P 趋向于定点 P_0 时极限值不同，则可以断言：该函数在 $P \to P_0$ 时极限不存在.

例 8　试证 $\lim\limits_{\substack{x\to 0\\ y\to 0}} \frac{x^3y^2}{(x^2+y^4)^2}$ 不存在.

证　当点 P 沿直线 $y = x$ 趋向于点 P_0 时，有

$$\lim_{\substack{y=x\\x\to 0}} f(x,y)=\lim_{x\to 0}\frac{x}{(1+x^2)^2}=\frac{0}{1}=0$$

而当点 P 沿抛物线 $y=\sqrt{x}$ 趋向于点 P_0 时,有

$$\lim_{\substack{y=\sqrt{x}\\x\to 0^+}} f(x,y)=\lim_{x\to 0^+} f(x,\sqrt{x})=\lim_{x\to 0^+}\frac{x^4}{(2x^2)^2}=\frac{1}{4}$$

由于点 P 取不同的方式趋向于点 P_0 时,$f(x,y)$ 有不同的极限值,所以 $f(x,y)$ 在点 P_0 处无极限.

最后指出,在第 1 章中,我们对于一元函数讲授的关于无穷小量的性质以及由此证明的求极限的运算法则,对于多元函数有类似的结论.

5.1.3 多元函数的连续性

定义 5.1.9(二元函数的连续性) 设 D 是 $\mathbf{R}^2$ 中的区域,函数 $f(x,y)$ 在 D 上有定义,$P_0(x_0,y_0)$ 是 D 的内点或边界点,若

$$\lim_{P\to P_0} f(P)=f(P_0),\quad 即\quad \lim_{\substack{x\to x_0\\y\to y_0}} f(x,y)=f(x_0,y_0)$$

则称**函数 $f(x,y)$ 在点 P_0 处连续**,记为 $f\in\mathscr{C}(P_0)$ 或 $f\in\mathscr{C}(x_0,y_0)$. 若 f 在区域 D 上每一点都连续,称 f 在 D 上**连续**,记为 $f\in\mathscr{C}(D)$. 若函数 f 的定义域 D 为开域或闭域,且 f 在 D 上连续,则称 f 为**连续函数**,记为 $f\in\mathscr{C}$.

对于三元与三元以上的多元函数的连续性,可类似进行定义.

应用多元函数极限的运算性质可以证明下面的定理.

定理 5.1.1 在开域(或闭域)D 上的有限多个连续函数的和、差、积、商(分母恒不为 0) 仍为 D 上的连续函数.

定理 5.1.2(多元初等函数的连续性定理) 多元初等函数在其有定义的区域上连续.

因多元函数的极限比一元函数复杂,故多元函数的连续性也比一元函数复杂.

例 9 求证:函数

$$f(x,y)=\begin{cases}\dfrac{xy}{x^2+y^2} & ((x,y)\neq(0,0));\\ 0 & ((x,y)=(0,0))\end{cases}$$

分别对 x 与对 y 是连续的,但 $f(x,y)$ 在$(0,0)$ 处不连续.

证 先证对 x 的连续性. 当 $y_0\neq 0$ 时,因 xy_0, $x^2+y_0^2$ 关于 x 皆连续,且 $x^2+y_0^2\neq 0$,所以 $f(x,y_0)$ 关于 x 是连续的;当 $y_0=0$ 时,$\forall x\in\mathbf{R}$, $f(x,0)=0$,所以 $f(x,0)$ 是连续的. 因此对一切固定的 $y\in\mathbf{R}$, $f(x,y)$ 对 x 是连续的.

同理可证 $f(x,y)$ 对 y 也是连续的.

由于

$$\lim_{\substack{y=kx\\x\to 0}} f(x,y)=\lim_{x\to 0}\frac{kx^2}{(1+k^2)x^2}=\frac{k}{1+k^2}$$

这说明沿着不同的直线方向,$(x,y)\to(0,0)$ 时极限值不同,故 $f(x,y)$ 在 $(0,0)$ 处无极限,因此 $f(x,y)$ 在 $(0,0)$ 处不连续.

例 10　求极限 $\lim\limits_{(x,y)\to(1,0)}\arctan\dfrac{x-y}{1-x^2y^2}$.

解　因为 $f(x,y)=\arctan\dfrac{x-y}{1-x^2y^2}$ 是二元初等函数,点 $(1,0)$ 在其定义域内,因此 $f\in\mathscr{C}(1,0)$,所以

$$\lim_{(x,y)\to(1,0)} f(x,y)=f(1,0)=\frac{\pi}{4}$$

5.1.4　有界闭域上多元连续函数的性质

与闭区间上连续函数的性质相对应,有界闭域上的多元连续函数也有类似的性质,它们是高等数学中的重要基础知识.

定理 5.1.3(最值定理)　设 $G\subset\mathbf{R}^n$,且 G 是有界闭域,$f\in\mathscr{C}(G)$,则 $\exists P_1,P_2\in G$,使得 $\forall P\in G$,恒有

$$f(P_1)\leqslant f(P)\leqslant f(P_2)$$

此定理的证明从略. 这里 $f(P_1)$,$f(P_2)$ 分别是函数 f 在 G 上的最小值和最大值. 因 f 在 G 上取到最小、最大值,故函数 f 在 G 上必为有界函数. 此定理中的条件"有界闭域"很重要. 例如函数 $f(x,y)=\dfrac{1}{xy}$,它在 $\{(x,y)\mid 0<x<1,0<y<1\}$ 上是连续的,但它是无界函数,既无最大值,又无最小值.

定理 5.1.4(零点定理)　设 $G\subset\mathbf{R}^n$,且 G 为有界闭域,$f\in\mathscr{C}(G)$,若 $\exists P_1,P_2\in G$,有 $f(P_1)f(P_2)<0$,则 $\exists P_0\in G$,使得 $f(P_0)=0$.

* **证**　仅就二元函数情况给出证明. 因 $f\in\mathscr{C}(G)$,且 G 为闭域,所以在 G 内存在连续的曲线

$$x=\varphi(t),\quad y=\psi(t)\quad(\alpha\leqslant t\leqslant\beta)$$

将 P_1,P_2 连接起来. 不妨设 P_1,P_2 分别对应于参数 α,β. 由于多元复合函数

$$z=f(\varphi(t),\psi(t))\equiv F(t)$$

在 $[\alpha,\beta]$ 上连续,$f(P_1)\cdot f(P_2)=F(\alpha)\cdot F(\beta)<0$,应用闭区间上连续函数的零点

定理,必$\exists t_0 \in (\alpha,\beta)$,使得$F(t_0)=0$.记$P_0$的坐标为$(x_0,y_0)$,有

$$(x_0,y_0)=(\varphi(t_0),\psi(t_0))$$

则

$$f(P_0)=f(x_0,y_0)=f(\varphi(t_0),\psi(t_0))=F(t_0)=0 \qquad \square$$

习题 5.1

A组

1. 求下列区域的直径:

(1) $\{(x,y)\mid 0\leqslant y\leqslant x,0\leqslant x\leqslant 1\}$;

(2) $\{(x,y)\mid 0\leqslant y\leqslant x^2,0\leqslant x\leqslant 1\}$;

(3) $\{(x,y)\mid 2x^2+3y^2\leqslant 1\}$;

(4) $\{(x,y)\mid |x|+|y|\leqslant 1\}$.

2. 在下列条件下求$f(x,y)$:

(1) $f\left(\dfrac{1}{x},\dfrac{1}{y}\right)=xy+\dfrac{x}{y}$;　　(2) $f(x+y,x-y)=xy+y^2$;

(3) $f\left(x+y,\dfrac{y}{x}\right)=x^2-y^2$.

3. 求下列函数的定义域:

(1) $z=\sqrt{1-x^2}+\sqrt{y^2-1}$;　　(2) $z=\ln(-x-y)$;

(3) $z=\arcsin\dfrac{y}{x}$;　　(4) $z=\dfrac{1}{\sqrt{y-\sqrt{x}}}$.

4. 求下列极限:

(1) $\lim\limits_{\substack{x\to 0\\ y\to 0}}(x+y)\sin\dfrac{1}{x}\cdot\cos\dfrac{1}{y}$;　　(2) $\lim\limits_{\substack{x\to 0\\ y\to 2}}\dfrac{\sin xy}{x}$;

(3) $\lim\limits_{\substack{x\to 0\\ y\to 2}}\dfrac{2-\sqrt{xy+4}}{xy}$;　　(4) $\lim\limits_{\substack{x\to \infty\\ y\to 2}}\left(1-\dfrac{y}{x}\right)^x$;

(5) $\lim\limits_{\substack{x\to 0\\ y\to 2}}\dfrac{\ln(x+\mathrm{e}^{xy})}{x}$;　　(6) $\lim\limits_{\substack{x\to 0\\ y\to 0}}\left(\dfrac{1}{x^2}+\dfrac{1}{y^2}\right)\mathrm{e}^{-\left(\frac{1}{x^2}+\frac{1}{y^2}\right)}$.

5. 判断函数

$$f(x,y)=\begin{cases}\dfrac{x^3+y^3}{x^2+y^2} & ((x,y)\neq(0,0));\\ 0 & ((x,y)=(0,0))\end{cases}$$

在点$(0,0)$处的连续性.

6. 判断函数

$$f(x,y)=\begin{cases}\dfrac{x^2y}{x^4+y^2} & ((x,y)\neq(0,0));\\ 0 & ((x,y)=(0,0))\end{cases}$$

在点(0,0)处的连续性.

B组

7. 求证：$\lim\limits_{\substack{x\to 0\\ y\to 0}}\dfrac{x^2}{x+y}$不存在.

8. 求证：$\lim\limits_{\substack{x\to 0\\ y\to 0}}\dfrac{x^2y^2}{x^2y^2+(x-y^2)}$不存在.

5.2 偏导数

与一元函数的导数概念相对应，下面介绍多元函数的偏导数概念. 我们仍以二元函数为代表进行叙述.

5.2.1 偏导数的定义

定义 5.2.1(偏导数) 设$P_0(x_0,y_0)\in\mathbf{R}^2$，函数$f(x,y)$在$U_\delta(P_0)$上有定义，令$y=y_0$，得到一元函数$\varphi(x)=f(x,y_0)$，若$\varphi(x)$在$x_0$处可导，即极限

$$\lim_{\Delta x\to 0}\frac{\varphi(x_0+\Delta x)-\varphi(x_0)}{\Delta x}=\lim_{\Delta x\to 0}\frac{f(x_0+\Delta x,y_0)-f(x_0,y_0)}{\Delta x}$$

存在，则称此极限值为**函数**$f(x,y)$**在点**$P_0(x_0,y_0)$**处对** $\boldsymbol{x}$ **的偏导数**，记为

$$f'_x(x_0,y_0)\quad 或\quad f'_1(x_0,y_0),\quad \left.\frac{\partial f}{\partial x}\right|_{(x_0,y_0)},\quad \frac{\partial f}{\partial x}(x_0,y_0)$$

类似的，若令$x=x_0$，得到一元函数$\psi(y)=f(x_0,y)$，若$\psi(y)$在y_0处可导，即极限

$$\lim_{\Delta y\to 0}\frac{\psi(y_0+\Delta y)-\psi(y_0)}{\Delta y}=\lim_{\Delta y\to 0}\frac{f(x_0,y_0+\Delta y)-f(x_0,y_0)}{\Delta y}$$

存在，则称此极限值为**函数**$f(x,y)$**在点**$P_0(x_0,y_0)$**处对** y **的偏导数**，记为

$$f'_y(x_0,y_0)\quad 或\quad f'_2(x_0,y_0),\quad \left.\frac{\partial f}{\partial y}\right|_{(x_0,y_0)},\quad \frac{\partial f}{\partial y}(x_0,y_0)$$

若二元函数$f(x,y)$在点$P_0(x_0,y_0)$处存在两个偏导数，则称f在P_0处**可偏导**，记为$f\in\mathscr{D}(x_0,y_0)$或$\mathscr{D}(P_0)$. 若二元函数$f(x,y)$在开域G中每一点皆可偏

导,称 f 在 G 上**可偏导**,记为 $f \in \mathscr{D}(G)$. f 在点 (x,y) 处对 x 的偏导数记为

$$f'_x(x,y) \quad 或 \quad f'_1(x,y), \quad \frac{\partial f}{\partial x}, \quad \frac{\partial f}{\partial x}(x,y)$$

f 在点 (x,y) 处对 y 的偏导数记为

$$f'_y(x,y) \quad 或 \quad f'_2(x,y), \quad \frac{\partial f}{\partial y}, \quad \frac{\partial f}{\partial y}(x,y)$$

在应用上述偏导数定义时,常用 $\square$ 代替 Δx 或 Δy,得到

$$f'_x(x,y) = \lim_{\square \to 0} \frac{f(x+\square,y) - f(x,y)}{\square}$$

$$f'_y(x,y) = \lim_{\square \to 0} \frac{f(x,y+\square) - f(x,y)}{\square}$$

特别有

$$f'_x(0,0) = \lim_{\square \to 0} \frac{f(\square,0) - f(0,0)}{\square}, \quad f'_y(0,0) = \lim_{\square \to 0} \frac{f(0,\square) - f(0,0)}{\square}$$

由定义可以看出,求二元函数的偏导数,实际上是把二元函数看作其中某一自变量的一元函数,去求对该自变量的导数,并在求导过程中始终将其他的自变量视为常数.

三元与三元以上的多元函数的偏导数的定义与计算与二元函数类似.

例 1 设

$$f(x,y) = 3x^2 - 2y^3 + 4xy + (x-1)^2(y-2)^3$$

求 $f'_x(1,2)$, $f'_y(1,2)$.

解法 1 先求 $f'_x(x,y)$, $f'_y(x,y)$. 将 $f(x,y)$ 中的 y 视为常数,对 x 求导得

$$f'_x(x,y) = 6x + 4y + 2(x-1)(y-2)^3$$

将 $f(x,y)$ 中的 x 视为常数,对 y 求导得

$$f'_y(x,y) = -6y^2 + 4x + 3(x-1)^2(y-2)^2$$

在上面两式中取 $(x,y) = (1,2)$,得

$$f'_x(1,2) = 6 + 8 = 14, \quad f'_y(1,2) = -24 + 4 = -20$$

解法 2 记

$$\varphi(x) = f(x,2) = 3x^2 + 8x - 16, \quad \psi(y) = f(1,y) = -2y^3 + 4y + 3$$

于是

$$f'_x(1,2)=\varphi'(1)=(6x+8)\Big|_{x=1}=14$$

$$f'_y(1,2)=\psi'(2)=(-6y^2+4)\Big|_{y=2}=-20$$

例 2　设 $z=x\sin y+ye^{xy}$,求$\dfrac{\partial z}{\partial x},\dfrac{\partial z}{\partial y}$.

解　将 $z=z(x,y)$ 中的 y 视为常数,对 x 求导得

$$\frac{\partial z}{\partial x}=\sin y+y\cdot e^{xy}\cdot y=\sin y+y^2e^{xy}$$

将 $z=z(x,y)$ 中的 x 视为常数,对 y 求导得

$$\frac{\partial z}{\partial y}=x\cos y+e^{xy}+y\cdot e^{xy}x=x\cos y+(1+xy)e^{xy}$$

例 3　设

$$f(x,y)=\begin{cases}\dfrac{xy}{x^2+y^2} & ((x,y)\neq(0,0));\\ 0 & ((x,y)=(0,0))\end{cases}$$

试求 $f'_x(0,0),f'_y(0,0)$.

解　根据定义 5.2.1,有

$$f'_x(0,0)=\lim_{x\to0}\frac{f(x,0)-f(0,0)}{x}=\lim_{x\to0}\frac{0-0}{x}=0$$

$$f'_y(0,0)=\lim_{y\to0}\frac{f(0,y)-f(0,0)}{y}=\lim_{y\to0}\frac{0-0}{y}=0$$

注　本例中的函数 $f(x,y)$ 在$(0,0)$处可偏导,但是由上节例 9 我们知道此函数在$(0,0)$处并不连续. 由此可见,对于多元函数 f,f 在点 P_0 处的连续性与 f 在点 P_0 处的可偏导性之间没有充分或必要的关系. 特别,连续不是可偏导的必要条件.

例 4　设 $f'_x(0,0)=2,f'_y(0,0)=3,f(0,0)=0$,求

$$\lim_{h\to0}\frac{f(1-\cos h,0)-f(0,h\sin h)}{h^2}$$

解　应用偏导数的定义,有

$$\begin{aligned}\text{原式}&=\lim_{h\to0}\frac{f(1-\cos h,0)-f(0,0)}{h^2}-\lim_{h\to0}\frac{f(0,h\sin h)-f(0,0)}{h^2}\\&=\lim_{h\to0}\frac{f(1-\cos h,0)-f(0,0)}{1-\cos h}\cdot\frac{1-\cos h}{h^2}-\lim_{h\to0}\frac{f(0,h\sin h)-f(0,0)}{h\sin h}\\&=f'_x(0,0)\cdot\frac{1}{2}-f'_y(0,0)=1-3=-2\end{aligned}$$

5.2.2 偏导数的几何意义

根据一元函数导数的几何意义,容易得出偏导数的几何意义. $f'_x(x_0,y_0)$ 表示平面曲线

$$\begin{cases} z = f(x,y), \\ y = y_0 \end{cases} \tag{5.2.1}$$

在点 $P_0(x_0,y_0,f(x_0,y_0))$ 处的切线 T_x 对 x 轴的斜率. 设 T_x 与 x 轴的夹角为 α,则

$$f'_x(x_0,y_0) = \tan\alpha$$

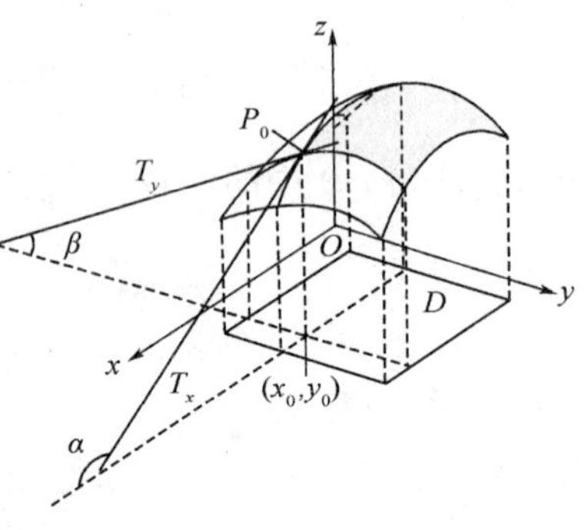

图 5.4

(见图 5.4) 由于曲线(5.2.1) 的参数方程为

$$x = x, \quad y = y_0, \quad z = f(x,y_0) \quad (\text{视 } x \text{ 为参数})$$

所以其切线 T_x 的方向向量为$(1,0,f'_x(x_0,y_0))$.

同样 $f'_y(x_0,y_0)$ 表示平面曲线

$$\begin{cases} z = f(x,y), \\ x = x_0 \end{cases} \tag{5.2.2}$$

在点 $P_0(x_0,y_0,f(x_0,y_0))$ 处的切线 T_y 对 y 轴的斜率. 设 T_y 与 y 轴的夹角为β,则

$$f'_y(x_0,y_0) = \tan\beta$$

(见图 5.4) 由于曲线(5.2.2) 的参数方程为

$$x = x_0, \quad y = y, \quad z = f(x_0,y) \quad (\text{视 } y \text{ 为参数})$$

所以其切线 T_y 的方向向量为$(0,1,f'_y(x_0,y_0))$.

5.2.3 向量函数的偏导数

定义 5.2.2(向量函数的偏导数) 设函数 $\varphi,\psi,\omega \in \mathscr{D}$,则向量函数

$$\boldsymbol{r}(u,v) = (\varphi(u,v),\psi(u,v),\omega(u,v))$$

的偏导数定义为

$$\boldsymbol{r}'_u(u,v) \xlongequal{\text{def}} (\varphi'_u(u,v),\psi'_u(u,v),\omega'_u(u,v))$$

$$\boldsymbol{r}'_v(u,v) \xlongequal{\text{def}} (\varphi'_v(u,v),\psi'_v(u,v),\omega'_v(u,v))$$

5.2.4 高阶偏导数

函数 $f(x,y)$ 的偏导数 $f'_x(x,y)$,$f'_y(x,y)$ 一般仍是 x,y 的二元函数,假设它们

可以继续对 x 与对 y 求偏导数，从而得到四个新的偏导数：

$$\frac{\partial}{\partial x}f'_x(x,y),\quad \frac{\partial}{\partial y}f'_x(x,y),\quad \frac{\partial}{\partial x}f'_y(x,y),\quad \frac{\partial}{\partial y}f'_y(x,y)$$

称为 $f(x,y)$ 的**二阶偏导数**，并分别记为

$$f''_{xx}(x,y),\quad f''_{xy}(x,y),\quad f''_{yx}(x,y),\quad f''_{yy}(x,y)$$

或

$$\left.\frac{\partial^2 f}{\partial x^2}\right|_{(x,y)},\quad \left.\frac{\partial^2 f}{\partial x\partial y}\right|_{(x,y)},\quad \left.\frac{\partial^2 f}{\partial y\partial x}\right|_{(x,y)},\quad \left.\frac{\partial^2 f}{\partial y^2}\right|_{(x,y)}$$

并统记为 $f\in\mathscr{D}^2(x,y)$. 其中 f''_{xy} 与 f''_{yx} 称为**二阶混合偏导数**.

二阶偏导数一般仍是 x,y 的二元函数，我们还可以继续对 x 与对 y 求偏导数，由此可得到三阶以及三阶以上的偏导数. 例如函数 $f(x,y)$ 先对 x 求 k 阶偏导数，再对 y 求 l 阶偏导数，则得到 $f(x,y)$ 的 $k+l$ 阶偏导数 $\frac{\partial^{k+l}f}{\partial x^k\partial y^l}$.

例 5　求函数 $z=e^x\sin y$ 的二阶偏导数.

解　因为 $z'_x=e^x\sin y, z'_y=e^x\cos y$，所以

$$z''_{xx}=e^x\sin y,\quad z''_{xy}=e^x\cos y,\quad z''_{yx}=e^x\cos y,\quad z''_{yy}=-e^x\sin y$$

在此例中，两个二阶混合偏导数 z''_{xy} 与 z''_{yx} 相等，即混合偏导数与求偏导的次序无关. 但这个结论并不是对一切二元函数都对. 例如函数

$$f(x,y)=\begin{cases}xy\dfrac{x^2-y^2}{x^2+y^2} & ((x,y)\neq(0,0));\\ 0 & ((x,y)=(0,0))\end{cases}$$

在 $(0,0)$ 处的两个二阶混合偏导数为

$$f''_{xy}(0,0)=-1,\quad f''_{yx}(0,0)=1$$

就是一例（证明从略）.

然而，在一定的条件下，混合偏导数可与求偏导的次序无关.

定理 5.2.1　若两个二阶混合偏导数 $f''_{xy}, f''_{yx}\in\mathscr{C}(x_0,y_0)$，则混合偏导数与求导的次序无关，即

$$f''_{xy}(x_0,y_0)=f''_{yx}(x_0,y_0)$$

***证**　记 $h=x-x_0, k=y-y_0$，$|h|$ 和 $|k|$ 充分小. 考虑辅助函数

$$F(h,k)=f(x_0+h,y_0+k)-f(x_0,y_0+k)-f(x_0+h,y_0)+f(x_0,y_0)$$

令 $\varphi(x)=f(x,y_0+k)-f(x,y_0)$，则

$$F(h,k)=\varphi(x_0+h)-\varphi(x_0)$$

对此式右端两次应用拉格朗日中值定理，$\exists\theta_1\in(0,1),\theta_2\in(0,1)$，使得

$$\begin{aligned}F(h,k)&=\varphi'(x_0+\theta_1 h)h=(f'_x(x_0+\theta_1 h,y_0+k)-f'_x(x_0+\theta_1 h,y_0))h\\&=f''_{xy}(x_0+\theta_1 h,y_0+\theta_2 k)hk\end{aligned}\tag{5.2.3}$$

又令 $\psi(y)=f(x_0+h,y)-f(x_0,y)$，则

$$F(h,k)=\psi(y_0+k)-\psi(y_0)$$

对此式右端两次应用拉格朗日中值定理，$\exists\theta_3\in(0,1),\theta_4\in(0,1)$，使得

$$\begin{aligned}F(h,k)&=\psi'(y_0+\theta_3 k)k=(f'_y(x_0+h,y_0+\theta_3 k)-f'_y(x_0,y_0+\theta_3 k))k\\&=f''_{yx}(x_0+\theta_4 h,y_0+\theta_3 k)hk\end{aligned}\tag{5.2.4}$$

比较(5.2.3)，(5.2.4)两式得

$$f''_{xy}(x_0+\theta_1 h,y_0+\theta_2 k)=f''_{yx}(x_0+\theta_4 h,y_0+\theta_3 k)\tag{5.2.5}$$

由于 $f''_{xy},f''_{yx}\in\mathscr{C}(x_0,y_0)$，在式(5.2.5)中令 $h\to 0,k\to 0$，即得

$$f''_{xy}(x_0,y_0)=f''_{yx}(x_0,y_0)$$

□

例 6 设 $z=\dfrac{1}{\sqrt{x^2+y^2}}$，试求 $\dfrac{\partial^2 z}{\partial x^2}+\dfrac{\partial^2 z}{\partial y^2}$.

解 由于 $z=(x^2+y^2)^{-\frac{1}{2}}$，应用复合函数求偏导法则，有

$$\frac{\partial z}{\partial x}=-\frac{1}{2}(x^2+y^2)^{-3/2}\cdot 2x=-x(x^2+y^2)^{-3/2}$$

$$\frac{\partial^2 z}{\partial x^2}=-(x^2+y^2)^{-3/2}+\frac{3}{2}\cdot x(x^2+y^2)^{-5/2}\cdot 2x=\frac{2x^2-y^2}{(x^2+y^2)^{5/2}}$$

因为函数 z 的表达式中 x,y 是对称的，应用轮换性可得 $\dfrac{\partial^2 z}{\partial y^2}=\dfrac{2y^2-x^2}{(x^2+y^2)^{5/2}}$，于是

$$\frac{\partial^2 z}{\partial x^2}+\frac{\partial^2 z}{\partial y^2}=\frac{2x^2-y^2}{(x^2+y^2)^{5/2}}+\frac{2y^2-x^2}{(x^2+y^2)^{5/2}}=\frac{1}{(x^2+y^2)^{3/2}}$$

习题 5.2

A 组

1. 求下列函数的偏导数：

(1) $z=x\sqrt{x^2+y^2}$；

(2) $z=\dfrac{x}{\sqrt{x^2+y^2}}$；

(3) $z=\arctan\dfrac{y}{x}$；

(4) $z=\ln\tan\dfrac{x}{y}$；

(5) $z=\ln(x+\sqrt{x^2+y^2})$; (6) $u=(xy)^z$;

(7) $u=z^{xy}$.

2. 设 $f(x,y)=\sqrt{xy+\frac{x}{y}}$,求 $f'_x(2,1)$,$f'_y(2,1)$.

3. 设 $z=xy+xe^{\frac{y}{x}}$,求 $x\frac{\partial z}{\partial x}+y\frac{\partial z}{\partial y}-z$.

4. 讨论函数

$$f(x,y)=\begin{cases}\dfrac{xy}{\sqrt{x^2+y^2}} & ((x,y)\neq(0,0));\\ 0 & ((x,y)=(0,0))\end{cases}$$

在点(0,0)处的连续性与可偏导性.

5. 讨论函数

$$f(x,y)=\begin{cases}(x-y)\arctan\dfrac{1}{x^2+y^2} & ((x,y)\neq(0,0));\\ 0 & ((x,y)=(0,0))\end{cases}$$

在点(0,0)处的连续性与可偏导性.

6. 求下列函数的二阶偏导数:

(1) $z=x\ln(xy)$; (2) $z=x\sin(xy)$;

(3) $z=x^y$; (4) $z=\frac{x}{y}$.

B组

7. 设函数 $f'_x,f'_y\in\mathscr{C}(x,y)$,求下列极限:

(1) $\lim\limits_{h\to 0}\frac{f(x+h,y)-f(x-h,y)}{h}$;

(2) $\lim\limits_{h\to 0}\frac{f(x,y+h)-f(x,y-h)}{h}$.

5.3 可微性与全微分

与一元函数的微分概念相对应,下面介绍多元函数的可微性与全微分概念,我们仍以二元函数为代表进行叙述.

5.3.1 可微与全微分的定义

偏导数表示多元函数对某单个变量的变化率,它不能全面刻画函数在某点附近的变化性态. 设自变量 x,y 分别有增量 $\Delta x,\Delta y$,函数 $f(x,y)$ 在(x,y) 的**全增量**定义为

$$\Delta f(x,y) \xlongequal{\text{def}} f(x+\Delta x,y+\Delta y)-f(x,y)$$

全增量 $\Delta f(x,y)$ 是 $\Delta x,\Delta y$ 的函数,可全面刻画函数 $f(x,y)$ 在(x,y) 附近的变化情况. 然而,全增量往往是一个较复杂的函数,求值比较困难. 为此我们引进全微分概念,并用全微分近似代替全增量来研究函数 $f(x,y)$ 在(x,y) 附近的变化性态.

定义 5.3.1(可微与全微分) 设 $P(x,y)\in \mathbf{R}^2$,函数 $f(x,y)$ 在 $U_\delta(P)$ 上有定义,$P_1(x+\Delta x,y+\Delta y)\in U_\delta(P)$,若全增量 $\Delta f(x,y)$ 可表示为

$$\Delta f(x,y)=A(x,y)\Delta x+B(x,y)\Delta y+o(\rho) \tag{5.3.1}$$

这里 $A(x,y),B(x,y)$ 在(x,y) 有定义,$\rho=\sqrt{(\Delta x)^2+(\Delta y)^2}$,当 $\rho\to 0^+$ 时 $o(\rho)$ 是 ρ 的高阶无穷小,则称函数 $f(x,y)$ 在点 $P(x,y)$ 处**可微**,或称函数 $f(x,y)$ 在点 $P(x,y)$ 处**全微分存在**. 式(5.3.1) 右端关于 $\Delta x,\Delta y$ 的线性部分称为函数 $f(x,y)$ 在(x,y) 的**全微分**,记为

$$\mathrm{d}f(x,y)=A(x,y)\Delta x+B(x,y)\Delta y \tag{5.3.2}$$

5.3.2 函数的连续性、可偏导性与可微性的关系

我们已经知道连续既不是可偏导的必要条件,也不是可偏导的充分条件,下面进一步研究连续、可偏导与可微的关系.

定理 5.3.1 设函数 $f(x,y)$ 在(x,y) 处可微,则 $f\in\mathscr{C}(x,y)$.

证 在式(5.3.1) 中令 $\Delta x\to 0,\Delta y\to 0$(因此 $\rho\to 0$),可得

$$\lim_{\substack{\Delta x\to 0\\ \Delta y\to 0}} f(x+\Delta x,y+\Delta y)=f(x,y)$$

此式表示 $f\in\mathscr{C}(x,y)$. □

定理 5.3.2 设函数 $f(x,y)$ 在(x,y) 处可微,则 $f\in\mathscr{D}(x,y)$,且式(5.3.1) 中的 $A(x,y)=f'_x(x,y),B(x,y)=f'_y(x,y)$,并且 $f(x,y)$ 在(x,y) 的全微分公式(5.3.2) 可改写为

$$\mathrm{d}f(x,y)=f'_x(x,y)\mathrm{d}x+f'_y(x,y)\mathrm{d}y$$

证 因 $f(x,y)$ 在(x,y) 处可微,则

$$f(x+\Delta x,y+\Delta y)-f(x,y)=A(x,y)\Delta x+B(x,y)\Delta y+o(\rho)$$

令 $\Delta y=0$,再两边除以 Δx,令 $\Delta x\to 0$ 得

$$f'_x(x,y)=\lim_{\Delta x\to 0}\frac{f(x+\Delta x,y)-f(x,y)}{\Delta x}=A(x,y)+\lim_{\Delta x\to 0}\frac{o(\Delta x)}{\Delta x}$$
$$=A(x,y)+0=A(x,y)$$

类似证明可得

$$f'_y(x,y)=B(x,y)$$

于是 $f\in\mathscr{D}(x,y)$，且全微分公式(5.3.2)改写为

$$\mathrm{d}f(x,y)=f'_x(x,y)\Delta x+f'_y(x,y)\Delta y \tag{5.3.3}$$

在式(5.3.3)中分别取 $f(x,y)=x$ 与 $f(x,y)=y$ 得

$$\mathrm{d}f(x,y)=\mathrm{d}x=1\cdot\Delta x+0\cdot\Delta y=\Delta x$$
$$\mathrm{d}f(x,y)=\mathrm{d}y=0\cdot\Delta x+1\cdot\Delta y=\Delta y$$

所以全微分公式又改写为

$$\mathrm{d}f(x,y)=f'_x(x,y)\mathrm{d}x+f'_y(x,y)\mathrm{d}y$$ □

特别，当 $f(x,y)$ 在(a,b)处可微时，$f(x,y)$ 在(a,b)的全微分为

$$\mathrm{d}f(x,y)\Big|_{(a,b)}=f'_x(a,b)\mathrm{d}x+f'_y(a,b)\mathrm{d}y$$

而当 $f(x,y)$ 在$(0,0)$处可微时，因在$(0,0)$处 $\Delta x=x-0=x$，$\Delta y=y-0=y$，则 $f(x,y)$ 在$(0,0)$的全微分为

$$\mathrm{d}f(x,y)\Big|_{(0,0)}=f'_x(0,0)x+f'_y(0,0)y$$

定理5.3.1和定理5.3.2表明：函数 $f(x,y)$ 在(x,y)处连续与可偏导是函数 $f(x,y)$ 在(x,y)处可微的必要条件. 但是，连续与可偏导不是函数可微的充分条件(见习题5.3的A组第4题).

例1　讨论函数

$$f(x,y)=\begin{cases}(x+y)\arctan\dfrac{1}{x^2+y^2} & ((x,y)\neq(0,0));\\ 0 & ((x,y)=(0,0))\end{cases}$$

在$(0,0)$处的连续性、可偏导性与可微性.

解　由于$(x,y)\to(0,0)$时，$(x+y)\to 0$，$\arctan\dfrac{1}{x^2+y^2}$ 为有界函数，所以

$$\lim_{\substack{x\to 0\\ y\to 0}}(x+y)\arctan\frac{1}{x^2+y^2}=0=f(0,0)$$

故 $f \in \mathscr{C}(0,0)$.

因为

$$f'_x(0,0) = \lim_{x \to 0} \frac{f(x,0) - f(0,0)}{x} = \lim_{x \to 0} \arctan \frac{1}{x^2} = \frac{\pi}{2}$$

$$f'_y(0,0) = \lim_{y \to 0} \frac{f(0,y) - f(0,0)}{y} = \lim_{y \to 0} \arctan \frac{1}{y^2} = \frac{\pi}{2}$$

所以 $f \in \mathscr{D}(0,0)$.

令

$$f(x,y) - f(0,0) = f'_x(0,0)x + f'_y(0,0)y + \omega \tag{5.3.4}$$

若 $\omega = o(\rho)$,则 f 在(0,0) 处可微;若 $\omega \neq o(\rho)$,则 f 在(0,0) 处不可微.因为

$$\begin{aligned}\frac{\omega}{\rho} &= \frac{(x+y)\arctan \dfrac{1}{x^2+y^2} - \dfrac{\pi}{2}(x+y)}{\sqrt{x^2+y^2}} \\ &= (\cos\theta + \sin\theta)\left(\arctan \frac{1}{\rho^2} - \frac{\pi}{2}\right)\end{aligned}$$

由于$(x,y) \to (0,0)$ 时 $\rho \to 0^+$,且 $\arctan \dfrac{1}{\rho^2} - \dfrac{\pi}{2} \to 0$,而 $\cos\theta + \sin\theta$ 为有界函数,故

$$\lim_{\rho \to 0^+} \frac{\omega}{\rho} = \lim_{\rho \to 0^+} (\cos\theta + \sin\theta)\left(\arctan \frac{1}{\rho^2} - \frac{\pi}{2}\right) = 0$$

这表示式(5.3.4) 中 $\omega = o(\rho)$,故 $f(x,y)$ 在(0,0) 处可微.

5.3.3 可微的充分条件

定理 5.3.3 设 $P(x,y) \in \mathbf{R}^2$,若 $\exists G = U_\delta(P)$,使得 $f \in \mathscr{D}(G)$,且 $f'_x, f'_y \in \mathscr{C}(x,y)$,则 $f(x,y)$ 在(x,y) 处可微.

***证** 考虑全增量

$$\begin{aligned}\Delta f(x,y) &= f(x+\Delta x, y+\Delta y) - f(x,y) \\ &= f(x+\Delta x, y+\Delta y) - f(x, y+\Delta y) + f(x, y+\Delta y) - f(x,y)\end{aligned}$$

运用拉格朗日中值定理可得

$$\Delta f(x,y) = f'_x(x+\theta_1\Delta x, y+\Delta y)\Delta x + f'_y(x, y+\theta_2\Delta y)\Delta y \tag{5.3.5}$$

这里 $0 < \theta_1 < 1, 0 < \theta_2 < 1$.由于 $f'_x, f'_y \in \mathscr{C}(x,y)$,所以

$$\lim_{\substack{\Delta x \to 0 \\ \Delta y \to 0}} f'_x(x+\theta_1\Delta x, y+\Delta y) = f'_x(x,y)$$

$$\lim_{\substack{\Delta x\to 0\\ \Delta y\to 0}} f'_y(x,y+\theta_2\Delta y) = f'_y(x,y)$$

因而存在 $\alpha(\rho)\to 0,\beta(\rho)\to 0(\rho=\sqrt{(\Delta x)^2+(\Delta y)^2}\to 0^+)$,使得

$$f'_x(x+\theta_1\Delta x,y+\Delta y) = f'_x(x,y)+\alpha(\rho)$$
$$f'_y(x,y+\theta_2\Delta y) = f'_y(x,y)+\beta(\rho)$$

代入式(5.3.5)得

$$\Delta f(x,y) = f'_x(x,y)\Delta x + f'_y(x,y)\Delta y + \alpha(\rho)\Delta x + \beta(\rho)\Delta y \quad (5.3.6)$$

由于 $\Delta x\to 0,\Delta y\to 0$ 时 $\rho\to 0^+$,且

$$0\leqslant\left|\frac{\alpha(\rho)\Delta x+\beta(\rho)\Delta y}{\rho}\right|\leqslant|\alpha(\rho)|\frac{|\Delta x|}{\rho}+|\beta(\rho)|\frac{|\Delta y|}{\rho}$$
$$\leqslant|\alpha(\rho)|+|\beta(\rho)|\to 0\quad(\rho\to 0^+)$$

所以 $\alpha(\rho)\Delta x+\beta(\rho)\Delta y=o(\rho)(\rho\to 0^+)$,代入式(5.3.6)得

$$\Delta f(x,y) = f'_x(x,y)\Delta x + f'_y(x,y)\Delta y + o(\rho)$$

由可微的定义即得 $f(x,y)$ 在(x,y)处可微. □

下面给出连续可微的定义.

定义 5.3.2(连续可微)　设 $P_0(x_0,y_0)\in\mathbf{R}^2$,若 $\exists G=U_\delta(P_0)$,使得 $f\in\mathscr{D}(G)$,且 $f'_x,f'_y\in\mathscr{C}(x_0,y_0)$,则称函数 $f(x,y)$ 在(x_0,y_0)处**连续可微**,记为 $f\in\mathscr{C}^{(1)}(x_0,y_0)$;若 $f(x,y)$ 在开域 D 上每一点都**连续可微**,则称函数 $f(x,y)$ 在**开域 D 上连续可微**,记为 $f\in\mathscr{C}^{(1)}(D)$. 一般的,若 $f\in\mathscr{D}^n(G)(n\geqslant 2)$,且 f 的所有 n 阶偏导函数皆在(x_0,y_0)处连续,则称函数 $f(x,y)$ 在(x_0,y_0)处 **n 阶连续可微**,记为 $f\in\mathscr{C}^{(n)}(x_0,y_0)$;若 $f(x,y)$ 在开域 D 上每一点都 **n 阶连续可微**,则称函数 $f(x,y)$ **在开域 D 上 n 阶连续可微**,记为 $f\in\mathscr{C}^{(n)}(D)$.

定理 5.3.3 表明:当 $f(x,y)$ 在(x,y)处连续可微时,$f(x,y)$ 在(x,y)处可微. 二元函数的连续性、可偏导性、可微性以及连续可微性这四个概念之间的关系如图 5.5 所示.

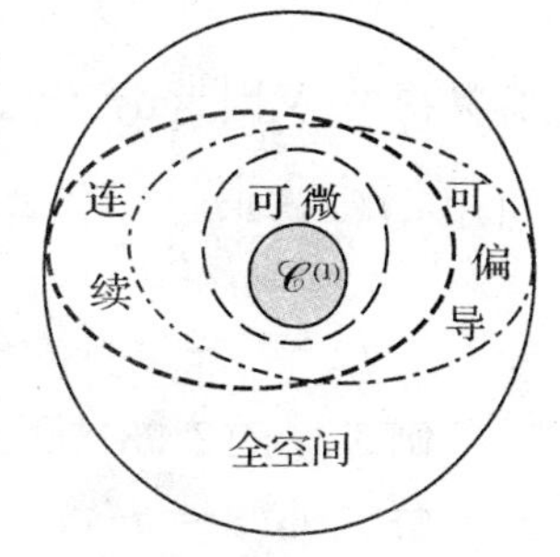

图 5.5

三元与三元以上多元函数的全微分的定义、计算及可微充分条件等与二元函数类似,不一一赘述.

由于多元初等函数的偏导数仍是多元初等函数,应用多元初等函数的连续性定理,这些偏导数在其有定义的区域 D 上是连续的,因而该多元初等函数在 D 上是可微的. 此结论表明:多元初等函数在其偏导数存在的区域上可直接求其全微分(见下例).

例 2 设 $z = e^{x-y}(\sin x + \cos y)$,求 $dz, dz\Big|_{(1,1)}, dz\Big|_{(0,0)}$.

解 由于

$$z'_x = e^{x-y}(\sin x + \cos y) + e^{x-y}\cos x = e^{x-y}(\sin x + \cos x + \cos y)$$
$$z'_y = -e^{x-y}(\sin x + \cos y) + e^{x-y}(-\sin y) = -e^{x-y}(\sin x + \sin y + \cos y)$$

显然 $z \in \mathscr{C}^{(1)}$,所以

$$z'_x(1,1) = \sin 1 + 2\cos 1, \quad z'_y(1,1) = -(2\sin 1 + \cos 1)$$
$$z'_x(0,0) = 2, \quad z'_y(0,0) = -1$$

于是

$$dz = e^{x-y}(\sin x + \cos x + \cos y)dx - e^{x-y}(\sin x + \sin y + \cos y)dy$$
$$dz\Big|_{(1,1)} = (\sin 1 + 2\cos 1)dx - (2\sin 1 + \cos 1)dy$$
$$dz\Big|_{(0,0)} = 2dx - dy = 2x - y$$

5.3.4 全微分的应用

函数 $f(x,y)$ 在 (x_0, y_0) 处可微时,其全微分

$$df(x,y)\Big|_{(x_0,y_0)} = f'_x(x_0,y_0)dx + f'_y(x_0,y_0)dy = f'_x(x_0,y_0)\Delta x + f'_y(x_0,y_0)\Delta y$$

是 $\Delta x, \Delta y$ 的线性函数,计算 $df(x,y)\Big|_{(x_0,y_0)}$ 要比计算

$$\Delta f(x,y)\Big|_{(x_0,y_0)} = f(x_0+\Delta x, y_0+\Delta y) - f(x_0,y_0)$$

容易得多.又因为 df 与 Δf 仅相差 ρ 的高阶无穷小量,故当 $|\Delta x|, |\Delta y|$ 很小时,可用 $df(x,y)\Big|_{(x_0,y_0)}$ 代替 $\Delta f(x,y)\Big|_{(x_0,y_0)}$ 作近似计算,近似计算公式为

$$f(x_0+\Delta x, y_0+\Delta y) \approx f(x_0,y_0) + f'_x(x_0,y_0)\Delta x + f'_y(x_0,y_0)\Delta y$$

例 3 求 $(2.98)^{3.05}$ 的近似值.

解 取 $z = x^y, x_0 = 3, \Delta x = -0.02, y_0 = 3, \Delta y = 0.05$,则

$$z'_x = yx^{y-1}, \quad z'_y = x^y \ln x$$

$$z(x_0+\Delta x, y_0+\Delta y) \approx z(x_0,y_0) + z'_x(x_0,y_0)\Delta x + z'_y(x_0,y_0)\Delta y$$

即

$$2.98^{3.05} \approx 27 - 0.54 + 27 \times 1.1 \times 0.05 \approx 27.95$$

习题 5.3

A 组

1. 求函数 $f(x,y) = x^2 y$ 在 $(1,2)$ 处的全增量与全微分.

2. 求下列函数的全微分:

(1) $z = \sin^2 x + \cos^2 y$;　　(2) $z = \ln(x^2 - y^2)$;

(3) $z = yx^y$;　　(4) $z = \dfrac{x}{y^2}$.

3. 求下列函数在指定点的全微分:

(1) $z = \arcsin \dfrac{y}{x}$, $(2,1)$;

(2) $f(x,y,z) = \dfrac{z}{\sqrt{x^2 + y^2}}$, $(3,4,5)$.

4. 讨论函数

$$f(x,y) = \begin{cases} \dfrac{xy}{\sqrt{x^2 + y^2}} & ((x,y) \neq (0,0)); \\ 0 & ((x,y) = (0,0)) \end{cases}$$

在 $(0,0)$ 处的可微性.

5. 讨论函数

$$f(x,y) = \begin{cases} (x - y)\arctan \dfrac{1}{x^2 + y^2} & ((x,y) \neq (0,0)); \\ 0 & ((x,y) = (0,0)) \end{cases}$$

在 $(0,0)$ 处的可微性

6. 已知矩形的一边长 $a = 10$ cm,另一边长 $b = 24$ cm,如果 a 边伸长 0.4 cm, b 边缩短 0.1 cm,试求该矩形的对角线长 l 的改变量的近似值.

B 组

7. 讨论函数

$$f(x,y) = \begin{cases} \dfrac{x^2 y^2}{x^2 + y^2} & ((x,y) \neq (0,0)); \\ 0 & ((x,y) = (0,0)) \end{cases}$$

在 $(0,0)$ 处的可微性与连续可微性.

5.4 求偏导法则

在一元函数微分学中,求复合函数导数的链锁法则是使用最广,又很重要的求导法则,它在多元函数微分学中有直接的推广;关于隐函数的偏导数,也是隐函数求导法则在多元函数中的推广.

5.4.1 多元复合函数求偏导法则

多元复合函数比一元复合函数复杂得多.多元复合函数的中间变量可能是一个、两个或三个以上,自变量也可能是一个、两个或三个以上.例如

$$z=f(u,v),\quad u=\varphi(x,y),\quad v=\psi(x,y)$$

含两个中间变量、两个自变量;

$$z=f(u,v,w),\quad u=\varphi(x,y),\quad v=\psi(x,y),\quad w=\omega(x,y)$$

含三个中间变量、两个自变量;

$$z=f(u,v),\quad u=\varphi(x),\quad v=\psi(x)$$

含两个中间变量、一个自变量;等等.

下面以含两个中间变量和两个自变量为例介绍链锁法则.

定理5.4.1(链锁法则) 设函数$u=\varphi(x,y)$,$v=\psi(x,y)$在(x,y)处可偏导,函数$z=f(u,v)$在对应的(u,v)处可微,则复合函数

$$z(x,y)=f(\varphi(x,y),\psi(x,y))$$

在(x,y)处可偏导,且有公式

$$\left.\frac{\partial z}{\partial x}\right|_{(x,y)}=\left.\left(\frac{\partial f}{\partial u}\frac{\partial \varphi}{\partial x}+\frac{\partial f}{\partial v}\frac{\partial \psi}{\partial x}\right)\right|_{\substack{u=\varphi(x,y)\\ v=\psi(x,y)}}$$

$$\left.\frac{\partial z}{\partial y}\right|_{(x,y)}=\left.\left(\frac{\partial f}{\partial u}\frac{\partial \varphi}{\partial y}+\frac{\partial f}{\partial v}\frac{\partial \psi}{\partial y}\right)\right|_{\substack{u=\varphi(x,y)\\ v=\psi(x,y)}}$$

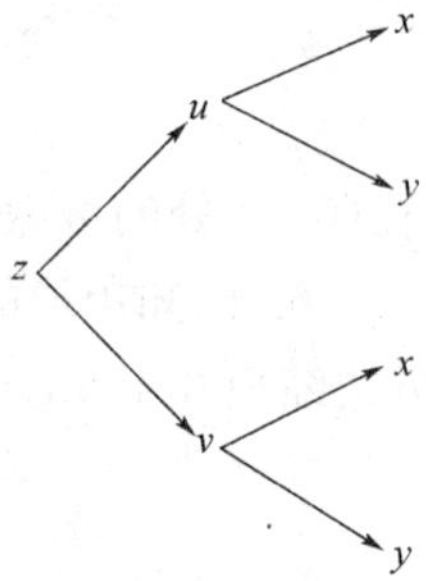

图 5.6

证 变量的结构图见图5.6.因函数$z=f(u,v)$可微,故

$$\Delta z=\frac{\partial f}{\partial u}\Delta u+\frac{\partial f}{\partial v}\Delta v+o(\rho) \qquad (5.4.1)$$

这里$\rho=\sqrt{(\Delta u)^2+(\Delta v)^2}$,$o(\rho)$为$\rho$的高阶无穷小.在式(5.4.1)中设自变量$x$有增量$\Delta x$,$y$保持不变,由此引起中间变量$u,v$关于$x$的**偏增量**

$$\begin{cases}\Delta_x u \xlongequal{\text{def}} \varphi(x+\Delta x,y)-\varphi(x,y), \\ \Delta_x v \xlongequal{\text{def}} \psi(x+\Delta x,y)-\psi(x,y)\end{cases} \tag{5.4.2}$$

将式(5.4.2)代入式(5.4.1),并两端除以 Δx 得

$$\frac{\Delta_x z}{\Delta x}=\frac{\partial f}{\partial u}\frac{\Delta_x u}{\Delta x}+\frac{\partial f}{\partial v}\frac{\Delta_x v}{\Delta x}+\frac{o(\rho)}{\Delta x} \tag{5.4.3}$$

这里 $\Delta_x z=z(x+\Delta x,y)-z(x,y)$ 是 z 关于 x 的**偏增量**. 当 $\Delta x\to 0$ 时,由函数 $\varphi(x,y),\psi(x,y)$ 的可偏导性,故式(5.4.2)与式(5.4.3)中的 $\Delta_x u\to 0,\Delta_x v\to 0$, $\rho\to 0^+,\frac{\Delta_x u}{\Delta x}\to\frac{\partial\varphi}{\partial x},\frac{\Delta_x v}{\Delta x}\to\frac{\partial\psi}{\partial x}$,且 $\Delta x\to 0$ 时,有

$$0\leqslant\left|\frac{o(\rho)}{\Delta x}\right|=\left|\frac{o(\rho)}{\rho}\right|\frac{\sqrt{(\Delta_x u)^2+(\Delta_x v)^2}}{|\Delta x|}\to 0\cdot\sqrt{\left(\frac{\partial\varphi}{\partial x}\right)^2+\left(\frac{\partial\psi}{\partial x}\right)^2}=0$$

则在式(5.4.3)两端令 $\Delta x\to 0$,即得

$$\left.\frac{\partial z}{\partial x}\right|_{(x,y)}=\left.\left(\frac{\partial f}{\partial u}\frac{\partial\varphi}{\partial x}+\frac{\partial f}{\partial v}\frac{\partial\psi}{\partial x}\right)\right|_{\substack{u=\varphi(x,y)\\ v=\psi(x,y)}}$$

而另一式的证明是类似的,这里从略. □

对于多元复合函数的其他情况,下面列举几个常用情况简写为定理(证明从略),其中出现的函数皆假定是可微的.

定理 5.4.2 对于函数 $z=f(u,v),u=\varphi(x),v=\psi(x)$(变量的结构图见图 5.7),有公式

$$\frac{\mathrm{d}z}{\mathrm{d}x}=\frac{\partial f}{\partial u}\varphi'(x)+\frac{\partial f}{\partial v}\psi'(x)$$

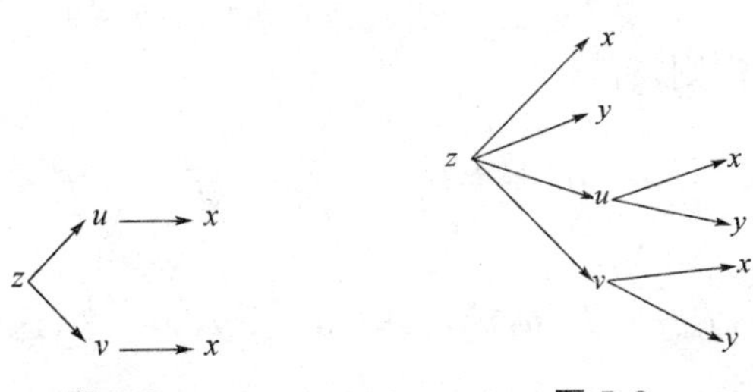

图 5.7　　图 5.8

定理 5.4.3 对于函数 $z=f(x,y,u,v),u=\varphi(x,y),v=\psi(x,y)$(变量的结构图见图 5.8),有公式

$$\frac{\partial z}{\partial x}=f'_x+\frac{\partial f}{\partial u}\frac{\partial\varphi}{\partial x}+\frac{\partial f}{\partial v}\frac{\partial\psi}{\partial x}$$

$$\frac{\partial z}{\partial y}=f'_y+\frac{\partial f}{\partial u}\frac{\partial\varphi}{\partial y}+\frac{\partial f}{\partial v}\frac{\partial\psi}{\partial y}$$

定理 5.4.4 对于函数 $z=f(x,u,v)$，$u=\varphi(x)$，$v=\psi(x)$（变量的结构图见图 5.9），有公式

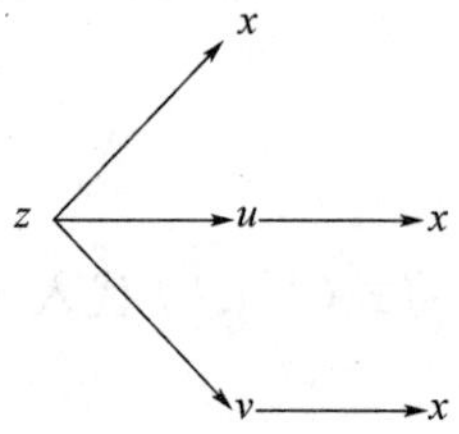

$$\frac{\mathrm{d}z}{\mathrm{d}x}=f'_x+\frac{\partial f}{\partial u}\varphi'(x)+\frac{\partial f}{\partial v}\psi'(x)$$

图 5.9

在应用上述定理求偏导数时，应首先区分中间变量与自变量，画出变量的结构图. 在对某个自变量求偏导数时要经过所有的中间变量，并注意导数符号与偏导数符号的正确使用. 为了与一元函数的导数相区别，我们常将定理 5.4.2 与定理 5.4.4 中出现的导数 $\frac{\mathrm{d}z}{\mathrm{d}x}$ 称为 z 对 x 的**全导数**.

例 1 设 $z=u^v$，$u=\sin x$，$v=\tan x$，求全导数 $\frac{\mathrm{d}z}{\mathrm{d}x}$.

解法 1 应用链锁法则，有

$$\begin{aligned}\frac{\mathrm{d}z}{\mathrm{d}x}&=\frac{\partial z}{\partial u}\frac{\mathrm{d}u}{\mathrm{d}x}+\frac{\partial z}{\partial v}\frac{\mathrm{d}v}{\mathrm{d}x}=vu^{v-1}\cos x+u^v\ln u\cdot\sec^2 x\\&=(\sin x)^{\tan x}(1+\sec^2 x\cdot\ln\sin x)\end{aligned}$$

解法 2 因 $z=(\sin x)^{\tan x}$，直接应用取对数求导法则得

$$\begin{aligned}\frac{\mathrm{d}z}{\mathrm{d}x}&=(\sin x)^{\tan x}(\tan x\cdot\ln\sin x)'\\&=(\sin x)^{\tan x}\cdot\left(\sec^2 x\cdot\ln\sin x+\tan x\cdot\frac{\cos x}{\sin x}\right)\\&=(\sin x)^{\tan x}\cdot(\sec^2 x\cdot\ln\sin x+1)\end{aligned}$$

例 2 设 $z=f\left(xy,\frac{x}{y}\right)$，$f\in\mathscr{C}^{(2)}$，求 $\frac{\partial z}{\partial x},\frac{\partial z}{\partial y},\frac{\partial^2 z}{\partial x^2},\frac{\partial^2 z}{\partial y^2}$.

解 应用链锁法则，有

$$\frac{\partial z}{\partial x}=yf'_1+\frac{1}{y}f'_2,\quad \frac{\partial z}{\partial y}=xf'_1-\frac{x}{y^2}f'_2$$

这里 $f'_1\xlongequal{\text{def}}f'_u(u,v)$，$f'_2\xlongequal{\text{def}}f'_v(u,v)$，其中，$u=xy$，$v=\frac{x}{y}$（这种表示很简捷，无须设中间变量，而且方便于下面继续求二阶偏导数）. 继续求偏导，得

$$\begin{aligned}\frac{\partial^2 z}{\partial x^2}&=y\frac{\partial}{\partial x}(f'_1)+\frac{1}{y}\frac{\partial}{\partial x}(f'_2)\\&=y\left(yf''_{11}+\frac{1}{y}f''_{12}\right)+\frac{1}{y}\left(yf''_{21}+\frac{1}{y}f''_{22}\right)\\&=y^2f''_{11}+2f''_{12}+\frac{1}{y^2}f''_{22}\end{aligned}$$

$$\begin{aligned}\frac{\partial^2 z}{\partial y^2} &= x\frac{\partial}{\partial y}(f_1') + \frac{2x}{y^3}f_2' - \frac{x}{y^2}\frac{\partial}{\partial y}(f_2') \\ &= x\left(xf_{11}'' - \frac{x}{y^2}f_{12}''\right) + \frac{2x}{y^3}f_2' - \frac{x}{y^2}\left(xf_{21}'' - \frac{x}{y^2}f_{22}''\right) \\ &= \frac{2x}{y^3}f_2' + x^2 f_{11}'' - \frac{2x^2}{y^2}f_{12}'' + \frac{x^2}{y^4}f_{22}''\end{aligned}$$

例 3 设 $u = \dfrac{y}{x}, v = \sqrt{x^2 + y^2}$,试以 u, v 为自变量,改变方程

$$x\frac{\partial z}{\partial x} + y\frac{\partial z}{\partial y} = \sqrt{x^2 + y^2}$$

的形式.

解 应用链锁法则,有

$$\frac{\partial z}{\partial x} = \frac{\partial z}{\partial u}\frac{\partial u}{\partial x} + \frac{\partial z}{\partial v}\frac{\partial v}{\partial x} = -\frac{y}{x^2}\frac{\partial z}{\partial u} + \frac{x}{\sqrt{x^2 + y^2}}\frac{\partial z}{\partial v}$$

$$\frac{\partial z}{\partial y} = \frac{\partial z}{\partial u}\frac{\partial u}{\partial y} + \frac{\partial z}{\partial v}\frac{\partial v}{\partial y} = \frac{1}{x}\frac{\partial z}{\partial u} + \frac{y}{\sqrt{x^2 + y^2}}\frac{\partial z}{\partial v}$$

一起代入原方程得

$$\begin{aligned}x\frac{\partial z}{\partial x} + y\frac{\partial z}{\partial y} &= -\frac{y}{x}\frac{\partial z}{\partial u} + \frac{x^2}{\sqrt{x^2 + y^2}}\frac{\partial z}{\partial v} + \frac{y}{x}\frac{\partial z}{\partial u} + \frac{y^2}{\sqrt{x^2 + y^2}}\frac{\partial z}{\partial v} \\ &= \sqrt{x^2 + y^2}\frac{\partial z}{\partial v} = \sqrt{x^2 + y^2}\end{aligned}$$

于是原方程化为$\dfrac{\partial z}{\partial v} = 1$.

5.4.2 一阶全微分形式不变性

将定理 5.4.1 应用于全微分公式,我们来证明下面的定理.

定理 5.4.5(一阶全微分形式不变性) 设函数 $u = \varphi(x, y), v = \psi(x, y)$ 在 (x, y) 处可微,函数 $f(u, v)$ 在对应的 (u, v) 处可微,则有全微分公式

$$\mathrm{d}z = \frac{\partial z}{\partial u}\mathrm{d}u + \frac{\partial z}{\partial v}\mathrm{d}v = \frac{\partial z}{\partial x}\mathrm{d}x + \frac{\partial z}{\partial y}\mathrm{d}y$$

证 由链锁法则,有

$$\frac{\partial z}{\partial x} = \frac{\partial z}{\partial u}\frac{\partial u}{\partial x} + \frac{\partial z}{\partial v}\frac{\partial v}{\partial x}, \quad \frac{\partial z}{\partial y} = \frac{\partial z}{\partial u}\frac{\partial u}{\partial y} + \frac{\partial z}{\partial v}\frac{\partial v}{\partial y}$$

两式分别乘以 $\mathrm{d}x, \mathrm{d}y$,并两边相加得

$$\mathrm{d}z=\frac{\partial z}{\partial x}\mathrm{d}x+\frac{\partial z}{\partial y}\mathrm{d}y=\left(\frac{\partial z}{\partial u}\frac{\partial u}{\partial x}+\frac{\partial z}{\partial v}\frac{\partial v}{\partial x}\right)\mathrm{d}x+\left(\frac{\partial z}{\partial u}\frac{\partial u}{\partial y}+\frac{\partial z}{\partial v}\frac{\partial v}{\partial y}\right)\mathrm{d}y$$
$$=\frac{\partial z}{\partial u}\left(\frac{\partial u}{\partial x}\mathrm{d}x+\frac{\partial u}{\partial y}\mathrm{d}y\right)+\frac{\partial z}{\partial v}\left(\frac{\partial v}{\partial x}\mathrm{d}x+\frac{\partial v}{\partial y}\mathrm{d}y\right)$$
$$=\frac{\partial z}{\partial u}\mathrm{d}u+\frac{\partial z}{\partial v}\mathrm{d}v$$
□

例 4 设 $z=\arctan\dfrac{xy}{\sqrt{x^2+y^2}}$,试求全微分 $\mathrm{d}z$.

解 由于求偏导数$\dfrac{\partial z}{\partial x},\dfrac{\partial z}{\partial y}$比较麻烦,所以这里应用公式 $\mathrm{d}z=z_x'\mathrm{d}x+z_y'\mathrm{d}y$ 求全微分不简便. 而应用一阶全微分形式的不变性,令 $u=xy$,$v=\sqrt{x^2+y^2}$,则 $z=\arctan\dfrac{u}{v}$,于是

$$\mathrm{d}z=\frac{\partial z}{\partial u}\mathrm{d}u+\frac{\partial z}{\partial v}\mathrm{d}v=\frac{v}{u^2+v^2}(y\mathrm{d}x+x\mathrm{d}y)+\frac{-u}{u^2+v^2}\cdot\frac{x\mathrm{d}x+y\mathrm{d}y}{\sqrt{x^2+y^2}}$$
$$=\frac{(x^2+y^2)(y\mathrm{d}x+x\mathrm{d}y)-xy(x\mathrm{d}x+y\mathrm{d}y)}{(x^2+y^2+x^2y^2)\sqrt{x^2+y^2}}$$
$$=\frac{y^3\mathrm{d}x+x^3\mathrm{d}y}{(x^2+y^2+x^2y^2)\sqrt{x^2+y^2}}$$

5.4.3 取对数求偏导法则

类似于一元函数的取对数求导法则,我们来证明下面的定理.

定理 5.4.6(取对数求偏导法则) 设函数 $f(x,y)$ 可微,$f(x,y)\neq 0$,则有

$$\frac{\partial f(x,y)}{\partial x}=f(x,y)\frac{\partial}{\partial x}(\ln|f(x,y)|)$$
$$\frac{\partial f(x,y)}{\partial y}=f(x,y)\frac{\partial}{\partial y}(\ln|f(x,y)|)$$

证 记 $u=f(x,y)$,则 $\ln|u|=\ln|f(x,y)|$,两边对 x 求偏导得

$$\frac{1}{u}\frac{\partial u}{\partial x}=\frac{1}{f(x,y)}\frac{\partial f(x,y)}{\partial x}=\frac{\partial}{\partial x}(\ln|f(x,y)|)$$

于是有

$$\frac{\partial f(x,y)}{\partial x}=f(x,y)\frac{\partial}{\partial x}(\ln|f(x,y)|)$$

另一式的证明是类似的,不赘述. □

例 5　设 $z=(x^2-y^2)^{xy}$，求 $y\dfrac{\partial z}{\partial x}+x\dfrac{\partial z}{\partial y}$.

解　应用取对数求偏导法则，有

$$\frac{\partial z}{\partial x}=(x^2-y^2)^{xy}\cdot(xy\ln|x^2-y^2|)'_x$$

$$=y(x^2-y^2)^{xy}\cdot\left(\ln|x^2-y^2|+\frac{2x^2}{x^2-y^2}\right)$$

$$\frac{\partial z}{\partial y}=(x^2-y^2)^{xy}\cdot(xy\ln|x^2-y^2|)'_y$$

$$=x(x^2-y^2)^{xy}\cdot\left(\ln|x^2-y^2|-\frac{2y^2}{x^2-y^2}\right)$$

于是

$$y\frac{\partial z}{\partial x}+x\frac{\partial z}{\partial y}=(x^2+y^2)(x^2-y^2)^{xy}\ln|x^2-y^2|$$

5.4.4　隐函数存在定理与隐函数求偏导法则

前面我们曾多次提到隐函数概念. 现在来研究方程 $F(x,y)=0$ 或 $F(x,y,z)=0$ 在何种条件下能够存在隐函数 $y=y(x)$ 或 $z=z(x,y)$，以及如何求隐函数的导数或偏导数. 这是分析学中一个极为重要的问题，在理论上有着极为重要的意义. 而下列两个定理圆满解决了这一问题.

定理 5.4.7(隐函数存在定理与隐函数求导法则)

设 $P_0(x_0,y_0)\in\mathbf{R}^2$，$G=U_\delta(P_0)$，假设

(1) 函数 $F(x,y)\in\mathscr{C}^{(1)}(G)$；

(2) $F(P_0)=F(x_0,y_0)=0$；

(3) $\left.\dfrac{\partial F}{\partial y}\right|_{(x_0,y_0)}\neq 0$，

则存在 x_0 的邻域 $X=U_{\delta_1}(x_0)(\delta_1\leqslant\delta)$ 和唯一的函数 $y=y(x)$，使得

1°　$\forall x\in X$，有 $F(x,y(x))=0$；

2°　$y(x_0)=y_0$；

3°　$y(x)\in\mathscr{C}^{(1)}(X)$，且

$$y'(x)=-\left.\frac{F'_x(x,y)}{F'_y(x,y)}\right|_{y=y(x)}\tag{5.4.4}$$

证　此定理的隐函数存在性的证明方法超出了本课程大纲的知识要求，证明从略. 下面来证明求导数公式(5.4.4).

因 $F(x,y(x))\equiv 0$，两边对 x 求导得

$$F'_x(x,y)\Big|_{y=y(x)}+F'_y(x,y)\Big|_{y=y(x)}\cdot y'(x)=0$$

将 $y'(x)$ 解出即得式(5.4.4). □

定理 5.4.8(隐函数存在定理与隐函数求偏导法则)

设 $P_0(x_0,y_0,z_0)\in\mathbf{R}^3$, $G=U_\delta(P_0)$, 假设

(1) 函数 $F(x,y,z)\in\mathscr{C}^{(1)}(G)$;

(2) $F(P_0)=F(x_0,y_0,z_0)=0$;

(3) $\dfrac{\partial F}{\partial z}\Big|_{(x_0,y_0,z_0)}\neq 0$,

则存在 (x_0,y_0) 的邻域 $G_1=U_{\delta_1}(x_0,y_0)(\delta_1\leqslant\delta)$ 和唯一的函数 $z=z(x,y)$, 使得

1° $\forall(x,y)\in G_1$, 有 $F(x,y,z(x,y))=0$;

2° $z(x_0,y_0)=z_0$;

3° $z(x,y)\in\mathscr{C}^{(1)}(G_1)$, 且

$$\frac{\partial z}{\partial x}\Big|_{(x,y)}=-\frac{F'_x(x,y,z)}{F'_z(x,y,z)}\Big|_{z=z(x,y)} \tag{5.4.5}$$

$$\frac{\partial z}{\partial y}\Big|_{(x,y)}=-\frac{F'_y(x,y,z)}{F'_z(x,y,z)}\Big|_{z=z(x,y)} \tag{5.4.6}$$

证 此定理的隐函数存在性的证明方法超出了本课程大纲的知识要求, 证明从略. 下面来证明求偏导数的公式(5.4.5)与(5.4.6).

因 $F(x,y,z(x,y))\equiv 0$, 两边分别对 x 与 y 求偏导得

$$F'_x(x,y,z)\Big|_{z=z(x,y)}+F'_z(x,y,z)\Big|_{z=z(x,y)}\cdot\frac{\partial z}{\partial x}=0$$

$$F'_y(x,y,z)\Big|_{z=z(x,y)}+F'_z(x,y,z)\Big|_{z=z(x,y)}\cdot\frac{\partial z}{\partial y}=0$$

将 $\dfrac{\partial z}{\partial x}$ 与 $\dfrac{\partial z}{\partial y}$ 分别解出即得式(5.4.5)与(5.4.6). □

注 若定理 5.4.8 中条件(3)改为 $F'_y(x_0,y_0,z_0)$(或 $F'_x(x_0,y_0,z_0)$)$\neq 0$ 时, 则结论为由 $F(x,y,z)=0$ 可确定唯一的函数 $y=y(z,x)$(或 $x=x(y,z)$), 并有对应的求偏导数的公式.

例 6 已知函数 $F(x,y,z)$ 满足隐函数存在定理的条件, 且 $F'_x\neq 0$, $F'_y\neq 0$, $F'_z\neq 0$, 由方程 $F(x,y,z)=0$ 确定的三个隐函数分别为 $z=z(x,y)$, $y=y(z,x)$, $x=x(y,z)$, 求证:

$$\frac{\partial z}{\partial x}\cdot\frac{\partial x}{\partial y}\cdot\frac{\partial y}{\partial z}=-1,\quad \frac{\partial z}{\partial y}\cdot\frac{\partial y}{\partial x}\cdot\frac{\partial x}{\partial z}=-1$$

证 应用隐函数求偏导法则, 有

$$\frac{\partial z}{\partial x}=-\frac{F'_x(x,y,z)}{F'_z(x,y,z)},\quad \frac{\partial x}{\partial y}=-\frac{F'_y(x,y,z)}{F'_x(x,y,z)},\quad \frac{\partial y}{\partial z}=-\frac{F'_z(x,y,z)}{F'_y(x,y,z)}$$

三式相乘即得$\frac{\partial z}{\partial x}\cdot\frac{\partial x}{\partial y}\cdot\frac{\partial y}{\partial z}=-1$. 又因为

$$\frac{\partial z}{\partial y}=-\frac{F'_y(x,y,z)}{F'_z(x,y,z)},\quad \frac{\partial y}{\partial x}=-\frac{F'_x(x,y,z)}{F'_y(x,y,z)},\quad \frac{\partial x}{\partial z}=-\frac{F'_z(x,y,z)}{F'_x(x,y,z)}$$

三式相乘即得$\frac{\partial z}{\partial y}\cdot\frac{\partial y}{\partial x}\cdot\frac{\partial x}{\partial z}=-1$.

注 由此例可以看出$\frac{\partial z}{\partial x}$表示$z$对$x$求偏导,不能看成$\partial z\div\partial x$.

例 7 设函数$f\left(xy,\frac{x}{y},\frac{y}{x}\right)=0$存在隐函数$y=y(x)$,其中$f\in\mathscr{C}^{(1)}$,求$\frac{\mathrm{d}y}{\mathrm{d}x}$.

解 令$F(x,y)=f\left(xy,\frac{x}{y},\frac{y}{x}\right)$,应用隐函数求导法则,有

$$\frac{\mathrm{d}y}{\mathrm{d}x}=-\frac{F'_x}{F'_y}=-\frac{yf'_1+\frac{1}{y}f'_2-\frac{y}{x^2}f'_3}{xf'_1-\frac{x}{y^2}f'_2+\frac{1}{x}f'_3}=-\frac{y(x^2y^2f'_1+x^2f'_2-y^2f'_3)}{x(x^2y^2f'_1-x^2f'_2+y^2f'_3)}$$

例 8 设由函数$z=f(x,y)$,$x=y+\varphi(y)$确定$z=z(x)$,其中函数$f\in\mathscr{C}^{(1)}$,$\varphi\in\mathscr{C}^{(1)}$,且$\varphi'(y)\neq-1$,试求全导数$\frac{\mathrm{d}z}{\mathrm{d}x}$.

解 令$F(x,y)=y+\varphi(y)-x$,因$F'_y=1+\varphi'(y)\neq 0$,所以方程$F(x,y)=0$存在唯一的隐函数$y=y(x)$,且

$$\frac{\mathrm{d}y}{\mathrm{d}x}=-\frac{F'_x(x,y)}{F'_y(x,y)}=\frac{1}{1+\varphi'(y)}$$

因此$z=f(x,y(x))$的全导数为

$$\frac{\mathrm{d}z}{\mathrm{d}x}=f'_x(x,y)+f'_y(x,y)\frac{\mathrm{d}y}{\mathrm{d}x}=f'_x(x,y)+\frac{f'_y(x,y)}{1+\varphi'(y)}$$

例 9 设由函数$f(x+y,xy,x+y+z)=0$确定$z=z(x,y)$,其中函数$f\in\mathscr{C}^{(1)}$,且$f'_3\neq 0$,求$\frac{\partial z}{\partial x}-\frac{\partial z}{\partial y}$.

解 令$F(x,y,z)=f(x+y,xy,x+y+z)$,因$F'_z=f'_3\neq 0$,故$F(x,y,z)=0$存在唯一的隐函数$z=z(x,y)$,且

$$\frac{\partial z}{\partial x}=-\frac{F'_x}{F'_z}=-\frac{f'_1+yf'_2+f'_3}{f'_3},\quad \frac{\partial z}{\partial y}=-\frac{F'_y}{F'_z}=-\frac{f'_1+xf'_2+f'_3}{f'_3}$$

于是

$$\frac{\partial z}{\partial x}-\frac{\partial z}{\partial y}=(x-y)\frac{f_2'}{f_3'}$$

习题 5.4

A 组

1. 设 $z=\arctan\frac{u}{v}$,$u=1+x^2$,$v=2+x^2$,求$\frac{\mathrm{d}z}{\mathrm{d}x}$.

2. 设 $z=f\left(xy+\frac{y}{x}\right)$,且 $f\in\mathscr{C}^{(1)}$,求$\frac{\partial z}{\partial x}$,$\frac{\partial z}{\partial y}$.

3. 设 $z=yf(x^2-y^2)$,且 $f\in\mathscr{C}^{(1)}$,求$\frac{\partial z}{\partial x}$,$\frac{\partial z}{\partial y}$.

4. 设 $z=f(x^2-y^2,\mathrm{e}^{xy})$,且 $f\in\mathscr{C}^{(1)}$,求$\frac{\partial z}{\partial x}$,$\frac{\partial z}{\partial y}$.

5. 设由函数 $u=f(x,y,z)$,$y=\varphi(x)$,$z=\psi(x,y)$ 确定 $u=u(x)$,这里 f,ψ,$\varphi\in\mathscr{C}^{(1)}$,求全导数$\frac{\mathrm{d}u}{\mathrm{d}x}$.

6. 设 $z=(x^2+y^2)^{xy}$,求 $y\frac{\partial z}{\partial x}-x\frac{\partial z}{\partial y}$.

7. 设 $z=(xy)^{\frac{x}{y}}$,求$\frac{\partial z}{\partial x}$,$\frac{\partial z}{\partial y}$.

8. 设 $u=f(x-at)+g(x-bt)$,且 $f,g\in\mathscr{C}^{(2)}$,试求$\frac{\partial^2 u}{\partial x^2}$,$\frac{\partial^2 u}{\partial t^2}$.

9. 设 $z=f(xy,x^2+y^2)$,且 $f\in\mathscr{C}^{(2)}$,求$\frac{\partial^2 z}{\partial x^2}$,$\frac{\partial^2 z}{\partial x\partial y}$.

10. 设 $u=f(x,xy,xyz)$,且 $f\in\mathscr{C}^{(2)}$,试求$\frac{\partial^2 u}{\partial z^2}$,$\frac{\partial^2 u}{\partial y\partial z}$.

11. 设 $z=f(x,y)$,$g(x,y)=0$ 确定 $z=z(x)$,这里 $f,g\in\mathscr{C}^{(1)}$,且 $g_y'\neq 0$,求全导数$\frac{\mathrm{d}z}{\mathrm{d}x}$.

12. 设由 $x+y^2+z^3-xy=2z$ 确定 $z=z(x,y)$,若 $z(1,1)=1$,试求$\left.\frac{\partial z}{\partial x}\right|_{(1,1)}$,$\left.\frac{\partial z}{\partial y}\right|_{(1,1)}$.

13. 设由 $f(x-az,y-bz)=0$ 确定 $z=z(x,y)$,若函数 f 满足隐函数存在定理的条件,求$\frac{\partial z}{\partial x}$,$\frac{\partial z}{\partial y}$.

14. 设由 $f(x,x+y,x+y+z)=0$ 确定 $z=z(x,y)$,若函数 f 满足隐函数

存在定理的条件，求$\frac{\partial z}{\partial x}$，$\frac{\partial z}{\partial y}$.

B 组

15. 若 $\forall \lambda \in \mathbf{R}^+$，有 $f(\lambda x, \lambda y, \lambda z) = \lambda^n f(x, y, z)$，则称 f 为 n 次齐次函数. 设函数 $f \in \mathscr{C}^{(1)}$，求证：f 为 n 次齐次函数的必要条件是 $xf'_x + yf'_y + zf'_z = nf$.

16. 设由 $u = \frac{x+z}{y+z}$，$ze^z = xe^x + ye^y$ 确定 $u = u(x, y)$，试求 $\mathrm{d}u$.

17. 设 $f \in \mathscr{C}^{(2)}$，试求：

(1) $\lim\limits_{h \to 0} \frac{f(x+h, y) + f(x-h, y) - 2f(x, y)}{h^2}$;

(2) $\lim\limits_{k \to 0} \frac{f(x, y+k) + f(x, y-k) - 2f(x, y)}{k^2}$.

5.5　方向导数和梯度

5.5.1　方向导数

三元函数 $f(x, y, z)$ 的偏导数$\frac{\partial f}{\partial x}$，$\frac{\partial f}{\partial y}$，$\frac{\partial f}{\partial z}$表示函数 f 分别对自变量 x, y, z 的变化率. 例如，$\left.\frac{\partial f}{\partial x}\right|_{(x_0, y_0, z_0)} = 2$ 表示：若自变量 x 由 x_0 沿 x 轴正方向有微小增量 $h > 0$，则函数 f 沿 x 轴正方向有近似增量 $2h$；若自变量 x 由 x_0 沿 x 轴负方向有微小增量 $h > 0$，则函数 f 沿 x 轴负方向有近似增量 $-2h < 0$. 也就是说函数 f 在 P_0 点处沿 x 正向的变化率为 2，沿 x 轴负方向的变化率为 -2. 函数 f 沿某特定方向的变化率，这就是方向导数.

1) 方向导数的定义

定义 5.5.1(方向导数)　设 $P_0(x_0, y_0, z_0) \in \mathbf{R}^3$，函数 f 在 $U_\delta(P_0)$ 上有定义，$\boldsymbol{l}$ 为 $\mathbf{R}^3$ 的常向量($\boldsymbol{l} \neq \mathbf{0}$)，$\forall P \in U_\delta(P_0)$，使得$\overrightarrow{P_0P}$ 与 $\boldsymbol{l}$ 同方向，若

$$\lim_{P \to P_0} \frac{f(P) - f(P_0)}{|P_0P|} = A \quad (A \in \mathbf{R})$$

则称此极限值 A 为函数 f **在点** P_0 **处沿方向** $\boldsymbol{l}$ **的方向导数**，记为

$$\left.\frac{\partial f}{\partial \boldsymbol{l}}\right|_{P_0} = \lim_{P \to P_0} \frac{f(P) - f(P_0)}{|P_0P|}$$

例 1　设 $f = \sqrt{x^2 + y^2 + z^2}$，$P_0(0, 0, 0)$，$\boldsymbol{l} = (m, n, p)$，试求$\left.\frac{\partial f}{\partial \boldsymbol{l}}\right|_{P_0}$.

解　设 $\boldsymbol{l}$ 的方向余弦为 $\cos\alpha,\cos\beta,\cos\gamma$,则

$$\cos\alpha=\frac{m}{\sqrt{m^2+n^2+p^2}},\quad \cos\beta=\frac{n}{\sqrt{m^2+n^2+p^2}},\quad \cos\gamma=\frac{p}{\sqrt{m^2+n^2+p^2}}$$

设 $\overrightarrow{P_0P}$ 与 $\boldsymbol{l}$ 同方向,P 的坐标为 (x,y,z),$|\overrightarrow{P_0P}|=\rho$,则

$$x=\rho\cos\alpha,\quad y=\rho\cos\beta,\quad z=\rho\cos\gamma$$

$$\begin{aligned}\lim_{P\to P_0}\frac{f(P)-f(P_0)}{|P_0P|}&=\lim_{\rho\to0^+}\frac{f(x,y,z)-f(0,0,0)}{\rho}\\&=\lim_{\rho\to0^+}\frac{\rho-0}{\rho}=1\end{aligned}$$

注　在例1中,函数 $f=\sqrt{x^2+y^2+z^2}$ 在 $P_0(0,0,0)$ 处的三个偏导数

$$\left.\frac{\partial f}{\partial x}\right|_{P_0}=\lim_{x\to0}\frac{|x|}{x},\quad \left.\frac{\partial f}{\partial y}\right|_{P_0}=\lim_{y\to0}\frac{|y|}{y},\quad \left.\frac{\partial f}{\partial z}\right|_{P_0}=\lim_{z\to0}\frac{|z|}{z}$$

显见皆不存在,但此函数 f 在 P_0 处沿着任何方向 $\boldsymbol{l}$ 的方向导数都等于1.

2) 方向导数与偏导数的关系

定理 5.5.1　函数 $f(x,y,z)$ 在 $P_0(x_0,y_0,z_0)$ 处偏导数 $\left.\frac{\partial f}{\partial x}\right|_{P_0}$ 存在的充要条件是 f 在 P_0 处沿 x 轴正方向与沿 x 轴负方向的方向导数皆存在,并互为相反数.

证　设 $\boldsymbol{l}=(1,0,0)$,若 $\left.\frac{\partial f}{\partial x}\right|_{P_0}=A$,则

$$\left.\frac{\partial f}{\partial \boldsymbol{l}}\right|_{P_0}=\lim_{\Delta x\to0^+}\frac{f(x_0+\Delta x,y_0,z_0)-f(x_0,y_0,z_0)}{\Delta x}=A$$

$$\left.\frac{\partial f}{\partial(-\boldsymbol{l})}\right|_{P_0}=\lim_{\Delta x\to0^-}\frac{f(x_0+\Delta x,y_0,z_0)-f(x_0,y_0,z_0)}{-\Delta x}=-A$$

即 f 在 P_0 处沿 x 轴正方向的方向导数存在,并等于 A;f 在 P_0 处沿 x 轴负方向的方向导数也存在,并等于 $-A$. 这就证明了必要性.

上述证明过程反过去也对,故充分性也成立.　□

与此定理相对应的,还有偏导数 $\left.\frac{\partial f}{\partial y}\right|_{P_0}$ 与 $\left.\frac{\partial f}{\partial z}\right|_{P_0}$ 存在的充要条件,此不赘述.

3) 方向导数的计算公式

定理 5.5.2　设函数 $f(x,y,z)$ 在点 $P_0(x_0,y_0,z_0)$ 处可微,向量 $\boldsymbol{l}$ 的方向余弦为 $\cos\alpha,\cos\beta,\cos\gamma$,则函数 f 在点 P_0 处沿方向 $\boldsymbol{l}$ 的方向导数存在,且

$$\left.\frac{\partial f}{\partial \boldsymbol{l}}\right|_{P_0}=f'_x(P_0)\cos\alpha+f'_y(P_0)\cos\beta+f'_z(P_0)\cos\gamma$$

证 在 P_0 处沿 $\boldsymbol{l}$ 方向取点 $P(x,y,z)$，$|P_0P|=\rho$,则

$$x=x_0+\rho\cos\alpha,\quad y=y_0+\rho\cos\beta,\quad z=z_0+\rho\cos\gamma$$

因为 f 在 P_0 处可微,所以

$$\begin{aligned}f(P)-f(P_0)&=f(x,y,z)-f(x_0,y_0,z_0)\\&=f'_x(P_0)(x-x_0)+f'_y(P_0)(y-y_0)+f'_z(P_0)(z-z_0)+o(\rho)\\&=f'_x(P_0)\rho\cos\alpha+f'_y(P_0)\rho\cos\beta+f'_z(P_0)\rho\cos\gamma+o(\rho)\end{aligned}$$

于是

$$\begin{aligned}\left.\frac{\partial f}{\partial \boldsymbol{l}}\right|_{P_0}&=\lim_{P\to P_0}\frac{f(P)-f(P_0)}{|P_0P|}\\&=\lim_{\rho\to0^+}\frac{f'_x(P_0)\rho\cos\alpha+f'_y(P_0)\rho\cos\beta+f'_z(P_0)\rho\cos\gamma}{\rho}+\frac{o(\rho)}{\rho}\\&=f'_x(P_0)\cos\alpha+f'_y(P_0)\cos\beta+f'_z(P_0)\cos\gamma\end{aligned}$$

□

例 2 求函数 $u=\cos(xy)+\frac{y}{z^2}$ 在点 $\left(1,\frac{\pi}{2},2\right)$ 处沿 $\boldsymbol{l}=(1,2,-2)$ 方向的方向导数.

解 由于 u 为三元初等函数,且

$$u'_x=-y\sin(xy),\quad u'_y=-x\sin(xy)+\frac{1}{z^2},\quad u'_z=\frac{-2y}{z^3}$$

显见 u 在 $\left(1,\frac{\pi}{2},2\right)$ 处可微. 记 $P_0\left(1,\frac{\pi}{2},2\right)$,则

$$u'_x(P_0)=-\frac{\pi}{2},\quad u'_y(P_0)=-\frac{3}{4},\quad u'_z(P_0)=-\frac{\pi}{8}$$

又 $\boldsymbol{l}^0=\left(\frac{1}{3},\frac{2}{3},-\frac{2}{3}\right)$,所以

$$\left.\frac{\partial u}{\partial \boldsymbol{l}}\right|_{P_0}=\left(-\frac{\pi}{2}\right)\left(\frac{1}{3}\right)+\left(-\frac{3}{4}\right)\left(\frac{2}{3}\right)+\left(-\frac{\pi}{8}\right)\left(-\frac{2}{3}\right)=-\frac{1}{2}-\frac{\pi}{12}$$

*5.5.2 梯度

设函数 $f(x,y,z)$ 在点 P_0 处可微,下面我们来研究函数 f 在 P_0 处沿什么方向的方向导数取最大值,也即沿哪个方向函数 f 的变化率最大.

1) 梯度的定义

定义 5.5.2(梯度) 设 $P_0\in\mathbf{R}^3$, $f\in\mathscr{D}(P_0)$,称向量

$$\mathbf{grad} f(P_0) \xlongequal{\text{def}} (f'_x(P_0), f'_y(P_0), f'_z(P_0))$$

为函数 $f(x,y,z)$ 在 P_0 的梯度.

2) 梯度的几何意义

设 $f(x,y,z)$ 在空间区域 G 上可微,$P_0 \in G$,若 $f(P_0)=C$,则 $f(x,y,z)=C$ 是 G 中的曲面,该曲面上任一点的函数值恒等于常数 C,故称曲面 $f(x,y,z)=C$ 为过点 P_0 的**等值面**. 由于等值面在点 P_0 处的法向量①为

$$\boldsymbol{n} = (f'_x(P_0), f'_y(P_0), f'_z(P_0))$$

显然 $\boldsymbol{n} = \mathbf{grad} f(P_0)$,所以向量 $\mathbf{grad} f(P_0)$ 是等值面 $f(x,y,z)=C$ 的法向量,且沿从低等值面到高等值面的方向.

3) 梯度与方向导数的关系

定理 5.5.3 设 $P_0 \in \mathbf{R}^3$,函数 f 在 P_0 处可微,则 f 在 P_0 处沿梯度 $\mathbf{grad} f(P_0)$ 方向的方向导数取最大值,其值为 $|\mathbf{grad} f(P_0)|$.

证 任取非零向量 $\boldsymbol{l}$,设向量 $\boldsymbol{l}$ 的方向余弦为 $\cos\alpha, \cos\beta, \cos\gamma$,则

$$\boldsymbol{l}^0 = (\cos\alpha, \cos\beta, \cos\gamma)$$

函数 f 在点 P_0 处沿 $\boldsymbol{l}$ 方向的方向导数为

$$\begin{aligned} \left.\frac{\partial f}{\partial \boldsymbol{l}}\right|_{P_0} &= f'_x(P_0)\cos\alpha + f'_y(P_0)\cos\beta + f'_z(P_0)\cos\gamma \\ &= \mathbf{grad} f(P_0) \cdot \boldsymbol{l}^0 = |\mathbf{grad} f(P_0)| \cos\theta \end{aligned} \tag{5.5.1}$$

这里 θ 为向量 $\mathbf{grad} f(P_0)$ 与非零向量 $\boldsymbol{l}$ 的夹角.

由式(5.5.1)可知,当 $\theta = 0$,即非零向量 $\boldsymbol{l}$ 取方向 $\mathbf{grad} f(P_0)$ 时,方向导数取最大值,其值为向量 $\mathbf{grad} f(P_0)$ 的模. □

4) 梯度的运算性质

定理 5.5.4 设三元函数 f, g 可微,$\varphi(x)$ 可导,a, b 为常数,则

(1) $\mathbf{grad} a = \mathbf{0}$;

(2) $\mathbf{grad}(af + bg) = a\mathbf{grad} f + b\mathbf{grad} g$;

(3) $\mathbf{grad}(fg) = f\mathbf{grad} g + g\mathbf{grad} f$;

(4) $\mathbf{grad}\left(\dfrac{f}{g}\right) = \dfrac{g\mathbf{grad} f - f\mathbf{grad} g}{g^2}$,其中 $g \neq 0$;

(5) $\mathbf{grad}\varphi(g) = \varphi'(g)\mathbf{grad} g$.

证 下面仅证(3)和(5),其余几条的证明是类似的.

(3) 由梯度的定义和求偏导的四则运算法则,有

①曲面的法向量即曲面的切平面的法向量,下面第 5.7 节将详细讨论.

$$\begin{aligned}\mathbf{grad}(fg) &= \left(\frac{\partial}{\partial x}(fg),\frac{\partial}{\partial y}(fg),\frac{\partial}{\partial z}(fg)\right)\\ &= (fg'_x+gf'_x,fg'_y+gf'_y,fg'_z+gf'_z)\\ &= (fg'_x,fg'_y,fg'_z)+(gf'_x,gf'_y,gf'_z)\\ &= f(g'_x,g'_y,g'_z)+g(f'_x,f'_y,f'_z)\\ &= f\mathbf{grad}g+g\mathbf{grad}f\end{aligned}$$

(5) 由梯度的定义与复合函数求偏导公式，有

$$\begin{aligned}\mathbf{grad}\varphi(g) &= \left(\frac{\partial}{\partial x}\varphi(g),\frac{\partial}{\partial y}\varphi(g),\frac{\partial}{\partial z}\varphi(g)\right)\\ &= (\varphi'(g)g'_x,\varphi'(g)g'_y,\varphi'(g)g'_z)\\ &= \varphi'(g)(g'_x,g'_y,g'_z)\\ &= \varphi'(g)\mathbf{grad}g\end{aligned}$$

□

例 3 一电量为 q 的电荷位于坐标原点，它在空间产生电位场，其电位为

$$U=\frac{q}{4\pi\varepsilon\sqrt{x^2+y^2+z^2}}$$

这里 ε 为正常数，求 $\mathbf{grad}U$.

解 设 $\boldsymbol{r}=(x,y,z)$，$|\boldsymbol{r}|=\sqrt{x^2+y^2+z^2}=r$，则 $U=\frac{k}{r}\left(k=\frac{q}{4\pi\varepsilon}\right)$. 应用梯度的运算性质，有

$$\begin{aligned}\mathbf{grad}U &= \left(\frac{k}{r}\right)'\mathbf{grad}r=-\frac{k}{r^2}\left(\frac{\partial r}{\partial x},\frac{\partial r}{\partial y},\frac{\partial r}{\partial z}\right)\\ &=-\frac{k}{r^2}\left(\frac{x}{r},\frac{y}{r},\frac{z}{r}\right)=-\frac{k}{r^3}\boldsymbol{r}\\ &=-\frac{q}{4\pi\varepsilon(x^2+y^2+z^2)^{3/2}}(x,y,z)\end{aligned}$$

习题 5.5

A 组

1. 求函数 $f=(x-1)^2+2(y+1)^2+3(z-2)^2-6$ 在点(2,0,1)处沿向量 $\boldsymbol{i}-2\boldsymbol{j}-2\boldsymbol{k}$ 方向的方向导数.

2. 求函数 $f=x^2-xy-2y^2$ 在点(1,2)处沿与 x 轴的夹角 60° 方向的方向导数.

3. 求函数 $f=xy+yz+zx$ 在点(2,1,3)处沿着从该点到点(5,5,15)方向的方向导数.

4. 求函数 $f = xyz + \ln(xyz)$ 在点(1,2,1)处沿什么方向的方向导数为0.

5. 若函数 $f(x,y)$ 在点 $P_0(2,0)$ 处沿指向点 $P_1(2,-2)$ 方向的方向导数等于1,沿指向原点方向的方向导数等于-3,求 f 在点 $P_0(2,0)$ 处沿指向点 $P_2(2,1)$ 方向的方向导数.

6. 求下列函数在指定点的梯度:

(1) $f = x^2y + xy^2$,点(1,2);

(2) $f = x^2 + 2y^2 + 3z^2 + yz - zx - 2xy$,点(1,-1,-2).

7. 函数 $f = xyz$ 在点(1,-1,1)处沿什么方向的方向导数取最大值?并求最大值.

B组

8. 设 $P_0 \in \mathbf{R}^3$,函数 $f \in \mathscr{C}^{(1)}(P_0)$,向量 $\boldsymbol{l}$ 的方向余弦为 $\cos\alpha,\cos\beta,\cos\gamma$,试用洛必达法则证明:

$$\left.\frac{\partial f}{\partial \boldsymbol{l}}\right|_{P_0} = f'_x(P_0)\cos\alpha + f'_y(P_0)\cos\beta + f'_z(P_0)\cos\gamma$$

9. 试问函数 $f = x^3 + y^3 + z^3 - 3xyz$ 在哪些点的梯度与 z 轴垂直?在哪些点的梯度等于 $\mathbf{0}$?

5.6 二元函数微分中值定理

这一节,我们将一元函数微分中值定理中的两个定理——拉格朗日中值定理和泰勒公式推广到二元函数.

5.6.1 二元函数的拉格朗日中值定理

定理 5.6.1(拉格朗日中值定理) 设 $P_0(a_0,b_0) \in \mathbf{R}^2, G = U_\delta(P_0)$,函数 $f \in \mathscr{C}(G)$,且 $f(x)$ 在 $U_\delta^\circ(P_0)$ 上可微,$\forall (a_1,b_1) \in U_\delta^\circ(P_0)$,则 $\exists \theta \in (0,1)$,使得

$$f(a_1,b_1) - f(a_0,b_0) = f'_x(\xi,\eta)(a_1 - a_0) + f'_y(\xi,\eta)(b_1 - b_0)$$

其中,$\xi = a_0 + \theta(a_1 - a_0), \eta = b_0 + \theta(b_1 - b_0)$.

证 令 $F(t) = f(a_0 + t(a_1 - a_0), b_0 + t(b_1 - b_0)), 0 \leqslant t \leqslant 1$,则 $F(0) = f(a_0,b_0), F(1) = f(a_1,b_1)$.因为函数 $f \in \mathscr{C}(G)$,所以 $F(t) \in \mathscr{C}[0,1]$;又因为 f 在 $U_\delta^\circ(P_0)$ 上可微,所以 $F(t) \in \mathscr{D}(0,1)$.应用一元函数的拉格朗日中值定理,必 $\exists \theta \in (0,1)$,使得

$$F(1) - F(0) = F'(\theta)(1-0) = F'(\theta) \tag{5.6.1}$$

由于 $0<t<1$ 时 $F(t)$ 的全导数为

$$F'(t)=f'_x(a_0+t(a_1-a_0),b_0+t(b_1-b_0))(a_1-a_0)$$
$$+f'_y(a_0+t(a_1-a_0),b_0+t(b_1-b_0))(b_1-b_0)$$

所以式(5.6.1)化为

$$f(a_1,b_1)-f(a_0,b_0)=f'_x(\xi,\eta)(a_1-a_0)+f'_y(\xi,\eta)(b_1-b_0)$$

其中,$\xi=a_0+\theta(a_1-a_0)$,$\eta=b_0+\theta(b_1-b_0)$,$0<\theta<1$. □

5.6.2 二元函数的泰勒公式

定理 5.6.2(泰勒公式) 设 $P(a,b)\in\mathbf{R}^2$,$G=U_\delta(P)$,函数 $f\in\mathscr{C}^{(2)}(G)$,则 $\forall(x,y)\in G$,有

$$f(x,y)=f(a,b)+f'_x(a,b)h+f'_y(a,b)k+\frac{1}{2!}[f''_{xx}(a,b)h^2+2f''_{xy}(a,b)hk+f''_{yy}(a,b)k^2]+o(\rho^2) \tag{5.6.2}$$

其中,$h=x-a$,$k=y-b$,$\rho=\sqrt{h^2+k^2}$.

***证** 令 $F(t)=f(a+ht,b+kt)$,$0\leqslant t\leqslant 1$,则

$$F(0)=f(a,b),\quad F(1)=f(x,y)$$

因 $f\in\mathscr{C}^{(2)}(G)$,所以 $F(t)\in\mathscr{C}^{(2)}[0,1]$. 应用马克劳林公式,$\exists\theta\in(0,1)$,使得

$$F(t)=F(0)+F'(0)t+\frac{1}{2!}F''(\theta t)t^2$$

令 $t=1$ 得

$$f(x,y)=f(a,b)+F'(0)+\frac{1}{2}F''(\theta)\quad(0<\theta<1) \tag{5.6.3}$$

由于全导数

$$F'(t)=f'_x(a+ht,b+kt)h+f'_y(a+ht,b+kt)k \tag{5.6.4}$$

$$F''(t)=f''_{xx}(a+ht,b+kt)h^2+2f''_{xy}(a+ht,b+kt)hk+f''_{yy}(a+ht,b+kt)k^2 \tag{5.6.5}$$

在(5.6.4)和(5.6.5)两式中分别令 $t=0$ 与 $t=\theta$ 得

$$F'(0)=f'_x(a,b)h+f'_y(a,b)k \tag{5.6.6}$$

$$F''(\theta)=f''_{xx}(a+h\theta,b+k\theta)h^2+2f''_{xy}(a+h\theta,b+k\theta)hk+f''_{yy}(a+h\theta,b+k\theta)k^2 \tag{5.6.7}$$

因为 $f\in\mathscr{C}^{(2)}$,所以 $h\to 0,k\to 0$ 时,有

$$f''_{xx}(a+h\theta,b+k\theta)=f''_{xx}(a,b)+\alpha\quad(\alpha\to 0)$$
$$f''_{xy}(a+h\theta,b+k\theta)=f''_{xy}(a,b)+\beta\quad(\beta\to 0)$$
$$f''_{yy}(a+h\theta,b+k\theta)=f''_{yy}(a,b)+\gamma\quad(\gamma\to 0)$$

一起代入式(5.6.7)得

$$F''(\theta)=f''_{xx}(a,b)h^2+2f''_{xy}(a,b)hk+f''_{yy}(a,b)k^2+\alpha h^2+2\beta hk+\gamma k^2 \tag{5.6.8}$$

由于 $\rho\to 0^+$ 时,有

$$\frac{|\alpha h^2+2\beta hk+\gamma k^2|}{\rho^2}=|\alpha|\frac{h^2}{h^2+k^2}+|\beta|\frac{2|hk|}{h^2+k^2}+|\gamma|\frac{k^2}{h^2+k^2}\leqslant|\alpha|+|\beta|+|\gamma|\to 0^+$$

所以

$$\alpha h^2+2\beta hk+\gamma k^2=o(\rho^2)\quad(\rho\to 0^+)$$

将此结论代入式(5.6.8)后,再与式(5.6.6)一起代入式(5.6.3),得

$$f(x,y)=f(a,b)+f'_x(a,b)h+f'_y(a,b)k+\frac{1}{2}[f''_{xx}(a,b)h^2+2f''_{xy}(a,b)hk+f''_{yy}(a,b)k^2]+o(\rho^2)$$

即式(5.6.2)成立. □

公式(5.6.2)称为函数 $f(x,y)$ 在点 (a,b) 的**二阶泰勒公式**.特别的,当点 (a,b) 为坐标原点 $(0,0)$ 时,式(5.6.2)化为

$$f(x,y)=f(0,0)+f'_x(0,0)x+f'_y(0,0)y+\frac{1}{2}[f''_{xx}(0,0)x^2+2f''_{xy}(0,0)xy+f''_{yy}(0,0)y^2]+o(\rho^2) \tag{5.6.9}$$

这里 $\rho=\sqrt{x^2+y^2}$.公式(5.6.9)称为函数 $f(x,y)$ 的**二阶马克劳林公式**.

习题 5.6

A 组

1. 求证:二元函数 $f(x,y)$ 在区域 G 上为常值的充要条件是 $\forall(x,y)\in G$,有 $f'_x(x,y)=0,f'_y(x,y)=0$.

2. 求函数 $f(x,y)=e^x\sin y$ 在$\left(0,\frac{\pi}{4}\right)$处的二阶泰勒公式.

3. 求函数 $f(x,y)=\ln(1+x-y)$ 的二阶马克劳林公式.

5.7 偏导数的应用

5.7.1 偏导数在几何上的应用

1) 空间曲面的切平面与法线

设有空间曲面Σ,P_0为曲面Σ上一定点,Γ为曲面Σ上通过点P_0的任意一条光滑曲线,如果空间曲线Γ在点P_0的切线总位于某一确定的平面Π上,则称平面Π为**曲面Σ在点P_0的切平面**.通过点P_0,并与切平面Π垂直的直线L称为**曲面Σ在点P_0的法线**,而曲面Σ在点P_0的切平面的法向量称为**曲面Σ在点P_0的法向量**.

下面来研究曲面Σ在点P_0的切平面和法线的方程.

设空间曲面Σ的方程为$F(x,y,z)=0$,因$P_0(x_0,y_0,z_0)\in\Sigma$,故$F(x_0,y_0,z_0)=0$.设函数$F$在点$P_0$处可微.在$\Sigma$上通过$P_0$任取光滑曲线$\Gamma$,设其方程为

$$\boldsymbol{r}(t)=(\varphi(t),\psi(t),\omega(t))$$

并设$x_0=\varphi(t_0)$,$y_0=\psi(t_0)$,$z_0=\omega(t_0)$,因曲线Γ光滑,故$\varphi,\psi,\omega\in\mathscr{C}^{(1)}(t_0)$,且有关于$t$的恒等式

$$F(\varphi(t),\psi(t),\omega(t))\equiv 0$$

此式在t_0处对t求全导数得

$$F'_x(P_0)\varphi'(t_0)+F'_y(P_0)\psi'(t_0)+F'_z(P_0)\omega'(t_0)=0$$

这表明曲面Σ上通过点P_0的任一光滑曲线Γ的切向量

$$\boldsymbol{r}'(t_0)=(\varphi'(t_0),\psi'(t_0),\omega'(t_0))$$

总垂直于向量

$$\boldsymbol{n}=(F'_x(P_0),F'_y(P_0),F'_z(P_0))$$

该向量$\boldsymbol{n}$就是空间曲面Σ在点P_0的法向量.

因而,曲面Σ在点$P_0(x_0,y_0,z_0)$的**切平面方程**为

$$F'_x(P_0)(x-x_0)+F'_y(P_0)(y-y_0)+F'_z(P_0)(z-z_0)=0$$

曲面Σ在点$P_0(x_0,y_0,z_0)$的**法线方程**为

$$\frac{x-x_0}{F'_x(P_0)}=\frac{y-y_0}{F'_y(P_0)}=\frac{z-z_0}{F'_z(P_0)}$$

若 $F \in \mathscr{C}^{(1)}$,且$(F'_x, F'_y, F'_z) \neq \mathbf{0}$,则称曲面$\Sigma$:$F(x,y,z)=0$为**光滑曲面**.

例 1 求曲面 $z = x^2 + y^2$ 在点$(1,2,5)$的切平面方程和法线方程.

解 令 $F = x^2 + y^2 - z$,$P_0(1,2,5)$,则法向量为

$$\boldsymbol{n} = (F'_x(P_0), F'_y(P_0), F'_z(P_0)) = (2,4,-1)$$

于是所求曲面在点 P_0 的切平面方程为

$$2x + 4y - z = D$$

再将 P_0 的坐标代入得 $D = 5$,故切平面方程为

$$2x + 4y - z = 5$$

曲面在点 P_0 的法线方程为

$$\frac{x-1}{2} = \frac{y-2}{4} = \frac{z-5}{-1}$$

例 2 求证:椭球面$\dfrac{x^2}{a^2}+\dfrac{y^2}{b^2}+\dfrac{z^2}{c^2}=1$在其上任一点$(x_0,y_0,z_0)$处的切平面方程为$\dfrac{x_0 x}{a^2}+\dfrac{y_0 y}{b^2}+\dfrac{z_0 z}{c^2}=1$.

证 令 $F = \dfrac{x^2}{a^2}+\dfrac{y^2}{b^2}+\dfrac{z^2}{b^2}-1$,则

$$(F'_x, F'_y, F'_z) = 2\left(\frac{x}{a^2},\frac{y}{b^2},\frac{z}{c^2}\right)$$

于是椭球面在点(x_0,y_0,z_0)的法向量为

$$\boldsymbol{n} = \left(\frac{x_0}{a^2},\frac{y_0}{b^2},\frac{z_0}{c^2}\right)$$

因此椭球面在点(x_0,y_0,z_0)的切平面方程为

$$\frac{x_0}{a^2}(x-x_0)+\frac{y_0}{b^2}(y-y_0)+\frac{z_0}{c^2}(z-z_0)=0$$

化简得

$$\frac{x_0 x}{a^2}+\frac{y_0 y}{b^2}+\frac{y_0 z}{c^2}=\frac{x_0^2}{a^2}+\frac{y_0^2}{b^2}+\frac{z_0^2}{c^2}=1$$

***例 3** 设由 $F\left(\dfrac{x-a}{z-c},\dfrac{y-b}{z-c}\right)=0$ 确定 $z=z(x,y)$,且函数 F 可微,求证:曲面 $z=z(x,y)$ 上任一点的切平面通过定点(a,b,c).

证　令 $f(x,y,z)=F\left(\frac{x-a}{z-c},\frac{y-b}{z-c}\right)$，则

$$(f'_x,f'_y,f'_z)=\left(\frac{1}{z-c}F'_1,\frac{1}{z-c}F'_2,-\frac{x-a}{(z-c)^2}F'_1-\frac{y-b}{(z-c)^2}F'_2\right)$$

于是曲面 $z=z(x,y)$ 上点(x_0,y_0,z_0)处的法向量为

$$\boldsymbol{n}=((z_0-c)F'_1,(z_0-c)F'_2,-(x_0-a)F'_1-(y_0-b)F'_2)$$

因而该曲面在点(x_0,y_0,z_0)处的切平面方程为

$$\begin{aligned}&(z_0-c)F'_1\cdot(x-x_0)+(z_0-c)F'_2\cdot(y-y_0)\\&-[(x_0-a)F'_1+(y_0-b)F'_2](z-z_0)=0\end{aligned}$$

将点(a,b,c)代入上式得

$$\begin{aligned}&(z_0-c)(a-x_0)F'_1+(z_0-c)(b-y_0)F'_2-(x_0-a)(c-z_0)F'_1\\&-(y_0-b)(c-z_0)F'_2\equiv 0\end{aligned}$$

即曲面 $z=z(x,y)$ 上任一点的切平面通过点(a,b,c).

*2) 空间曲线的切线与法平面(Ⅱ)

当空间曲线用参数方程给出时，该曲线的切线与法平面问题在第 4.6 节中已解决. 这里研究空间曲线用一般式方程给出时，其切线和法平面方程的求法.

设空间曲线 Γ 的一般式方程为

$$\begin{cases}F(x,y,z)=0,\\G(x,y,z)=0\end{cases}\tag{5.7.1}$$

这里函数 F,G 可微. 假设这个一般式方程可化为参数方程

$$\boldsymbol{r}(t)=(\varphi(t),\psi(t),\omega(t))\quad(\alpha\leqslant t\leqslant\beta)$$

代入式(5.7.1)得到关于 t 的恒等式

$$\begin{cases}F(\varphi(t),\psi(t),\omega(t))\equiv 0,\\G(\varphi(t),\psi(t),\omega(t))\equiv 0\end{cases}$$

两式分别对 t 求全导数得

$$\begin{cases}F'_x\cdot\varphi'(t)+F'_y\cdot\psi'(t)+F'_z\cdot\omega'(t)=0,\\G'_x\cdot\varphi'(t)+G'_y\cdot\psi'(t)+G'_z\cdot\omega'(t)=0\end{cases}\tag{5.7.2}$$

记

$$\boldsymbol{n}_1=(F'_x,F'_y,F'_z),\quad \boldsymbol{n}_2=(G'_x,G'_y,G'_z)$$

这里 $\boldsymbol{n}_1,\boldsymbol{n}_2$ 分别为曲面 $F(x,y,z)=0$ 与 $G(x,y,z)=0$ 在点 (x,y,z) 的法向量.

式(5.7.2)表明曲线 Γ 在点 (x,y,z) 的切向量 $\boldsymbol{r}'(t)=(\varphi'(t),\psi'(t),\omega'(t))$ 同时垂直于向量 $\boldsymbol{n}_1$ 与 $\boldsymbol{n}_2$,因而 $\boldsymbol{r}'(t)$ 与向量 $\boldsymbol{n}_1\times\boldsymbol{n}_2$ 平行,所以曲线 Γ 在点 (x_0,y_0,z_0) 的切向量可取为

$$(\boldsymbol{n}_1\times\boldsymbol{n}_2)\Big|_{P_0}=\left(\begin{vmatrix}F'_y & F'_z\\ G'_y & G'_z\end{vmatrix},\begin{vmatrix}F'_z & F'_x\\ G'_z & G'_x\end{vmatrix},\begin{vmatrix}F'_x & F'_y\\ G'_x & G'_y\end{vmatrix}\right)\Bigg|_{P_0}$$

于是曲线 Γ 在点 P_0 的切线方程为

$$\frac{x-x_0}{(F'_y\cdot G'_z-F'_z\cdot G'_y)\Big|_{P_0}}=\frac{y-y_0}{(F'_z\cdot G'_x-F'_x\cdot G'_z)\Big|_{P_0}}=\frac{z-z_0}{(F'_x\cdot G'_y-F'_y\cdot G'_x)\Big|_{P_0}}$$

上式中分母中的三个常数分别记为 A,B,C,则曲线 Γ 在点 (x_0,y_0,z_0) 的法平面方程为

$$A(x-x_0)+B(y-y_0)+C(z-z_0)=0$$

例 4(同第 4.6 节例 4)　求曲线

$$\begin{cases}z=\sqrt{x^2+y^2},\\ x^2+y^2=2x\end{cases}$$

在点 $P_0(1,1,\sqrt{2})$ 的切线方程和法平面方程.

解　令 $F(x,y,z)=x^2+y^2-z^2,G(x,y,z)=x^2+y^2-2x$,则

$$(F'_x,F'_y,F'_z)\Big|_{P_0}=2(x,y,-z)\Big|_{P_0}=2(1,1,-\sqrt{2})$$

$$(G'_x,G'_y,G'_z)\Big|_{P_0}=2(x-1,y,0)\Big|_{P_0}=2(0,1,0)$$

故曲面 $F(x,y,z)=0$ 在点 P_0 的法向量为 $\boldsymbol{n}_1=(1,1,-\sqrt{2})$,曲面 $G(x,y,z)=0$ 在点 P_0 的法向量为 $\boldsymbol{n}_2=(0,1,0)$,于是两曲面的交线在点 P_0 的切向量为

$$\boldsymbol{n}_1\times\boldsymbol{n}_2=(1,1,-\sqrt{2})\times(0,1,0)=(0+\sqrt{2},0-0,1-0)=(\sqrt{2},0,1)$$

因此曲线在点 P_0 的切线方程为

$$\frac{x-1}{\sqrt{2}}=\frac{y-1}{0}=\frac{z-\sqrt{2}}{1}$$

曲线在点 P_0 的法平面方程

$$\sqrt{2}(x-1)+0(y-1)+1(z-\sqrt{2})=0$$

化简得 $\sqrt{2}x+z=2\sqrt{2}$.

5.7.2 二元函数的极值

1) 极值的定义与极值存在的必要条件

定义 5.7.1(极值) 设 $D\subseteq \mathbf{R}^2$, D 为开域, $P_0(x_0,y_0)$ 是 D 的内点, 函数 $f(x,y)$ 在 D 上有定义, 若 $\exists U_\delta^\circ(P_0)\subseteq D$, 使得 $\forall (x,y)\in U_\delta^\circ(P_0)$, 恒有

$$f(x,y)<f(x_0,y_0)\quad (f(x,y)>f(x_0,y_0))$$

则称 $f(x_0,y_0)$ 为函数 $f(x,y)$ 的一个**极大值(极小值)**, 并称 (x_0,y_0) 为 $f(x,y)$ 的一个**极大值点(极小值点)**. 极大值与极小值统称为**极值**, 极大值点与极小值点统称为**极值点**.

定理 5.7.1(极值存在的必要条件) 设函数 $f\in \mathscr{D}(x_0,y_0)$, 且 $f(x_0,y_0)$ 为 f 的极值, 则 $f'_x(x_0,y_0)=0$, $f'_y(x_0,y_0)=0$.

证 分别令 $y=y_0$ 与 $x=x_0$, 得到两个一元函数 $f(x,y_0)$ 与 $f(x_0,y)$. 因为 $f(x_0,y_0)$ 是 f 的极值, 所以 $f(x_0,y_0)$ 既是 $f(x,y_0)$ 的极值, 又是 $f(x_0,y)$ 的极值, 由一元函数极值的必要条件得

$$\frac{\mathrm{d}}{\mathrm{d}x}f(x,y_0)\Big|_{x=x_0}=f'_x(x_0,y_0)=0$$

$$\frac{\mathrm{d}}{\mathrm{d}y}f(x_0,y)\Big|_{y=y_0}=f'_y(x_0,y_0)=0$$ □

定义 5.7.2(驻点) 设 $P_0(x_0,y_0)\in \mathbf{R}^2$, 函数 $f\in \mathscr{D}(P_0)$, 若 $f'_x(P_0)=0$, $f'_y(P_0)=0$, 则称点 P_0 为函数 f 的**驻点**.

定理 5.7.1 表明: 可偏导的函数只能在驻点处取极值. 值得注意的是, 可偏导函数在驻点处的函数值却不一定是极值. 例如函数 $z=xy$, 点 $(0,0)$ 为其驻点, 但 $f(0,0)=0$ 显然不是极值. 此外, 对于二元函数, 除驻点处函数可能取得极值外, 在其不连续点或不可偏导的点处也可能取得极值. 例如函数 $z=\sqrt{x^2+y^2}$ 在点 $(0,0)$ 处不可偏导, 这是因为 $z(x,0)=|x|$ 在 $x=0$ 不可导, $z(0,y)=|y|$ 在 $y=0$ 不可导, 但是 $z(0,0)=0$ 显然是其极小值. 又如函数

$$f(x,y)=\begin{cases}x^2+y^2 & ((x,y)\neq(0,0));\\ 1 & ((x,y)=(0,0))\end{cases}$$

在点 $(0,0)$ 处不连续, 但 $f(0,0)=1$ 为其极大值.

2) 极值存在的判别法

多元函数在不可偏导的点或驻点处需满足什么条件才能取得极值呢? 这一问题比一元函数复杂得多, 而三元函数比二元函数又复杂些. 下面我们只研究二元函

数取极值的充分条件.

定理 5.7.2(极值判别法 Ⅰ) 设 $P_0(x_0,y_0)\in\mathbf{R}^2$,函数 f 在 $U_\delta(P_0)$ 上连续,f 在 $U_\delta^\circ(P_0)$ 上可微. 记

$$\mu(x,y)=f'_x(x,y)(x-x_0)+f'_y(x,y)(y-y_0)$$

(1) 若 $\forall(x,y)\in U_\delta^\circ(P_0)$,有 $\mu(x,y)>0$,则 $f(x_0,y_0)$ 为函数 f 的极小值;

(2) 若 $\forall(x,y)\in U_\delta^\circ(P_0)$,有 $\mu(x,y)<0$,则 $f(x_0,y_0)$ 为函数 f 的极大值.

证 $\forall(x,y)\in U_\delta^\circ(P_0)$,应用二元函数的拉格朗日中值定理,$\exists\theta\in(0,1)$,使得

$$f(x,y)-f(x_0,y_0)=f'_x(\xi,\eta)(x-x_0)+f'_y(\xi,\eta)(y-y_0)\quad(5.7.3)$$

其中,$\xi=x_0+\theta(x-x_0)$,$\eta=y_0+\theta(y-y_0)$. 由于

$$x-x_0=\frac{1}{\theta}(\xi-x_0),\quad y-y_0=\frac{1}{\theta}(\eta-y_0)$$

代入式(5.7.3)得

$$f(x,y)-f(x_0,y_0)=\frac{1}{\theta}[f'_x(\xi,\eta)(\xi-x_0)+f'_y(\xi,\eta)(\eta-y_0)]=\frac{1}{\theta}\mu(\xi,\eta)$$

其中$(\xi,\eta)\in U_\delta^\circ(P_0)$.

在情况(1)下,$\mu(\xi,\eta)>0$,故 $f(x,y)>f(x_0,y_0)$,所以 $f(x_0,y_0)$ 为函数 f 的极小值;在情况(2)下,$\mu(\xi,\eta)<0$,故 $f(x,y)<f(x_0,y_0)$,所以 $f(x_0,y_0)$ 为函数 f 的极大值. □

例 5 判别函数 $f(x,y)=\sqrt{x^2+y^2}+\sin(xy)$ 在$(0,0)$ 处是否取极值.

解 函数 $f(x,y)$ 在$(0,0)$ 处连续,但在$(0,0)$ 处偏导数不存在. 当$(x,y)\neq(0,0)$ 时,有

$$f'_x=\frac{x}{\sqrt{x^2+y^2}}+y\cos(xy),\quad f'_y=\frac{y}{\sqrt{x^2+y^2}}+x\cos(xy)$$

因 f'_x,f'_y在$(x,y)\neq(0,0)$ 时连续,所以函数 f 在$(x,y)\neq(0,0)$ 时可微. 因为

$$\begin{aligned}\mu(x,y)&=xf'_x+yf'_y=\sqrt{x^2+y^2}+2xy\cos(xy)\\&=\rho[1+2\rho\sin\theta\cos\theta\cos(\rho^2\sin\theta\cos\theta)]=\rho+o(\rho)\end{aligned}$$

又因为 $\rho=\sqrt{x^2+y^2}>0$,故 ρ 充分小时 $\mu(x,y)>0$,应用极值判别法Ⅰ,可得函数 $f(x,y)$ 在$(0,0)$ 取极小值 $f(0,0)=0$.

定理 5.7.3(极值判别法 Ⅱ) 设 $P_0(x_0,y_0)\in\mathbf{R}^2$,$G=U_\delta(P_0)$,$f\in\mathscr{C}^{(2)}(G)$,若$(x_0,y_0)$ 是函数 f 的驻点,令

$$A = f''_{xx}(x_0, y_0),\quad B = f''_{xy}(x_0, y_0),\quad C = f''_{yy}(x_0, y_0)$$

(1) 若 $B^2 - AC < 0, A > 0$,则 $f(x_0, y_0)$ 为 f 的极小值;

(2) 若 $B^2 - AC < 0, A < 0$,则 $f(x_0, y_0)$ 为 f 的极大值;

(3) 若 $B^2 - AC > 0$,则 $f(x_0, y_0)$ 不是 f 的极值.

证　$\forall (x,y) \in U_\delta^\circ(P_0)$,应用二元函数的二阶泰勒公式,有

$$\begin{aligned} f(x,y) - f(x_0,y_0) &= f'_x(x_0,y_0)h + f'_y(x_0,y_0)k + \frac{1}{2}[f''_{xx}(x_0,y_0)h^2 \\ &\quad + 2f''_{xy}(x_0,y_0)hk + f''_{yy}(x_0,y_0)k^2] + o(\rho^2) \\ &= \frac{1}{2}(Ah^2 + 2Bhk + Ck^2) + o(\rho^2) \end{aligned} \tag{5.7.4}$$

其中,$h = x - x_0, k = y - y_0, \rho = \sqrt{h^2 + k^2}$.记

$$\varphi(h,k) = Ah^2 + 2Bhk + Ck^2$$

因 $h = \rho\cos\theta, k = \rho\sin\theta$,所以 $\varphi(h,k)$ 至多是 ρ 的二阶无穷小,而 $o(\rho^2)$ 高于 ρ 的二阶无穷小,因此由式(5.7.4) 可知:当 ρ 充分小时,$f(x,y) - f(x_0,y_0)$ 的符号由 $\varphi(h,k)$ 决定.

当 $AC \neq 0$ 时,有

$$\varphi(h,k) = \frac{1}{A}[(Ah + Bk)^2 - (B^2 - AC)k^2] = \frac{1}{C}[(Bh + Ck)^2 - (B^2 - AC)h^2]$$

(1) 当 $B^2 - AC < 0, A > 0$ 时,得 $C > 0$,因 h,k 不全为 0,故 $\varphi(h,k) > 0$,所以 ρ 充分小时,$f(x,y) - f(x_0,y_0) > 0$,即 $f(x_0,y_0)$ 为极小值.

(2) 当 $B^2 - AC < 0, A < 0$ 时,得 $C < 0$,因 h,k 不全为 0,故 $\varphi(h,k) < 0$,所以 ρ 充分小时,$f(x,y) - f(x_0,y_0) < 0$,即 $f(x_0,y_0)$ 为极大值.

(3) 当 $B^2 - AC > 0$ 时

① 若 A, C 不全为 0,不妨设 $A \neq 0$,当 (x,y) 沿直线 $A(x - x_0) + B(y - y_0) = 0$ 接近 (x_0,y_0) 时,因 $Ah + Bk = 0, \varphi(h,k) = -\frac{1}{A}(B^2 - AC)k^2$,所以 $\varphi(h,k)$ 与 A 异号;当 (x,y) 沿直线 $y = y_0$ 接近 (x_0,y_0) 时,因 $k = 0, \varphi(h,k) = Ah^2$,所以 $\varphi(h,k)$ 与 A 同号. 故 $\varphi(h,k)$ 的符号可正可负,所以 $f(x_0,y_0)$ 不是极值.

② 若 $A = C = 0$,因 $B^2 - AC = B^2 > 0$,故 $B \neq 0$,不妨设 $B > 0$,则 $\varphi(h,k) = 2Bhk$ 与 hk 同号. 在 (x_0,y_0) 邻近,hk 的符号可正可负,所以 $\varphi(h,k)$ 的符号可正可负,于是 $f(x_0,y_0)$ 不是极值. □

注　在定理 5.7.3 中,若 $B^2 - AC = 0$,则不能确定 $f(x_0,y_0)$ 是否是极值. 例如下列三个函数

$$f_1(x,y)=x^4+y^4,\quad f_2(x,y)=-x^4-y^4,\quad f_3(x,y)=xy^2$$

在(0,0)处 B^2-AC 都等于0,易于证明 $f_1(0,0)$ 是极小值,$f_2(0,0)$ 是极大值,而 $f_3(0,0)$ 不是极值.

例6 求函数 $f(x,y)=x^3-12xy+y^3$ 的极值.

解 由

$$\begin{cases}f'_x=3(x^2-4y)=0,\\ f'_y=-3(4x-y^2)=0\end{cases}$$

解得驻点为 $P_1(0,0)$,$P_2(4,4)$,无不可偏导点. 又

$$B^2-AC=(f''_{xy})^2-f''_{xx}\cdot f''_{yy}=36(4-xy)$$

在点 P_1 处,$B^2-AC=144>0$,故 $f(0,0)=0$ 不是极值;在点 P_2 处,$B^2-AC=-432<0$,又 $A=f''_{xx}(4,4)=24>0$,故 $f(4,4)=-64$ 为极小值. 因 f 为可微函数,只能在驻点处取极值,故无极大值.

例7 制作一个无盖的水槽,容积为定值 $4(\mathrm{m}^3)$,可以制成长方体形,也可以制成圆柱形,试问制成哪一种形状所用的材料最省?如果制成的形状是长方体形,求出水槽的长、宽、高;如果制成的形状是圆柱形,求出水槽的底面半径和水槽的高.

解 如果制成长方体形,设水槽的长、宽、高分别为 x,y,z,则 $xyz=4$,水槽的表面积为

$$S=xy+2(x+y)z=xy+2(x+y)\frac{4}{xy}=xy+8\left(\frac{1}{x}+\frac{1}{y}\right)$$

这里 $x>0,y>0$. 因此问题化为求表面积 S 的最小值. 由

$$\begin{cases}\dfrac{\partial S}{\partial x}=y-\dfrac{8}{x^2}=0,\\ \dfrac{\partial S}{\partial y}=x-\dfrac{8}{y^2}=0\end{cases}$$

解得驻点为 $P_0(2,2)$,由于

$$A=\frac{\partial^2 S}{\partial x^2}=\frac{16}{x^3}\Big|_{P_0}=2,\quad B=\frac{\partial^2 S}{\partial x\partial y}=1,\quad C=\frac{\partial^2 S}{\partial y^2}=\frac{16}{y^3}\Big|_{P_0}=2$$

因 $B^2-AC=-3<0$,且 $A>0$,所以 $S(2,2)=12(\mathrm{m}^2)$ 为极小值.

如果制成圆柱形,设水槽的底面半径和水槽的高分别为 r,h,则 $\pi r^2h=4$,水槽的表面积为

$$S=\pi r^2+2\pi rh=\pi r^2+\frac{8}{r}$$

这里 $r>0$. 因此问题化为求表面积 S 的最小值. 由 $S'(r)=2\pi r-\frac{8}{r^2}=0$,解得驻点为 $r_0=\sqrt[3]{\frac{4}{\pi}}$,又因 $S''(r)=2\pi+\frac{16}{r^3}>0$,所以 $S\left(\sqrt[3]{\frac{4}{\pi}}\right)=6\sqrt[3]{2\pi}(\mathrm{m}^2)$ 为极小值.

由于 $12>6\sqrt[3]{2\pi}$,所以水槽制成圆柱形所用的材料最省. 此时圆柱形水槽的底面半径为 $\sqrt[3]{\frac{4}{\pi}}(\mathrm{m})$,水槽的高的也为 $\sqrt[3]{\frac{4}{\pi}}(\mathrm{m})$.

5.7.3　条件极值

上小节例 7 所示极值问题中,当水槽为长方体形时,求表面积 S 的极值问题也可叙述为求函数 $S=S(x,y,z)=xy+2(x+y)z$ 满足约束方程

$$\varphi(x,y,z)=4-xyz=0$$

的极值. 这类极值问题称为**条件极值**.

在此例求解过程中,我们先是由约束方程 $\varphi(x,y,z)=0$ 解出 $z=z(x,y)$,然后将其代入 $S(x,y,z)$ 得到二元函数 $S(x,y,z(x,y))$,从而将条件极值问题化为求 $S(x,y,z(x,y))$ 在无约束条件下的极值. 但是,该解法常常行不通,这是因为隐函数 $z=z(x,y)$ 常常解不出来,或是求解比较困难. 下面介绍解决条件极值问题的一种行之有效的方法.

定理 5.7.4(拉格朗日乘数法)　设函数 $f(x,y,z)$ 可微,曲面 $\varphi(x,y,z)=0$ 光滑,若函数 $f(x,y,z)$ 满足约束方程 $\varphi(x,y,z)=0$ 的条件极值在点 $P_0(x_0,y_0,z_0)$ 取得,令

$$F(x,y,z,\lambda)=f(x,y,z)+\lambda\varphi(x,y,z) \tag{5.7.5}$$

则 (x_0,y_0,z_0) 满足下列方程组

$$\begin{cases}F'_x=f'_x(x,y,z)+\lambda\varphi'_x(x,y,z)=0,\\F'_y=f'_y(x,y,z)+\lambda\varphi'_y(x,y,z)=0,\\F'_z=f'_z(x,y,z)+\lambda\varphi'_z(x,y,z)=0,\\F'_\lambda=\varphi(x,y,z)=0\end{cases} \tag{5.7.6}$$

证　因函数 $f(x,y,z)$ 在点 $P_0(x_0,y_0,z_0)$ 取得条件极值,首先有

$$\varphi(P_0)=\varphi(x_0,y_0,z_0)=0 \tag{5.7.7}$$

因曲面 $\varphi(x,y,z)=0$ 光滑,不妨设 $\varphi'_z(P_0)\neq 0$,据隐函数存在定理,存在 (x_0,y_0) 的邻域 U,使得方程 $\varphi(x,y,z)=0$ 有唯一的解 $z=z(x,y)$,$(x,y)\in U$. 并且

$$\forall(x,y)\in U,\quad \varphi(x,y,z(x,y))=0$$

$$\left.\frac{\partial z}{\partial x}\right|_{(x_0,y_0)}=-\frac{\varphi_x'(P_0)}{\varphi_z'(P_0)},\quad \left.\frac{\partial z}{\partial y}\right|_{(x_0,y_0)}=-\frac{\varphi_y'(P_0)}{\varphi_z'(P_0)} \tag{5.7.8}$$

又由于 $f(x,y,z(x,y))$ 在(x_0,y_0)取极值,由极值存在的必要条件得

$$\begin{cases} f_x'(P_0)+f_z'(P_0)\cdot\left.\dfrac{\partial z}{\partial x}\right|_{(x_0,y_0)}=0, \\ f_y'(P_0)+f_z'(P_0)\cdot\left.\dfrac{\partial z}{\partial y}\right|_{(x_0,y_0)}=0 \end{cases} \tag{5.7.9}$$

将式(5.7.8)代入式(5.7.9)得

$$\begin{cases} f_x'(P_0)-\dfrac{1}{\varphi_z'(P_0)}f_z'(P_0)\varphi_x'(P_0)=0, \\ f_y'(P_0)-\dfrac{1}{\varphi_z'(P_0)}f_z'(P_0)\varphi_y'(P_0)=0 \end{cases} \tag{5.7.10}$$

记 $\lambda_0=-\dfrac{1}{\varphi_z'(P_0)}\cdot f_z'(P_0)$,代入式(5.7.10),并与式(5.7.7)联立得

$$\begin{cases} f_x'(P_0)+\lambda_0\varphi_x'(P_0)=0, \\ f_y'(P_0)+\lambda_0\varphi_y'(P_0)=0, \\ f_z'(P_0)+\lambda_0\varphi_z'(P_0)=0, \\ \varphi(P_0)=0 \end{cases} \tag{5.7.11}$$

式(5.7.11)表明(x_0,y_0,z_0)满足方程组(5.7.6). □

式(5.7.5)中的函数 $F(x,y,z,\lambda)$ 称为**拉格朗日函数**,其中参数 λ 称为**拉格朗日乘数**.

定理 5.7.4 表示:欲求函数 $f(x,y,z)$ 满足约束方程 $\varphi(x,y,z)=0$ 的条件极值,可先构造拉格朗日函数 $F(x,y,z,\lambda)$,并求出该函数的驻点(x_0,y_0,z_0,λ_0),则(x_0,y_0,z_0)就是可疑的条件极值点.然后根据问题的实际意义说明条件极值的存在性,如果可疑的条件极值点是唯一的,则可断言 $f(x_0,y_0,z_0)$ 即为所求的条件极大(或极小)值;如果可疑的条件极值点有两个,则其中一点的函数值为条件极大值,另一点的函数值为条件极小值.

拉格朗日乘数法亦适用于 f 为二元函数,φ 也为二元函数的情况,还可推广到函数 $f(x,y,z)$ 满足两个约束方程

$$\varphi_1(x,y,z)=0,\quad \varphi_2(x,y,z)=0$$

的情况,这时拉格朗日函数中含有两个拉格朗日乘数,即

$$F(x,y,z,\lambda,\mu)=f(x,y,z)+\lambda\varphi_1(x,y,z)+\mu\varphi_2(x,y,z)$$

可疑的条件极值点为函数 $F(x,y,z,\lambda,\mu)$ 的驻点.

例 8 求函数 $z=6-4x-y$ 满足约束方程 $2x^2+y^2=1$ 的条件极值.

解法 1 构造拉格朗日函数

$$F(x,y,\lambda)=6-4x-y+\lambda(2x^2+y^2-1)$$

由方程组

$$\begin{cases} F'_x=-4+4\lambda x=0, \\ F'_y=-1+2\lambda y=0, \\ F'_\lambda=2x^2+y^2-1=0 \end{cases}$$

解得可疑的条件极值点为 $P_1\left(\dfrac{2}{3},\dfrac{1}{3}\right)$，$P_2\left(-\dfrac{2}{3},-\dfrac{1}{3}\right)$. 由于二元初等函数 z 在椭圆 $2x^2+y^2=1$ 上有最大值与最小值，而 $z\left(\dfrac{2}{3},\dfrac{1}{3}\right)=3$，$z\left(-\dfrac{2}{3},-\dfrac{1}{3}\right)=9$，所以函数 z 的条件极小值为 3，条件极大值为 9.

解法 2 此问题可化为求空间曲线 $\begin{cases} 4x+y+z=6, \\ 2x^2+y^2=1 \end{cases}$ 上坐标 z 的最大值与最小值. 应用拉格朗日乘数法，令

$$F=z+\lambda(4x+y+z-6)+\mu(2x^2+y^2-1)$$

由方程组

$$\begin{cases} F'_x=4\lambda+4\mu x=0, \\ F'_y=\lambda+2\mu y=0, \\ F'_z=1+\lambda=0, \\ F'_\lambda=4x+y+z-6=0, \\ F'_\mu=2x^2+y^2-1=0 \end{cases}$$

解得可疑的极值点为 $P_1\left(\dfrac{2}{3},\dfrac{1}{3},3\right)$ 与 $P_2\left(-\dfrac{2}{3},-\dfrac{1}{3},9\right)$. 根据问题的几何意义，坐标 z 的最大值与最小值存在，故所求 z 的最小值为 3，最大值为 9.

例 9 已知曲面 $2x^2+y^2+4z^2=32$ 与平面 $2x+y+2z=0$ 的交线 Γ 是椭圆，Γ 在 xOy 平面上的投影 Γ_1 也是椭圆.

(1) 试求椭圆 Γ_1 的四个顶点的坐标，并求 Γ_1 所围平面图形的面积；

(2) 试求椭圆 Γ 所围平面图形的面积.

解 (1) 根据已知条件可得椭圆 Γ 在 xOy 平面上的投影 Γ_1 的方程为

$$\begin{cases} 3x^2+y^2+2xy=16, \\ z=0 \end{cases}$$

因为 Γ_1 关于坐标原点中心对称,所以椭圆 Γ_1 的中心是(0,0).为了求椭圆 Γ_1 的四个顶点的坐标,只要求椭圆 Γ_1 上到坐标原点的最大距离与最小距离的点.

取拉格朗日函数 $F = x^2 + y^2 + \lambda(3x^2 + y^2 + 2xy - 16)$,由

$$\begin{cases} F'_x = 2x + 2\lambda(3x + y) = 0, \\ F'_y = 2y + 2\lambda(y + x) = 0, \\ 3x^2 + y^2 + 2xy = 16 \end{cases}$$

解得 $x = \pm 2$.当 $x = 2$ 时可得可疑的条件极值点 $A_1(2, -2+2\sqrt{2})$, $B_1(2, -2-2\sqrt{2})$,当 $x = -2$ 时可得可疑的条件极值点 $C_1(-2, 2+2\sqrt{2})$, $D_1(-2, 2-2\sqrt{2})$,则 A_1, B_1, C_1, D_1 即为椭圆的四个顶点,它们的坐标即为椭圆顶点的坐标.

由于

$$|OA_1| = |OD_1| = 2\sqrt{4-2\sqrt{2}}, \quad |OB_1| = |OC_1| = 2\sqrt{4+2\sqrt{2}}$$

所以椭圆的长半轴 $a = 2\sqrt{4+2\sqrt{2}}$,椭圆的短半轴 $b = 2\sqrt{4-2\sqrt{2}}$,于是椭圆 Γ_1 所围图形的面积为 $S_1 = \pi ab = 8\sqrt{2}\pi$.

(2) 由于平面 $2x + y + 2z = 0$ 的法向量的方向余弦中 $\cos\gamma = \dfrac{2}{3}$,所以椭圆 Γ 所围图形的面积为 $S = \dfrac{S_1}{\cos\gamma} = 12\sqrt{2}\pi$.

5.7.4 函数的最值

设 $G \subseteq \mathbf{R}^2$ 或 $\mathbf{R}^3$,且 G 为有界闭域,若函数 $f \in \mathscr{C}(G)$,由多元连续函数的最值定理,f 在 G 上有最大值与最小值.现在考虑如何求最大值与最小值.若进一步假设函数 f 在 $G \backslash \partial G$ 上可微,则 f 在 $G \backslash \partial G$ 内的极值只能在其驻点处取得;而函数 f 在 G 的边界 ∂G 上的极值可应用拉格朗日乘数法求得可疑的条件极值点,则函数 f 在 ∂G 上的极值只能在可疑的条件极值点处取得.设函数 f 在 $G \backslash \partial G$ 内的驻点为 P_1, $P_2, \cdots, P_k$,函数 f 在 ∂G 上的可疑的条件极值点为 $P_{k+1}, \cdots, P_n$,则 f 在 G 上的最大值与最小值分别为

$$\max_{P \in G} f = \max\{f(P_1), f(P_2), \cdots, f(P_n)\}$$

$$\min_{P \in G} f = \min\{f(P_1), f(P_2), \cdots, f(P_n)\}$$

最大值与最小值统称为**最值**.

注 用上述方法求函数的最值,回避了对每一驻点是否是极值点的逐一判别,只是多求了几个点的函数值.就计算量而言,这样做是比较好的.

例 10　求函数 $f(x,y)=x^2-2xy$ 在区域 $G:2x^2+y^2\leqslant 6$ 上的最大值与最小值.

解　在 $G\backslash\partial G$ 即 $2x^2+y^2<6$ 上,由

$$\begin{cases}f'_x=2x-2y=0,\\ f'_y=-2x=0\end{cases}$$

解得驻点 $P_1(0,0)$.

下面求函数 $f(x,y)$ 在 ∂G 即 $2x^2+y^2=6$ 上的可疑的条件极值点.令

$$F=x^2-2xy+\lambda(2x^2+y^2-6)$$

由方程组

$$\begin{cases}F'_x=2[(1+2\lambda)x-y]=0,\\ F'_y=2(-x+\lambda y)=0,\\ F'_\lambda=2x^2+y^2-6=0\end{cases}$$

可得 $\lambda=-1,\dfrac{1}{2}$.若 $\lambda=-1$,解得可疑的极值点为 $P_2(\sqrt{2},-\sqrt{2}),P_3(-\sqrt{2},\sqrt{2})$;若 $\lambda=\dfrac{1}{2}$,解得可疑的极值点为 $P_4(1,2),P_5(-1,-2)$.

由于 $f(P_1)=f(0,0)=0,f(P_2)=f(\sqrt{2},-\sqrt{2})=6,f(P_3)=f(-\sqrt{2},\sqrt{2})=6,f(P_4)=f(1,2)=-3,f(P_5)=f(-1,-2)=-3$,所以

$$\max f=\max\{0,6,-3\}=6$$

$$\min f=\min\{0,6,-3\}=-3$$

*5.7.5　最小二乘法

变量 x,y 的一组实验数据 $(x_i,y_i)(i=1,2,\cdots,n$,这里 n 足够大,且越大越好)在 xOy 平面上表示为点 $A_i(x_i,y_i)$,如果点 A_i 分布在某条想象中的直线附近,即 x_i,y_i 之间的关系近似于线性函数关系,我们称 x_i,y_i 之间有**相关关系**.假设这条想象中的直线方程为 $y=ax+b$(见图 5.10),记 $\hat{y}_i=ax_i+b$,点 $B_i(x_i,\hat{y}_i)$ 与点 $A_i(x_i,y_i)$ 之间有偏差

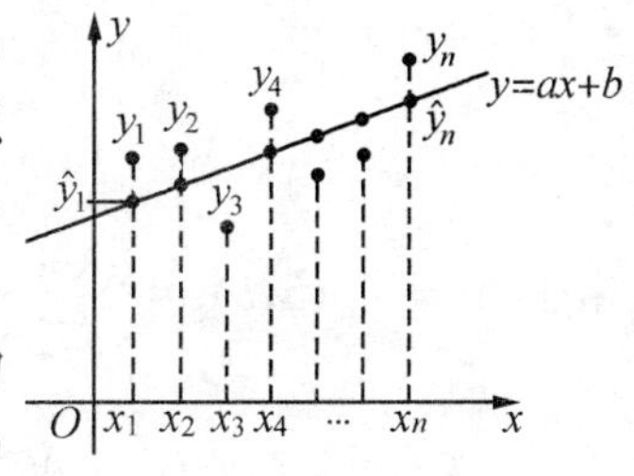

图 5.10

$$\delta_i=\hat{y}_i-y_i=ax_i+b-y_i$$

由于偏差 δ_i 的符号有正、有负,为了使直线 $y=ax+b$ 能够最好的近似表达 x_i,y_i

之间的相关关系,我们来求常数 a,b 的值,使得偏差 δ_i 的平方和 $f(a,b)=\sum\limits_{i=1}^{n}\delta_i^2$ 取最小值.

在统计学中,称上述直线 $y=ax+b$ 为**回归直线**,称常数 a,b 为**回归系数**,通过求 $f(a,b)$ 的最小值来确定回归系数 a,b 的方法称为**最小二乘法**.

记

$$f(a,b)=\sum_{i=1}^{n}\delta_i^2=\sum_{i=1}^{n}(ax_i+b-y_i)^2$$

记数据 x_i 与 y_i 的平均值分别为 $\overline{x}$ 与 $\overline{y}$,即

$$\overline{x}=\frac{1}{n}\sum_{i=1}^{n}x_i,\quad \overline{y}=\frac{1}{n}\sum_{i=1}^{n}y_i$$

由方程组

$$\begin{cases} f'_a(a,b)=2\sum\limits_{i=1}^{n}(ax_i+b-y_i)x_i=0, \\ f'_b(a,b)=2\sum\limits_{i=1}^{n}(ax_i+b-y_i)=0 \end{cases}$$

化简得

$$\begin{cases} \left(\sum\limits_{i=1}^{n}x_i^2\right)a+(n\overline{x})b=\sum\limits_{i=1}^{n}x_iy_i, \\ \overline{x}a+b=\overline{y} \end{cases}$$

由此解得驻点为 (a_0,b_0),这里

$$a_0=\frac{\sum\limits_{i=1}^{n}x_iy_i-n\overline{x}\,\overline{y}}{\sum\limits_{i=1}^{n}x_i^2-n\overline{x}^2},\quad b_0=\overline{y}-a_0\overline{x}$$

由于 $A=f''_{aa}(a,b)=2\sum\limits_{i=1}^{n}x_i^2$,$B=f''_{ab}(a,b)=2n\overline{x}$,$C=f''_{bb}(a,b)=2n$,且

$$B^2-AC=4\left[\left(\sum_{i=1}^{n}x_i\right)^2-n\left(\sum_{i=1}^{n}x_i^2\right)\right]<0$$

又 $A>0$,应用二元函数的极值判别法 Ⅱ 可知 (a_0,b_0) 是 $f(a,b)$ 的极小值点. 由于驻点是唯一的,故 $f(a_0,b_0)$ 为最小值,回归直线方程为

$$y=a_0x+b_0$$

习题 5.7

A 组

1. 求椭球面$\frac{x^2}{a^2}+\frac{y^2}{b^2}+\frac{z^2}{c^2}=1$在点$P\left(\frac{a}{\sqrt{3}},\frac{b}{\sqrt{3}},\frac{c}{\sqrt{3}}\right)$处的切平面方程.

2. 求椭球面 $x^2+2y^2+3z^2=21$ 的平行于平面 $x+4y+6z=0$ 的切平面方程.

3. 求曲面 $e^z+z+xy=-1$ 在点$(2,-1,0)$处的切平面方程.

4. 求曲线$\begin{cases}y=x,\\z=x^2\end{cases}$在点$(1,1,1)$处的切线方程与法平面方程.

5. 求曲线$\begin{cases}x^2+y^2+z^2=6,\\x+y+z=0\end{cases}$在点$(1,-2,1)$处的切线方程与法平面方程.

6. 求曲线$\begin{cases}x^2+y^2=1,\\x^2+z^2=1\end{cases}$在点$\left(\frac{1}{\sqrt{2}},\frac{1}{\sqrt{2}},\frac{1}{\sqrt{2}}\right)$处的切线方程.

7. 求下列函数的极值：

(1) $z=x^2+3xy+3y^2-6x-3y-6$；

(2) $z=\sin x+\sin y+\sin(x+y)$ $(x>0,y>0,x+y<2\pi)$；

(3) $z=xy+\frac{50}{x}+\frac{20}{y}$ $(x>0,y>0)$；

(4) $z=x^4+y^4-x^2+2xy-y^2$.

8. 一条敞口的灌渠，横截面为等腰梯形，两腰与底边总长为 l，试设计这个灌渠的尺寸，使得灌渠的水流量最大.

9. 求函数 $u=xy^2z^3$ 满足条件 $x+y+z=12(x>0,y>0,z>0)$ 的条件极值.

10. 求椭球面$\frac{x^2}{a^2}+\frac{y^2}{b^2}+\frac{z^2}{c^2}=1$的内接长方体体积的最大值.

11. 在第一卦限内作椭球面$x^2+2y^2+3z^2=18$的切平面，使得该切平面与三个坐标平面所围四面体体积最小，求切点的坐标，并求最小体积.

12. 单叶旋转双曲面 $4x^2+4y^2-z^2=1$ 被平面 $x+y-z=0$ 截得一椭圆，求该椭圆的面积.

13. 求函数 $z=\sin x+\sin y+\sin(x+y)$ 在区域：$0\leqslant x\leqslant\frac{\pi}{2},0\leqslant y\leqslant\frac{\pi}{2}$ 上的最大值与最小值.

14. 求函数 $z=x^2+y^2-xy+x+y$ 在区域:$x\leqslant 0,y\leqslant 0,x+y\geqslant -3$ 上的最大值与最小值.

B 组

15. 求空间曲面 $x^2-y^2=3z$ 的切平面,使之通过点(0,0,−1),且与直线

$$\frac{x-1}{2}=\frac{y+1}{1}=\frac{z}{2}$$

平行.

16. 周长为 $2l$ 的三角形,绕其一边旋转,试设计三条边的长,使其旋转体体积最大.

17. 求函数 $u=xyz$ 在条件 $x+y+z=a(x\geqslant 0,y\geqslant 0,z\geqslant 0)$ 下的最大值,并证明不等式:$\frac{x+y+z}{3}\geqslant\sqrt[3]{xyz}$.

复习题 5

1. 设 G 为开域,且 $G\subseteq\mathbf{R}^2$,函数 $f(x,y)$ 在 G 上对 x 连续,对 y 满足李普希茨(Lipschitz)条件,即对 $\forall(x,y_1),(x,y_2)\in G$,有

$$|f(x,y_1)-f(x,y_2)|\leqslant L|y_1-y_2|\quad(L\in\mathbf{R}^+)$$

试证:$f\in\mathscr{C}(G)$.

2. 求下列极限:

(1) $\lim\limits_{\substack{x\to\infty\\y\to\infty}}\frac{x+y}{x^2-xy+y^2}$;　　(2) $\lim\limits_{\substack{x\to\infty\\y\to\infty}}\frac{x^2+y^2}{x^4+y^4}$;

(3) $\lim\limits_{\substack{x\to+\infty\\y\to+\infty}}(x^2+y^2)\mathrm{e}^{-(x+y)}$;　　(4) $\lim\limits_{\substack{x\to 0\\y\to 0}}(x+y)\ln(x^2+y^2)$.

3. 设 $f(a,a)=a$,且 $f'_x(a,a)=b,f'_y(a,a)=c(a,b,c\in\mathbf{R})$,如果函数 $F(x)=f(x,f(x,x))$,求 $F'(a)$.

4. 设 $u=f(x,y,z),y=g(x,v),v=h(x,z)$,这里 $f,g,h\in\mathscr{C}^{(1)}$,求函数 u 的偏导数与全微分.

5. 设由 $\sin(x-y)+\sin(y-z)=1$ 确定 $z=f(x,y)$,试求 $\frac{\partial^2 f}{\partial x^2}+\frac{\partial^2 f}{\partial x\partial y}$.

6. 设 $y=f(x,z)$,其中 z 由 $F(x,y,z)=0$ 确定为 x,y 的函数,$f,F\in\mathscr{C}^{(1)}$,试求全导数 $y'(x)$.

7. 试证曲面 $z=y\mathrm{e}^{\frac{x}{y}}$ 上任一点处的切平面通过一定点.

8. 平面四边形的四边为 a,b,c,d,边长也记为 a,b,c,d,若 a,b 边的夹角为 α,c,d 边的夹角为 β,试求该四边形面积的最大值.

9. 用拉格朗日乘数法证明“AG 不等式”：设 $x_i > 0(i = 1,2,\cdots,n)$，则有

$$(x_1 \cdot x_2 \cdot \cdots \cdot x_n)^{\frac{1}{n}} \leqslant \frac{x_1 + x_2 + \cdots + x_n}{n}$$

10. 曲面 $2z = x^2 + y^2$ 被平面 $x + y + z = 1$ 截得一椭圆，求此椭圆的 4 个顶点的坐标，并求椭圆的面积.

6　二重积分与三重积分

在第 3 章中,我们用“分割取近似,求和取极限”的方法定义了定积分,并用微元法解决了平面图形的面积计算、变力做功计算等几何与物理上的一些问题. 在这一章,我们用同样的方法研究与多元函数有关的积分问题. 由于多元函数比一元函数复杂,其定义域可能是平面区域、空间立体区域,还可能是空间的曲线或曲面,因此多元函数的积分包含着二重积分、三重积分、曲线积分和曲面积分等. 这一章我们先来研究二重积分与三重积分.

6.1　二重积分

6.1.1　曲顶柱体的体积与平面薄片的质量

以 xOy 平面上一个有界闭域 D 为底,以曲面 $z = f(x,y)(\geqslant 0)$ 为顶,侧面是一柱面(它以 D 的边界 ∂D 为准线,母线平行于 z 轴),它们围成的柱体 Ω 称为**曲顶柱体**. 我们来定义曲顶柱体的体积.

将区域 D 任意地分割为 n 个子域 $D_i(i = 1,2,\cdots,n)$, D_i 的面积为 $\Delta\sigma_i$,直径记为 d_i,并记

$$\lambda = \max\{d_i \mid i = 1,2,\cdots,n\}$$

称 λ 为**分割的模**. 以子域 $D_i(i = 1,2,\cdots,n)$ 的边界为准线,作母线平行于 z 轴的柱面,这些柱面将曲顶柱体 Ω 分割为 n 个瘦长条形的曲顶柱体 Ω_i. 在每一个子域 D_i 上任取点 (x_i,y_i),以 D_i 为底,以 $f(x_i,y_i)$ 为高作平顶柱体(见图 6.1),我们用它的体积 $\Delta V_i = f(x_i,y_i)\Delta\sigma_i$ 近似代替 Ω_i 的体积,则 n 个平顶柱体体积之和

$$\sum_{i=1}^{n} f(x_i,y_i)\Delta\sigma_i \qquad (6.1.1)$$

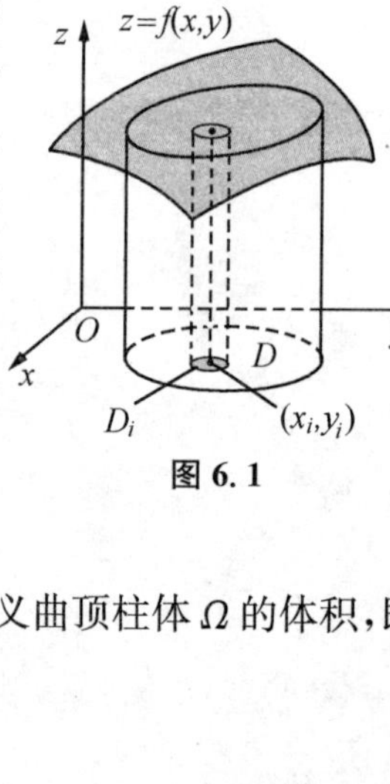

图 6.1

是曲顶柱体 Ω 的体积的近似值.

令分割的模 $\lambda \to 0$,我们用和式(6.1.1)的极限来定义曲顶柱体 Ω 的体积,即

$$V(\Omega)=\lim_{\lambda\to 0}\sum_{i=1}^{n}f(x_i,y_i)\Delta\sigma_i$$

若区域 D 为一块平面薄片，此薄片的厚度相对于 D 的大小是微小的，可忽略不计（就像很薄的纸片一样）。设 $z=\rho(x,y)$ 是薄片 D 的质量面密度函数，为了求平面薄片 D 的总质量，我们可以像定义曲顶柱体体积一样，仍用“分割取近似，求和取极限”，将平面薄片 D 的质量定义为

$$m(D)=\lim_{\lambda\to 0}\sum_{i=1}^{n}\rho(x_i,y_i)\Delta\sigma_i$$

6.1.2　二重积分的定义与几何意义

抽去上一小节中例子的实际意义，我们有下面的定义.

定义 6.1.1(二重积分)　设 D 是 $\mathbf{R}^2$ 上的有界闭域，函数 $f(x,y)$ 在 D 上有定义. 将区域 D 任意分割为 n 个子域 $D_i(i=1,2,\cdots,n)$，D_i 的面积记为 $\Delta\sigma_i$，在每个 D_i 上任取点 (x_i,y_i)，作和式 $\sum\limits_{i=1}^{n}f(x_i,y_i)\Delta\sigma_i$. 若分割的模 $\lambda\to 0$ 时，此和式的极限存在，且此极限值与区域 D 的分割的方式无关，与每个区域 D_i 上点 (x_i,y_i) 的选取无关，则称此极限值为函数 $f(x,y)$ 在区域 D 上的**二重积分**，记为

$$\iint_D f(x,y)\mathrm{d}\sigma \xlongequal{\text{def}} \lim_{\lambda\to 0}\sum_{i=1}^{n}f(x_i,y_i)\Delta\sigma_i$$

并称 $f(x,y)$ 为**被积函数**，D 为**积分区域**，$\mathrm{d}\sigma$ 为**面积微元**.

当 $f(x,y)$ 在区域 D 上二重积分存在时，称 f 在 D 上**可积**，记为 $f\in\mathscr{I}(D)$.

据二重积分的定义，当 $f(x,y)\geqslant 0$ 时，曲顶柱体的体积可表示为

$$V(\Omega)=\iint_D f(x,y)\mathrm{d}\sigma$$

如果 $f(x,y)<0$，则曲顶柱体在 xOy 平面的下方，二重积分的值为负数，此时二重积分的绝对值为曲顶柱体的体积.

如果积分区域可分为若干区域，$f(x,y)$ 在其中部分区域内取正值，而在其余部分区域内取负值，则可以把 xOy 平面上方的曲顶柱体的体积取为正，把 xOy 平面下方的曲顶柱体的体积取为负，那么二重积分 $\iint\limits_D f(x,y)\mathrm{d}\sigma$ 等于上述所有部分区域上曲顶柱体体积的代数和.

特别的，若 $f(x,y)=1$，则 $\iint\limits_D \mathrm{d}\sigma$ 是以 D 为底，以 1 为高的柱体体积，数值上与 D 的面积相等，即区域 D 的面积为

$$\sigma = \iint\limits_{D} \mathrm{d}\sigma$$

同样,平面薄片 D 的质量可表示为

$$m(D) = \iint\limits_{D} \rho(x,y)\mathrm{d}\sigma$$

例 1　用二重积分表示下列曲面所围立体的体积:

$$x+y+z=2,\quad y=x,\quad y=x^2,\quad z=0$$

解　这 4 个曲面(或平面) 所围立体区域如图 6.2 所示,其体积为

$$V = \iint\limits_{D} (2-x-y)\mathrm{d}\sigma$$

其中 $D=\{(x,y)\,|\,x^2\leqslant y\leqslant x\}$,如图 6.3 所示.

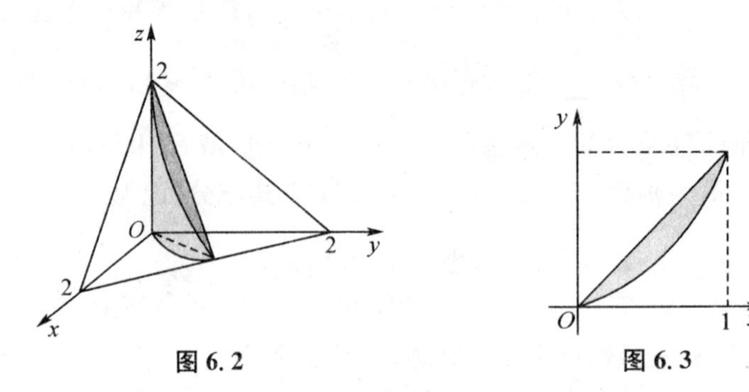

图 6.2　　　　图 6.3

当 $f\in\mathscr{I}(D)$ 时,由二重积分的定义可以证明 $f\in\mathscr{B}(D)$(证明从略).

与定积分可积性条件相对应的,我们有下面的定理.

定理 6.1.1　设 D 是 $\mathbf{R}^2$ 上的有界闭域,若 $f\in\mathscr{C}(D)$,则 $f\in\mathscr{I}(D)$.

定理 6.1.2　设 D 是 $\mathbf{R}^2$ 上的有界闭域,若 $f\in\mathscr{B}(D)$,且 f 的间断点分布在 D 内有限条光滑曲线上,则 $f\in\mathscr{I}(D)$.

6.1.3　二重积分的性质

二重积分具有与定积分完全相同的性质.

定理 6.1.3　设 D 是 $\mathbf{R}^2$ 上的有界闭域,下列二重积分的被积函数皆可积,则有如下性质:

(1) **(线性)**　设 $\alpha,\beta\in\mathbf{R}$,则

$$\iint\limits_{D}[\alpha f(x,y)+\beta g(x,y)]\mathrm{d}\sigma = \alpha\iint\limits_{D} f(x,y)\mathrm{d}\sigma + \beta\iint\limits_{D} g(x,y)\mathrm{d}\sigma$$

(2)(**可加性**)　用曲线将区域 D 分成两个区域 D_1 与 D_2,则

$$\iint_D f(x,y)\mathrm{d}\sigma = \iint_{D_1} f(x,y)\mathrm{d}\sigma + \iint_{D_2} f(x,y)\mathrm{d}\sigma$$

(3)(**保号性**)　设 $\forall (x,y) \in D$,恒有 $f(x,y) \leqslant g(x,y)$,则

$$\iint_D f(x,y)\mathrm{d}\sigma \leqslant \iint_D g(x,y)\mathrm{d}\sigma$$

(4)(**函数绝对值的可积性**)　设 $f \in \mathscr{I}(D)$,则 $|f| \in \mathscr{I}(D)$,且

$$\left|\iint_D f(x,y)\mathrm{d}\sigma\right| \leqslant \iint_D |f(x,y)| \mathrm{d}\sigma$$

(5)(**估值定理**)　设 $\forall (x,y) \in D$,有 $m \leqslant f(x,y) \leqslant M$,则

$$m\sigma \leqslant \iint_D f(x,y)\mathrm{d}\sigma \leqslant M\sigma$$

其中 σ 为区域 D 的面积.

上述性质中除 $|f|$ 的可积性证明较难外,其他性质可直接应用二重积分的定义,或采用特殊的分割后应用二重积分的定义给予证明,这里从略.

例 2　设 $D = \{(x,y) \mid x^2 + y^2 \leqslant 1\}$,试估计二重积分 $\iint\limits_D \sin(x+y)\mathrm{d}x\mathrm{d}y$ 的值.

解　容易求得二元函数 $f(x,y) = \sin(x+y)$ 在区域 D 上的最大值和最小值分别为 $f\left(\frac{1}{\sqrt{2}},\frac{1}{\sqrt{2}}\right) = \sin\sqrt{2}$,$f\left(-\frac{1}{\sqrt{2}},-\frac{1}{\sqrt{2}}\right) = -\sin\sqrt{2}$,应用估值定理,得

$$-\pi\sin\sqrt{2} \leqslant \iint_D \sin(x+y)\mathrm{d}x\mathrm{d}y \leqslant \pi\sin\sqrt{2}$$

现在继续研究二重积分的性质,我们将其写成定理的形式.

定理 6.1.4　设 D 为 $\mathbf{R}^2$ 上的有界闭域,$f \in \mathscr{C}(D)$,且 $f(x,y) \geqslant 0$,则二重积分 $\iint\limits_D f(x,y)\mathrm{d}\sigma > 0$ 的充要条件是 $\exists (\xi,\eta) \in D$,使得 $f(\xi,\eta) > 0$.

定理 6.1.5(二重积分中值定理)　设 D 为 $\mathbf{R}^2$ 上的有界闭域,闭域 D 的面积为 σ,且 $f \in \mathscr{C}(D)$,则 $\exists (\xi,\eta) \in D$,使得

$$\iint_D f(x,y)\mathrm{d}\sigma = f(\xi,\eta)\sigma$$

这两个定理的证明与第 3 章中定理 3.2.4 与定理 3.2.5 的证明几乎完全一样,此不赘述.

例 3 设 $D=\left\{(x,y)\middle|\ |x|\leqslant t,\ |y|\leqslant t\right\}$,求 $\lim\limits_{t\to0^+}\dfrac{1}{t^2}\iint\limits_D e^{(x-y)^2}\,dxdy$.

解 由于 $e^{(x-y)^2}\in\mathscr{C}(D)$,应用二重积分中值定理,必∃$(\xi,\eta)\in D$,使得

$$\iint\limits_D e^{(x-y)^2}\,dxdy=e^{(\xi-\eta)^2}\cdot 4t^2$$

因为$(\xi,\eta)\in D$,则当 $t\to0^+$ 时,$(\xi,\eta)\to(0,0)$,于是

$$\text{原式}=\lim_{t\to0^+}\frac{1}{t^2}e^{(\xi-\eta)^2}4t^2=4\lim_{\substack{\xi\to0\\ \eta\to0}}e^{(\xi-\eta)^2}=4$$

定理 6.1.6(奇偶、对称性) 设 D 为 $\mathbf{R}^2$ 上的有界闭域,$f\in\mathscr{I}(D)$.

(1) 若积分区域 D 关于 $x=0$ 对称,则

$$\iint\limits_D f(x,y)\,d\sigma=\begin{cases}0 & (f\text{ 关于 }x\text{ 为奇函数});\\ 2\iint\limits_{D'}f(x,y)\,d\sigma & (f\text{ 关于 }x\text{ 为偶函数})\end{cases}$$

其中,D' 是 D 的 $x\geqslant0$ 的部分区域.

(2) 若积分区域 D 关于 $y=0$ 对称,则

$$\iint\limits_D f(x,y)\,d\sigma=\begin{cases}0 & (f\text{ 关于 }y\text{ 为奇函数});\\ 2\iint\limits_{D'}f(x,y)\,d\sigma & (f\text{ 关于 }y\text{ 为偶函数})\end{cases}$$

其中,D' 是 D 的 $y\geqslant0$ 的部分区域.

证 (1) 因 $f\in\mathscr{I}(D)$,二重积分的值应与区域 D 的分割无关,与点(x_i,y_i)的选取无关. 现将 D 分割为 $2n$ 个小区域 $D_1,D_2,\cdots,D_{2n}$,其中 D_1 与 D_2,D_3 与 D_4,…,D_{2n-1} 与 D_{2n} 分别关于 $x=0$(即 y 轴)对称,在区域 $D_i(i=1,2,\cdots,2n)$ 上分别取点(x_i,y_i),使得 $x_{2i-1}=-x_{2i}(x_{2i}>0)$,$y_{2i-1}=y_{2i}(i=1,2,\cdots,n)$. 应用二重积分的定义,有

$$\begin{aligned}\iint\limits_D f(x,y)\,d\sigma&=\lim_{\lambda\to0}\left(\sum_{i=1}^n f(x_{2i-1},y_{2i-1})\Delta\sigma_{2i-1}+\sum_{i=1}^n f(x_{2i},y_{2i})\Delta\sigma_{2i}\right)\\&=\lim_{\lambda\to0}\sum_{i=1}^n\left[f(-x_{2i},y_{2i})+f(x_{2i},y_{2i})\right]\Delta\sigma_{2i}\\&=\begin{cases}\lim\limits_{\lambda\to0}\sum\limits_{i=1}^n 0\cdot\Delta\sigma_{2i}=0 & (\text{条件 }A);\\ 2\lim\limits_{\lambda\to0}\sum\limits_{i=1}^n f(x_{2i},y_{2i})\Delta\sigma_{2i}=2\iint\limits_{D'}f(x,y)\,d\sigma & (\text{条件 }B)\end{cases}\end{aligned}$$

其中,条件 A 表示 f 关于 x 为奇函数,条件 B 表示 f 关于 x 为偶函数.

(2) 其证明与(1) 的证明类似,不赘述. □

例 4 设 D 为 $y=x, x=-1, y=1$ 所围区域,求 $\iint\limits_{D}(x\sin y+y\sin x)\mathrm{d}\sigma$.

解 用直线 $y=-x$ 将 D 分为 D_1 与 D_2(见图6.4),则 D_1 关于 $x=0$ 对称,D_2 关于 $y=0$ 对称,且

$$\text{原式}=\iint\limits_{D_1}(x\sin y+y\sin x)\mathrm{d}\sigma+\iint\limits_{D_2}(x\sin y+y\sin x)\mathrm{d}\sigma$$

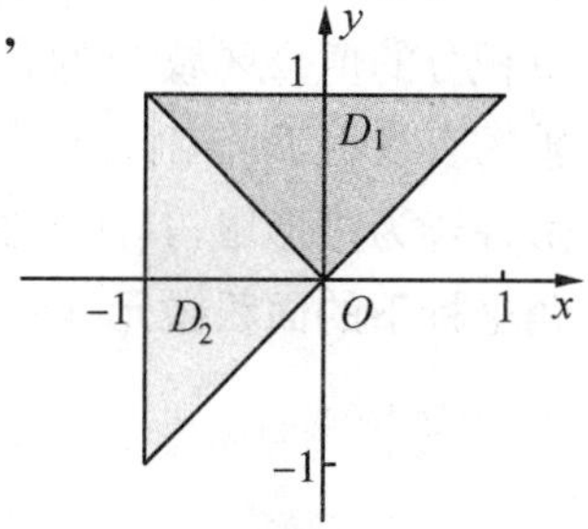

图 6.4

由于 $x\sin y+y\sin x$ 关于 x 为奇函数,关于 y 亦是奇函数,所以上式两个二重积分皆等于 0,故

$$\text{原式}=0+0=0$$

6.1.4 含参变量的定积分

在第 3 章我们曾重点讲授过变上(下) 限定积分概念,现在来研究被积函数也含参变量的定积分,其形式为

$$\sigma(x)=\int_c^d f(x,y)\mathrm{d}y \quad \text{与} \quad \sigma(x)=\int_{\varphi_1(x)}^{\varphi_2(x)} f(x,y)\mathrm{d}y$$

这是两个含参变量 x 的定积分,积分变量是 y. 在对 y 积分时,始终将 x 视作常数(即参数),不管它是在被积函数中,还是在上、下限中,就像求偏导数 $f'_y(x,y)$ 时,仅对变量 y 求偏导,始终将 x 视作常数一样.

例 5 求含参变量 x 的定积分 $\int_x^{x^2}\sin(xy)\mathrm{d}y$.

解 将 x 视为常数,应用 N-L 公式得

$$\int_x^{x^2}\sin(xy)\mathrm{d}y=-\frac{1}{x}\cos(xy)\Big|_x^{x^2}=\frac{1}{x}[\cos(x^2)-\cos(x^3)]$$

关于含参变量的定积分,有下面重要定理.

定理 6.1.7 设 $D=\{(x,y)\mid a\leqslant x\leqslant b, c\leqslant y\leqslant d\}$,函数 $f\in\mathscr{C}(D)$,若函数 $\varphi_i\in\mathscr{C}[a,b]$,且 $\varphi_i([a,b])\subseteq[c,d]\,(i=1,2)$,则含参变量 x 的定积分

$$\sigma(x)=\int_{\varphi_1(x)}^{\varphi_2(x)} f(x,y)\mathrm{d}y$$

在$[a,b]$ 上连续,即 $\sigma(x)\in\mathscr{C}[a,b]$.

此定理的证明方法超出本课程的教学要求,故从略.

6.1.5 二重积分的计算(累次积分法)

设D为$\mathbf{R}^2$上的有界闭域，且$f\in\mathscr{C}(D)$，则$f\in\mathscr{I}(D)$. 按二重积分的定义，二重积分的值与区域D的分割无关. 在直角坐标下，我们常用平行于x轴与平行于y轴的直线将D分割为n个子域$D_i(i=1,2,\cdots,n)$，这些子域除部分可能是曲边梯形外皆为矩形域，其面积$\Delta\sigma_i=\Delta x_i\Delta y_i$，因而面积微元常记为$\mathrm{d}\sigma=\mathrm{d}x\mathrm{d}y$，称之为**直角坐标下的面积微元**，函数$f(x,y)$在区域$D$上的二重积分常记为

$$\iint_D f(x,y)\mathrm{d}x\mathrm{d}y \tag{6.1.2}$$

现在研究二重积分(6.1.2)在直角坐标下的计算. 我们将二重积分(6.1.2)看作是以D为底，以曲面$z=f(x,y)(\geqslant 0)$为顶的曲顶柱体Ω的体积，下面分两种情况讨论.

(1) 设闭域D可表示为

$$D=\{(x,y)\mid a\leqslant x\leqslant b,\varphi_1(x)\leqslant y\leqslant\varphi_2(x)\}$$

这里$\varphi_1,\varphi_2\in\mathscr{C}[a,b]$(见图6.5). 任取$x\in[a,b]$，过点$(x,0,0)$作平面$\Pi$垂直于$x$轴，该平面$\Pi$截曲顶柱体$\Omega$的截面是平面$\Pi$上的曲边梯形$MNPQ$(见图6.6)，它可表示为

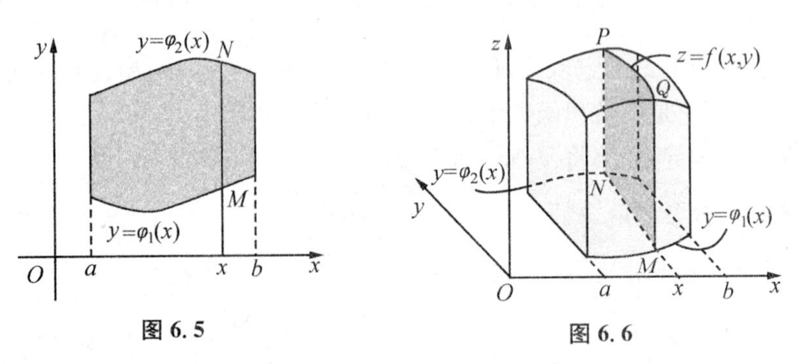

图6.5　　图6.6

$$\{(x,y,z)\mid\varphi_1(x)\leqslant y\leqslant\varphi_2(x),0\leqslant z\leqslant f(x,y)\}$$

这里将x视为常数. 该曲边梯形的面积$\sigma(x)$为含参变量x的定积分，即

$$\sigma(x)=\int_{\varphi_1(x)}^{\varphi_2(x)}f(x,y)\mathrm{d}y$$

由定理6.1.7可知$\sigma\in\mathscr{C}[a,b]$. 应用由截面面积求立体体积的公式即得

$$V(\Omega)=\iint_D f(x,y)\mathrm{d}x\mathrm{d}y=\int_a^b\sigma(x)\mathrm{d}x=\int_a^b\left(\int_{\varphi_1(x)}^{\varphi_2(x)}f(x,y)\mathrm{d}y\right)\mathrm{d}x \tag{6.1.3}$$

习惯上,常将式(6.1.3)右端写为下列与其等价的形式

$$\iint\limits_{D} f(x,y)\mathrm{d}x\mathrm{d}y = \int_a^b \mathrm{d}x \int_{\varphi_1(x)}^{\varphi_2(x)} f(x,y)\mathrm{d}y \tag{6.1.4}$$

此式右端称为函数 $f(x,y)$ **先对 y 后对 x 的累次积分**. 式(6.1.4)便是将二重积分化为先对 y 后对 x 的累次积分的计算公式.

(2) 设闭域 D 可表示为

$$D = \{(x,y) \mid c \leqslant y \leqslant d,\ \psi_1(y) \leqslant x \leqslant \psi_2(y)\}$$

这里 $\psi_1,\psi_2 \in \mathscr{C}[c,d]$(见图6.7). 曲顶柱体 Ω 界于 $y=c, y=d$ 这两个平面之间, $\forall\, y \in [c,d]$,我们过点$(0,y,0)$作垂直于 y 轴的平面去截曲顶柱体 Ω,则截面的面积为含参变量 y 的定积分,即

$$\sigma(y) = \int_{\psi_1(y)}^{\psi_2(y)} f(x,y)\mathrm{d}x$$

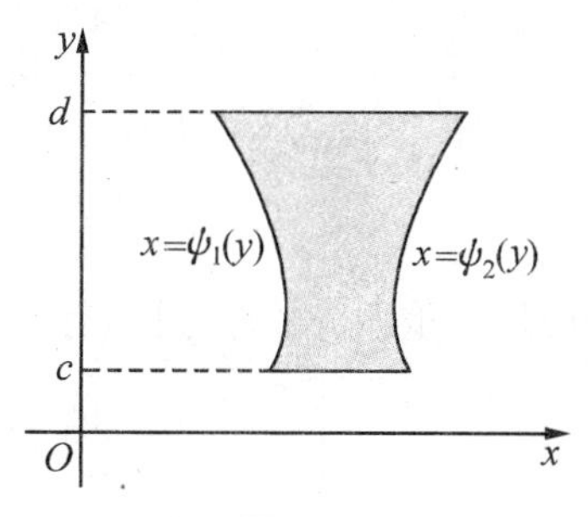

图 6.7

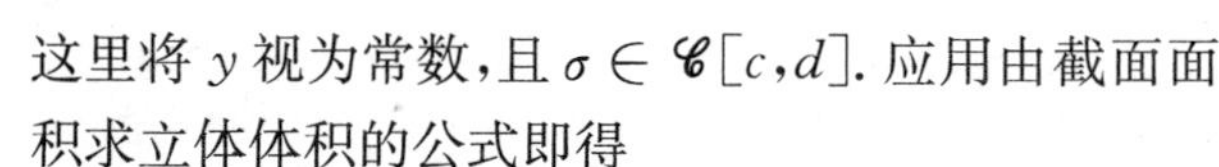

这里将 y 视为常数,且 $\sigma \in \mathscr{C}[c,d]$. 应用由截面面积求立体体积的公式即得

$$V(\Omega) = \iint\limits_{D} f(x,y)\mathrm{d}x\mathrm{d}y = \int_c^d \sigma(y)\mathrm{d}y = \int_c^d \left(\int_{\psi_1(y)}^{\psi_2(y)} f(x,y)\mathrm{d}x\right)\mathrm{d}y \tag{6.1.5}$$

习惯上,常将式(6.1.5)右端写为下列与其等价的形式

$$\iint\limits_{D} f(x,y)\mathrm{d}x\mathrm{d}y = \int_c^d \mathrm{d}y \int_{\psi_1(y)}^{\psi_2(y)} f(x,y)\mathrm{d}x \tag{6.1.6}$$

此式右端称为函数 $f(x,y)$ **先对 x 后对 y 的累次积分**. 式(6.1.6)便是将二重积分化为先对 x 后对 y 的累次积分的计算公式.

积分次序的选取还要考虑被积函数 $f(x,y)$ 对哪个变量先积分比较方便.

特别的,当区域 D 是矩形区域

$$D = \{(x,y) \mid a \leqslant x \leqslant b, c \leqslant y \leqslant d\}$$

时,上述公式(6.1.4)与(6.1.6)都可以应用,此时有

$$\iint\limits_{D} f(x,y)\mathrm{d}x\mathrm{d}y = \int_a^b \mathrm{d}x \int_c^d f(x,y)\mathrm{d}y = \int_c^d \mathrm{d}y \int_a^b f(x,y)\mathrm{d}x \tag{6.1.7}$$

值得注意的是,当且仅当 D 为矩形区域时,累次积分的所有上、下限都是常数.

在公式(6.1.7)中,若被积函数为 $f(x)g(y)$,则公式(6.1.7)还可简化为

$$\iint\limits_{D} f(x)g(y)\mathrm{d}x\mathrm{d}y = \int_a^b f(x)\mathrm{d}x \cdot \int_c^d g(y)\mathrm{d}y = \int_a^b f(x)\mathrm{d}x \cdot \int_c^d g(x)\mathrm{d}x \tag{6.1.8}$$

值得提醒的是,公式(6.1.8)的两个条件,即 D 为矩形区域以及被积函数为两个函数 $f(x)$ 与 $g(y)$ 的乘积,两者缺一不可.

最后指出的是,在推导上述公式(6.1.4)与(6.1.6)时,我们将积分区域 D 都作了一定限制.如果 D 的形状比较复杂,我们可用平行于坐标轴的直线将 D 分割成若干子域,在每一个子域上按公式(6.1.4)或(6.1.6)化为累次积分进行计算,然后应用二重积分对区域的可加性即可.

例 6(柯西-施瓦兹积分不等式) 设 $f,g\in\mathscr{C}[a,b]$,求证:

$$\left(\int_a^b f(x)g(x)\mathrm{d}x\right)^2\leqslant\left(\int_a^b f^2(x)\mathrm{d}x\right)\cdot\left(\int_a^b g^2(x)\mathrm{d}x\right)$$

证 设 $D=\{(x,y)\mid a\leqslant x\leqslant b,a\leqslant y\leqslant b\}$,由于$(x,y)\in D$时,有

$$[f(x)g(y)-f(y)g(x)]^2\geqslant 0$$

应用二重积分的保号性,有

$$J=\iint\limits_D[f(x)g(y)-f(y)g(x)]^2\mathrm{d}x\mathrm{d}y\geqslant 0$$

又由二重积分的计算公式(6.1.8),有

$$\begin{aligned}
J&=\iint\limits_D[f^2(x)g^2(y)-2f(x)f(y)g(x)g(y)+f^2(y)g^2(x)]\mathrm{d}x\mathrm{d}y\\
&=\iint\limits_D f^2(x)g^2(y)\mathrm{d}x\mathrm{d}y-2\iint\limits_D f(x)f(y)g(x)g(y)\mathrm{d}x\mathrm{d}y+\iint\limits_D f^2(y)g^2(x)\mathrm{d}x\mathrm{d}y\\
&=\int_a^b f^2(x)\mathrm{d}x\cdot\int_a^b g^2(y)\mathrm{d}y-2\int_a^b f(x)g(x)\mathrm{d}x\cdot\int_a^b f(y)g(y)\mathrm{d}y\\
&\quad+\int_a^b f^2(y)\mathrm{d}y\cdot\int_a^b g^2(x)\mathrm{d}x\\
&=\int_a^b f^2(x)\mathrm{d}x\cdot\int_a^b g^2(x)\mathrm{d}x-2\int_a^b f(x)g(x)\mathrm{d}x\cdot\int_a^b f(x)g(x)\mathrm{d}x\\
&\quad+\int_a^b f^2(x)\mathrm{d}x\cdot\int_a^b g^2(x)\mathrm{d}x\\
&=2\int_a^b f^2(x)\mathrm{d}x\cdot\int_a^b g^2(x)\mathrm{d}x-2\left(\int_a^b f(x)g(x)\mathrm{d}x\right)^2\geqslant 0
\end{aligned}$$

移项即得原不等式成立. □

例 7 计算二重积分 $\iint\limits_D x^2\sin xy\mathrm{d}x\mathrm{d}y$,其中 D 为 $y=x,x=1,y=0$ 所围区域.

解 对于积分区域 D(见图 6.8),原式按两种次序化为累次积分都可以.但观察一下被积函数不难看出,采用先对 y 后对 x 的累次积分次序较好,计算要简便得多.此时积分区域 D 表示为

$$D=\{(x,y)\mid 0\leqslant x\leqslant 1,0\leqslant y\leqslant x\}$$

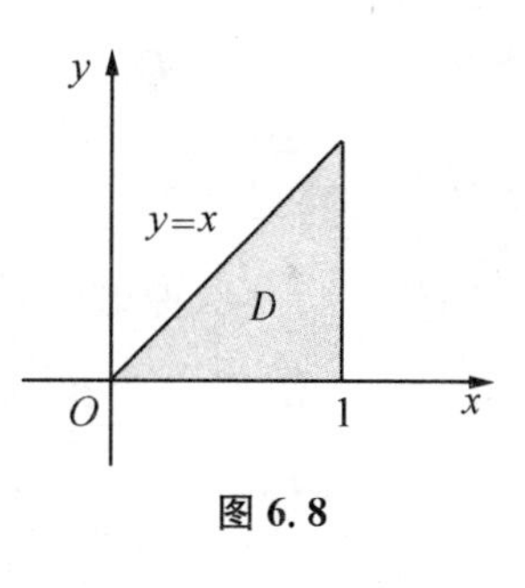

图 6.8

于是

$$\begin{aligned}原式&=\int_0^1 dx\int_0^x x^2\sin xy\,dy=\int_0^1 x(-\cos(xy))\Big|_{y=0}^{y=x}dx\\&=\int_0^1 x(1-\cos x^2)dx=\left(\frac{1}{2}x^2-\frac{1}{2}\sin x^2\right)\Big|_0^1\\&=\frac{1}{2}(1-\sin 1)\end{aligned}$$

例 8 计算二重积分 $\iint\limits_D \max\{x^2,y\}dxdy$，这里 $D=\{0\leqslant x\leqslant 1,0\leqslant y\leqslant 1\}$.

解 用曲线 $y=x^2$ 将区域 D 分为 D_1 与 D_2(如图 6.9 所示)，则

$$\begin{aligned}原式&=\iint\limits_{D_1}y\,dxdy+\iint\limits_{D_2}x^2\,dxdy\\&=\int_0^1 dy\int_0^{\sqrt{y}}y\,dx+\int_0^1 dx\int_0^{x^2}x^2\,dy\\&=\int_0^1 y^{\frac{3}{2}}dy+\int_0^1 x^4\,dx\\&=\frac{2}{5}y^{\frac{5}{2}}\Big|_0^1+\frac{1}{5}x^5\Big|_0^1\\&=\frac{2}{5}+\frac{1}{5}=\frac{3}{5}\end{aligned}$$

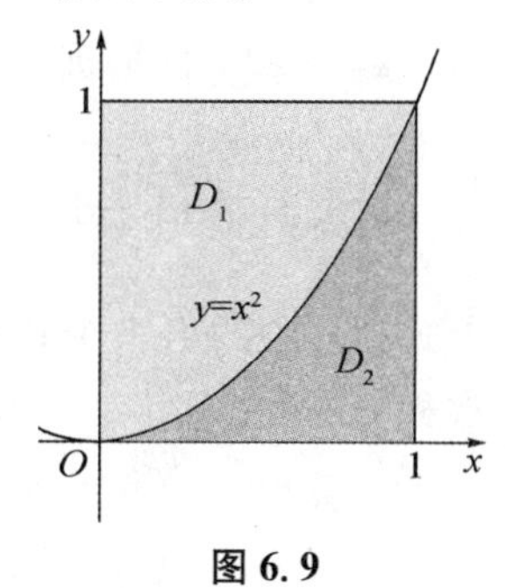

图 6.9

6.1.6 改变累次积分的次序

下面我们来研究二重积分中另一重要的问题——改变累次积分的次序.给定一累次积分，譬如先对 x 后对 y 积分，我们要根据这个累次积分的四个上、下限推出相对应的二重积分的积分区域 D，然后改变积分次序，化为先对 y 后对 x 的累次积分，并确定这个累次积分的四个新的上、下限.

例 9 改变累次积分 $\int_0^1 dx\int_{-x^2}^{x}f(x,y)dy$ 的次序.

解 由 $0\leqslant x\leqslant 1,-x^2\leqslant y\leqslant x$ 所表示区域 D 如图 6.10 所示.要改变积分次序，用 x 轴将 D 分割为上、下两部分 D_1 与 D_2，这是因为图形 D 的左边的曲线是两条方程不同的曲线 $x=y$ 和 $x=\sqrt{-y}$.此时

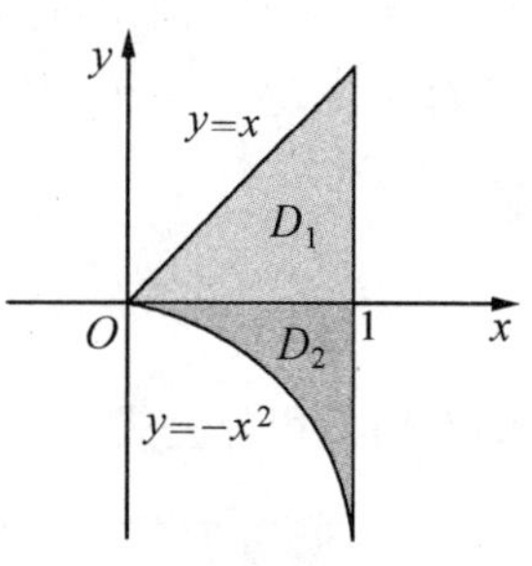

图 6.10

$$D_1=\{(x,y)\mid 0\leqslant y\leqslant 1,y\leqslant x\leqslant 1\}$$

$$D_2=\{(x,y)\mid -1\leqslant y\leqslant 0,\sqrt{-y}\leqslant x\leqslant 1\}$$

于是

$$\begin{aligned}\text{原式}&=\iint_{D_1}f(x,y)\mathrm{d}x\mathrm{d}y+\iint_{D_2}f(x,y)\mathrm{d}x\mathrm{d}y\\&=\int_0^1\mathrm{d}y\int_y^1 f(x,y)\mathrm{d}x+\int_{-1}^0\mathrm{d}y\int_{\sqrt{-y}}^1 f(x,y)\mathrm{d}x\end{aligned}$$

例 10 计算二次积分$\int_0^1\mathrm{d}y\int_y^{1+\sqrt{1-y^2}}f(x)\mathrm{d}x$,其中

$$f(x)=\begin{cases}x & (0\leqslant x\leqslant 1);\\ \sqrt{2x-x^2} & (1\leqslant x\leqslant 2)\end{cases}$$

解 积分区域如图6.11所示.原式先对x积分,即

$$\text{原式}=\int_0^1\left(\int_y^1 x\,\mathrm{d}x+\int_1^{1+\sqrt{1-y^2}}\sqrt{2x-x^2}\,\mathrm{d}x\right)\mathrm{d}y$$

上式括号中的第二个积分计算比较麻烦,我们交换二次积分的次序,得

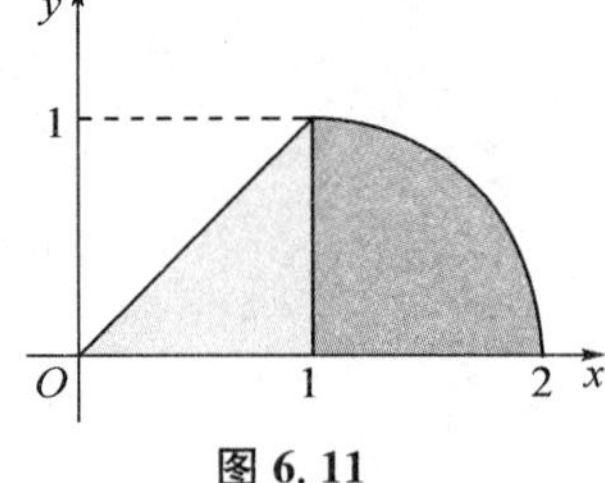

图 6.11

$$\begin{aligned}\text{原式}&=\int_0^1\mathrm{d}x\int_0^x x\mathrm{d}y+\int_1^2\mathrm{d}x\int_0^{\sqrt{2x-x^2}}\sqrt{2x-x^2}\,\mathrm{d}y\\&=\int_0^1 x^2\mathrm{d}x+\int_1^2(2x-x^2)\mathrm{d}x=\frac{1}{3}+\frac{2}{3}=1\end{aligned}$$

6.1.7 二重积分的计算(换元积分法)

换元积分法是计算定积分最常用也是最重要的方法.下面我们来介绍二重积分的换元积分法,首先讲一般的换元公式,然后重点讲极坐标换元积分法.

定理 6.1.8(换元积分公式) 设D为$\mathbf{R}^2$上的有界闭域,$f(x,y)\in\mathscr{C}(D)$,若D'是uOv平面上的有界闭域,函数$x=\varphi(u,v)$,$y=\psi(u,v)$使得D'与D的点一一对应,$\varphi,\psi\in\mathscr{C}^{(1)}(D')$,并且**雅可比**[①]**行列式**

$$J(u,v)=\frac{\partial(\varphi,\psi)}{\partial(u,v)}\xlongequal{\text{def}}\begin{vmatrix}\varphi'_u & \varphi'_v\\ \psi'_u & \psi'_v\end{vmatrix}\neq 0\quad((u,v)\in D')$$

则有换元积分公式

①雅可比(Jacobi),1804—1851,德国数学家.

$$\iint_D f(x,y)\,\mathrm{d}x\mathrm{d}y = \iint_{D'} f(\varphi(u,v),\psi(u,v))\,|J(u,v)|\,\mathrm{d}u\mathrm{d}v \qquad (6.1.9)$$

*****证**　分别取 v,u 为常数 v_j,u_k 的两族曲线

$$\begin{cases} x=\varphi(u,v_j), \\ y=\psi(u,v_j), \end{cases} \quad \begin{cases} x=\varphi(u_k,v), \\ y=\psi(u_k,v) \end{cases} \quad \text{(分别称为 } \boldsymbol{u} \text{ 曲线与 } \boldsymbol{v} \text{ 曲线)}$$

将区域 D 分割为 n 个子域 $D_i(i=1,2,\cdots,n)$. 与此相对应,在 uOv 平面上,两族直线 $v=v_j$ 与 $u=u_k$ 将闭域 D' 分割为 n 个子域 $D_i'(i=1,2,\cdots,n)$,D_i 与 D_i' 相对应(见图 6.12). 记 D_i 与 D_i' 的面积分别为 $\Delta\sigma_i$ 与 $\Delta\sigma_i'$. 设子域 D_i' 的四个顶点的坐标为

$$A_1(u_i,v_i),\quad B_1(u_i+\Delta u_i,v_i),\quad C_1(u_i+\Delta u_i,v_i+\Delta v_i),\quad E_1(u_i,v_i+\Delta v_i)$$

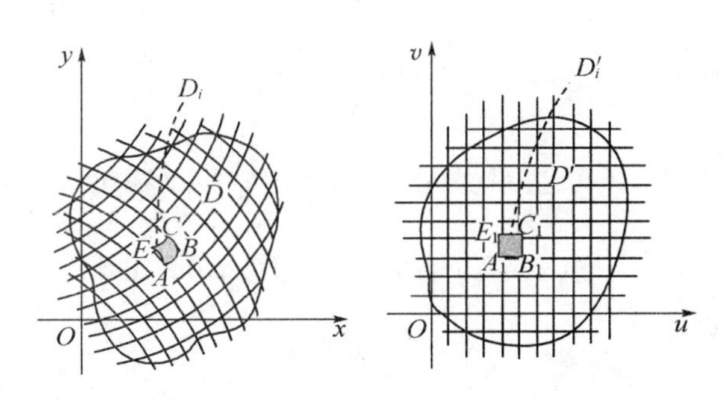

图 6.12

则子域 D_i 的四个顶点的坐标为

$$A(\varphi(u_i,v_i),\psi(u_i,v_i))$$
$$B(\varphi(u_i+\Delta u_i,v_i),\psi(u_i+\Delta u_i,v_i))$$
$$C(\varphi(u_i+\Delta u_i,v_i+\Delta v_i),\psi(u_i+\Delta u_i,v_i+\Delta v_i))$$
$$E(\varphi(u_i,v_i+\Delta v_i),\psi(u_i,v_i+\Delta v_i))$$

由于函数 $\varphi(u,v),\psi(u,v)$ 连续可微,当 $\Delta u_i,\Delta v_i$ 充分小时,若不计高阶无穷小,则有(为了利用向量运算,我们将 xOy 平面上点的坐标 (x,y) 写为 $(x,y,0)$)

$$\begin{aligned} \overrightarrow{AB} &= (\varphi(u_i+\Delta u_i,v_i)-\varphi(u_i,v_i),\psi(u_i+\Delta u_i,v_i)-\psi(u_i,v_i),0) \\ &= (\varphi_u'(u_i+\theta_1\Delta u_i,v_i),\psi_u'(u_i+\theta_2\Delta u_i,v_i),0)\Delta u_i \\ &\approx (\varphi_u'(u_i,v_i),\psi_u'(u_i,v_i),0)\Delta u_i \quad (0<\theta_1,\theta_2<1) \end{aligned}$$

$$\begin{aligned} \overrightarrow{EC} &= (\varphi(u_i+\Delta u_i,v_i+\Delta v_i)-\varphi(u_i,v_i+\Delta v_i),\psi(u_i+\Delta u_i,v_i+\Delta v_i) \\ &\quad -\psi(u_i,v_i+\Delta v_i),0) \\ &= (\varphi_u'(u_i+\theta_3\Delta u_i,v_i+\Delta v_i),\psi_u'(u_i+\theta_4\Delta u_i,v_i+\Delta v_i),0)\Delta u_i \\ &\approx (\varphi_u'(u_i,v_i),\psi_u'(u_i,v_i),0)\Delta u_i \quad (0<\theta_3,\theta_4<1) \end{aligned}$$

所以$\overrightarrow{AB} \approx \overrightarrow{EC}$. 同理可得

$$\overrightarrow{AE} \approx \overrightarrow{BC} \approx (\varphi_v'(u_i,v_i),\psi_v'(u_i,v_i),0)\Delta v_i$$

因而曲边四边形 $ABCE$ 可近似看作平行四边形,它的面积为

$$\begin{aligned}\Delta\sigma_i &= |\overrightarrow{AB}\times\overrightarrow{AE}| = |\varphi_u'(u_i,v_i)\psi_v'(u_i,v_i)-\varphi_v'(u_i,v_i)\psi_u'(u_i,v_i)|\Delta u_i\Delta v_i \\ &= \left|\frac{\partial(\varphi,\psi)}{\partial(u,v)}\right|_{(u_i,v_i)}\Delta u_i\Delta v_i = |J(u_i,v_i)|\Delta u_i\Delta v_i\end{aligned}$$

所以 D_i 与 D_i'的面积之比为 $|J(u_i,v_i)|$. 令 λ 与 λ' 分别为闭域 D 与 D' 的上述分割的模,由于 $J(u,v)$ 在闭域 D' 上连续,$J(u,v)\neq 0$,所以 $\lambda\to 0 \Leftrightarrow \lambda'\to 0$. 应用二重积分的定义得

$$\begin{aligned}\iint_D f(x,y)\mathrm{d}\sigma &= \lim_{\lambda\to 0}\sum_{i=1}^n f(x_i,y_i)\Delta\sigma_i \\ &= \lim_{\lambda'\to 0}\sum_{i=1}^n f(\varphi(u_i,v_i),\psi(u_i,v_i))|J(u_i,v_i)|\Delta u_i\Delta v_i \\ &= \iint_{D'} f(\varphi(u,v),\psi(u,v))|J(u,v)|\mathrm{d}u\mathrm{d}v\end{aligned}$$

即式(6.1.9)成立. □

计算二重积分常用的换元变换有平移变换与极坐标变换等.

1) 平移变换

令 $x=u+a, y=v+b$,其中 a,b 为常数,则

$$J(u,v)=\begin{vmatrix} x_u' & x_v' \\ y_u' & y_v'\end{vmatrix}=\begin{vmatrix}1 & 0\\ 0 & 1\end{vmatrix}=1$$

即 $\mathrm{d}x\mathrm{d}y=\mathrm{d}u\mathrm{d}v$,于是

$$\iint_D f(x,y)\mathrm{d}x\mathrm{d}y=\iint_{D'} f(u+a,v+b)\mathrm{d}u\mathrm{d}v \tag{6.1.10}$$

例 11 计算$\iint_D xy\mathrm{d}x\mathrm{d}y$,其中 $D:(x-2)^2+(y-1)^2\leqslant 2$.

解 作平移变换,有

$$x=u+2,\quad y=v+1$$

则 D 化为 $D':u^2+v^2\leqslant 2$,于是

$$\text{原式}=\iint_{D'}(uv+u+2v+2)\mathrm{d}u\mathrm{d}v$$

由于 $uv+u$ 关于 u 为奇函数，D' 关于 $u=0$ 对称，所以 $\iint\limits_{D'}(uv+u)\mathrm{d}u\mathrm{d}v=0$；由于 $2v$ 关于 v 为奇数，D' 关于 $v=0$ 对称，所以 $\iint\limits_{D'}2v\mathrm{d}u\mathrm{d}v=0$. 于是

$$\text{原式}=2\iint\limits_{D'}\mathrm{d}u\mathrm{d}v=4\pi$$

2) 极坐标变换

当积分区域是圆域或者是扇形区域时，常用极坐标变换. 令 $x=\rho\cos\theta, y=\rho\sin\theta$，则

$$J(\rho,\theta)=\begin{vmatrix} x'_\rho & x'_\theta \\ y'_\rho & y'_\theta \end{vmatrix}=\begin{vmatrix} \cos\theta & -\rho\sin\theta \\ \sin\theta & \rho\cos\theta \end{vmatrix}=\rho$$

故 $\mathrm{d}x\mathrm{d}y=\rho\mathrm{d}\rho\mathrm{d}\theta$，于是

$$\iint\limits_{D}f(x,y)\mathrm{d}x\mathrm{d}y=\iint\limits_{D'}f(\rho\cos\theta,\rho\sin\theta)\rho\mathrm{d}\rho\mathrm{d}\theta \tag{6.1.11}$$

这里 $|J(\rho,\theta)|=|\rho|=\rho$，所以在应用极坐标换元公式(6.1.11)计算二重积分时，要记住被积表达式中 $\rho\geqslant 0$ 的限制.

在具体计算时，还要将式(6.1.11)右端的二重积分化为极坐标下的累次积分. 下面分三种情况进行讨论.

(1) 原点 $O\notin$ 闭域 D

① 设 D 位于射线 $\theta=\alpha,\theta=\beta(\alpha<\beta)$ 之间，$\forall\theta\in(\alpha,\beta)$，过原点作极角为 θ 的射线 L，L 与 D 的边界交于两点，一点在曲线 $\rho=\rho_1(\theta)$ 上，一点在曲线 $\rho=\rho_2(\theta)$ 上(见图 6.13)，且 $\rho_1(\theta)\leqslant\rho_2(\theta)$，则有

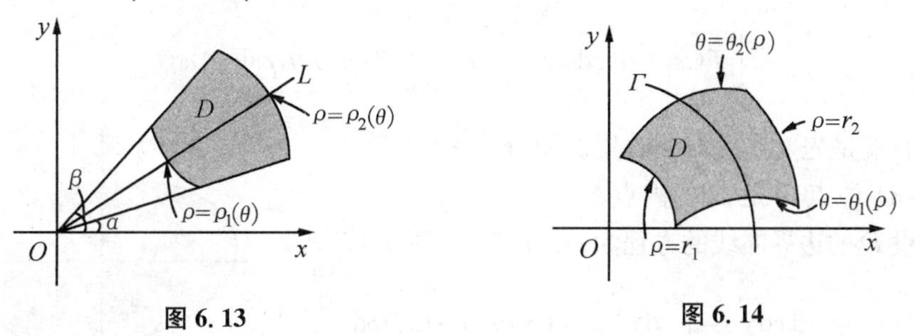

图 6.13　　**图 6.14**

$$\iint\limits_{D}f(x,y)\mathrm{d}x\mathrm{d}y=\int_\alpha^\beta\mathrm{d}\theta\int_{\rho_1(\theta)}^{\rho_2(\theta)}f(\rho\cos\theta,\rho\sin\theta)\rho\mathrm{d}\rho$$

这里右端是先对 ρ 后对 θ 的累次积分.

② 若 D 位于两个圆 $\rho=r_1,\rho=r_2(0<r_1<r_2)$ 之间，$\forall\rho\in(r_1,r_2)$，以原点

O 为中心作半径为 ρ 的圆 Γ，Γ 与 D 的边界交于两点，一点在曲线 $\theta=\theta_1(\rho)$ 上，一点在曲线 $\theta=\theta_2(\rho)$ 上(见图 6.14)，且 $\theta_1(\rho)\leqslant\theta_2(\rho)$，则有

$$\iint\limits_D f(x,y)\mathrm{d}x\mathrm{d}y=\int_{r_1}^{r_2}\mathrm{d}\rho\int_{\theta_1(\rho)}^{\theta_2(\rho)}f(\rho\cos\theta,\rho\sin\theta)\rho\mathrm{d}\theta$$

这里右端是先对 θ 后对 ρ 的累次积分.

(2) 原点 $O\in\partial D$(即 O 是 D 的边界点)

① 设 D 位于两条射线 $\theta=\alpha,\theta=\beta(\alpha<\beta)$ 之间，$\forall\theta\in(\alpha,\beta)$，过原点 O 作极角为 θ 的射线 L，L 与 D 的边界交于两点，一点为原点 O，一点在曲线 $\rho=\rho(\theta)$ 上(见图 6.15)，则有

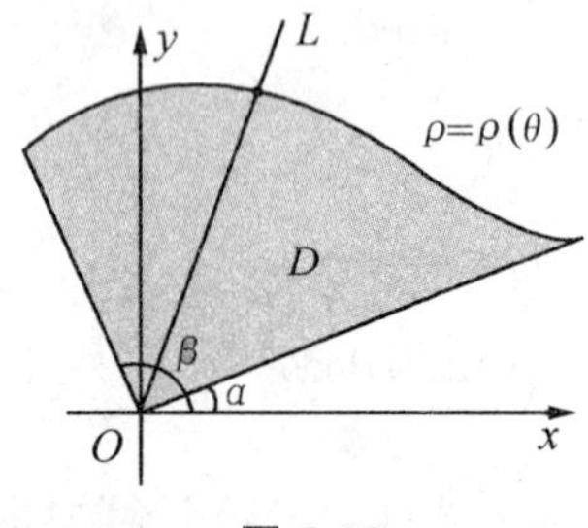

图 6.15

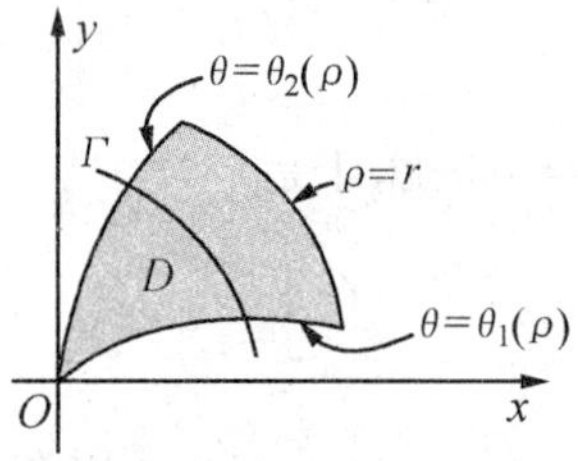

图 6.16

$$\iint\limits_D f(x,y)\mathrm{d}x\mathrm{d}y=\int_{\alpha}^{\beta}\mathrm{d}\theta\int_{0}^{\rho(\theta)}f(\rho\cos\theta,\rho\sin\theta)\rho\mathrm{d}\rho$$

这里右端是先对 ρ 后对 θ 的累次积分.

② 若 D 位于原点与圆 $\rho=r$ 之间，$\forall\rho\in(0,r)$，以原点为中心作半径为 ρ 的圆 Γ，Γ 与 D 的边界交于两点，一点在曲线 $\theta=\theta_1(\rho)$ 上，一点在曲线 $\theta=\theta_2(\rho)$ 上(见图 6.16)，且 $\theta_1(\rho)\leqslant\theta_2(\rho)$，则有

$$\iint\limits_D f(x,y)\mathrm{d}x\mathrm{d}y=\int_{0}^{r}\mathrm{d}\rho\int_{\theta_1(\rho)}^{\theta_2(\rho)}f(\rho\cos\theta,\rho\sin\theta)\rho\mathrm{d}\theta$$

这里右端是先对 θ 后对 ρ 的累次积分.

(3) 原点 O 是 D 的内点

设 D 的边界曲线的方程为 $\rho=\rho(\theta)$(见图 6.17)，则

$$\iint\limits_D f(x,y)\mathrm{d}x\mathrm{d}y=\int_{0}^{2\pi}\mathrm{d}\theta\int_{0}^{\rho(\theta)}f(\rho\cos\theta,\rho\sin\theta)\rho\mathrm{d}\rho$$

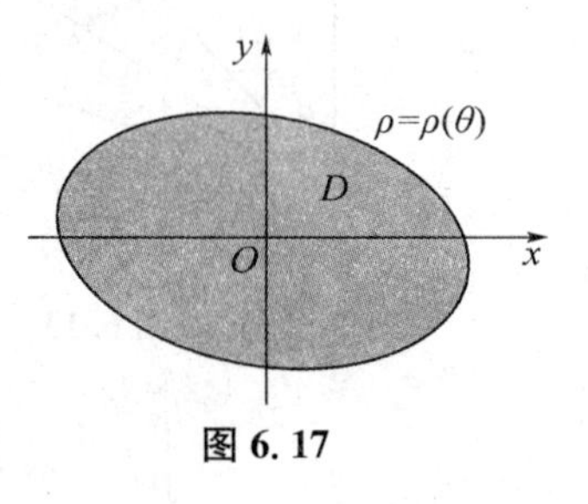

图 6.17

这里右端是先对 ρ 后对 θ 的累次积分.

例 12 计算 $\iint\limits_D(x^2+y^2)\mathrm{d}x\mathrm{d}y$，其中 D：$x^2+y^2\leqslant 2y$.

解 这里 D 为圆域(见图 6.18)，由于 x^2+y^2 关于 x 为偶函数，且区域 D 关

于 $x=0$ 对称,则

$$原式 = 2\iint\limits_{D_1}(x^2+y^2)\mathrm{d}x\mathrm{d}y$$

其中 D_1 为 D 的 $x\geqslant 0$ 部分. 下面作极坐标变换,采用先对 ρ 后对 θ 的累次积分. D_1 的边界的极坐标方程为 $\rho=2\sin\theta\left(0\leqslant\theta\leqslant\frac{\pi}{2}\right)$,于是

$$\begin{aligned}原式 &= 2\int_0^{\frac{\pi}{2}}\mathrm{d}\theta\int_0^{2\sin\theta}\rho^3\mathrm{d}\rho = 2\int_0^{\frac{\pi}{2}}\frac{1}{4}(2\sin\theta)^4\mathrm{d}\theta \\ &= 8\left(\frac{3}{8}\theta-\frac{1}{4}\sin 2\theta+\frac{1}{32}\sin 4\theta\right)\Big|_0^{\frac{\pi}{2}} = \frac{3}{2}\pi\end{aligned}$$

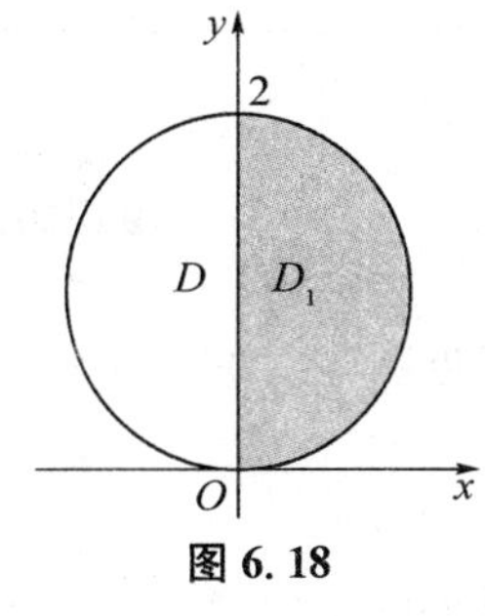

图 6.18

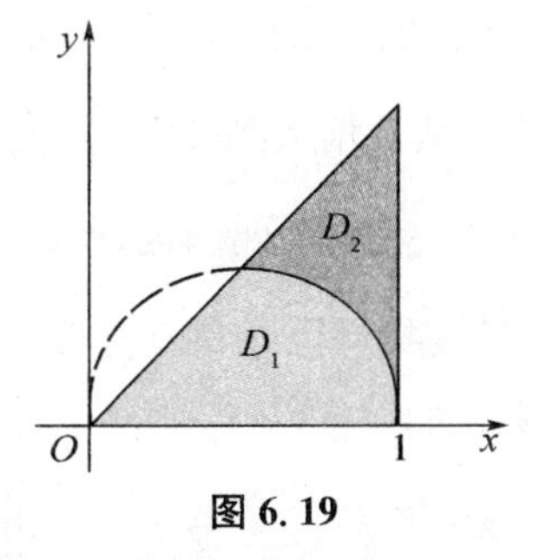

图 6.19

例 13　计算 $\iint\limits_D |x^2+y^2-x|\mathrm{d}x\mathrm{d}y$,其中 D 为区域 $0\leqslant x\leqslant 1, 0\leqslant y\leqslant x$.

解　在 D 内作圆 $x^2+y^2=x$ 使其分为 D_1 与 D_2(见图 6.19),于是

$$原式 = -\iint\limits_{D_1}(x^2+y^2-x)\mathrm{d}x\mathrm{d}y+\iint\limits_{D_2}(x^2+y^2-x)\mathrm{d}x\mathrm{d}y$$

由于在 D_2 上的二重积分计算较困难,我们将其转化为 D 上的积分,有

$$原式 = -2\iint\limits_{D_1}(x^2+y^2-x)\mathrm{d}x\mathrm{d}y+\iint\limits_{D}(x^2+y^2-x)\mathrm{d}x\mathrm{d}y$$

下面在 D_1 上用极坐标计算,在 D 上用直角坐标计算,有

$$\begin{aligned}\iint\limits_{D_1}(x^2+y^2-x)\mathrm{d}x\mathrm{d}y &= \int_0^{\pi/4}\mathrm{d}\theta\int_0^{\cos\theta}(\rho^2-\rho\cos\theta)\rho\mathrm{d}\rho = -\frac{1}{12}\int_0^{\pi/4}\cos^4\theta\mathrm{d}\theta \\ &= -\frac{1}{12}\int_0^{\pi/4}\left(\frac{3}{8}+\frac{1}{2}\cos 2\theta+\frac{1}{8}\cos 4\theta\right)\mathrm{d}\theta \\ &= -\frac{1}{12}\left(\frac{3}{8}\theta+\frac{1}{4}\sin 2\theta+\frac{1}{32}\sin 4\theta\right)\Big|_0^{\pi/4} \\ &= -\frac{\pi}{128}-\frac{1}{48}\end{aligned}$$

$$\iint_D (x^2+y^2-x)\,\mathrm{d}x\mathrm{d}y = \int_0^1 \mathrm{d}x\int_0^x (x^2+y^2-x)\,\mathrm{d}y$$
$$= \int_0^1 \left(x^3+\frac{1}{3}x^3-x^2\right)\mathrm{d}x = 0$$

于是

$$\text{原式} = -2\left(-\frac{\pi}{128}-\frac{1}{48}\right)+0 = \frac{\pi}{64}+\frac{1}{24}$$

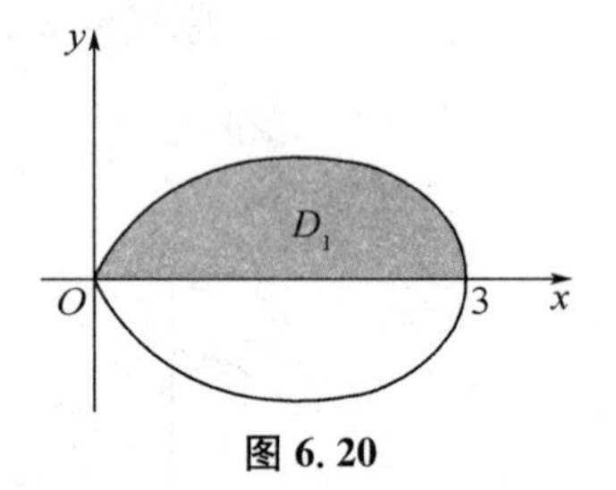

图 6.20

***例 14** 计算二重积分$\iint_D \sqrt{x^2+y^2}\,\mathrm{d}x\mathrm{d}y$,其中$D$为区域$(x^2+y^2)^2 \leqslant 3x^3$.

解 由于区域D的边界曲线的极坐标方程为$\rho=3\cos^3\theta$,当θ从0增大到$\frac{\pi}{2}$时,ρ从3单调减少到0,又$\rho=3\cos^3\theta$关于θ为偶函数,所以该曲线的图形关于$y=0$对称.我们记D的$y\geqslant 0$的部分为D_1(见图6.20).因函数$\sqrt{x^2+y^2}$关于y为偶函数,所以

$$\text{原式} = 2\iint_{D_1} \sqrt{x^2+y^2}\,\mathrm{d}x\mathrm{d}y$$

应用极坐标变换,先对ρ积分,后对θ积分,且区域D_1表示为

$$D_1 = \left\{(\rho,\theta)\,\middle|\, 0\leqslant\theta\leqslant\frac{\pi}{2}, 0\leqslant\rho\leqslant 3\cos^3\theta\right\}$$

于是

$$\text{原式} = 2\int_0^{\frac{\pi}{2}}\mathrm{d}\theta\int_0^{3\cos^3\theta}\rho^2\,\mathrm{d}\rho = 18\int_0^{\frac{\pi}{2}}\cos^9\theta\,\mathrm{d}\theta$$

再应用第3.2节中例15的公式,得原式$=18\cdot\frac{8!!}{9!!}=\frac{256}{35}$.

*3) 广义极坐标变换

当积分区域是椭圆域或其部分区域时,常用广义极坐标变换.令$x=a\rho\cos\theta$,$y=b\rho\sin\theta$,则

$$J(\rho,\theta)=\begin{vmatrix} x'_\rho & x'_\theta \\ y'_\rho & y'_\theta \end{vmatrix} = \begin{vmatrix} a\cos\theta & -a\rho\sin\theta \\ b\sin\theta & b\rho\cos\theta \end{vmatrix} = ab\rho$$

故$\mathrm{d}x\mathrm{d}y=ab\rho\,\mathrm{d}\rho\mathrm{d}\theta$,于是

$$\iint_D f(x,y)\mathrm{d}x\mathrm{d}y=\iint_{D'} f(a\rho\cos\theta,b\rho\sin\theta)ab\rho\mathrm{d}\rho\mathrm{d}\theta \tag{6.1.12}$$

其中 D' 为圆域或扇形区域. 由于 $|J(\rho,\theta)|=ab|\rho|=ab\rho$，所以在应用广义极坐标换元公式(6.1.12)计算二重积分时，要记住被积函数中 $\rho\geqslant 0$ 的限制.

例 15　计算 $\iint_D (x^2+y^2)\mathrm{d}x\mathrm{d}y$，其中 $D:\dfrac{x^2}{a^2}+\dfrac{y^2}{b^2}\leqslant 1$.

解　由于 x^2+y^2 关于 x 为偶函数，关于 y 也为偶函数，且区域 D 关于 $x=0$ 对称，关于 $y=0$ 也对称，所以

$$原式=4\iint_{D_1}(x^2+y^2)\mathrm{d}x\mathrm{d}y$$

其中 D_1 为 D 位于第一象限的部分区域. 采用广义极坐标变换，令 $x=a\rho\cos\theta$，$y=b\rho\sin\theta$，则区域 D_1 化为 $D':0\leqslant\theta\leqslant\dfrac{\pi}{2}$，$0\leqslant\rho\leqslant 1$，于是

$$\begin{aligned}原式&=4\int_0^{\frac{\pi}{2}}\mathrm{d}\theta\int_0^1(a^2\rho^2\cos^2\theta+b^2\rho^2\sin^2\theta)ab\rho\mathrm{d}\rho\\&=4ab\left(a^2\int_0^{\frac{\pi}{2}}\frac{1+\cos2\theta}{2}\mathrm{d}\theta\cdot\int_0^1\rho^3\mathrm{d}\rho+b^2\int_0^{\frac{\pi}{2}}\frac{1-\cos2\theta}{2}\mathrm{d}\theta\cdot\int_0^1\rho^3\mathrm{d}\rho\right)\\&=4ab\left(a^2\frac{\pi}{16}+b^2\frac{\pi}{16}\right)=\frac{1}{4}\pi ab(a^2+b^2)\end{aligned}$$

习题 6.1

A 组

1. 下列二重积分表示怎样的曲顶柱体的体积？试作出其图形.

(1) $\iint_D (x^2+y^2)\mathrm{d}x\mathrm{d}y$，$D=\{(x,y)\mid x^2+y^2\leqslant 1\}$；

(2) $\iint_D \sqrt{1-x^2-y^2}\,\mathrm{d}x\mathrm{d}y$，$D=\{(x,y)\mid x^2+y^2\leqslant 2x\}$.

2. 设 $D:x^2+y^2\leqslant r^2$，试求 $\lim\limits_{r\to0^+}\dfrac{1}{r^2}\iint_D \ln(2+x^2+y^2)\mathrm{d}x\mathrm{d}y$.

3. 设 $D=\{(x,y)\mid |x|+|y|\leqslant 1\}$，$D_1=\{(x,y)\mid x+y\leqslant 1,x\geqslant 0,y\geqslant 0\}$，试问下列各式是否成立？为什么？

(1) $\iint_D (x^2-y^2)\mathrm{d}x\mathrm{d}y=4\iint_{D_1}(x^2-y^2)\mathrm{d}x\mathrm{d}y$；

(2) $\iint_D (x^2+xy^2)\mathrm{d}x\mathrm{d}y=4\iint_{D_1}x^2\mathrm{d}x\mathrm{d}y$；

(3) $\iint\limits_{D}|x+y|\,\mathrm{d}x\mathrm{d}y=4\iint\limits_{D_1}(x+y)\,\mathrm{d}x\mathrm{d}y$;

(4) $\iint\limits_{D}|xy|\,\mathrm{d}x\mathrm{d}y=4\iint\limits_{D_1}xy\,\mathrm{d}x\mathrm{d}y$.

4. 计算下列二重积分:

(1) $\iint\limits_{D}xy\mathrm{e}^{x^2+y^2}\,\mathrm{d}x\mathrm{d}y, D: 0\leqslant x\leqslant 1, 0\leqslant y\leqslant 1$;

(2) $\iint\limits_{D}(2-x-y)\,\mathrm{d}x\mathrm{d}y, D: y\leqslant x, y\geqslant x^2$;

(3) $\iint\limits_{D}\frac{\sin y}{y}\,\mathrm{d}x\mathrm{d}y, D: y\geqslant x, x\geqslant y^2$;

(4) $\iint\limits_{D}(y^2-x\sin y)\,\mathrm{d}x\mathrm{d}y, D: x\geqslant y^2, x\leqslant 3-2y^2$;

(5) $\iint\limits_{D}xy\max\{x,y\}\,\mathrm{d}x\mathrm{d}y, D: 0\leqslant x\leqslant 1, 0\leqslant y\leqslant 1$;

(6) $\iint\limits_{D}\sqrt{|y-x^2|}\,\mathrm{d}x\mathrm{d}y, D: 0\leqslant x\leqslant 1, 0\leqslant y\leqslant 2$.

5. 改变下列累次积分的次序:

(1) $\int_{-1}^{2}\mathrm{d}x\int_{x^2}^{x+2}f(x,y)\,\mathrm{d}y$;　　(2) $\int_{0}^{1}\mathrm{d}y\int_{1-y}^{1+y}f(x,y)\,\mathrm{d}x$.

6. 计算累次积分$\int_{0}^{1}\mathrm{d}y\int_{y}^{1}\sin(x^2)\,\mathrm{d}x$.

7. 计算下列二重积分:

(1) $\iint\limits_{D}\left(\frac{x^2}{a^2}+\frac{y^2}{b^2}\right)\mathrm{d}x\mathrm{d}y, D: x^2+y^2\leqslant R^2$;

(2) $\iint\limits_{D}\sin\sqrt{x^2+y^2}\,\mathrm{d}x\mathrm{d}y, D: \pi^2\leqslant x^2+y^2\leqslant 4\pi^2$;

(3) $\iint\limits_{D}(x+y)\,\mathrm{d}x\mathrm{d}y, D: x^2+y^2\leqslant 2y$;

(4) $\iint\limits_{D}(x^2+y^2)\,\mathrm{d}x\mathrm{d}y, D: x^2+y^2\leqslant 2ax\ (a>0)$.

8. 将二重积分$\iint\limits_{D}f(x,y)\,\mathrm{d}x\mathrm{d}y$($D$: $x^2+y^2\leqslant 2a^2, x^2+y^2\leqslant 2ax, y\geqslant 0$)化为极坐标下两种次序的二次积分.

9. 设D为$\mathbf{R}^2$上的有界闭域,$f,g\in\mathscr{C}(D)$,$g(x,y)\geqslant 0$,求证:$\exists(\xi,\eta)\in D$,使得

$$\iint\limits_{D}f(x,y)g(x,y)\,\mathrm{d}x\mathrm{d}y=f(\xi,\eta)\iint\limits_{D}g(x,y)\,\mathrm{d}x\mathrm{d}y$$

B 组

10. 已知 $f\in\mathscr{C}$，求证：$\int_0^a \mathrm{d}x\int_0^x f(x)f(y)\mathrm{d}y=\frac{1}{2}\left(\int_0^a f(x)\mathrm{d}x\right)^2$.

11. 已知 $f\in\mathscr{C}[a,b]$，且单调增加，求证：

$$(a+b)\int_a^b f(x)\mathrm{d}x\leqslant 2\int_a^b xf(x)\mathrm{d}x$$

12. 求二重积分 $\iint\limits_D(|x|+|y|)\mathrm{d}x\mathrm{d}y$，$D$：$|x|+|y|\leqslant 1$.

13. 求二重积分 $\iint\limits_D\sqrt{a^2-x^2-y^2}\,\mathrm{d}x\mathrm{d}y$，$D$：$(x^2+y^2)^2\leqslant a^2(x^2-y^2)$.

14. 计算二重积分 $\iint\limits_D\left(\frac{x^2}{a^2}+\frac{y^2}{b^2}\right)\mathrm{d}x\mathrm{d}y$，$D$：$\frac{x^2}{a^2}+\frac{y^2}{b^2}\leqslant 1$.

6.2　三重积分

6.2.1　空间立体的质量

设 Ω 是 $\mathbf{R}^3$ 中的一质量分布非均匀的有界闭域，体密度函数为 $\rho(x,y,z)$，现欲求立体 Ω 的质量. 我们仍用“分割取近似，求和取极限”的方法来解决. 将 Ω 任意分割为 n 个小区域 $\Omega_i(i=1,2,\cdots,n)$，且 Ω_i 的体积记为 ΔV_i，Ω_i 的直径记为 d_i，令 $\lambda=\max\limits_{1\leqslant i\leqslant n}\{d_i\}$，称 λ 为**分割的模**. 在每个小区域 Ω_i 上任取点 (x_i,y_i,z_i)，将区域 Ω_i 视为密度为常数 $\rho(x_i,y_i,z_i)$ 的质量分布均匀的小立体，则 Ω_i 的质量的近似值为

$$m(\Omega_i)\approx\rho(x_i,y_i,z_i)\Delta V_i$$

n 个小立体域 Ω_i 的质量之和

$$\sum_{i=1}^n m(\Omega_i)\approx\sum_{i=1}^n\rho(x_i,y_i,z_i)\Delta V_i \tag{6.2.1}$$

是立体 Ω 的质量的近似值. 令分割的模 $\lambda\to 0$，我们用和式(6.2.1)的极限来定义立体 Ω 的质量，即

$$m(\Omega)=\lim_{\lambda\to 0}\sum_{i=1}^n\rho(x_i,y_i,z_i)\Delta V_i$$

6.2.2　三重积分的定义与性质

抽去上一小节中实例的物理意义，我们有下面的定义.

定义 6.2.1(三重积分) 设 Ω 是 $\mathbf{R}^3$ 中的有界闭域,函数 $f(x,y,z)$ 在 Ω 上有定义.将区域 Ω 任意分割为 n 个子域 $\Omega_i(i=1,2,\cdots,n)$,Ω_i 的体积记为 ΔV_i,在每个 Ω_i 上任取点 (x_i,y_i,z_i),作和式 $\sum\limits_{i=1}^{n} f(x_i,y_i,z_i)\Delta V_i$.若分割的模 $\lambda\to 0$ 时,此和式的极限存在,且此极限值与区域 Ω 的分割的方式无关,与每个区域 Ω_i 上点 (x_i,y_i,z_i) 的选取无关,则称此极限值为函数 $f(x,y,z)$ 在区域 Ω 上的**三重积分**,记为

$$\iiint\limits_{\Omega} f(x,y,z)\mathrm{d}V \xlongequal{\text{def}} \lim_{\lambda\to 0}\sum_{i=1}^{n} f(x_i,y_i,z_i)\Delta V_i$$

并称 $f(x,y,z)$ 为**被积函数**,Ω 为**积分区域**,$\mathrm{d}V$ 为**体积微元**.

当 $f(x,y,z)$ 在区域 Ω 上的三重积分存在时,称 f 在 Ω 上**可积**,记为 $f\in\mathscr{I}(\Omega)$.

据三重积分的定义,立体 Ω 的质量可表示为

$$m(\Omega)=\iiint\limits_{\Omega}\rho(x,y,z)\mathrm{d}V$$

当 $f\in\mathscr{I}(\Omega)$ 时,由三重积分的定义可以证明 $f\in\mathscr{B}(\Omega)$(证明从略).

可以证明:当 $f\in\mathscr{C}(\Omega)$ 时,$f\in\mathscr{I}(\Omega)$.

三重积分与二重积分有完全相同的性质,这里不一一赘述.与定理 6.1.6 相对应,我们有下面的定理.

定理 6.2.1(奇偶、对称性) 设 Ω 为 $\mathbf{R}^3$ 中的有界闭域,$f\in\mathscr{I}(\Omega)$.

(1) 若积分区域 Ω 关于 $x=0$ 对称,则

$$\iiint\limits_{\Omega} f(x,y,z)\mathrm{d}V=\begin{cases}0 & (f\text{ 关于 } x \text{ 为奇函数});\\ 2\iiint\limits_{\Omega_1} f(x,y,z)\mathrm{d}V & (f\text{ 关于 } x \text{ 为偶函数})\end{cases}$$

其中 Ω_1 是 Ω 的 $x\geqslant 0$ 的部分区域.

(2) 若积分区域 Ω 关于 $y=0$ 对称,则

$$\iiint\limits_{\Omega} f(x,y,z)\mathrm{d}V=\begin{cases}0 & (f\text{ 关于 } y \text{ 为奇函数});\\ 2\iiint\limits_{\Omega_1} f(x,y,z)\mathrm{d}V & (f\text{ 关于 } y \text{ 为偶函数})\end{cases}$$

其中 Ω_1 是 Ω 的 $y\geqslant 0$ 的部分区域.

(3) 若积分区域 Ω 关于 $z=0$ 对称,则

$$\iiint\limits_{\Omega} f(x,y,z)\mathrm{d}V=\begin{cases}0 & (f\text{ 关于 } z \text{ 为奇函数});\\ 2\iiint\limits_{\Omega_1} f(x,y,z)\mathrm{d}V & (f\text{ 关于 } z \text{ 为偶函数})\end{cases}$$

其中 Ω_1 是 Ω 的 $z \geqslant 0$ 的部分区域.

例 1　计算三重积分

$$\iiint_{\Omega} (xy^3 + yz^3 + zx^3)\mathrm{d}V$$

这里 Ω 为 $x^2 + y^2 + z^2 \leqslant R^2, z \geqslant 0$.

解　因函数 $xy^3 + zx^3$ 关于 x 为奇函数,积分区域 Ω 关于 $x = 0$ 对称,所以

$$\iiint_{\Omega} (xy^3 + zx^3)\mathrm{d}V = 0$$

又函数 yz^3 关于 y 为奇函数,积分区域 Ω 关于 $y = 0$ 对称,所以

$$\iiint_{\Omega} yz^3 \mathrm{d}V = 0$$

故原式 $= 0 + 0 = 0$.

6.2.3　三重积分的计算(累次积分法)

设 Ω 是 $\mathbf{R}^3$ 中的有界闭域,函数 $f(x,y,z) \in \mathscr{C}(\Omega)$,则 $f \in \mathscr{I}(\Omega)$. 按定义,$f$ 在 Ω 上的三重积分的值与区域 Ω 的分割无关. 在直角坐标系中,我们常用分别平行于三个坐标平面的平面将区域 Ω 分割为 n 个子域 $\Omega_i (i = 1,2,\cdots,n)$,这些子域除部分可能是曲顶柱体外皆为长方体域,其体积 $\Delta V_i = \Delta x_i \Delta y_i \Delta z_i$,因而体积微元常记为 $\mathrm{d}V = \mathrm{d}x\mathrm{d}y\mathrm{d}z$,称之为**直角坐标下的体积微元**,函数 $f(x,y,z)$ 在区域 Ω 上的三重积分常记为

$$\iiint_{\Omega} f(x,y,z)\mathrm{d}x\mathrm{d}y\mathrm{d}z \qquad (6.2.2)$$

下面研究三重积分(6.2.2)的计算. 我们仅从物理意义上推出计算公式. 将三重积分(6.2.2)看作是质量体密度为 $f(x,y,z)(\geqslant 0)$ 的一只大土豆 Ω 的质量,下面分两种情况讨论.

(1) (**切丝法**) 设闭域 Ω 可表示为

$$\Omega = \{(x,y,z) \mid (x,y) \in D_{xy}, \varphi(x,y) \leqslant z \leqslant \psi(x,y)\}$$

其中 D_{xy} 是 $\mathbf{R}^2$ 上的有界闭域. 这表明 Ω 在 xOy 平面上的投影区域为 D_{xy},且 Ω 界于两曲面 $z = \varphi(x,y)$ 与 $z = \psi(x,y)$ 之间. 设 $\varphi, \psi \in \mathscr{C}(D_{xy})$.

我们用菜刀分别平行于 yOz 平面和 zOx 平面将土豆 Ω 切成很细的土豆丝 Ω_i $(i = 1,2,\cdots,n)$. 在切土豆时同时,区域 D_{xy} 也被切割为 n 个子域 D_i,设 D_i 的面积为 $\Delta\sigma_i$,D_i 的直径为 d_i,$\lambda = \max\limits_{1 \leqslant i \leqslant n}\{d_i\}$. 由于土豆丝很细,所以 λ 充分小,土豆丝的截面

面积 $\Delta\sigma_i$ 也充分小. 我们先来求一根土豆丝 Ω_i 的质量. $\forall(x_i,y_i)\in D_i$, 记 $h_i=\varphi(x_i,y_i)$, $k_i=\psi(x_i,y_i)$(如图6.21所示). $\forall Z=[z,z+\mathrm{d}z]\subset[h_i,k_i]$, 过 z 轴上两点 z, $z+\mathrm{d}z$ 分别作垂直于 z 轴的平面, 土豆丝 Ω_i 介于这两个平面之间的一段的质量 $m(Z)$ 是 $[h_i,k_i]$ 上的区间函数, 其质量微元为

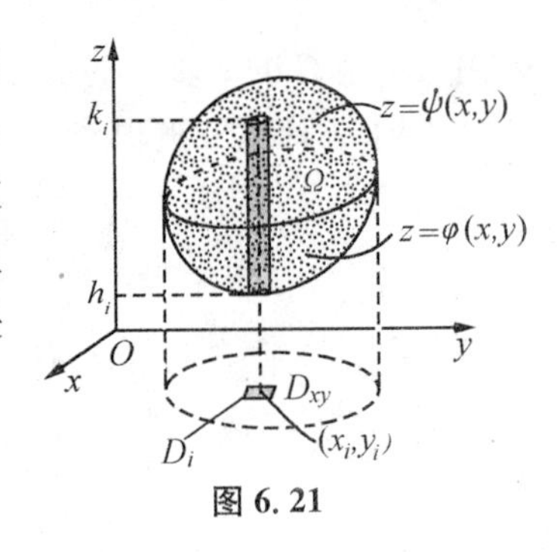

图 6.21

$$\begin{aligned}\mathrm{d}m(Z)&=f(x_i,y_i,z)(\Delta\sigma_i\cdot\mathrm{d}z)\\&=(f(x_i,y_i,z)\Delta\sigma_i)\mathrm{d}z\end{aligned}$$

应用微元法得土豆丝 Ω_i 的质量为

$$\begin{aligned}m(\Omega_i)\approx m([h_i,k_i])&=\int_{h_i}^{k_i}(f(x_i,y_i,z)\Delta\sigma_i)\mathrm{d}z\\&=\left(\int_{\varphi(x_i,y_i)}^{\psi(x_i,y_i)}f(x_i,y_i,z)\mathrm{d}z\right)\Delta\sigma_i\end{aligned}$$

记

$$\mu(x_i,y_i)=\int_{\varphi(x_i,y_i)}^{\psi(x_i,y_i)}f(x_i,y_i,z)\mathrm{d}z$$

则 $m(\Omega_i)\approx\mu(x_i,y_i)\Delta\sigma_i$, n 根土豆丝的质量之和

$$\sum_{i=1}^{n}m(\Omega_i)\approx\sum_{i=1}^{n}\mu(x_i,y_i)\Delta\sigma_i$$

是土豆 Ω 的质量的近似值. 令 $\lambda\to0$, 由二重积分的定义即得土豆 Ω 的质量为

$$\begin{aligned}m(\Omega)&=\lim_{\lambda\to0}\sum_{i=1}^{n}m(\Omega_i)=\lim_{\lambda\to0}\sum_{i=1}^{n}\mu(x_i,y_i)\Delta\sigma_i\\&=\iint_{D_{xy}}\mu(x,y)\mathrm{d}x\mathrm{d}y=\iint_{D_{xy}}\left(\int_{\varphi(x,y)}^{\psi(x,y)}f(x,y,z)\mathrm{d}z\right)\mathrm{d}x\mathrm{d}y\end{aligned}\qquad(6.2.3)$$

在习惯上, 常将式(6.2.3)右端写为下列与其等价的形式

$$\iiint_{\Omega}f(x,y,z)\mathrm{d}x\mathrm{d}y\mathrm{d}z=\iint_{D_{xy}}\mathrm{d}x\mathrm{d}y\int_{\varphi(x,y)}^{\psi(x,y)}f(x,y,z)\mathrm{d}z\qquad(6.2.4)$$

公式(6.2.4)便是将三重积分化为先计算一个含参变量的定积分, 后在投影区域上计算一个二重积分的计算公式.

与公式(6.2.4)相对应, 还有两个计算公式:

① 设

$$\Omega=\{(x,y,z)\mid(y,z)\in D_{yz},\varphi(y,z)\leqslant x\leqslant\psi(y,z)\}$$

且 $\varphi,\psi\in\mathscr{C}(D_{yz})$，$f\in\mathscr{C}(\Omega)$，则有

$$\iiint_{\Omega} f(x,y,z)\mathrm{d}x\mathrm{d}y\mathrm{d}z=\iint_{D_{yz}}\mathrm{d}y\mathrm{d}z\int_{\varphi(y,z)}^{\psi(y,z)} f(x,y,z)\mathrm{d}x$$

② 设

$$\Omega=\{(x,y,z)\mid (z,x)\in D_{zx},\varphi(z,x)\leqslant y\leqslant\psi(z,x)\}$$

且 $\varphi,\psi\in\mathscr{C}(D_{zx})$，$f\in\mathscr{C}(\Omega)$，则有

$$\iiint_{\Omega} f(x,y,z)\mathrm{d}x\mathrm{d}y\mathrm{d}z=\iint_{D_{zx}}\mathrm{d}z\mathrm{d}x\int_{\varphi(z,x)}^{\psi(z,x)} f(x,y,z)\mathrm{d}y$$

(2) (**切片法**) 设闭域 Ω 界于两平面 $z=h$，$z=k$ 之间 $(h<k)$，$\forall z\in(h,k)$，过点 $(0,0,z)$ 且与 z 轴垂直的平面与 Ω 的截面记为 $D(z)$(见图 6.22).

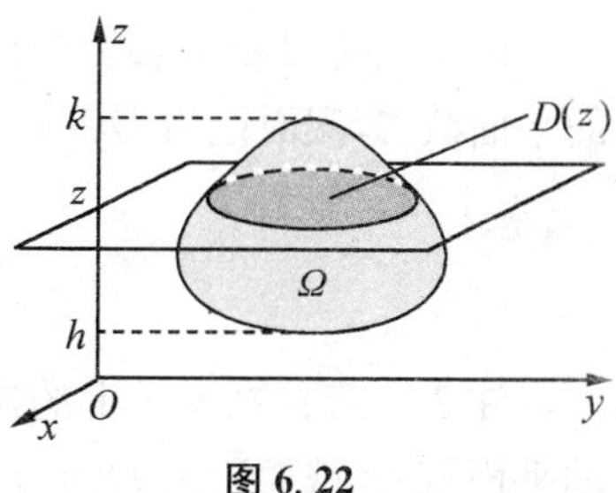

图 6.22

我们用菜刀平行于 xOy 平面将土豆 Ω 切成很薄的土豆片 $\Omega_i(i=1,2,\cdots,n)$. 在切土豆的同时将区间 $[h,k]$ 分割为 n 个小区间 $[z_{i-1},z_i]$，记 $\Delta z_i=z_i-z_{i-1}(z_0=h,z_n=k)$，$\lambda=\max\limits_{1\leqslant i\leqslant n}\{\Delta z_i\}$. 由于土豆片很薄，所以 λ 充分小，土豆片 Ω_i 的厚度 Δz_i 也充分小. 我们来求一块土豆片 Ω_i 的质量. 我们将土豆片 Ω_i 视为底面为 $D(z_i)$，高为 Δz_i，质量体密度为 $f(x,y,z)$ 的薄柱体，则

$$\Omega_i=\{(x,y,z)\mid (x,y)\in D(z_i),z_{i-1}\leqslant z\leqslant z_i\}$$

应用三重积分的计算公式(6.2.4)与定积分中值定理得土豆片 Ω_i 的质量为

$$\begin{aligned}m(\Omega_i)&\approx\iint_{D(z_i)}\mathrm{d}x\mathrm{d}y\int_{z_{i-1}}^{z_i} f(x,y,z)\mathrm{d}z=\iint_{D(z_i)}(f(x,y,\xi)\Delta z_i)\mathrm{d}x\mathrm{d}y\\&\approx\iint_{D(z_i)}(f(x,y,z_i)\Delta z_i)\mathrm{d}x\mathrm{d}y=\left(\iint_{D(z_i)} f(x,y,z_i)\mathrm{d}x\mathrm{d}y\right)\Delta z_i\end{aligned}$$

其中 $z_{i-1}<\xi<z_i$. 记 $\mu(z_i)=\iint\limits_{D(z_i)} f(x,y,z_i)\mathrm{d}x\mathrm{d}y$，则 $m(\Omega_i)\approx\mu(z_i)\Delta z_i$，$n$ 块土豆片的质量之和

$$\sum_{i=1}^{n} m(\Omega_i)\approx\sum_{i=1}^{n}\mu(z_i)\Delta z_i$$

是土豆 Ω 的质量的近似值. 令 $\lambda\to 0$，由定积分的定义即得土豆 Ω 的质量为

$$m(\Omega)=\lim_{\lambda\to 0}\sum_{i=1}^{n}m(\Omega_i)=\lim_{\lambda\to 0}\sum_{i=1}^{n}\mu(z_i)\Delta z_i$$
$$=\int_h^k\mu(z)\mathrm{d}z=\int_h^k\Big(\iint\limits_{D(z)}f(x,y,z)\mathrm{d}x\mathrm{d}y\Big)\mathrm{d}z \tag{6.2.5}$$

在习惯上,常将式(6.2.5) 右端写为下列与其等价的形式

$$\iiint\limits_{\Omega}f(x,y,z)\mathrm{d}x\mathrm{d}y\mathrm{d}z=\int_h^k\mathrm{d}z\iint\limits_{D(z)}f(x,y,z)\mathrm{d}x\mathrm{d}y \tag{6.2.6}$$

公式(6.2.6) 便是将三重积分化为先在截面上对 x,y 计算一个二重积分,后在投影区间上对 z 计算一个定积分的计算公式.

注 1 若 Ω 在 x 轴上的投影为 $[a,b]$, $\forall x\in(a,b)$,过 $(x,0,0)$ 作垂直于 x 轴的平面截 Ω,截面记为 $D(x)$,且 $f\in\mathscr{C}(\Omega)$,则与公式(6.2.6) 对应的计算公式为

$$\iiint\limits_{\Omega}f(x,y,z)\mathrm{d}x\mathrm{d}y\mathrm{d}z=\int_a^b\mathrm{d}x\iint\limits_{D(x)}f(x,y,z)\mathrm{d}y\mathrm{d}z$$

注 2 若 Ω 在 y 轴上的投影为 $[c,d]$, $\forall y\in(c,d)$,过 $(0,y,0)$ 作垂直于 y 轴的平面截 Ω,截面记为 $D(y)$,且 $f\in\mathscr{C}(\Omega)$,则与公式(6.2.6) 对应的计算公式为

$$\iiint\limits_{\Omega}f(x,y,z)\mathrm{d}x\mathrm{d}y\mathrm{d}z=\int_c^d\mathrm{d}y\iint\limits_{D(y)}f(x,y,z)\mathrm{d}z\mathrm{d}x$$

特别的,当区域 Ω 是长方体区域

$$\Omega=\{(x,y,z)\mid a\leqslant x\leqslant b,c\leqslant y\leqslant d,h\leqslant z\leqslant k\}$$

时,上述公式(6.2.4) 与(6.2.6) 都可以应用,此时有

$$\iiint\limits_{\Omega}f(x,y,z)\mathrm{d}x\mathrm{d}y\mathrm{d}z=\int_a^b\mathrm{d}x\int_c^d\mathrm{d}y\int_h^k f(x,y,z)\mathrm{d}z \tag{6.2.7}$$

在公式(6.2.7) 中,若被积函数为 $f(x)g(y)h(z)$,则公式(6.2.7) 还可简化为

$$\iiint\limits_{\Omega}f(x)g(y)h(z)\mathrm{d}x\mathrm{d}y\mathrm{d}z=\int_a^b f(x)\mathrm{d}x\cdot\int_c^d g(x)\mathrm{d}x\cdot\int_h^k h(x)\mathrm{d}x \tag{6.2.8}$$

值到注意的是,公式(6.2.8) 的两个条件,即 Ω 为长方体区域和被积函数为三个函数 $f(x)$, $g(y)$ 与 $h(z)$ 的乘积,两者缺一不可.

例 2 计算三重积分 $\iiint\limits_{\Omega}xy^2z^3\mathrm{d}x\mathrm{d}y\mathrm{d}z$, Ω: $0\leqslant x\leqslant 1,0\leqslant y\leqslant 2,0\leqslant z\leqslant 3$.

解 这里积分区域为长方体区域,且被积函数满足式(6.2.8) 的要求,则应用公式(6.2.8),得

$$原式=\int_0^1 x\mathrm{d}x\cdot\int_0^2 y^2\mathrm{d}y\cdot\int_0^3 z^3\mathrm{d}z=\frac{1}{2}\cdot\frac{8}{3}\cdot\frac{81}{4}=27$$

例 3 计算三重积分$\iiint\limits_{\Omega} xy\mathrm{d}x\mathrm{d}y\mathrm{d}z$，其中 Ω 是由平面 $x+y+z=1$ 与坐标平面所围的区域.

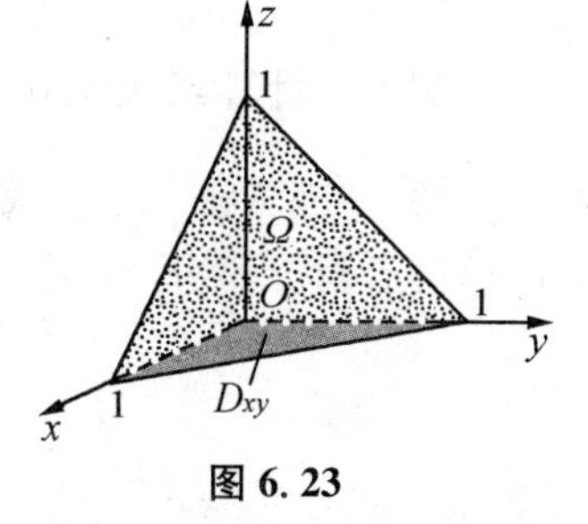

图 6.23

解 区域 Ω 和 Ω 在 xOy 平面上的投影 D_{xy} 如图 6.23 所示，即

$$\Omega=\{(x,y,z)\mid(x,y)\in D_{xy},0\leqslant z\leqslant 1-x-y\}$$

采用先对 z 计算一个含参变量的定积分的计算公式，得

$$\begin{aligned}原式&=\iint\limits_{D_{xy}}\mathrm{d}x\mathrm{d}y\int_0^{1-x-y}xy\mathrm{d}z=\iint\limits_{D_{xy}}xy(1-x-y)\mathrm{d}x\mathrm{d}y\\&=\int_0^1\mathrm{d}x\int_0^{1-x}xy(1-x-y)\mathrm{d}y\\&=\int_0^1\left(x(1-x)\frac{1}{2}y^2-x\frac{1}{3}y^3\right)\Big|_0^{1-x}\mathrm{d}x\\&=\frac{1}{6}\int_0^1 x(1-x)^3\mathrm{d}x\quad(令\ 1-x=t)\\&=\frac{1}{6}\int_0^1(t^3-t^4)\mathrm{d}t=\frac{1}{120}\end{aligned}$$

例 4 计算三重积分$\iiint\limits_{\Omega} z\mathrm{d}x\mathrm{d}y\mathrm{d}z$，其中 $\Omega: x^2+2y^2-z^2\leqslant 1,0\leqslant z\leqslant 2$.

解 采用先在截面上计算二重积分，后对 z 计算定积分的计算公式. 截面 $D(z)$ 为椭圆域：$x^2+2y^2\leqslant 1+z^2$（见图 6.24），椭圆域 $D(z)$ 的面积为

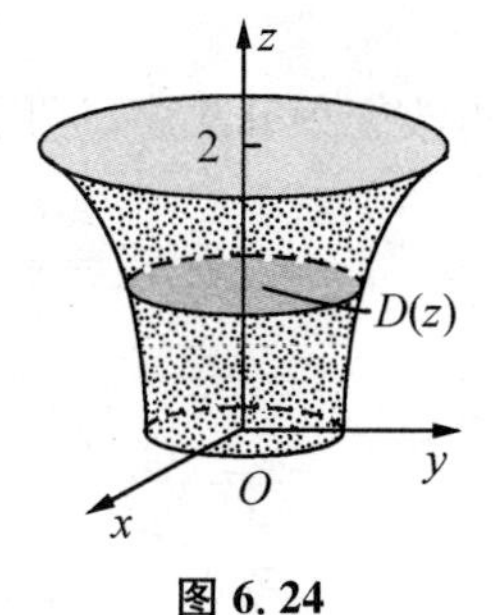

图 6.24

$$\sigma(D(z))=\pi\sqrt{1+z^2}\cdot\frac{\sqrt{1+z^2}}{\sqrt{2}}=\frac{\sqrt{2}}{2}\pi(1+z^2)$$

则

$$\begin{aligned}原式&=\int_0^2\mathrm{d}z\iint\limits_{D(z)}z\mathrm{d}x\mathrm{d}y=\int_0^2 z\cdot\frac{\sqrt{2}}{2}\pi(1+z^2)\mathrm{d}z\\&=\frac{\sqrt{2}}{2}\pi\left(\frac{1}{2}z^2+\frac{1}{4}z^4\right)\Big|_0^2=3\sqrt{2}\pi\end{aligned}$$

*6.2.4 改变累次积分的次序

在三重积分的两类积分公式中，若将其中的二重积分化为累次积分，则三重积

分便化成了累次积分(三次定积分).对于三重积分也有改变累次积分次序的问题,见下例.

例 5 计算累次积分 $\int_0^1 dx\int_0^x dy\int_0^y \frac{\sin z}{1-z}dz$.

解 因为被积函数关于 z 的原函数求不出,所以必须改变累次积分的次序,使得最后对 z 积分.应用二重积分改变累次积分次序的方法,先改变

$$\int_0^x dy\int_0^y \frac{\sin z}{1-z}dz$$

的积分次序.视 x 为常数,运用图 6.25,有

$$\int_0^x dy\int_0^y \frac{\sin z}{1-z}dz = \int_0^x dz\int_z^x \frac{\sin z}{1-z}dy = \int_0^x \frac{\sin z}{1-z}(x-z)dz$$

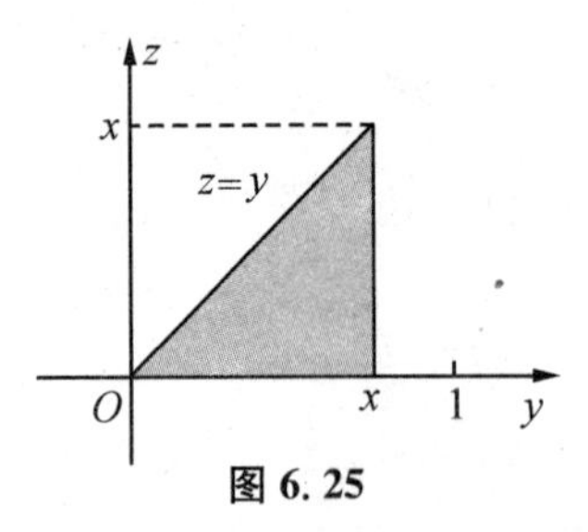

图 6.25

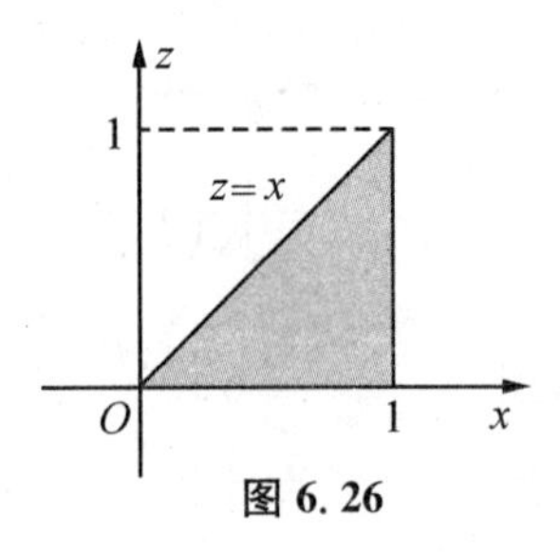

图 6.26

代入原式得

$$原式 = \int_0^1 dx\int_0^x \frac{\sin z}{1-z}(x-z)dz$$

再改变积分次序,运用图 6.26,有

$$\begin{aligned}原式 &= \int_0^1 dz\int_z^1 \frac{\sin z}{1-z}(x-z)dx = \int_0^1 \frac{\sin z}{1-z}\,\frac{1}{2}(x-z)^2\Big|_z^1 dz \\ &= \frac{1}{2}\int_0^1 (1-z)\sin z dz = \frac{1}{2}\left((z-1)\cos z\Big|_0^1 - \int_0^1 \cos z dz\right) \\ &= \frac{1}{2} - \frac{1}{2}\sin z\Big|_0^1 = \frac{1}{2}(1-\sin 1)\end{aligned}$$

6.2.5 三重积分的计算(换元积分法)

与二重积分换元积分公式相对应,有三重积分的换元积分公式.

定理 6.2.2(换元积分公式) 设 Ω 是 $\mathbf{R}^3$ 中的有界闭域,函数 $f\in\mathscr{C}(\Omega)$,若 Ω' 是 O-uvw 空间中的有界闭域,函数组

$$x=\varphi(u,v,w),\quad y=\psi(u,v,w),\quad z=\omega(u,v,w)$$

使得 Ω' 与 Ω 的点一一对应，$\varphi,\psi,\omega \in \mathscr{C}^{(1)}(\Omega')$，且**雅可比行列式**

$$J(u,v,w) = \frac{\partial(\varphi,\psi,\omega)}{\partial(u,v,w)} \xlongequal{\text{def}} \begin{vmatrix} \varphi_u' & \varphi_v' & \varphi_w' \\ \psi_u' & \psi_v' & \psi_w' \\ \omega_u' & \omega_v' & \omega_w' \end{vmatrix} \neq 0 \quad ((u,v,w) \in \Omega')$$

则有三重积分的换元公式

$$\iiint\limits_{\Omega} f(x,y,z)\mathrm{d}x\mathrm{d}y\mathrm{d}z = \iiint\limits_{\Omega'} f(\varphi(u,v,w),\psi(u,v,w),\omega(u,v,w))\,|J(u,v,w)|\,\mathrm{d}u\mathrm{d}v\mathrm{d}w \tag{6.2.9}$$

计算三重积分常用的换元变换有平移变换、柱坐标变换与球坐标变换等.

1) 平移变换

令 $x = u + a, y = v + b, z = w + c$，其中 a,b,c 为常数，则

$$J(u,v,w) = \begin{vmatrix} x_u' & x_v' & x_w' \\ y_u' & y_v' & y_w' \\ z_u' & z_v' & z_w' \end{vmatrix} = \begin{vmatrix} 1 & 0 & 0 \\ 0 & 1 & 0 \\ 0 & 0 & 1 \end{vmatrix} = 1$$

故 $\mathrm{d}x\mathrm{d}y\mathrm{d}z = \mathrm{d}u\mathrm{d}v\mathrm{d}w$，于是

$$\iiint\limits_{\Omega} f(x,y,z)\mathrm{d}V = \iiint\limits_{\Omega'} f(u+a,v+b,w+c)\mathrm{d}u\mathrm{d}v\mathrm{d}w \tag{6.2.10}$$

例 6 计算三重积分 $\iiint\limits_{\Omega}(x+y+z)\mathrm{d}x\mathrm{d}y\mathrm{d}z$，这里 Ω 是球体：$(x-1)^2+(y-2)^2+(z-3)^2 \leqslant 1$.

解 采用平移变换，令 $x = u + 1, y = v + 2, z = w + 3$，则

$$\text{原式} = \iiint\limits_{\Omega'}(u+v+w+6)\mathrm{d}u\mathrm{d}v\mathrm{d}w$$

这里 $\Omega': u^2+v^2+w^2 \leqslant 1$. 由 u 为奇函数，Ω' 关于 $u = 0$ 对称；v 为奇函数，Ω' 关于 $v = 0$ 对称；w 为奇函数，Ω' 关于 $w = 0$ 对称，所以

$$\iiint\limits_{\Omega'} u\,\mathrm{d}u\mathrm{d}v\mathrm{d}w = \iiint\limits_{\Omega'} v\,\mathrm{d}u\mathrm{d}v\mathrm{d}w = \iiint\limits_{\Omega'} w\,\mathrm{d}u\mathrm{d}v\mathrm{d}w = 0$$

故

$$\text{原式} = 6\iiint\limits_{\Omega'}\mathrm{d}u\mathrm{d}v\mathrm{d}w = 6 \cdot \frac{4}{3}\pi \cdot 1^3 = 8\pi$$

2) 柱坐标变换

在应用上小节中公式(6.2.4)或公式(6.2.6)计算三重积分时,若将投影区域 D_{xy} 上的二重积分或截面 $D(z)$ 上的二重积分运用极坐标变换计算,则换元变换为

$$x=\rho\cos\theta,\quad y=\rho\sin\theta,\quad z=z$$

我们称此变换为**柱坐标变换**,(ρ,θ,z) 为点的**柱坐标**,其中 $0\leqslant\rho<+\infty, 0\leqslant\theta\leqslant 2\pi, -\infty<z<+\infty$. 其雅可比行列式

$$J(\rho,\theta,z)=\begin{vmatrix}\dfrac{\partial x}{\partial\rho} & \dfrac{\partial x}{\partial\theta} & \dfrac{\partial x}{\partial z}\\ \dfrac{\partial y}{\partial\rho} & \dfrac{\partial y}{\partial\theta} & \dfrac{\partial y}{\partial z}\\ \dfrac{\partial z}{\partial\rho} & \dfrac{\partial z}{\partial\theta} & \dfrac{\partial z}{\partial z}\end{vmatrix}=\begin{vmatrix}\cos\theta & -\rho\sin\theta & 0\\ \sin\theta & \rho\cos\theta & 0\\ 0 & 0 & 1\end{vmatrix}=\rho$$

由此得到柱坐标下的体积微元为

$$\mathrm{d}V=|J(\rho,\theta,z)|\,\mathrm{d}\rho\mathrm{d}\theta\mathrm{d}z=\rho\mathrm{d}\rho\mathrm{d}\theta\mathrm{d}z\quad(\rho\geqslant 0)$$

***注** 在柱坐标下,我们用圆柱面 $\rho=$ 常数、半平面 $\theta=$ 常数、平面 $z=$ 常数的三组曲面将此积分区域 Ω 分割为 n 个小区域. 在点 $M(\rho,\theta,z)$ 处,考虑由 ρ,θ,z 各取得微小增量 $\mathrm{d}\rho,\mathrm{d}\theta,\mathrm{d}z$ 所成的六面体的体积(见图 6.27).

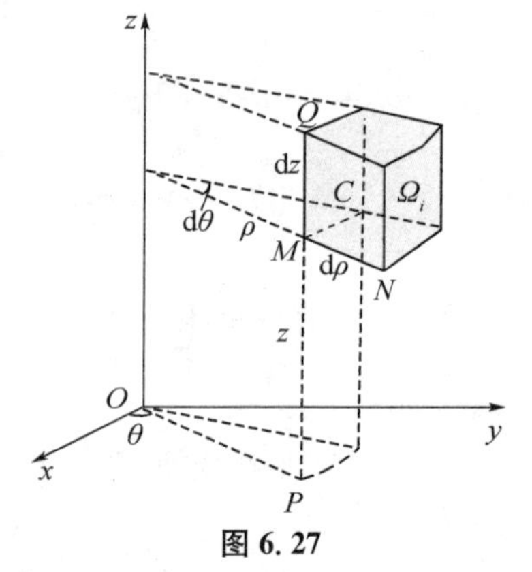

图 6.27

将此六面体看作长方体,其长为 $MN=\mathrm{d}\rho$, 宽为 $MC=\rho\mathrm{d}\theta$,高为 $MQ=\mathrm{d}z$,于是得

$$\mathrm{d}V=MN\cdot MC\cdot MQ=\rho\mathrm{d}\rho\mathrm{d}\theta\mathrm{d}z$$

这就是柱坐标下的体积微元.

由于我们已经有极坐标变换的基础,这里对柱坐标变换不拟多作讨论,下面举一例说明.

例 7 计算三重积分 $\iiint\limits_{\Omega}z(x^2+y^2)\mathrm{d}x\mathrm{d}y\mathrm{d}z$,这里 Ω 是曲面 $z=x^2+y^2$ 与平面 $z=a^2(a>0)$ 所围区域(见图 6.28).

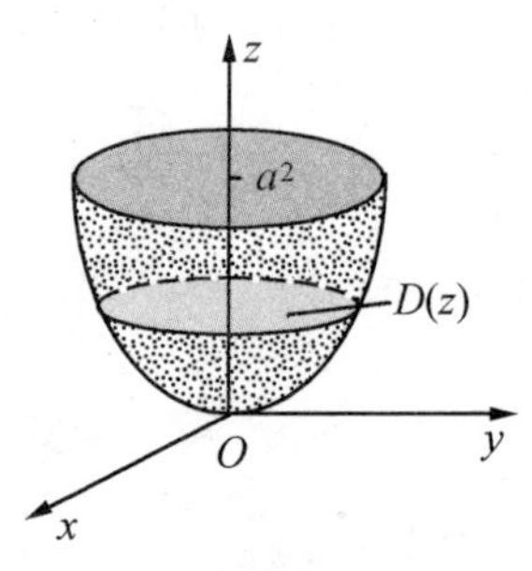

图 6.28

解 采用柱坐标,下面用两种方法化为累次积分计算.

方法 1(先对 z 积分) Ω 在 xOy 平面上的投影区域为 $D: x^2+y^2\leqslant a^2$,则

$$\text{原式}=\iint\limits_{D}\mathrm{d}x\mathrm{d}y\int_{x^2+y^2}^{a^2}z(x^2+y^2)\mathrm{d}z$$

$$=\frac{1}{2}\iint\limits_{D}(x^2+y^2)(a^4-(x^2+y^2)^2)\mathrm{d}x\mathrm{d}y$$

$$=\frac{1}{2}\int_0^{2\pi}\mathrm{d}\theta\int_0^a\rho^3(a^4-\rho^4)\mathrm{d}\rho$$

$$=\pi\left(\frac{1}{4}a^4\rho^4-\frac{1}{8}\rho^8\right)\Big|_0^a=\frac{1}{8}\pi a^8$$

方法 2(最后对 z 积分)　截面 $D(z):x^2+y^2\leqslant(\sqrt{z})^2$,则

$$\text{原式}=\int_0^{a^2}\mathrm{d}z\iint\limits_{D(z)}z(x^2+y^2)\mathrm{d}x\mathrm{d}y=\int_0^{a^2}\mathrm{d}z\int_0^{2\pi}\mathrm{d}\theta\int_0^{\sqrt{z}}z\rho^3\mathrm{d}\rho$$

$$=\int_0^{a^2}2\pi\cdot z\frac{1}{4}\rho^4\Big|_0^{\sqrt{z}}\mathrm{d}z=\frac{1}{2}\pi\int_0^{a^2}z^3\mathrm{d}z=\frac{1}{8}\pi a^8$$

3) 球坐标变换

取空间直角坐标系 $O-xyz$,设点 M 的直角坐标为(x,y,z),球坐标是将点 M 的位置用三个有序的实数(r,φ,θ) 表示,其中 r 是向量 $\overrightarrow{OM}$ 的模,φ 是向量$\overrightarrow{OM}$ 与 z 轴正向的夹角,θ 是点 M 在 xOy 平面上的投影 P 的极角(见图 6.29). 由图可知 $z=r\cos\varphi,\rho=r\sin\varphi,x=\rho\cos\theta,y=\rho\sin\theta$,于是得直角坐标与球坐标的关系式:

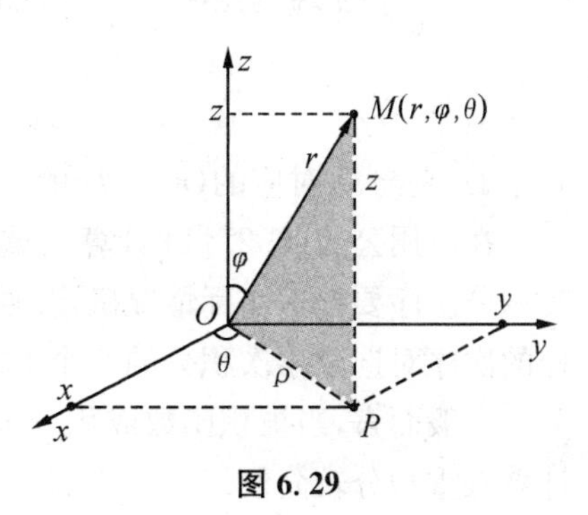

图 6.29

$$x=r\sin\varphi\cos\theta,\quad y=r\sin\varphi\sin\theta,\quad z=r\cos\varphi$$

我们称此变换为**球坐标变换**,称(r,φ,θ) 为点 M 的**球坐标**. 其雅可比行列式

$$J(r,\varphi,\theta)=\begin{vmatrix}\dfrac{\partial x}{\partial r} & \dfrac{\partial x}{\partial \varphi} & \dfrac{\partial x}{\partial \theta}\\ \dfrac{\partial y}{\partial r} & \dfrac{\partial y}{\partial \varphi} & \dfrac{\partial y}{\partial \theta}\\ \dfrac{\partial z}{\partial r} & \dfrac{\partial z}{\partial \varphi} & \dfrac{\partial z}{\partial \theta}\end{vmatrix}=\begin{vmatrix}\sin\varphi\cos\theta & r\cos\varphi\cos\theta & -r\sin\varphi\sin\theta\\ \sin\varphi\sin\theta & r\cos\varphi\sin\theta & r\sin\varphi\cos\theta\\ \cos\varphi & -r\sin\varphi & 0\end{vmatrix}$$

$$=r^2\sin\varphi$$

由此可得球坐标下的体积微元为

$$\mathrm{d}V=|J(r,\varphi,\theta)|\mathrm{d}r\mathrm{d}\varphi\mathrm{d}\theta=r^2\sin\varphi\mathrm{d}r\mathrm{d}\varphi\mathrm{d}\theta$$

***注**　在球坐标下,我们用球面 $r=$ 常数、圆锥面 $\varphi=$ 常数、半平面 $\theta=$ 常数

的三组曲面将积分区域Ω分割为n个小区域. 在点$P(r,\varphi,\theta)$处，考虑由r,φ,θ各取得微小增量$\mathrm{d}r$, $\mathrm{d}\varphi,\mathrm{d}\theta$所成的六面体的体积(见图6.30).

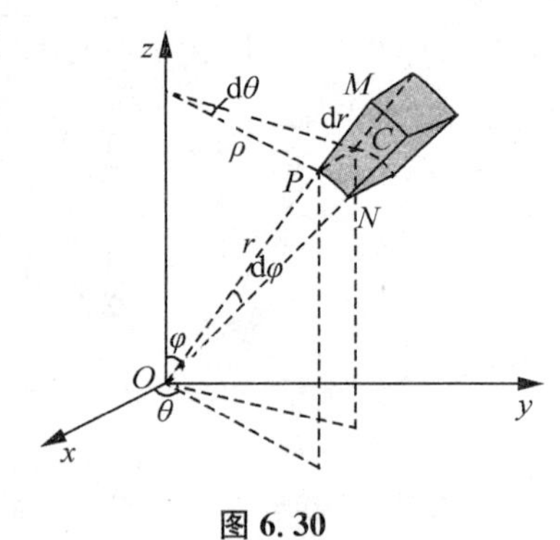

图 6.30

将此六面体看作长方体，其长为$PN = r\mathrm{d}\varphi$，宽为$PC = \rho\mathrm{d}\theta$，高为$PM = \mathrm{d}r$，于是得

$$\begin{aligned}\mathrm{d}V &= PN \cdot PC \cdot PM = \rho r\,\mathrm{d}r\mathrm{d}\varphi\mathrm{d}\theta \\ &= r^2\sin\varphi\,\mathrm{d}r\mathrm{d}\varphi\mathrm{d}\theta\end{aligned}$$

这就是球坐标下的体积微元.

在球坐标下，变量r,φ,θ的变化范围是

$$r \geqslant 0,\quad 0 \leqslant \varphi \leqslant \pi,\quad 0 \leqslant \theta \leqslant 2\pi$$

在球坐标下，三重积分化为

$$\iiint\limits_{\Omega} f(x,y,z)\mathrm{d}V = \iiint\limits_{\Omega'} f(r\sin\varphi\cos\theta, r\sin\varphi\sin\theta, r\cos\varphi) r^2\sin\varphi\,\mathrm{d}r\mathrm{d}\varphi\mathrm{d}\theta \tag{6.2.11}$$

其中Ω'是与Ω对应的(r,φ,θ)的变化区域.

在应用公式(6.2.11)计算三重积分时，还需进一步化为对r,φ,θ的累次积分. 其积分次序要根据实际情况确定. 通常是先对r积分，次对φ积分，再对θ积分，这样的次序对选取累次积分的6个上、下限方便些.

一般而言，当被积函数或积分区域的方程中含$x^2+y^2+z^2$项时，采用球坐标计算三重积分较简便.

例 8　计算三重积分$\iiint\limits_{\Omega}(x^2+y^2)\mathrm{d}x\mathrm{d}y\mathrm{d}z$，其中$\Omega$: $x^2+y^2+z^2 \leqslant 1$.

解　采用球坐标计算，有

$$\begin{aligned}\text{原式} &= \iiint\limits_{\Omega'}(r\sin\varphi)^2 r^2\sin\varphi\,\mathrm{d}r\mathrm{d}\varphi\mathrm{d}\theta = \int_0^{2\pi}\mathrm{d}\theta \cdot \int_0^{\pi}\sin^3\varphi\,\mathrm{d}\varphi \cdot \int_0^1 r^4\,\mathrm{d}r \\ &= 2\pi \cdot \left(\frac{1}{3}\cos^3\varphi - \cos\varphi\right)\Big|_0^{\pi} \cdot \frac{1}{5} = \frac{8}{15}\pi\end{aligned}$$

例 9　计算三重积分$\iiint\limits_{\Omega}(x^2+y^2+z^2)\mathrm{d}x\mathrm{d}y\mathrm{d}z$，这里$\Omega$: $x^2+y^2+z^2 \leqslant 2z, z \geqslant \sqrt{x^2+y^2}$.

解　采用球坐标计算. 球面$x^2+y^2+z^2=2z$化为球坐标方程为$r=2\cos\varphi$，锥面$z=\sqrt{x^2+y^2}$化为球坐标方程为$\varphi=\frac{\pi}{4}$(见图6.31)，则

$$原式=\int_0^{2\pi}d\theta\int_0^{\frac{\pi}{4}}d\varphi\int_0^{2\cos\varphi}r^2\cdot r^2\sin\varphi dr$$

$$=2\pi\cdot\int_0^{\frac{\pi}{4}}\sin\varphi\cdot\frac{1}{5}r^5\Big|_0^{2\cos\varphi}d\varphi$$

$$=\frac{2}{5}\pi\cdot 32\int_0^{\frac{\pi}{4}}\sin\varphi\cdot\cos^5\varphi d\varphi$$

$$=-\frac{32\pi}{15}\cos^6\varphi\Big|_0^{\frac{\pi}{4}}=\frac{28}{15}\pi$$

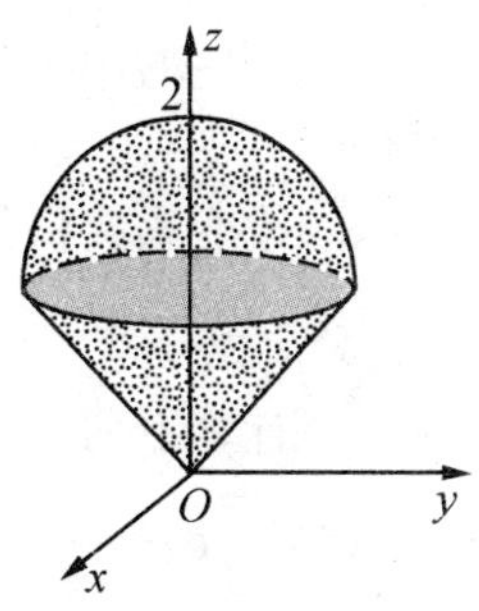

图 6.31

例 10　设 Ω 为球体 $x^2+y^2+z^2\leqslant t^2(t>0)$，$f\in\mathscr{C}(\Omega)$，且 $f(0)=0, f'(0)=1$，求 $\lim\limits_{t\to 0^+}\frac{1}{t^5}\iiint\limits_{\Omega}f(x^2+y^2+z^2)dxdydz$.

解　首先采用球坐标计算三重积分，有

$$\iiint\limits_{\Omega}f(x^2+y^2+z^2)dxdydz=\int_0^{2\pi}d\theta\cdot\int_0^{\pi}\sin\varphi d\varphi\cdot\int_0^t r^2f(r^2)dr=4\pi\int_0^t r^2f(r^2)dr$$

代入原式并应用洛必达法则，则

$$原式=\lim_{t\to 0^+}\frac{4\pi\int_0^t r^2f(r^2)dr}{t^5}\overset{\frac{0}{0}}{=\!=}\lim_{t\to 0^+}\frac{4\pi t^2f(t^2)}{5t^4}$$

$$=\frac{4}{5}\pi\lim_{t\to 0^+}\frac{f(t^2)-f(0)}{t^2}=\frac{4}{5}\pi\cdot f'(0)=\frac{4}{5}\pi$$

习题 6.2

A 组

1. 计算下列累次积分：

(1) $\int_1^2dx\int_0^1dy\int_0^{\frac{\pi}{2}}x^2y^3\sin z dz$；　　(2) $\int_0^1dz\int_0^z dy\int_{y-z}^{y+z}(x+y+z)dx$.

2. 计算下列三重积分：

(1) $\iiint\limits_{\Omega}\frac{1}{(1+x+y+z)^3}dxdydz$，$\Omega$：$x+y+z=1$ 与坐标平面所围区域；

(2) $\iiint\limits_{\Omega}xydxdydz$，$\Omega$：$z=xy, x+y=1, z=0$ 所围区域；

(3) $\iiint\limits_{\Omega}x^3y^2zdxdydz$，$\Omega$：$z=xy, y=x, x=1, z=0$ 所围区域；

(4) $\iiint\limits_{\Omega}\frac{y\sin x}{x}dxdydz$，$\Omega$：$y=\sqrt{x}, x+z=\frac{\pi}{2}, y=0, z=0$ 所围区域；

(5) $\iiint\limits_{\Omega} z\,\mathrm{d}x\mathrm{d}y\mathrm{d}z, \Omega: x^2+y^2-2z^2=1, z=0, z=1$ 所围区域.

3. 改变累次积分 $\int_0^1 \mathrm{d}x\int_0^x \mathrm{d}y\int_0^{x-y} f(x,y,z)\mathrm{d}z$ 的积分次序,使得先对 y,次对 x,最后对 z 积分.

4. 计算下列三重积分:

(1) $\iiint\limits_{\Omega} (x^2+y^2)\mathrm{d}x\mathrm{d}y\mathrm{d}z, \Omega$: $x^2+y^2\leqslant 2z, z\leqslant 2$;

(2) $\iiint\limits_{\Omega} x\,\mathrm{d}x\mathrm{d}y\mathrm{d}z, \Omega$: $x^2+y^2=2x, z=0, z=h$ 所围区域$(h>0)$;

(3) $\iiint\limits_{\Omega} z\,\mathrm{d}x\mathrm{d}y\mathrm{d}z, \Omega$: $x^2+y^2+z^2\leqslant 2Rz, x^2+y^2\leqslant z^2 (R>0)$;

(4) $\iiint\limits_{\Omega} z^2\mathrm{d}x\mathrm{d}y\mathrm{d}z, \Omega$: $x^2+y^2+z^2\leqslant R^2, x^2+y^2+z^2\leqslant 2Rz (R>0)$;

(5) $\iiint\limits_{\Omega} \dfrac{1}{\sqrt{x^2+y^2+z^2}}\mathrm{d}x\mathrm{d}y\mathrm{d}z, \Omega$: $x^2+y^2+z^2\leqslant 2z, x\geqslant 0, y\geqslant 0$.

5. 将下列累次积分变换为柱坐标或球坐标计算:

(1) $\int_0^2 \mathrm{d}x\int_0^{\sqrt{2x-x^2}} \mathrm{d}y\int_0^a z\sqrt{x^2+y^2}\,\mathrm{d}z$;

(2) $\int_{-R}^R \mathrm{d}x\int_{-\sqrt{R^2-x^2}}^{\sqrt{R^2-x^2}} \mathrm{d}y\int_0^{\sqrt{R^2-x^2-y^2}} (x^2+y^2)\mathrm{d}z$.

B 组

6. 计算三重积分 $\iiint\limits_{\Omega} \sqrt{x^2+y^2}\,\mathrm{d}x\mathrm{d}y\mathrm{d}z, \Omega: x^2+y^2\leqslant 2x, 0\leqslant z\leqslant x^2+y^2$.

7. 计算三重积分 $\iiint\limits_{\Omega} (x+y+z)^2\mathrm{d}x\mathrm{d}y\mathrm{d}z, \Omega: x^2+y^2\leqslant 2z, x^2+y^2+z^2\leqslant 3$.

8. 设 Ω: $x^2+y^2+z^2\leqslant 2tz$,函数 $f\in\mathscr{C}(\Omega), f(0)=0, f'(0)=1$,求

$$\lim_{t\to 0^+}\frac{1}{t^4}\iiint\limits_{\Omega} f(\sqrt{x^2+y^2+z^2})\mathrm{d}x\mathrm{d}y\mathrm{d}z$$

6.3 重积分的应用

在引进重积分概念时,我们已经看到二重积分可用于求曲顶柱体的体积、平面薄片的质量,三重积分可用于求立体的质量等. 这一节,我们进一步研究重积分在几何与物理上的应用,主要考虑平面区域的面积、立体的体积、曲面的面积、质心等问题.

6.3.1 平面区域的面积

在第 3 章中,我们已应用定积分计算平面区域的面积,现在我们应用二重积分来计算平面区域的面积.求平面区域 D 的面积的基本公式是

$$\sigma(D)=\iint_D \mathrm{d}x\mathrm{d}y \tag{6.3.1}$$

下面分四种情况来应用公式(6.3.1)(假设其中的被积函数皆可积).

(1) 在直角坐标下,若 $D=\{(x,y)\mid a\leqslant x\leqslant b,\varphi_1(x)\leqslant y\leqslant\varphi_2(x)\}$,应用公式(6.3.1),化为先对 y 后对 x 的累次积分,得区域 D 的面积为

$$\sigma(D)=\int_a^b\mathrm{d}x\int_{\varphi_1(x)}^{\varphi_2(x)}\mathrm{d}y=\int_a^b(\varphi_2(x)-\varphi_1(x))\mathrm{d}x \tag{6.3.2}$$

(2) 在直角坐标下,若 $D=\{(x,y)\mid c\leqslant y\leqslant d,\psi_1(y)\leqslant x\leqslant\psi_2(y)\}$,应用公式(6.3.1),化为先对 x 后对 y 的累次积分,得区域 D 的面积为

$$\sigma(D)=\int_c^d\mathrm{d}y\int_{\psi_1(y)}^{\psi_2(y)}\mathrm{d}x=\int_c^d(\psi_2(y)-\psi_1(y))\mathrm{d}y \tag{6.3.3}$$

(3) 在极坐标下,若 $D=\{(\rho,\theta)\mid\alpha\leqslant\theta\leqslant\beta,\rho_1(\theta)\leqslant\rho\leqslant\rho_2(\theta)\}$,应用公式(6.3.1),采用极坐标变换化为先对 ρ 后对 θ 的累次积分,得区域 D 的面积为

$$\sigma(D)=\iint_D\rho\mathrm{d}\rho\mathrm{d}\theta=\int_\alpha^\beta\mathrm{d}\theta\int_{\rho_1(\theta)}^{\rho_2(\theta)}\rho\mathrm{d}\rho=\frac{1}{2}\int_\alpha^\beta(\rho_2^2(\theta)-\rho_1^2(\theta))\mathrm{d}\theta \tag{6.3.4}$$

不难看出,以上计算公式(6.3.2),(6.3.3),(6.3.4)正是第 3.3 节中用微分法导出的公式,现在又用二重积分化为累次积分法导出.

(4) 在极坐标下,若

$$D=\{(\rho,\theta)\mid\lambda\leqslant\rho\leqslant\mu(\lambda\geqslant 0),\theta_1(\rho)\leqslant\theta\leqslant\theta_2(\rho)\}$$

应用公式(6.3.1),采用极坐标变换化为先对 θ 后对 ρ 的累次积分,得区域 D 的面积为

$$\sigma(D)=\iint_D\rho\mathrm{d}\rho\mathrm{d}\theta=\int_\lambda^\mu\mathrm{d}\rho\int_{\theta_1(\rho)}^{\theta_2(\rho)}\rho\mathrm{d}\theta=\int_\lambda^\mu\rho(\theta_2(\rho)-\theta_1(\rho))\mathrm{d}\rho \tag{6.3.5}$$

例 1 求曲线 $(x^2+y^2)^2=2y^3$ 所围的平面区域 D 的面积.

解 曲线的极坐标方程为 $\rho=2\sin^3\theta$,当 θ 从 0 增大到 $\frac{\pi}{2}$ 时,ρ 从 0 单调增加到 2,当 θ 从 $\frac{\pi}{2}$ 增大到 π 时,ρ 从 2 单调减少到 0,且曲线关于 $x=0$ 对称(见图 6.32).因此,区域 D 的 $x\geqslant 0$ 的部分区域 D_1 可写为

$$D_1=\left\{(\rho,\theta)\,\middle|\,0\leqslant\theta\leqslant\frac{\pi}{2},0\leqslant\rho\leqslant 2\sin^3\theta\right\}$$

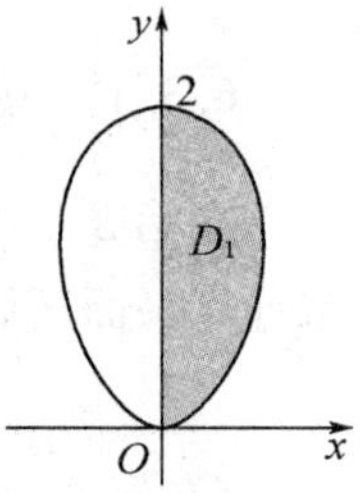

图 6.32

应用公式(6.3.4)得区域 D 的面积为

$$\sigma(D)=2\sigma(D_1)=4\int_0^{\frac{\pi}{2}}\sin^6\theta\mathrm{d}\theta$$

再应用第 3.2 节中例 15 的公式,得

$$\sigma(D)=4\int_0^{\frac{\pi}{2}}\sin^6\theta\mathrm{d}\theta=4\cdot\frac{5}{6}\cdot\frac{3}{4}\cdot\frac{1}{2}\cdot\frac{\pi}{2}=\frac{5}{8}\pi$$

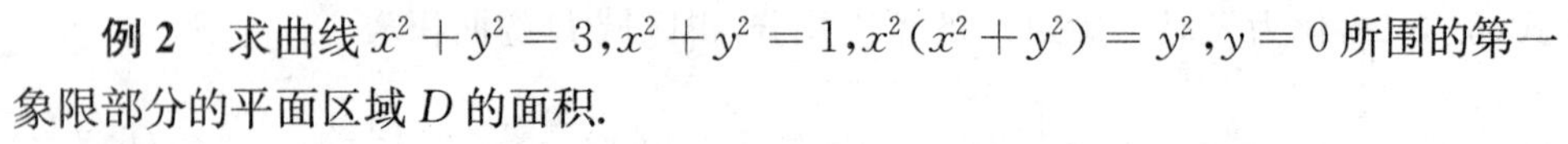

例 2 求曲线 $x^2+y^2=3,x^2+y^2=1,x^2(x^2+y^2)=y^2,y=0$ 所围的第一象限部分的平面区域 D 的面积.

解 曲线 $x^2+y^2=3,x^2+y^2=1,x^2(x^2+y^2)=y^2,y=0$ 的极坐标方程分别为 $\rho=\sqrt{3},\rho=1,\rho=\tan\theta,\theta=0$,则区域 D(见图 6.33)可写为

$$D=\{(\rho,\theta)\mid 1\leqslant\rho\leqslant\sqrt{3},0\leqslant\theta\leqslant\arctan\rho\}$$

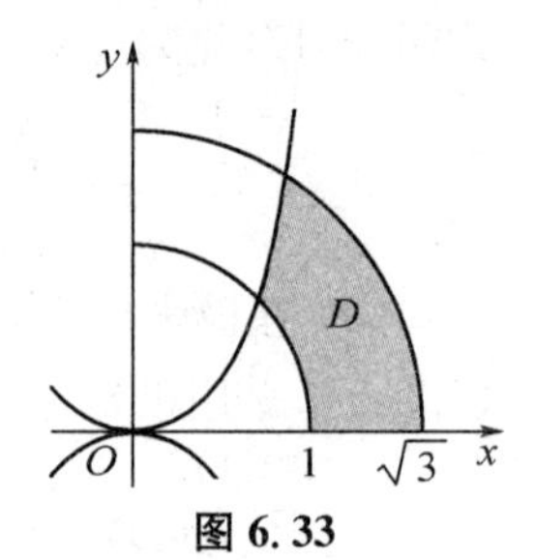

图 6.33

应用公式(6.3.5)得区域 D 的面积为

$$\begin{aligned}\sigma(D)&=\int_1^{\sqrt{3}}\rho\arctan\rho\mathrm{d}\rho=\frac{1}{2}\int_1^{\sqrt{3}}\arctan\rho\mathrm{d}\rho^2\\&=\frac{1}{2}\left(\rho^2\arctan\rho\Big|_1^{\sqrt{3}}-\int_1^{\sqrt{3}}\frac{\rho^2+1-1}{1+\rho^2}\mathrm{d}\rho\right)\\&=\frac{1}{2}\left(\frac{3}{4}\pi-(\sqrt{3}-1)+\arctan\rho\Big|_1^{\sqrt{3}}\right)\\&=\frac{5}{12}\pi-\frac{1}{2}(\sqrt{3}-1)\end{aligned}$$

6.3.2 立体的体积

求空间立体区域 Ω 的体积的基本公式是

$$V(\Omega)=\iiint_{\Omega}\mathrm{d}x\mathrm{d}y\mathrm{d}z\tag{6.3.6}$$

下面分三种情况来应用公式(6.3.6).

(1) 在直角坐标下,若 Ω 在 xOy 平面上的投影为 D,且立体界于两曲面 $z=\varphi(x,y)$ 与 $z=\psi(x,y)$ 之间($\varphi\leqslant\psi$),应用公式(6.3.6),先对 z 积分,得 Ω 的体积为

$$V(\Omega)=\iint_D[\psi(x,y)-\varphi(x,y)]\mathrm{d}x\mathrm{d}y$$

(2) 在柱坐标下,应用公式(6.3.6)得 Ω 的体积为

$$V(\Omega)=\iiint_{\Omega'}\rho\mathrm{d}\rho\mathrm{d}\theta\mathrm{d}z$$

其中,Ω' 是区域 Ω 在柱坐标变换下所对应的区域.

(3) 在球坐标下,应用公式(6.3.6)得 Ω 的体积为

$$V(\Omega)=\iiint_{\Omega'}r^2\sin\varphi\mathrm{d}r\mathrm{d}\varphi\mathrm{d}\theta$$

其中,Ω' 是区域 Ω 在球坐标变换下所对应的区域.

例 3 求 $z=\sqrt{4-x^2-y^2}$, $x^2+y^2=2x, z=0$ 所围立体 Ω 的体积.

解 立体 Ω 关于 $y=0$ 对称,记 Ω 的 $y\geqslant 0$ 的部分为 Ω_1(如图 6.34 所示),采用柱坐标计算,则

$$\begin{aligned}V&=2\int_0^{\frac{\pi}{2}}\mathrm{d}\theta\int_0^{2\cos\theta}\mathrm{d}\rho\int_0^{\sqrt{4-\rho^2}}\rho\mathrm{d}z\\&=2\int_0^{\frac{\pi}{2}}\mathrm{d}\theta\int_0^{2\cos\theta}\rho\sqrt{4-\rho^2}\,\mathrm{d}\rho\\&=-\frac{2}{3}\int_0^{\frac{\pi}{2}}(4-\rho^2)^{\frac{3}{2}}\Big|_0^{2\cos\theta}\mathrm{d}\theta\\&=\frac{16}{3}\int_0^{\frac{\pi}{2}}(1-\sin^3\theta)\mathrm{d}\theta\\&=\frac{16}{3}\left(\frac{\pi}{2}-\frac{2}{3}\right)\end{aligned}$$

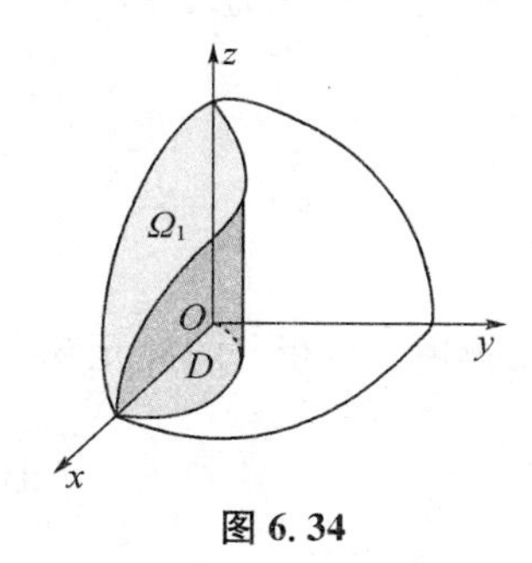

图 6.34

例 4 求立体 Ω:$x^2+y^2+z^2\geqslant 1, x^2+y^2+z^2\leqslant 16, z\leqslant\sqrt{x^2+y^2}, z\geqslant 0$ 的体积.

解 因曲面 $x^2+y^2+z^2=1, x^2+y^2+z^2=16, z=\sqrt{x^2+y^2}, z=0$(见图 6.35)的球坐标方程分别为

$$r=1,\quad r=4,\quad \varphi=\frac{\pi}{4},\quad \varphi=\frac{\pi}{2}$$

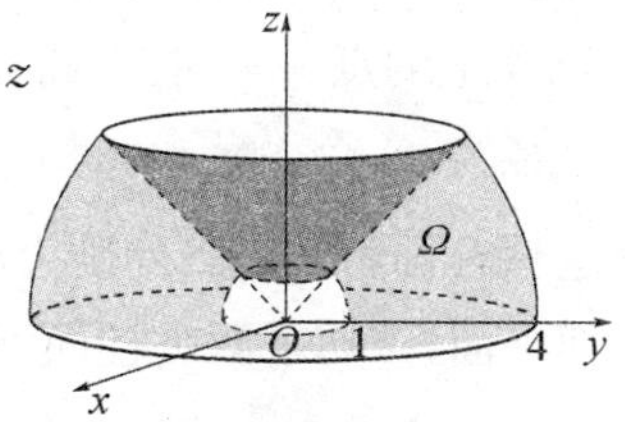

图 6.35

在球坐标下 Ω 所对应的区域为

$$\Omega'=\left\{(r,\varphi,\theta)\,\middle|\,0\leqslant\theta\leqslant 2\pi,\frac{\pi}{4}\leqslant\varphi\leqslant\frac{\pi}{2},1\leqslant r\leqslant 4\right\}$$

于是 Ω 的体积为

$$V=\iiint\limits_{\Omega'} r^2\sin\varphi \mathrm{d}r\mathrm{d}\varphi\mathrm{d}\theta=\int_0^{2\pi}\mathrm{d}\theta\cdot\int_{\frac{\pi}{4}}^{\frac{\pi}{2}}\sin\varphi\mathrm{d}\varphi\cdot\int_1^4 r^2\mathrm{d}r$$

$$=2\pi(-\cos\theta)\Big|_{\frac{\pi}{4}}^{\frac{\pi}{2}}\cdot\frac{1}{3}r^3\Big|_1^4=21\sqrt{2}\pi$$

例 5 求立体 Ω:$(x+2y)^2+(y+2z)^2+(z+2x)^2\leqslant 1$ 的体积.

解 作换元变换,令

$$x+2y=u,\quad y+2z=v,\quad z+2x=w$$

解出 x,y,z 得

$$x=\frac{u-2v+4w}{9},\quad y=\frac{4u+v-2w}{9},\quad z=\frac{-2u+4v+w}{9}$$

则立体 Ω 化为 Ω':$u^2+v^2+w^2\leqslant 1$,且雅可比行列式为

$$J=\begin{vmatrix} x'_u & x'_v & x'_w \\ y'_u & y'_v & y'_w \\ z'_u & z'_v & z'_w \end{vmatrix}=\frac{1}{9^3}\begin{vmatrix} 1 & -2 & 4 \\ 4 & 1 & -2 \\ -2 & 4 & 1 \end{vmatrix}=\frac{1}{9}$$

再由三重积分的换元变换公式得

$$V(\Omega)=\iiint\limits_{\Omega}\mathrm{d}x\mathrm{d}y\mathrm{d}z=\iiint\limits_{\Omega'}|J|\,\mathrm{d}u\mathrm{d}v\mathrm{d}w=\frac{1}{9}V(\Omega')=\frac{4}{27}\pi$$

6.3.3 曲面的面积

定义 6.3.1(曲面面积) 设 Σ 是 $\mathbf{R}^3$ 中的有界光滑曲面,曲面 Σ 在某个坐标平面上的投影为有界闭域 D(为叙述简单起见,下文中取该坐标平面为 xOy 平面),Σ 与 D 上的点一一对应.将区域 D 任意分割为 n 个子域 $D_i(i=1,2,\cdots,n)$,且 D_i 的直径为 d_i,令 $\lambda=\max\limits_{1\leqslant i\leqslant n}\{d_i\}$.以 D_i 的边界曲线为准线作母线平行于 z 轴的柱面 S_i,这些柱面将曲面 Σ 分割为 n 块小曲面 Σ_i,在曲面 Σ_i 上任取点 M_i,过 M_i 作曲面 Σ_i 的切平面,该切平面被柱面 S_i 截得的平面区域记为 Π_i,设 Π_i 的面积为 $\sigma(\Pi_i)$,若极限

$$\lim_{\lambda\to 0}\sum_{i=1}^{n}\sigma(\Pi_i)\tag{6.3.7}$$

存在,则称此极限值为**曲面 $\boldsymbol{\Sigma}$ 的面积**.

下面来推导曲面面积的计算公式.

定理 6.3.1 设曲面 Σ 的方程为

$$z=f(x,y)\quad((x,y)\in D)$$

D 为 xOy 平面上的有界闭域，若 $f \in \mathscr{C}^{(1)}(D)$，则曲面 Σ 的面积为

$$S(\Sigma)=\iint_D \mathrm{d}S=\iint_D \sqrt{1+(f_x'(x,y))^2+(f_y'(x,y))^2}\,\mathrm{d}x\mathrm{d}y \qquad (6.3.8)$$

其中，$\mathrm{d}S=\sqrt{1+(f_x')^2+(f_y')^2}\,\mathrm{d}x\mathrm{d}y$ 称为**直角坐标下的曲面微元**.

证　符号 $D_i,d_i,\lambda,S_i,\Sigma_i,M_i,\Pi_i$ 的含义如定义 6.3.1 所述，并设 D_i 的面积为 $\Delta\sigma_i$. 因平面块 Π_i 在 $M_i(x_i,y_i,z_i)$ 处的法向量为

$$\boldsymbol{n}_i=(-f_x'(x_i,y_i),-f_y'(x_i,y_i),1)$$

设法向量 $\boldsymbol{n}_i$ 的方向余弦为 $\cos\alpha_i,\cos\beta_i,\cos\gamma_i$，则

$$\cos\gamma_i=\frac{1}{\sqrt{1+(f_x'(x_i,y_i))^2+(f_y'(x_i,y_i))^2}}$$

所以平面块 Π_i 的面积为

$$\sigma(\Pi_i)=\frac{1}{|\cos\gamma_i|}\Delta\sigma_i=\sqrt{1+(f_x'(x_i,y_i))^2+(f_y'(x_i,y_i))^2}\,\Delta\sigma_i \qquad (6.3.9)$$

据式(6.3.7)，(6.3.9) 以及二重积分的定义即得

$$\begin{aligned}S(\Sigma)&=\lim_{\lambda\to 0}\sum_{i=1}^{n}\sigma(\Pi_i)\\&=\lim_{\lambda\to 0}\sum_{i=1}^{n}\sqrt{1+(f_x'(x_i,y_i))^2+(f_y'(x_i,y_i))^2}\,\Delta\sigma_i\\&=\iint_D\sqrt{1+(f_x'(x,y))^2+(f_y'(x,y))^2}\,\mathrm{d}x\mathrm{d}y\end{aligned}$$

□

若将曲面 Σ 向 yOz 平面或 zOx 平面投影，我们可得到两个与公式(6.3.8) 对应的求曲面面积的计算公式，这里不一一赘述.

例 6　求上半球面 $x^2+y^2+z^2=4(z\geqslant 0)$ 被曲面 $x^2+y^2=2x$ 割下的部分曲面的面积.

解　因曲面方程为

$$z=\sqrt{4-x^2-y^2}$$

则

$$\frac{\partial z}{\partial x}=\frac{-x}{\sqrt{4-x^2-y^2}},\quad \frac{\partial z}{\partial y}=\frac{-y}{\sqrt{4-x^2-y^2}}$$

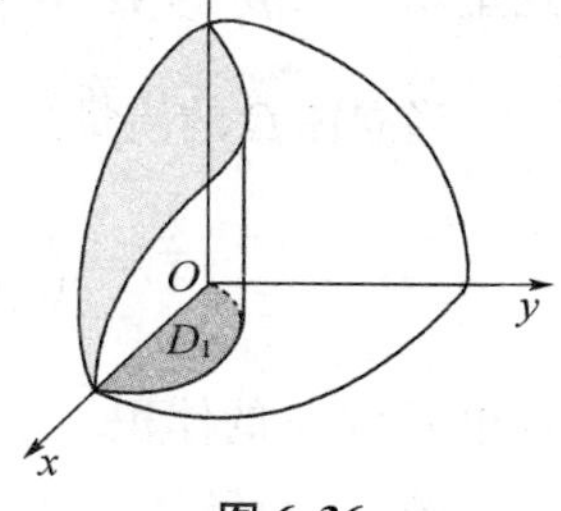

图 6.36

又曲面在 xOy 平面的投影为 $D: x^2+y^2\leqslant 2x$，D 关于 $y=0$ 对称，记 D 的 $y\geqslant 0$ 的部分为 D_1(见图 6.36)，于是所求部分曲面的面积为

$$S = 2\iint\limits_{D_1} \sqrt{1+(z_x')^2+(z_y')^2}\,\mathrm{d}x\mathrm{d}y = 2\iint\limits_{D_1} \sqrt{1+\frac{x^2+y^2}{4-x^2-y^2}}\,\mathrm{d}x\mathrm{d}y$$

$$= 2\int_0^{\frac{\pi}{2}} \mathrm{d}\theta \int_0^{2\cos\theta} \frac{2}{\sqrt{4-\rho^2}}\rho\mathrm{d}\rho = -4\int_0^{\frac{\pi}{2}} \sqrt{4-\rho^2}\,\Big|_0^{2\cos\theta} \mathrm{d}\theta$$

$$= 8\int_0^{\frac{\pi}{2}} (1-\sin\theta)\mathrm{d}\theta = 4(\pi-2)$$

6.3.4 立体区域的质心

设 Ω 是 $\mathbf{R}^3$ 中的有界闭域,Ω 的质量体密度为 $\rho(x,y,z)$,下面我们来考虑立体 Ω 的**质量中心**(简称**质心**).

将立体 Ω 分割为 n 个小立体 $\Omega_i(i=1,2,\cdots,n)$,Ω_i 的体积记为 ΔV_i,λ 是分割的模. 在每个小立体 Ω_i 中任取一点 $M_i(x_i,y_i,z_i)$,则小立体 Ω_i 的质量

$$m(\Omega_i) \approx \rho(x_i,y_i,z_i)\Delta V_i$$

我们把这 n 个小立体 Ω_i 看成 n 个质点 M_i,质点 M_i 的质量为 $\rho(x_i,y_i,z_i)\Delta V_i$,这个质点组的质心的坐标为 $(\bar{x}_n,\bar{y}_n,\bar{z}_n)$,其中

$$\bar{x}_n = \frac{\sum_{i=1}^{n} x_i\rho(M_i)\Delta V_i}{\sum_{i=1}^{n} \rho(M_i)\Delta V_i},\quad \bar{y}_n = \frac{\sum_{i=1}^{n} y_i\rho(M_i)\Delta V_i}{\sum_{i=1}^{n} \rho(M_i)\Delta V_i},\quad \bar{z}_n = \frac{\sum_{i=1}^{n} z_i\rho(M_i)\Delta V_i}{\sum_{i=1}^{n} \rho(M_i)\Delta V_i}$$

令 $\lambda \to 0$,据三重积分的定义,即得 Ω 的质心坐标为 $(\bar{x},\bar{y},\bar{z})$,其中

$$\bar{x} = \frac{1}{m}\iiint\limits_{\Omega} x\rho(x,y,z)\mathrm{d}V,\quad \bar{y} = \frac{1}{m}\iiint\limits_{\Omega} y\rho(x,y,z)\mathrm{d}V,\quad \bar{z} = \frac{1}{m}\iiint\limits_{\Omega} z\rho(x,y,z)\mathrm{d}V$$

这里 $m = \iiint\limits_{\Omega} \rho(x,y,z)\mathrm{d}V$ 为 Ω 的质量.

当立体 Ω 的质量分布均匀时($\rho=$ 常数),立体 Ω 的**形心**坐标为 $(\bar{x},\bar{y},\bar{z})$,其中

$$\bar{x} = \frac{1}{V}\iiint\limits_{\Omega} x\,\mathrm{d}V,\quad \bar{y} = \frac{1}{V}\iiint\limits_{\Omega} y\,\mathrm{d}V,\quad \bar{z} = \frac{1}{V}\iiint\limits_{\Omega} z\,\mathrm{d}V$$

这里 V 为 Ω 的体积.

例 7 设球体 $x^2+y^2+z^2 \leqslant az\ (a>0)$ 中各点的质量体密度与该点到原点的距离成正比,求该球体的质心坐标.

解 球体 Ω 的质量体密度函数为

$$\rho(x,y,z) = k\sqrt{x^2+y^2+z^2}$$

其中 $k>0$ 为比例常数，则球体的质量为

$$m=\iiint\limits_{\Omega}\rho(x,y,z)\mathrm{d}V=k\int_0^{2\pi}\mathrm{d}\theta\int_0^{\frac{\pi}{2}}\mathrm{d}\varphi\int_0^{a\cos\varphi}r^3\sin\varphi\mathrm{d}r$$

$$=2k\pi\int_0^{\frac{\pi}{2}}\sin\varphi\cdot\frac{1}{4}a^4\cos^4\varphi\mathrm{d}\varphi=\frac{1}{2}k\pi a^4\left(-\frac{1}{5}\cos^5\varphi\right)\Big|_0^{\frac{\pi}{2}}=\frac{1}{10}k\pi a^4$$

设球体 Ω 的质心坐标为$(\bar{x},\bar{y},\bar{z})$，由对称性得 $\bar{x}=0,\bar{y}=0$，而

$$\bar{z}=\frac{1}{m}\iiint\limits_{\Omega}z\rho(x,y,z)\mathrm{d}V=\frac{1}{m}\iiint\limits_{\Omega}kr\cdot r\cos\varphi\cdot r^2\sin\varphi\mathrm{d}r\mathrm{d}\varphi\mathrm{d}\theta$$

$$=\frac{k}{m}\int_0^{2\pi}\mathrm{d}\theta\int_0^{\frac{\pi}{2}}\mathrm{d}\varphi\int_0^{a\cos\varphi}\sin\varphi\cos\varphi\cdot r^4\mathrm{d}r=\frac{2k\pi}{m}\int_0^{\frac{\pi}{2}}\sin\varphi\cos\varphi\frac{a^5}{5}\cos^5\varphi\mathrm{d}\varphi$$

$$=\frac{2}{5m}k\pi a^5\left(-\frac{1}{7}\cos^7\varphi\right)\Big|_0^{\frac{\pi}{2}}=\frac{4}{7}a$$

于是球体的质心坐标为$\left(0,0,\frac{4}{7}a\right)$.

习题 6.3

A 组

1. 求下列曲面所围立体区域的体积(其中 $a>0$)：

(1) $z=\frac{1}{a}(x^2+y^2),y^2=4ax,x^2=\frac{a}{2}y,z=0$；

(2) $z=\sqrt{x^2+y^2},x^2+y^2=2x,z=0$；

(3) $x^2+y^2=a^2,x^2+z^2=a^2$；

(4) $x^2+y^2+z^2=4a^2(z\geqslant 0),x^2+y^2=a^2,z=0$.

2. 求下列曲面的面积(其中 $a>0$)：

(1) $x^2+y^2+z^2=2(z\geqslant 0)$ 被 $x^2+y^2=z$ 割下的部分曲面；

(2) $z=xy$ 被 $x^2+y^2=a^2$ 割下的部分曲面；

(3) $x^2+y^2=ax$ 被 $x^2+y^2+z^2=a^2$ 割下的部分曲面；

(4) $x^2+y^2=ax$ 位于 xOy 平面与 $z=\sqrt{x^2+y^2}$ 之间的部分曲面.

3. 求下列立体区域的质心或形心：

(1) 半球体 $x^2+y^2+z^2\leqslant a^2(z\geqslant 0)$，各点的质量体密度与该点到原点的距离成正比；

(2) 求八分之一球体 $x^2+y^2+z^2\leqslant a^2(x\geqslant 0,y\geqslant 0,z\geqslant 0)$ 的形心；

(3) 求圆锥体 $\sqrt{x^2+y^2}\leqslant z\leqslant c$ 的形心.

*6.4 反常重积分简介

反常重积分与反常积分一样也分为两类，一类是无界区域上的反常重积分，另一类是无界函数的反常重积分. 下面我们以反常二重积分为例进行讨论，对于反常三重积分有类似结论.

6.4.1 两类反常二重积分的定义

定义 6.4.1(无界区域上的反常二重积分) 设 D 是 xOy 平面上的无界区域，D' 是 D 的任意有界闭子域，函数 $f \in \mathscr{I}(D')$，记号 $D' \to D$ 表示以任意方式扩大 D'，使得区域 D 中任一点总包含在足够大的 D' 中. 若 $D' \to D$ 时，存在 $A \in \mathbf{R}$，使得

$$\lim_{D' \to D} \iint_{D'} f(x,y) \mathrm{d}x \mathrm{d}y = A$$

则称**无界区域 D 上的反常二重积分** $\iint_D f(x,y) \mathrm{d}x \mathrm{d}y$ **收敛**，记为

$$\iint_D f(x,y) \mathrm{d}x \mathrm{d}y = \lim_{D' \to D} \iint_{D'} f(x,y) \mathrm{d}x \mathrm{d}y$$

否则称之为**发散**.

定义 6.4.2(无界函数的反常二重积分) 设 D 是 xOy 平面上的有界区域，Γ 是 D 内的光滑曲线(或一点)，函数 $f(x,y)$ 在 Γ 上无界，D' 是 $D \backslash \Gamma$ 的任意闭子域，函数 $f \in \mathscr{I}(D')$，记号 $D' \to D$ 表示以任意方式扩大 D'，使得 $D \backslash \Gamma$ 中任一点总包含在足够大的 D' 中. 若 $D' \to D$ 时，存在 $A \in \mathbf{R}$，使得

$$\lim_{D' \to D} \iint_{D'} f(x,y) \mathrm{d}x \mathrm{d}y = A$$

则称**无界函数的反常二重积分** $\iint_D f(x,y) \mathrm{d}x \mathrm{d}y$ **收敛**，记为

$$\iint_D f(x,y) \mathrm{d}x \mathrm{d}y = \lim_{D' \to D} \iint_{D'} f(x,y) \mathrm{d}x \mathrm{d}y$$

否则称之为**发散**.

6.4.2 两类反常二重积分的敛散性判别

两类反常二重积分敛散性的一般判别法这里不拟介绍，下面只就非负函数介绍一个常用的判别法(证明从略).

定理6.4.1 设$D\subseteq\mathbf{R}^2$，$f(x,y)$在D上是非负函数. 对于两类反常二重积分，若按某一确定方式取D'，使得当$D'\to D$时，存在$A\in\mathbf{R}$，有

$$\lim_{D'\to D}\iint_{D'}f(x,y)\mathrm{d}x\mathrm{d}y=A$$

则反常二重积分$\iint\limits_{D}f(x,y)\mathrm{d}x\mathrm{d}y$收敛于$A$.

例1 设$D=\{(x,y)\mid x\geqslant 0,y\geqslant 0\}$，求$\iint\limits_{D}\mathrm{e}^{-(x^2+y^2)}\mathrm{d}x\mathrm{d}y$.

解 因为$\mathrm{e}^{-(x^2+y^2)}>0$，取$D'=\{(x,y)\mid x^2+y^2\leqslant R^2,x\geqslant 0,y\geqslant 0\}$，应用极坐标计算，则

$$\begin{aligned}\iint_{D}\mathrm{e}^{-(x^2+y^2)}\mathrm{d}x\mathrm{d}y&=\lim_{D'\to D}\iint_{D'}\mathrm{e}^{-(x^2+y^2)}\mathrm{d}x\mathrm{d}y=\lim_{R\to+\infty}\int_0^{\frac{\pi}{2}}\mathrm{d}\theta\int_0^R\mathrm{e}^{-\rho^2}\rho\mathrm{d}\rho\\&=\lim_{R\to+\infty}\left(-\frac{\pi}{4}\mathrm{e}^{-\rho^2}\Big|_0^R\right)=\frac{\pi}{4}\end{aligned}$$

例2 求反常积分$\int_0^{+\infty}\mathrm{e}^{-x^2}\mathrm{d}x$.

解 应用第3.5节中介绍的反常积分的求值方法，这个反常积分是无法计算的. 现在我们改用另一方式取D'重新求例1. 取

$$D'=\{(x,y)\mid 0\leqslant x\leqslant R,0\leqslant y\leqslant R\}$$

则

$$\begin{aligned}\iint_{D}\mathrm{e}^{-(x^2+y^2)}\mathrm{d}x\mathrm{d}y&=\lim_{D'\to D}\iint_{D'}\mathrm{e}^{-(x^2+y^2)}\mathrm{d}x\mathrm{d}y=\lim_{R\to+\infty}\int_0^R\mathrm{e}^{-x^2}\mathrm{d}x\cdot\int_0^R\mathrm{e}^{-y^2}\mathrm{d}y\\&=\left(\int_0^{+\infty}\mathrm{e}^{-x^2}\mathrm{d}x\right)^2\end{aligned}$$

应用例1的结论得$\left(\int_0^{+\infty}\mathrm{e}^{-x^2}\mathrm{d}x\right)^2=\frac{\pi}{4}$，所以$\int_0^{+\infty}\mathrm{e}^{-x^2}\mathrm{d}x=\frac{\sqrt{\pi}}{2}$.

注 例2的结论在概率统计课程中常被用到，并称这个积分为**“概率积分”**.

习题6.4

A组

1. 计算$\iint\limits_{D}\mathrm{e}^{-(x+y)}\mathrm{d}x\mathrm{d}y$，其中$D=\{(x,y)\mid x\geqslant 0,y\geqslant 0\}$.

2. 计算$\iint\limits_{D}\ln\sqrt{x^2+y^2}\mathrm{d}x\mathrm{d}y$，其中$D=\{(x,y)\mid x^2+y^2\leqslant 1\}$.

复习题 6

1. 将二重积分$\iint\limits_D f(x,y)\mathrm{d}x\mathrm{d}y$化为两种次序的二次积分，其中$f\in\mathscr{C}(D)$，$D$是由$y=\sqrt{2ax-x^2}$，$y=\sqrt{3a^2-2ax}$与$x$轴所围的平面区域.

2. 计算二重积分$\iint\limits_D |y-|x||\mathrm{d}x\mathrm{d}y$，其中$D$：$|x|\leqslant 1$，$|y|\leqslant 1$.

3. 计算下列二次积分：

(1) $\int_0^1\mathrm{d}y\int_{\sqrt[3]{y}}^1 x^2\exp(x^2)\mathrm{d}x$；

(2) $\int_0^{\frac{a}{\sqrt{2}}}\mathrm{e}^{-x^2}\mathrm{d}x\int_0^x\mathrm{e}^{-y^2}\mathrm{d}y+\int_{\frac{a}{\sqrt{2}}}^a\mathrm{e}^{-x^2}\mathrm{d}x\int_0^{\sqrt{a^2-x^2}}\mathrm{e}^{-y^2}\mathrm{d}y$.

4. 计算二重积分$\iint\limits_D(x^2+y^2)\mathrm{d}x\mathrm{d}y$，其中$D$：$y^2\leqslant x^2(x^2+y^2)$，$1\leqslant x^2+y^2\leqslant 3$，$x\geqslant 0$，$y\geqslant 0$.

5. 求四条曲线$y=1$，$y=\sqrt{3}$，$y=\tan x$，$y=\tan 2x\left(0\leqslant x\leqslant\frac{\pi}{2}\right)$所围平面区域的面积.

6. 求四条曲线$\rho=1$，$\rho=\sqrt{3}$，$\rho=\tan\theta$，$\rho=\tan 2\theta\left(0\leqslant\theta\leqslant\frac{\pi}{2}\right)$所围平面区域的面积.

7. 计算二重积分$\iint\limits_D\cos(x+y)\mathrm{d}x\mathrm{d}y$，其中$D$：$|x|+|y|\leqslant\frac{\pi}{2}$.

8. 求由$(x-2y-1)^2+(3x+4y-1)^2=100$所围平面区域的面积.

9. 设$f\in\mathscr{C}[a,b]$，将下列三次积分化为定积分：

(1) $\int_a^b\mathrm{d}x\int_a^x\mathrm{d}y\int_a^y f(x)\mathrm{d}z$；　　(2) $\int_a^b\mathrm{d}x\int_a^x\mathrm{d}y\int_a^y f(y)\mathrm{d}z$.

10. 设Ω为一段柱体：$x^2+y^2\leqslant t^2(t>0)$，$0\leqslant z\leqslant 1$，若$f\in\mathscr{D}(\Omega)$，且$f(0)=0$，试计算$\lim\limits_{t\to 0^+}\frac{1}{\pi t^4}\iiint\limits_\Omega f(x^2+y^2)\mathrm{d}x\mathrm{d}y\mathrm{d}z$.

11. 计算三重积分$\iiint\limits_\Omega\left|\sqrt{x^2+y^2+z^2}-1\right|\mathrm{d}x\mathrm{d}y\mathrm{d}z$，其中$\Omega$：$\sqrt{x^2+y^2}\leqslant z\leqslant 1$.

7　曲线积分与曲面积分

这一章研究多元函数沿着空间曲线或空间曲面的积分，即曲线积分与曲面积分. 这两类积分因所蕴含的物理意义不同又各分两种类型，即共有四种类型的积分，其定义方法都是“分割取近似，求和取极限”. 本章最后还要将“积分”概念推向“高潮”，给出平面的曲线积分与二重积分的联系、曲面积分与三重积分的联系以及空间的曲线积分与曲面积分的联系(即著名的格林公式、高斯公式与斯托克斯公式).

7.1　曲线积分

由于实际问题背景的不同，曲线积分分为两种类型，一类是对弧长的曲线积分，其物理背景是求空间曲线的质量；另一类是对坐标的曲线积分，其物理背景是求变力作用于质点沿空间曲线运动所做的功.

作为预备知识，我们先来介绍空间曲线的弧长与弧长微元的概念.

7.1.1　空间曲线的弧长

在第 3.3 节中，我们曾用微元法导出了平面曲线弧长的计算公式，现在仍用微元法求空间曲线的弧长. 设空间曲线 Γ 的参数方程为

$$x=\varphi(t),\quad y=\psi(t),\quad z=\omega(t)\quad(\alpha\leqslant t\leqslant\beta)$$

函数 $\varphi,\psi,\omega\in\mathscr{C}^{(1)}[\alpha,\beta]$，$\forall\, T=[t,t+\mathrm{d}t]\subset[\alpha,\beta]$，记点

$$M(\varphi(t),\psi(t),\omega(t)),\quad N(\varphi(t+\mathrm{d}t),\psi(t+\mathrm{d}t),\omega(t+\mathrm{d}t))$$

曲线 Γ 位于 M,N 之间的弧长 $s(T)$ 是区间函数. 当 $\mathrm{d}t$ 充分小时，$s(T)$ 与线段 MN 的长度 $|MN|$ 近似相等. 由于

$$\begin{aligned}|MN|&=\sqrt{(\varphi(t+\mathrm{d}t)-\varphi(t))^2+(\psi(t+\mathrm{d}t)-\psi(t))^2+(\omega(t+\mathrm{d}t)-\omega(t))^2}\\&=\sqrt{(\varphi'(\xi)\mathrm{d}t)^2+(\psi'(\eta)\mathrm{d}t)^2+(\omega'(\zeta)\mathrm{d}t)^2}\\&=\sqrt{(\varphi'(t))^2+(\psi'(t))^2+(\omega'(t))^2}\,\mathrm{d}t+o(\mathrm{d}t)\quad(\xi,\eta,\zeta\in(t,t+\mathrm{d}t))\end{aligned}$$

这里 ξ,η,ζ 是对函数 $\varphi(t),\psi(t),\omega(t)$ 在区间 T 上分别应用拉格朗日中值定理得到的点，所以**弧长微元**为

$$\mathrm{d}s = \sqrt{(\varphi'(t))^2 + (\psi'(t))^2 + (\omega'(t))^2}\,\mathrm{d}t$$

于是**曲线 Γ 的弧长**为

$$s(\Gamma) = \int_\alpha^\beta \sqrt{(\varphi'(t))^2 + (\psi'(t))^2 + (\omega'(t))^2}\,\mathrm{d}t \qquad (7.1.1)$$

弧长微元 $\mathrm{d}s = \sqrt{(\varphi'(t))^2 + (\psi'(t))^2 + (\omega'(t))^2}\,\mathrm{d}t$ 也称**弧微分**.

例 1 求螺旋线

$$x = 2\cos t,\quad y = 2\sin t,\quad z = 3t \quad (0 \leqslant t \leqslant 2\pi)$$

的弧长.

解 应用公式(7.1.1)得螺旋线的弧长为

$$s = \int_0^{2\pi} \sqrt{((2\cos t)')^2 + ((2\sin t)')^2 + ((3t)')^2}\,\mathrm{d}t$$
$$= \int_0^{2\pi} \sqrt{13}\,\mathrm{d}t = 2\sqrt{13}\,\pi$$

7.1.2 对弧长的曲线积分

1) 对弧长的曲线积分的定义

设有质量线密度为 $\rho(x,y,z)$ 的可求长的空间曲线 Γ,欲求曲线 Γ 的质量.

如图 7.1 所示,顺次用分点 $A=A_0, A_1, A_2, \cdots, A_n = B$ 将曲线 $\Gamma = \widehat{AB}$ 分割为 n 个小弧段,设弧段 $\widehat{A_{i-1}A_i}$ 的弧长为 Δs_i,弧段 $\widehat{A_{i-1}A_i}$ 的直径为 d_i,令

$$\lambda = \max_{1\leqslant i\leqslant n}\{d_i\}$$

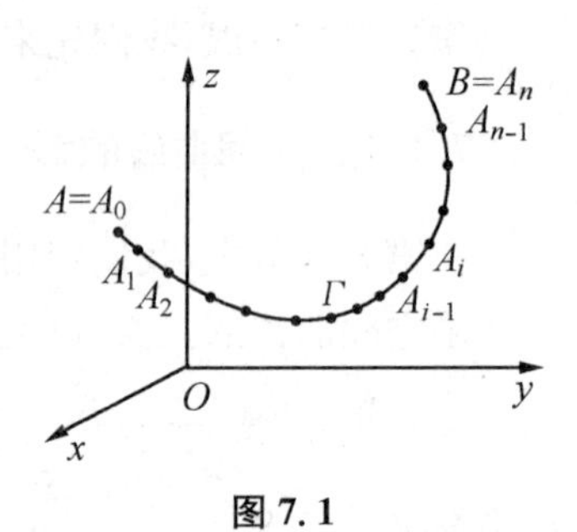

图 7.1

称 λ 为**分割的模**. 在弧段 $\widehat{A_{i-1}A_i}$ 上任取一点 $M_i(x_i, y_i, z_i)$,则曲线 Γ 的质量

$$m(\Gamma) \approx \sum_{i=1}^n \rho(x_i, y_i, z_i)\Delta s_i$$

令分割的模 $\lambda \to 0$,上式右端取极限即得

$$m(\Gamma) = \lim_{\lambda\to 0}\sum_{i=1}^n \rho(x_i, y_i, z_i)\Delta s_i$$

抽去上述实例的物理背景,有下面的定义.

定义 7.1.1(对弧长的曲线积分) 设 Γ 是 $\mathbf{R}^3$ 中的可求长的连续曲线,函数 $f(x,y,z)$ 在 Γ 上有定义,将曲线 Γ 任意分割为 n 个小弧段 $\widehat{A_{i-1}A_i}$ $(i=1,2,\cdots,n)$,弧

段$\widehat{A_{i-1}A_i}$的弧长为Δs_i. 在弧段$\widehat{A_{i-1}A_i}$上任取点$M_i(x_i, y_i, z_i)$，作和式

$$\sum_{i=1}^{n} f(x_i, y_i, z_i)\Delta s_i$$

若分割的模$\lambda \to 0$时，此和式的极限存在，且其极限值与曲线Γ的分割的方式无关，与弧段$\widehat{A_{i-1}A_i}$上点M_i的取法无关，则称此极限值为函数$f(x,y,z)$沿曲线Γ的**对弧长的曲线积分**(或称**第一型曲线积分**)，记为

$$\int_\Gamma f(x,y,z)\mathrm{d}s = \lim_{\lambda \to 0}\sum_{i=1}^{n} f(x_i, y_i, z_i)\Delta s_i$$

称函数$f(x,y,z)$为**被积函数**，Γ为**积分路径**，$\mathrm{d}s$为**弧长微元**.

由此定义，曲线Γ的质量为

$$m(\Gamma) = \int_\Gamma \rho(x,y,z)\mathrm{d}s$$

当f在Γ上的对弧长的曲线积分存在时，记为$f \in \mathscr{I}(\Gamma)$.

2) 对弧长的曲线积分的性质

定理 7.1.1　设Γ是$\mathbf{R}^3$中的可求长的光滑曲线，且下面的曲线积分皆存在，则对弧长的曲线积分有下列主要性质：

(1) **(线性)**　若a,b为常数，则

$$\int_\Gamma (af(x,y,z)+bg(x,y,z))\mathrm{d}s = a\int_\Gamma f(x,y,z)\mathrm{d}s + b\int_\Gamma g(x,y,z)\mathrm{d}s$$

(2) **(可加性)**　若$C \in \widehat{AB}$，则

$$\int_{\widehat{AB}} f(x,y,z)\mathrm{d}s = \int_{\widehat{AC}} f(x,y,z)\mathrm{d}s + \int_{\widehat{CB}} f(x,y,z)\mathrm{d}s$$

(3) **(奇偶、对称性)**　若积分路径Γ关于$x=0$对称，则

$$\int_\Gamma f(x,y,z)\mathrm{d}s = \begin{cases} 0 & (f\text{ 关于 }x\text{ 为奇函数}); \\ 2\int_{\Gamma_1} f(x,y,z)\mathrm{d}s & (f\text{ 关于 }x\text{ 为偶函数}) \end{cases}$$

其中Γ_1是Γ的$x \geqslant 0$的部分路径.

该定理的证明从略. 需要说明的是，若积分路径Γ关于$y=0$(或$z=0$)对称，f关于y(或z)为奇或偶函数，则有与上述性质(3)相类似的结论.

3) 对弧长的曲线积分的计算

对弧长的曲线积分可以化为定积分来计算.

定理 7.1.2　假设曲线Γ的参数方程为

$$x=\varphi(t),\quad y=\psi(t),\quad z=\omega(t)\quad (\alpha\leqslant t\leqslant\beta)$$

如果函数 $\varphi,\psi,\omega\in\mathscr{C}^{(1)}[\alpha,\beta]$,函数 $f\in\mathscr{C}(\Gamma)$,则函数 f 沿 Γ 的对弧长的曲线积分存在,且有

$$\int_{\Gamma}f(x,y,z)\mathrm{d}s=\int_{\alpha}^{\beta}f(\varphi(t),\psi(t),\omega(t))\sqrt{(\varphi'(t))^2+(\psi'(t))^2+(\omega'(t))^2}\,\mathrm{d}t \tag{7.1.2}$$

证 将区间$[\alpha,\beta]$分割为 n 个小区间$[t_{i-1},t_i](i=1,2,\cdots,n)$,$\Delta t_i=t_i-t_{i-1}$,$\lambda=\max\limits_{1\leqslant i\leqslant n}\{\Delta t_i\}$. 记 $A_i=(\varphi(t_i),\psi(t_i),\omega(t_i))$,则点 $A_i(i=0,1,2,\cdots,n)$ 将曲线 Γ 分割为 n 个小弧段$\widehat{A_{i-1}A_i}(i=1,2,\cdots,n)$,应用弧长计算公式和定积分中值定理,弧段$\widehat{A_{i-1}A_i}$ 的弧长为

$$\begin{aligned}\Delta s_i&=\int_{t_{i-1}}^{t_i}\sqrt{(\varphi'(t))^2+(\psi'(t))^2+(\omega'(t))^2}\,\mathrm{d}t\\&=\sqrt{(\varphi'(\xi_i))^2+(\psi'(\xi_i))^2+(\omega'(\xi_i))^2}\,\Delta t_i\end{aligned}$$

其中 $\xi_i\in(t_{i-1},t_i)$. 记 M_i 的坐标为$(\varphi(\xi_i),\psi(\xi_i),\omega(\xi_i))$,则 $M_i\in\widehat{A_{i-1}A_i}$,于是由对弧长的曲线积分的定义与定积分的定义得

$$\begin{aligned}\int_{\Gamma}f(x,y,z)\mathrm{d}s&=\lim_{\lambda\to0}\sum_{i=1}^{n}f(M_i)\sqrt{(\varphi'(\xi_i))^2+(\psi'(\xi_i))^2+(\omega'(\xi_i))^2}\,\Delta t_i\\&=\int_{\alpha}^{\beta}f(\varphi(t),\psi(t),\omega(t))\sqrt{(\varphi'(t))^2+(\psi'(t))^2+(\omega'(t))^2}\,\mathrm{d}t\end{aligned}\qquad\square$$

注 在应用公式(7.1.2)计算对弧长的曲线积分时,参数 t 沿着曲线 Γ 必须单调地从 α 增大到 β.

例 2 计算$\int_{\Gamma}(x^2+y^2+z^2)\mathrm{d}s$,$\Gamma$:$x=2\cos t,y=2\sin t,z=3t(0\leqslant t\leqslant 2\pi)$.

解 应用对弧长的曲线积分的计算公式,得

$$\begin{aligned}\text{原式}&=\int_0^{2\pi}(4+9t^2)\sqrt{(-2\sin t)^2+(2\cos t)^2+9}\,\mathrm{d}t=\sqrt{13}(4t+3t^3)\Big|_0^{2\pi}\\&=8\sqrt{13}\pi(1+3\pi^2)\end{aligned}$$

4) 平面的对弧长的曲线积分

设 Γ 是 xOy 平面上的可求长的光滑曲线,其方程为

$$x=\varphi(t),\quad y=\psi(t)\quad(\alpha\leqslant t\leqslant\beta)$$

如果 $\varphi,\psi\in\mathscr{C}^{(1)}[\alpha,\beta]$,$f\in\mathscr{C}(\Gamma)$,则平面的对弧长的曲线积分存在,且有计算公式

$$\int_{\Gamma}f(x,y)\mathrm{d}s=\int_{\alpha}^{\beta}f(\varphi(t),\psi(t))\sqrt{(\varphi'(t))^2+(\psi'(t))^2}\,\mathrm{d}t$$

特别的，当曲线 Γ 的方程为 $y=y(x)$，$y\in\mathscr{C}^{(1)}[a,b]$，且 $f\in\mathscr{C}(\Gamma)$ 时，有

$$\int_\Gamma f(x,y)\mathrm{d}s=\int_a^b f(x,y(x))\sqrt{1+(y'(x))^2}\,\mathrm{d}x$$

例 3　计算 $\int_\Gamma\sqrt{x^2+y^2}\,\mathrm{d}s$，其中 $\Gamma: x^2+y^2=ay\,(a>0)$.

解　曲线 Γ 如图 7.2 所示. 由于 Γ 关于 $x=0$ 对称，被积函数关于 x 为偶函数，所以

$$原式=2\int_{\Gamma_1}\sqrt{x^2+y^2}\,\mathrm{d}s\quad(\Gamma_1\text{ 为 }\Gamma\text{ 的 }x\geqslant 0\text{ 部分})$$

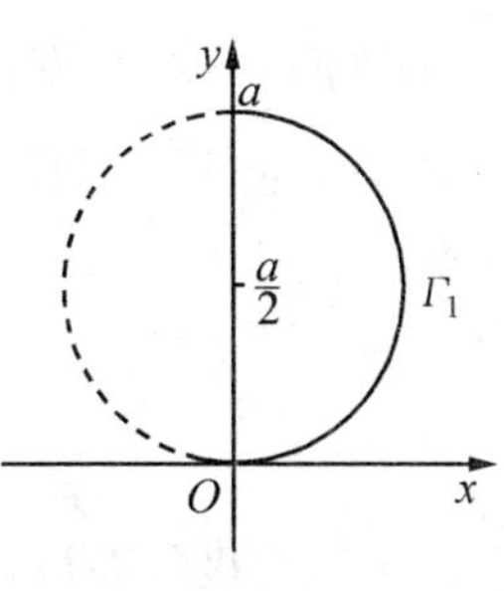

图 7.2

下面我们用两种方法取 Γ 的参数方程来求解.

方法 1　取 Γ_1 的参数方程为 $x=\sqrt{ay-y^2}$，$y=y$ $(0\leqslant y\leqslant a)$，于是

$$原式=2\int_0^a\sqrt{ay}\cdot\sqrt{\left(\frac{a-2y}{2\sqrt{ay-y^2}}\right)^2+1}\,\mathrm{d}y$$

$$=a\sqrt{a}\int_0^a\frac{1}{\sqrt{a-y}}\mathrm{d}y=-2a\sqrt{a}\sqrt{a-y}\,\Big|_0^{a^-}=2a^2$$

方法 2　由 Γ_1 的极坐标方程 $\rho=a\sin\theta$ 得 Γ_1 的参数方程为

$$x=\rho\cos\theta=\frac{1}{2}a\sin2\theta,\quad y=\rho\sin\theta=a\sin^2\theta\quad\left(0\leqslant\theta\leqslant\frac{\pi}{2}\right)$$

于是

$$原式=2\int_0^{\frac{\pi}{2}}a\sin\theta\cdot\sqrt{(a\cos2\theta)^2+(a\sin2\theta)^2}\,\mathrm{d}\theta$$

$$=2a^2(-\cos\theta)\Big|_0^{\frac{\pi}{2}}=2a^2$$

7.1.3　对坐标的曲线积分

1）对坐标的曲线积分的定义

在物理中还常常遇到另一类曲线积分问题. 例如一质点在变力 $\boldsymbol{F}$ 作用下沿空间曲线 $\overset{\frown}{AB}$ 从 A 运动到 B，欲求变力 $\boldsymbol{F}$ 所做的功.

力 $\boldsymbol{F}$ 作为点的函数是已知的，可表示为

$$\boldsymbol{F}(x,y,z)=(P(x,y,z),Q(x,y,z),R(x,y,z))$$

其中 P,Q,R 分别表示力 $\boldsymbol{F}$ 的坐标分量. 如图 7.3 所示，顺次用分点 $A=A_0,A_1$，

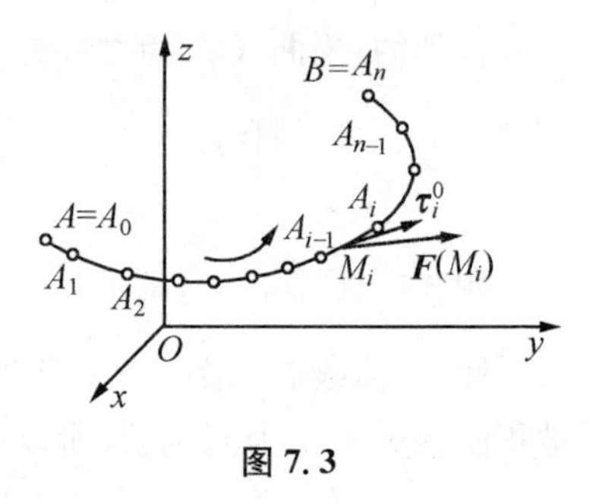

图 7.3

$A_2,\cdots,A_n=B$ 将曲线$\widehat{AB}$ 分割为 n 个小弧段$\widehat{A_{i-1}A_i}$ $(i=1,2,\cdots,n)$，设弧段$\widehat{A_{i-1}A_i}$ 的弧长为 Δs_i，直径为 d_i，令 $\lambda=\max\limits_{1\leqslant i\leqslant n}\{d_i\}$，称 λ 为**分割的模**. 在弧段$\widehat{A_{i-1}A_i}$ 上任取点 M_i，记曲线$\widehat{AB}$ 在点 M_i 的顺向(与运动方向一致)的单位切向量为 $\boldsymbol{\tau}_i^0$，则力 $\boldsymbol{F}$ 将质点沿曲线$\widehat{AB}$ 从 A 运动到 B 所做的功

$$W\approx\sum_{i=1}^{n}\boldsymbol{F}(M_i)\cdot\boldsymbol{\tau}_i^0\Delta s_i$$

令 $\lambda\to 0$，取极限即得

$$W=\lim_{\lambda\to 0}\sum_{i=1}^{n}\boldsymbol{F}(M_i)\cdot\boldsymbol{\tau}_i^0\Delta s_i$$

抽去上述实例的物理背景，我们有下面的定义.

定义 7.1.2(对坐标的曲线积分) 设 Γ 是 $\mathbf{R}^3$ 中的光滑的曲线，起点为 A，终点为 B，Γ 顺向的单位切向量为 $\boldsymbol{\tau}^0=(\cos\alpha,\cos\beta,\cos\gamma)$，函数 P,Q,R 在 Γ 上有定义，记 $\boldsymbol{F}=(P,Q,R)$. 将曲线 Γ 任意分割为 n 个小弧段$\widehat{A_{i-1}A_i}$ $(i=1,2,\cdots,n)$，设弧段$\widehat{A_{i-1}A_i}$ 的弧长为 Δs_i，λ 为分割的模. 在弧段$\widehat{A_{i-1}A_i}$ 上任取点 M_i，记

$$\boldsymbol{\tau}_i^0=\boldsymbol{\tau}^0(M_i)=(\cos\alpha_i,\cos\beta_i,\cos\gamma_i)$$
$$\Delta x_i=\Delta s_i\cos\alpha_i\quad \Delta y_i=\Delta s_i\cos\beta_i,\quad \Delta z_i=\Delta s_i\cos\gamma_i$$

作和式

$$\sum_{i=1}^{n}\boldsymbol{F}(M_i)\cdot\boldsymbol{\tau}_i^0\Delta s_i=\sum_{i=1}^{n}P(M_i)\Delta x_i+\sum_{i=1}^{n}Q(M_i)\Delta y_i+\sum_{i=1}^{n}R(M_i)\Delta z_i$$

若 $\lambda\to 0$ 时，上式右边三个和式的极限都存在，且其极限值与曲线 Γ 的分割的方式无关，与每个弧段$\widehat{A_{i-1}A_i}$ 上点 M_i 的取法无关，则称此三个极限值的和为向量函数 (P,Q,R) 沿曲线 Γ 从 A 到 B 的**对坐标的曲线积分**(或称**第二型曲线积分**)，记为

$$\begin{aligned}&\int_{\widehat{AB}}P(x,y,z)\mathrm{d}x+Q(x,y,z)\mathrm{d}y+R(x,y,z)\mathrm{d}z\\&=\int_{\widehat{AB}}\boldsymbol{F}\cdot\mathrm{d}\boldsymbol{r}=\int_{\widehat{AB}}\boldsymbol{F}\cdot\boldsymbol{\tau}^0\mathrm{d}s\\&=\lim_{\lambda\to 0}\sum_{i=1}^{n}P(M_i)\Delta x_i+\lim_{\lambda\to 0}\sum_{i=1}^{n}Q(M_i)\Delta y_i+\lim_{\lambda\to 0}\sum_{i=1}^{n}R(M_i)\Delta z_i\end{aligned}$$

据此定义,变力 $\boldsymbol{F}=(P,Q,R)$ 作用于质点沿 Γ 从 A 到 B 所做的功为

$$W=\int_{\widehat{AB}}P(x,y,z)\mathrm{d}x+Q(x,y,z)\mathrm{d}y+R(x,y,z)\mathrm{d}z$$

2) 对坐标的曲线积分的性质

定理 7.1.3　设 Γ 是 $\mathbf{R}^3$ 中的可求长的光滑曲线,且下面的对坐标的曲线积分皆存在,则对坐标的曲线积分有下列主要性质:

(1) (**有向性**)

$$\int_{\widehat{AB}}P\mathrm{d}x+Q\mathrm{d}y+R\mathrm{d}z=-\int_{\widehat{BA}}P\mathrm{d}x+Q\mathrm{d}y+R\mathrm{d}z$$

(2) (**可加性**)　若 $C\in\widehat{AB}$,则

$$\int_{\widehat{AB}}P\mathrm{d}x+Q\mathrm{d}y+R\mathrm{d}z=\int_{\widehat{AC}}P\mathrm{d}x+Q\mathrm{d}y+R\mathrm{d}z+\int_{\widehat{CB}}P\mathrm{d}x+Q\mathrm{d}y+R\mathrm{d}z$$

(3) (**可分性**)

$$\int_{\widehat{AB}}P\mathrm{d}x+Q\mathrm{d}y+R\mathrm{d}z=\int_{\widehat{AB}}P\mathrm{d}x+\int_{\widehat{AB}}Q\mathrm{d}y+\int_{\widehat{AB}}R\mathrm{d}z$$

该定理的证明从略. 需要说明的是,对坐标的曲线积分一般没有对弧长的曲线积分所具有的奇偶、对称性. 前面我们学过的定积分、二重积分、三重积分以及对弧长的曲线积分都有类似的奇偶、对称性,这是因为它们存在一个共性,就是 $\mathrm{d}x\geqslant 0$, $\mathrm{d}\sigma\geqslant 0$, $\mathrm{d}V\geqslant 0$, $\mathrm{d}s\geqslant 0$. 而对坐标的曲线积分中 $\mathrm{d}x=\cos\alpha\mathrm{d}s$,除特例外它可正也可负;同样的,$\mathrm{d}y$, $\mathrm{d}z$ 也是除特例外可正也可负.

3) 对坐标的曲线积分的计算

从对坐标的曲线积分的定义过程可以看出,对坐标的曲线积分与对弧长的曲线积分有下述关系:

定理 7.1.4　设光滑曲线 $\Gamma=\widehat{AB}$ 的顺向的单位切向量为

$$\boldsymbol{\tau}^0=(\cos\alpha,\cos\beta,\cos\gamma)$$

若 $P,Q,R\in\mathscr{C}(\Gamma)$,则向量 (P,Q,R) 沿 Γ 从 A 到 B 的对坐标的曲线积分存在,且

$$\begin{aligned}&\int_{\widehat{AB}}P(x,y,z)\mathrm{d}x+Q(x,y,z)\mathrm{d}y+R(x,y,z)\mathrm{d}z\\=&\int_{\widehat{AB}}[P(x,y,z)\cos\alpha+Q(x,y,z)\cos\beta+R(x,y,z)\cos\gamma]\mathrm{d}s\end{aligned}$$

下面我们应用定理 7.1.4 与对弧长的曲线积分的计算公式,将对坐标的曲线积分化为定积分计算.

定理 7.1.5 假设曲线 $\Gamma=\widehat{AB}$ 的参数方程为

$$x=\varphi(t),\quad y=\psi(t),\quad z=\omega(t)\quad(\alpha\leqslant t\leqslant\beta)$$

如果函数 $\varphi,\psi,\omega\in\mathscr{C}^{(1)}[\alpha,\beta]$,当 t 从 α 单调增大到 β 时,曲线 Γ 上与参数 t 对应的点从 Γ 的起点 A 顺向移动到终点 B,且函数 $P,Q,R\in\mathscr{C}(\Gamma)$,则有

$$\begin{aligned}&\int_{\widehat{AB}}P(x,y,z)\mathrm{d}x+Q(x,y,z)\mathrm{d}y+R(x,y,z)\mathrm{d}z\\=&\int_{\alpha}^{\beta}[P(\varphi,\psi,\omega)\varphi'+Q(\varphi,\psi,\omega)\psi'+R(\varphi,\psi,\omega)\omega']\mathrm{d}t\end{aligned}\tag{7.1.3}$$

证 设曲线 Γ 的切向量

$$\boldsymbol{\tau}=\boldsymbol{r}'=(\varphi'(t),\psi'(t),\omega'(t))$$

的方向为 $\widehat{AB}$ 的顺向,则 Γ 的顺向的单位切向量 $\boldsymbol{\tau}^0=(\cos\alpha,\cos\beta,\cos\gamma)$ 中

$$\cos\alpha=\frac{\varphi'(t)}{\sqrt{(\varphi'(t))^2+(\psi'(t))^2+(\omega'(t))^2}}$$

$$\cos\beta=\frac{\psi'(t)}{\sqrt{(\varphi'(t))^2+(\psi'(t))^2+(\omega'(t))^2}}$$

$$\cos\gamma=\frac{\omega'(t)}{\sqrt{(\varphi'(t))^2+(\psi'(t))^2+(\omega'(t))^2}}$$

据定理 7.1.4 的计算公式可得

$$\begin{aligned}&\int_{\widehat{AB}}P(x,y,z)\mathrm{d}x+Q(x,y,z)\mathrm{d}y+R(x,y,z)\mathrm{d}z\\=&\int_{\widehat{AB}}\frac{P(\varphi(t),\psi(t),\omega(t))\varphi'+Q(\varphi(t),\psi(t),\omega(t))\psi'+R(\varphi(t),\psi(t),\omega(t))\omega'}{\sqrt{(\varphi'(t))^2+(\psi'(t))^2+(\omega'(t))^2}}\mathrm{d}s\\=&\int_{\alpha}^{\beta}[P(\varphi(t),\psi(t),\omega(t))\varphi'+Q(\varphi(t),\psi(t),\omega(t))\psi'+R(\varphi(t),\psi(t),\omega(t))\omega']\mathrm{d}t\end{aligned}$$

□

注 1 当 t 从 α 单调增大到 β 时,曲线 Γ 上与参数 t 对应的点若从 Γ 的终点 B 逆向移动到起点 A,则计算公式(7.1.3) 的右端加负号,即

$$\begin{aligned}&\int_{\widehat{AB}}P(x,y,z)\mathrm{d}x+Q(x,y,z)\mathrm{d}y+R(x,y,z)\mathrm{d}z\\=&-\int_{\alpha}^{\beta}[P(\varphi,\psi,\omega)\varphi'+Q(\varphi,\psi,\omega)\psi'+R(\varphi,\psi,\omega)\omega']\mathrm{d}t\end{aligned}$$

注 2 若曲线 $\Gamma=\widehat{AB}$ 的起点 A 与终点 B 重合,Γ 上的其他点与 (α,β) 上的点

一一对应，则称曲线 Γ 为**单闭曲线**，此时沿 Γ 的对坐标的曲线积分常记为

$$\oint_{\Gamma} P(x,y,z)\mathrm{d}x + Q(x,y,z)\mathrm{d}y + R(x,y,z)\mathrm{d}z$$

例 4　求质点在变力

$$\boldsymbol{F}(x,y,z) = x^2\boldsymbol{i} + 2y^2 z\boldsymbol{j} - z^2\boldsymbol{k}$$

作用下，沿从 $O(0,0,0)$ 到 $P(1,2,3)$ 的线段 OP 所做的功.

解　线段 OP 的参数方程为

$$x = t,\quad y = 2t,\quad z = 3t\quad (0 \leqslant t \leqslant 1)$$

起点对应于 $t = 0$，于是变力所做的功为

$$\begin{aligned} W &= \int_{OP} x^2\mathrm{d}x + 2y^2 z\mathrm{d}y - z^2\mathrm{d}z \\ &= \int_0^1 (t^2 + 48t^3 - 27t^2)\mathrm{d}t = \frac{1}{3} + 12 - 9 = \frac{10}{3} \end{aligned}$$

例 5　计算

$$\int_{\Gamma} 2x\mathrm{d}x + z\mathrm{d}y + (x + 2y - z)\mathrm{d}z$$

其中 Γ 为曲线 $\begin{cases} 2x^2 + y^2 + z^2 = 2, \\ y = z \end{cases}$ 上自点 $(1,0,0)$ 到点 $(0,1,1)$ 的位于第一卦限的一段曲线.

解　曲线 Γ 的参数方程为

$$x = \cos t,\quad y = \sin t,\quad z = \sin t\quad \left(0 \leqslant t \leqslant \frac{\pi}{2}\right)$$

起点对应于 $t = 0$，应用对坐标的曲线积分的计算公式得

$$\begin{aligned} \text{原式} &= \int_0^{\frac{\pi}{2}} [-2\cos t\sin t + \sin t\cos t + (\cos t + \sin t)\cos t]\mathrm{d}t \\ &= \int_0^{\frac{\pi}{2}} \frac{1 + \cos 2t}{2}\mathrm{d}t = \frac{1}{2}\left(t + \frac{1}{2}\sin 2t\right)\Big|_0^{\frac{\pi}{2}} = \frac{\pi}{4} \end{aligned}$$

4) 平面的对坐标的曲线积分

设 $\Gamma = \overset{\frown}{AB}$ 为 xOy 平面上的光滑曲线，其参数方程为

$$x = \varphi(t),\quad y = \psi(t)\quad (\alpha \leqslant t \leqslant \beta)$$

如果函数 $\varphi, \psi \in \mathscr{C}^{(1)}[\alpha,\beta]$，且当 t 从 α 单调增大到 β 时，曲线 Γ 上与参数 t 对应的

点从Γ的起点A顺向移动到终点B，函数$P,Q\in\mathscr{C}(\Gamma)$，则平面的对坐标的曲线积分存在，且有计算公式

$$\int_{\widehat{AB}}P(x,y)\mathrm{d}x+Q(x,y)\mathrm{d}y=\int_{\alpha}^{\beta}[P(\varphi(t),\psi(t))\varphi'+Q(\varphi(t),\psi(t))\psi']\mathrm{d}t$$

例 6　沿下列两条路径分别计算$\int_{\Gamma}\frac{x\mathrm{d}y-y\mathrm{d}x}{x^2+y^2}$.

(1) $x^2+y^2=a^2(y\geqslant 0)$，从$A(a,0)$到$B(-a,0)$；

(2) $x^2+y^2=a^2(y\leqslant 0)$，从$A(a,0)$到$B(-a,0)$.

解　(1) $x^2+y^2=a^2(y\geqslant 0)$的参数方程为

$$x=a\cos t,\quad y=a\sin t\quad(0\leqslant t\leqslant \pi)$$

起点$A(a,0)$对应于参数$t=0$，于是

$$\text{原式}=\int_0^{\pi}\frac{a^2\cos^2t+a^2\sin^2t}{a^2}\mathrm{d}t=\int_0^{\pi}1\mathrm{d}t=\pi$$

(2) $x^2+y^2=a^2(y\leqslant 0)$的参数方程为

$$x=a\cos t,\quad y=a\sin t\quad(\pi\leqslant t\leqslant 2\pi)$$

起点$A(a,0)$对应于参数$t=2\pi$，于是

$$\text{原式}=-\int_{\pi}^{2\pi}\frac{a^2\cos^2t+a^2\sin^2t}{a^2}\mathrm{d}t=-\int_{\pi}^{2\pi}1\mathrm{d}t=-\pi$$

例 7　试计算$\int_{\Gamma}xy^2\mathrm{d}x-x^2y\mathrm{d}y$，其中$\Gamma$为曲线$x^2+y^2=2x(y\geqslant 0)$上自点(0,0)到点(2,0)的一段.

解法 1　曲线Γ的方程为$y=\sqrt{2x-x^2}(0\leqslant x\leqslant 2)$，起点对应于$x=0$，则

$$\begin{aligned}\text{原式}&=\int_0^2\left(x(2x-x^2)-x^2\sqrt{2x-x^2}\cdot\frac{1-x}{\sqrt{2x-x^2}}\right)\mathrm{d}x\\&=\int_0^2x^2\mathrm{d}x=\frac{8}{3}\end{aligned}$$

解法 2　曲线Γ的参数方程为

$$x=2\cos^2\theta,\quad y=\sin 2\theta\quad\left(0\leqslant\theta\leqslant\frac{\pi}{2}\right)$$

起点对应于$\theta=\frac{\pi}{2}$，则

$$原式=-\int_0^{\frac{\pi}{2}}[2\cos^2\theta\cdot\sin^2 2\theta\cdot(-2\sin2\theta)-4\cos^4\theta\cdot\sin2\theta\cdot2\cos2\theta]\mathrm{d}\theta$$

$$=2\int_0^{\frac{\pi}{2}}\sin2\theta\cdot(1+\cos2\theta)^2\mathrm{d}\theta=-\frac{1}{3}(1+\cos2\theta)^3\Big|_0^{\frac{\pi}{2}}=\frac{8}{3}$$

习题 7.1

A 组

1. 求下列空间曲线的弧长：

(1) $x=3t, y=3t^2, z=2t^3\ (0\leqslant t\leqslant 1)$；

(2) $x=\mathrm{e}^{-t}\cos t, y=\mathrm{e}^{-t}\sin t, z=\mathrm{e}^{-t}\ (0\leqslant t\leqslant+\infty)$.

2. 求下列对弧长的曲线积分：

(1) $\int_\Gamma(x^2+y^2)\mathrm{d}s$，$\Gamma$ 为连接 (a,a) 与 (b,b) 的直线段；

(2) $\int_\Gamma\exp\sqrt{x^2+y^2}\,\mathrm{d}s$，$\Gamma$ 为 $x^2+y^2=a^2, y=x, y=0$ 所围的位于第一象限区域的边界曲线；

(3) $\int_\Gamma\sqrt{x^2+y^2}\,\mathrm{d}s$，$\Gamma$ 为 $x^2+y^2=ax(a>0)$；

(4) $\int_\Gamma\frac{z^2}{x^2+y^2}\mathrm{d}s$，$\Gamma: x=a\cos t, y=a\sin t, z=at(a>0)$ 上自点 $(a,0,0)$ 到点 $(a,0,2a\pi)$ 的一段；

(5) $\int_\Gamma(x^2+2y^2+z^2)\mathrm{d}s$，$\Gamma: x^2+y^2+z^2=a^2, z=x$.

3. 求下列对坐标的曲线积分：

(1) $\oint_\Gamma x\mathrm{d}y-y\mathrm{d}x$，$\Gamma$: $\frac{x^2}{a^2}+\frac{y^2}{b^2}=1$，取逆时针方向；

(2) $\oint_\Gamma y^2\mathrm{d}x-x^2\mathrm{d}y$，$\Gamma: (x-1)^2+(y-1)^2=1$，取逆时针方向；

(3) $\int_\Gamma(x+y)^2\mathrm{d}x+(x-y)^2\mathrm{d}y$，$\Gamma: y=1-|1-x|$ 上自点 $(0,0)$ 到点 $(2,0)$ 的一段；

(4) $\int_\Gamma x\mathrm{d}x+y\mathrm{d}y+(x+y-1)\mathrm{d}z$，$\Gamma$ 为从点 $(1,1,1)$ 到点 $(2,3,4)$ 的线段；

(5) $\int_\Gamma xy\mathrm{d}x+(x-y)\mathrm{d}y+x^2\mathrm{d}z$，$\Gamma: x=a\cos t, y=a\sin t, z=bt(a>0,b>0)$ 上自点 $(a,0,0)$ 到点 $(-a,0,b\pi)$ 的一段弧.

4. 求质点在力 $\boldsymbol{F}=(y,-x,x+y+z)$ 作用下，沿曲线

$$x = a\cos t,\quad y = a\sin t,\quad z = \frac{c}{2\pi}t\ \ (a > 0,\ c > 0)$$

从点 $A(a,0,0)$ 运动到点 $B(a,0,c)$ 所做的功.

B 组

5. 质点 P 在力 $\boldsymbol{F}$ 的作用下沿着以 AB 为直径的下半圆周从 $A(1,2)$ 运动到 $B(3,4)$,力 $\boldsymbol{F}$ 的大小等于点 P 到原点的距离,其方向垂直于 OP,且与 y 轴的夹角为锐角,求力 $\boldsymbol{F}$ 对质点 P 所做的功.

7.2 格林公式及其应用

这一节研究两类特殊的平面的对坐标的曲线积分,一类是沿平面上封闭曲线的对坐标的曲线积分,另一类是与路径无关的对坐标的曲线积分.

7.2.1 格林[①]公式

格林公式揭示了平面有界区域 D 上的二重积分与沿 D 的边界曲线的曲线积分之间的关系.

首先我们介绍一下平面区域的单连通性概念.

定义 7.2.1 若平面域 D 内任一单闭曲线所包围的子域皆包含于 D,则称 D 为**单连通域**,否则称为**多连通域**.

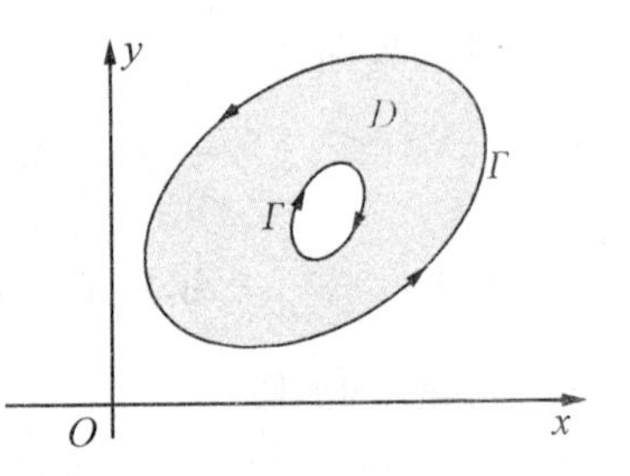

图 7.4

例如,$D_1 = \{(x,y) \mid x^2 + y^2 \leqslant 1\}$ 是单连通域;$D_2 = \{(x,y) \mid 1 < x^2 + y^2 < 2\}$ 与 $D_3 = \{(x,y) \mid 1 \leqslant x^2 + y^2 \leqslant 2\}$ 是多连通域.

设 D 是平面上的有界单连通域或多连通域. 当 D 为单连通域时,它只有外边界;当 D 为多连通域时,它除有外边界外还有内边界. 我们用下述方法来确定 D 的边界曲线 Γ 的正向:外边界取逆时针方向,内边界取顺时针方向(见图 7.4).

定理 7.2.1(格林公式) 设 D 是 xOy 平面上的有界的单连通域或多连通域,D 的边界曲线 Γ 逐段光滑,取正向,函数 $P,Q \in \mathscr{C}^{(1)}(D)$,则有

$$\oint_{\Gamma} P(x,y)\mathrm{d}x + Q(x,y)\mathrm{d}y = \iint_{D}\left(\frac{\partial Q}{\partial x} - \frac{\partial P}{\partial y}\right)\mathrm{d}x\mathrm{d}y \qquad (7.2.1)$$

证 首先假设 D 为单连通域,且同时可表示为两种形式(见图 7.5):

$$D = \{(x,y) \mid a \leqslant x \leqslant b, \varphi_1(x) \leqslant y \leqslant \varphi_2(x)\}$$

---

①格林(Green),1793—1841,英国数学家.

$$D=\{(x,y)\mid c\leqslant y\leqslant d,\psi_1(y)\leqslant x\leqslant\psi_2(y)\}$$

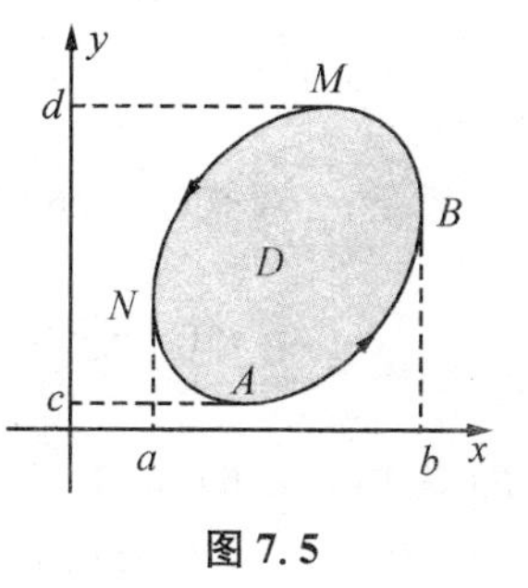

图 7.5

应用对坐标的曲线积分与二重积分的计算公式有

$$\begin{aligned}\oint_{\Gamma}P(x,y)\mathrm{d}x&=\int_{\widehat{NAB}}P(x,y)\mathrm{d}x+\int_{\widehat{BMN}}P(x,y)\mathrm{d}x\\&=\int_a^b P(x,\varphi_1(x))\mathrm{d}x+\int_b^a P(x,\varphi_2(x))\mathrm{d}x\end{aligned}\tag{7.2.2}$$

$$\begin{aligned}\oint_{\Gamma}Q(x,y)\mathrm{d}y&=\int_{\widehat{ABM}}Q(x,y)\mathrm{d}y+\int_{\widehat{MNA}}Q(x,y)\mathrm{d}y\\&=\int_c^d Q(\psi_2(y),y)\mathrm{d}y+\int_d^c Q(\psi_1(y),y)\mathrm{d}y\end{aligned}\tag{7.2.3}$$

$$\begin{aligned}\iint_D\frac{\partial Q}{\partial x}\mathrm{d}x\mathrm{d}y&=\int_c^d\mathrm{d}y\int_{\psi_1(y)}^{\psi_2(y)}\frac{\partial Q}{\partial x}\mathrm{d}x\\&=\int_c^d[Q(\psi_2(y),y)-Q(\psi_1(y),y)]\mathrm{d}y\\&=\int_c^d Q(\psi_2(y),y)\mathrm{d}y+\int_d^c Q(\psi_1(y),y)\mathrm{d}y\end{aligned}\tag{7.2.4}$$

$$\begin{aligned}\iint_D\frac{\partial P}{\partial y}\mathrm{d}x\mathrm{d}y&=\int_a^b\mathrm{d}x\int_{\varphi_1(x)}^{\varphi_2(x)}\frac{\partial P}{\partial y}\mathrm{d}y\\&=\int_a^b[P(x,\varphi_2(x))-P(x,\varphi_1(x))]\mathrm{d}x\\&=-\left(\int_a^b P(x,\varphi_1(x))\mathrm{d}x+\int_b^a P(x,\varphi_2(x))\mathrm{d}x\right)\end{aligned}\tag{7.2.5}$$

比较式(7.2.2)与式(7.2.5)及式(7.2.3)与式(7.2.4)，可得

$$\oint_{\Gamma}P(x,y)\mathrm{d}x=-\iint_D\frac{\partial P}{\partial y}\mathrm{d}x\mathrm{d}y,\quad\oint_{\Gamma}Q(x,y)\mathrm{d}y=\iint_D\frac{\partial Q}{\partial x}\mathrm{d}x\mathrm{d}y$$

此两式相加即得式(7.2.1)成立.

当区域 D 为多连通域或 D 不能简单的同时表示为上面所写的两种形式时，我们可用平行于坐标轴的线段将 D 分割为有限个子域，使得每一个子域为单连通域，且可同时表示为上面所写的两种形式. 在每一个子域上应用格林公式，然后将它们相加，并且当两个子域有公共边界时，在这一段公共边界曲线上两个曲线积分的方向正好相反，在相加时相互抵消. 因而格林公式仍然成立. □

定理 7.2.2　设 D 是 xOy 平面上的有界闭域，Γ 是 D 的边界曲线并取正向，则区域 D 的面积为

$$\sigma(D)=\frac{1}{2}\oint_{\Gamma}x\,\mathrm{d}y-y\,\mathrm{d}x \tag{7.2.6}$$

证 对式(7.2.6)右端在区域 D 上应用格林公式,有

$$\oint_{\Gamma}x\,\mathrm{d}y-y\,\mathrm{d}x=\iint_{D}\left(\frac{\partial x}{\partial x}-\frac{\partial(-y)}{\partial y}\right)\mathrm{d}x\mathrm{d}y=2\iint_{D}\mathrm{d}x\mathrm{d}y=2\sigma(D)$$

即得式(7.2.6)成立. □

例 1 设 Γ 为圆 $x^2+y^2=1$ 并取正向,计算

$$\oint_{\Gamma}(y-x^2y+\mathrm{e}^x)\mathrm{d}x+(x+xy^2+\mathrm{e}^y)\mathrm{d}y$$

解 记 $P=y-x^2y+\mathrm{e}^x$,$Q=x+xy^2+\mathrm{e}^y$,则

$$Q'_x-P'_y=x^2+y^2$$

取 $D=\{(x,y)\mid x^2+y^2\leqslant 1\}$,应用格林公式,得

$$\begin{aligned}\text{原式}&=\iint_{D}(Q'_x-P'_y)\mathrm{d}x\mathrm{d}y=\iint_{D}(x^2+y^2)\mathrm{d}x\mathrm{d}y\\&=\int_0^{2\pi}\mathrm{d}\theta\int_0^1\rho^3\,\mathrm{d}\rho=\frac{\pi}{2}\end{aligned}$$

例 2 设 Γ 为旋轮线 $x=a(t-\sin t)$,$y=a(1-\cos t)$ $(a>0)$ 上从 $t=0$ 到 $t=2\pi$ 的一拱,计算

$$I=\int_{\Gamma}[(y+1)\mathrm{e}^x-\mathrm{e}^y+y]\mathrm{d}x+[\mathrm{e}^x-(x+1)\mathrm{e}^y-x]\mathrm{d}y$$

解 如图 7.6 所示,在 $\Gamma+\overline{AO}$ 上应用格林公式. 先记

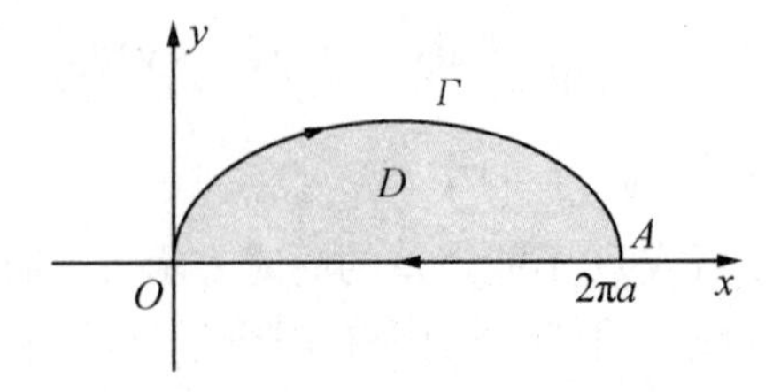

图 7.6

$$P=(y+1)\mathrm{e}^x-\mathrm{e}^y+y,\quad Q=\mathrm{e}^x-(x+1)\mathrm{e}^y-x$$

由于 $\Gamma+\overline{AO}$ 是区域 D 的负向边界曲线,则

$$\oint_{\Gamma+\overline{AO}}P\,\mathrm{d}x+Q\mathrm{d}y=-\iint_{D}\left(\frac{\partial Q}{\partial x}-\frac{\partial P}{\partial y}\right)\mathrm{d}x\mathrm{d}y=2\iint_{D}\mathrm{d}x\mathrm{d}y=2\sigma(D)$$

应用第 3.3 节例 3 的结论，旋轮线一拱与 x 轴所围区域 D 的面积 $\sigma(D) = 3\pi a^2$，则

$$I = \oint_{\Gamma + \overline{AO}} P\,\mathrm{d}x + Q\mathrm{d}y - \int_{\overline{AO}} P\,\mathrm{d}x + Q\mathrm{d}y$$
$$= 6\pi a^2 + \int_{\overline{OA}} P\,\mathrm{d}x + Q\mathrm{d}y = 6\pi a^2 + \int_0^{2\pi a} P(x,0)\,\mathrm{d}x$$
$$= 6\pi a^2 + \int_0^{2\pi a} (\mathrm{e}^x - 1)\,\mathrm{d}x = 6\pi a^2 + \mathrm{e}^{2\pi a} - 1 - 2\pi a$$

例 3 计算 $\oint_{\Gamma} \dfrac{x\mathrm{d}y - y\mathrm{d}x}{2x^2 + y^2}$，其中 $\Gamma: (x-1)^2 + y^2 = 4$，取逆时针方向.

解 记 $P = \dfrac{-y}{2x^2 + y^2}$，$Q = \dfrac{x}{2x^2 + y^2}$，则 $Q'_x = P'_y = \dfrac{y^2 - 2x^2}{(2x^2 + y^2)^2}$. 在 Γ 的内部作椭圆 $\Gamma_1: 2x^2 + y^2 = 1$，取顺时针方向. 将 Γ 与 Γ_1 所围区域记为 D，则 $\Gamma \cup \Gamma_1$ 是 D 的边界的正向，且 $P, Q \in \mathscr{C}^{(1)}(D)$，应用格林公式得

$$\oint_{\Gamma \cup \Gamma_1} P\mathrm{d}x + Q\mathrm{d}y = \iint_D (Q'_x - P'_y)\,\mathrm{d}x\mathrm{d}y = 0$$

因此原式可化为在 Γ_1 上的曲线积分，化简后在 Γ_1 所围的区域 D_1 上再次应用格林公式，得

$$\text{原式} = -\oint_{\Gamma_1} \frac{x\mathrm{d}y - y\mathrm{d}x}{2x^2 + y^2} = \oint_{\Gamma_1^-} x\mathrm{d}y - y\mathrm{d}x = \iint_{D_1} 2\,\mathrm{d}x\mathrm{d}y = 2\sigma(D_1) = \sqrt{2}\,\pi$$

例 4 求椭圆域 $\dfrac{x^2}{a^2} + \dfrac{y^2}{b^2} \leqslant 1$ 的面积.

解 椭圆的参数方程为

$$x = a\cos t, \quad y = b\sin t \quad (0 \leqslant t \leqslant 2\pi)$$

t 从 0 到 2π 的方向对应于椭圆的正向，应用公式(7.2.6)得椭圆域 D 的面积为

$$\sigma = \frac{1}{2}\oint_{\Gamma} x\,\mathrm{d}y - y\mathrm{d}x = \frac{1}{2}\int_0^{2\pi} (a\cos t \cdot b\cos t - b\sin t \cdot (-a\sin t))\,\mathrm{d}t$$
$$= \frac{1}{2}\int_0^{2\pi} ab\,\mathrm{d}t = \pi ab$$

7.2.2 平面的曲线积分与路径无关的条件

下面我们应用格林公式来研究平面的对坐标的曲线积分与路径无关的条件，以及 $P\mathrm{d}x + Q\mathrm{d}y$ 的原函数存在问题.

定理 7.2.3 设 D 是 xOy 平面上的单连通区域，$P, Q \in \mathscr{C}^{(1)}(D)$，则下列三条陈述相互等价：

(1) $\forall (x,y)\in D$,有$\dfrac{\partial Q}{\partial x}=\dfrac{\partial P}{\partial y}$;

(2) $\forall A,B\in D$, $\int_{\widehat{AB}}P(x,y)\mathrm{d}x+Q(x,y)\mathrm{d}y$ 与路径无关;

(3) 存在可微函数 $u(x,y)$,使得 $\forall (x,y)\in D$,有

$$\mathrm{d}u(x,y)=P(x,y)\mathrm{d}x+Q(x,y)\mathrm{d}y$$

此时称 $P\mathrm{d}x+Q\mathrm{d}y$ 为**恰当微分**,并称 u 为 $P\mathrm{d}x+Q\mathrm{d}y$ 的**原函数**.

证 证明的顺序是(1)⇒(2)⇒(3)⇒(1).

(1)⇒(2) 在 D 内任取两条从 A 到 B 的路径 Γ_1,Γ_2(见图 7.7). 设 Γ_1 与 Γ_2 包围的区域为 D_1,在 D_1 上应用格林公式得

$$\oint_{\Gamma_1+\Gamma_2^-}P\mathrm{d}x+Q\mathrm{d}y=\iint_{D_1}(Q'_x-P'_y)\mathrm{d}x\mathrm{d}y=0$$

所以$\int_{\Gamma_1}P\mathrm{d}x+Q\mathrm{d}y+\int_{\Gamma_2^-}P\mathrm{d}x+Q\mathrm{d}y=0$,于是

$$\int_{\Gamma_1}P\mathrm{d}x+Q\mathrm{d}y=-\int_{\Gamma_2^-}P\mathrm{d}x+Q\mathrm{d}y=\int_{\Gamma_2}P\mathrm{d}x+Q\mathrm{d}y$$

因为 Γ_1,Γ_2 是任取的,所以曲线积分$\int_{\widehat{AB}}P\mathrm{d}x+Q\mathrm{d}y$ 与路径无关.

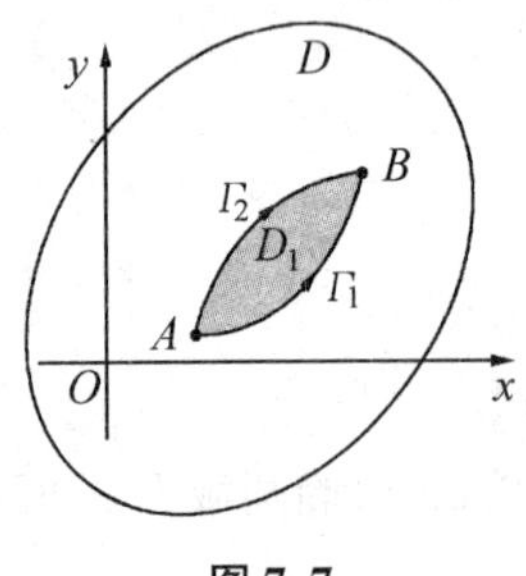

图 7.7

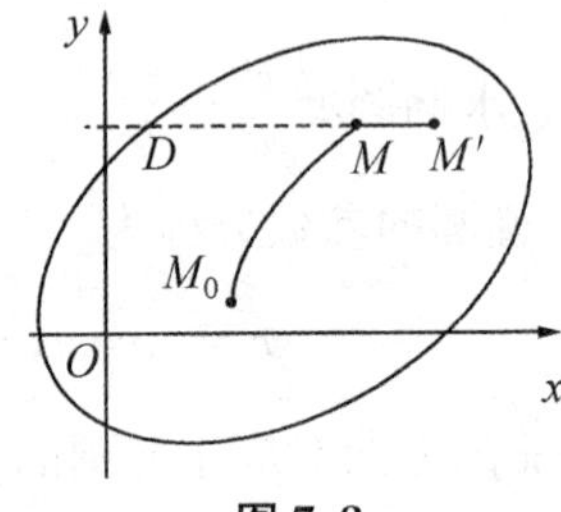

图 7.8

(2)⇒(3) 任取 $M_0(x_0,y_0),M(x,y)\in D$(见图 7.8),由于曲线积分与路径无关,我们记

$$u(x,y)=\int_{M_0(x_0,y_0)}^{M(x,y)}P\mathrm{d}x+Q\mathrm{d}y=\int_{\widehat{M_0M}}P\mathrm{d}x+Q\mathrm{d}y \qquad (7.2.7)$$

下面证明式(7.2.7) 中的 $u(x,y)$ 就是 $P\mathrm{d}x+Q\mathrm{d}y$ 的原函数. 因为

$$\mathrm{d}u=P\mathrm{d}x+Q\mathrm{d}y\Leftrightarrow\frac{\partial u}{\partial x}=P,\frac{\partial u}{\partial y}=Q$$

取点 $M'(x+h,y)$,并取$\widehat{M_0M'}=\widehat{M_0M}+\overline{MM'}$,则

$$\begin{aligned} u(x+h,y)-u(x,y) &= \int_{M_0}^{M'} P\mathrm{d}x+Q\mathrm{d}y-\int_{M_0}^{M} P\mathrm{d}x+Q\mathrm{d}y \\ &= \int_{M_0}^{M} P\mathrm{d}x+Q\mathrm{d}y+\int_{M}^{M'} P\mathrm{d}x+Q\mathrm{d}y-\int_{M_0}^{M} P\mathrm{d}x+Q\mathrm{d}y \\ &= \int_{M}^{M'} P\mathrm{d}x+Q\mathrm{d}y=\int_{x}^{x+h} P(x,y)\mathrm{d}x \\ &= hP(x+\theta h,y) \end{aligned}$$

这里 $0<\theta<1$. 于是

$$\frac{\partial u}{\partial x}=\lim_{h\to 0}\frac{u(x+h,y)-u(x,y)}{h}=\lim_{h\to 0}P(x+\theta h,y)=P(x,y)$$

同法可证 $\frac{\partial u}{\partial y}=Q(x,y)$. 因 $P,Q\in\mathscr{C}^{(1)}(D)\Rightarrow u\in\mathscr{C}^{(1)}(D)\Rightarrow u$ 可微,所以 u 是 $P\mathrm{d}x+Q\mathrm{d}y$ 的原函数.

(3)⇒(1)　由于 $\frac{\partial u}{\partial x}=P,\frac{\partial u}{\partial y}=Q$,所以

$$\frac{\partial^2 u}{\partial x\partial y}=P'_y,\quad \frac{\partial^2 u}{\partial y\partial x}=Q'_x$$

而 $P,Q\in\mathscr{C}^{(1)}$,所以 $P'_y,Q'_x\in\mathscr{C}$,因而 $\frac{\partial^2 u}{\partial x\partial y}\in\mathscr{C},\frac{\partial^2 u}{\partial y\partial x}\in\mathscr{C}$,故 $\frac{\partial^2 u}{\partial x\partial y}=\frac{\partial^2 u}{\partial y\partial x}$,于是 $Q'_x=P'_y$. □

当 $P\mathrm{d}x+Q\mathrm{d}y$ 为恰当微分时,式(7.2.7)给出了原函数的形式. 下面给出原函数的进一步的表达式.

因曲线积分与路径无关,我们取路径:从点 $M_0(x_0,y_0)$ 出发平行于 x 轴到点 $M_1(x,y_0)$,再平行于 y 轴到达终点 $M(x,y)$,则原函数为

$$u(x,y)=\int_{x_0}^{x} P(x,y_0)\mathrm{d}x+\int_{y_0}^{y} Q(x,y)\mathrm{d}y+C \tag{7.2.8}$$

如果取路径:从点 $M_0(x_0,y_0)$ 出发平行 y 轴到点 $M_2(x_0,y)$,再平行于 x 轴到达终点 $M(x,y)$,则原函数为

$$u(x,y)=\int_{x_0}^{x} P(x,y)\mathrm{d}x+\int_{y_0}^{y} Q(x_0,y)\mathrm{d}y+C \tag{7.2.9}$$

定理 7.2.4(二元 N-L 公式)　设 D 是 xOy 平面的单连通域,$\widehat{AB}$ 是 D 上的光滑曲线,函数 $P,Q\in\mathscr{C}^{(1)}(D)$,若可微函数 $u(x,y)$ 是 $P\mathrm{d}x+Q\mathrm{d}y$ 的原函数,则

$$\int_{\widehat{AB}} P(x,y)\mathrm{d}x+Q(x,y)\mathrm{d}y=u(x,y)\Big|_{A}^{B}$$

证 设$\widehat{AB}$的参数方程为

$$x=\varphi(t),\quad y=\psi(t)\quad(\alpha\leqslant t\leqslant\beta)$$

不妨设$t=\alpha$对应于点$A(a_1,a_2)$,$t=\beta$对应于点$B(b_1,b_2)$,则

$$\begin{aligned}&\int_{\widehat{AB}}P(x,y)\mathrm{d}x+Q(x,y)\mathrm{d}y\\&=\int_{\alpha}^{\beta}(P(\varphi(t),\psi(t))\varphi'(t)+Q(\varphi(t),\psi(t))\psi'(t))\mathrm{d}t\end{aligned}\tag{7.2.10}$$

由于$\mathrm{d}u=P\mathrm{d}x+Q\mathrm{d}y$等价于$\frac{\partial u}{\partial x}=P,\frac{\partial u}{\partial y}=Q$,函数$u(\varphi(t),\psi(t))$的全导数为

$$\begin{aligned}\frac{\mathrm{d}}{\mathrm{d}t}u(\varphi(t),\psi(t))&=\frac{\partial}{\partial x}u(\varphi(t),\psi(t))\cdot\varphi'(t)+\frac{\partial}{\partial y}u(\varphi(t),\psi(t))\cdot\psi'(t)\\&=P(\varphi(t),\psi(t))\varphi'(t)+Q(\varphi(t),\psi(t))\psi'(t)\end{aligned}$$

对式(7.2.10)右端应用N-L公式得

$$\begin{aligned}&\int_{\widehat{AB}}P(x,y)\mathrm{d}x+Q(x,y)\mathrm{d}y\\&=u(\varphi(t),\psi(t))\Big|_{\alpha}^{\beta}=u(\varphi(\beta),\psi(\beta))-u(\varphi(\alpha),\psi(\alpha))\\&=u(b_1,b_2)-u(a_1,a_2)=u(x,y)\Big|_{A}^{B}\end{aligned}$$

□

例5 求证

$$(\sin(x+y)-\mathrm{e}^{x-y}+y)\mathrm{d}x+(\sin(x+y)+\mathrm{e}^{x-y}+x)\mathrm{d}y$$

为恰当微分,并求其原函数.

解 记$P=\sin(x+y)-\mathrm{e}^{x-y}+y,Q=\sin(x+y)+\mathrm{e}^{x-y}+x$,则

$$Q'_x=\cos(x+y)+\mathrm{e}^{x-y}+1$$
$$P'_y=\cos(x+y)-\mathrm{e}^{x-y}(-1)+1$$

因为$P,Q\in\mathscr{C}^{(1)}$,且$Q'_x=P'_y$,故$P\mathrm{d}x+Q\mathrm{d}y$为恰当微分.其原函数为

$$\begin{aligned}u(x,y)&=\int_0^x P(x,0)\mathrm{d}x+\int_0^y Q(x,y)\mathrm{d}y+C\\&=\int_0^x(\sin x-\mathrm{e}^x)\mathrm{d}x+\int_0^y(\sin(x+y)+\mathrm{e}^{x-y}+x)\mathrm{d}y+C\\&=(-\cos x-\mathrm{e}^x)\Big|_0^x+(-\cos(x+y)-\mathrm{e}^{x-y}+xy)\Big|_0^y+C\\&=-\cos x-\mathrm{e}^x+2-\cos(x+y)-\mathrm{e}^{x-y}+xy+\cos x+\mathrm{e}^x+C\\&=-\cos(x+y)-\mathrm{e}^{x-y}+xy+C_1\end{aligned}$$

例 6　沿下列两条路径计算曲线积分$\int_{\Gamma}\frac{x\mathrm{d}y-y\mathrm{d}x}{x^2+2y^2}$：

(1) $\Gamma: y=4-x^2$ 上从 $A(2,0)$ 到 $B(-2,0)$ 的一段弧；

(2) $\Gamma: y=4-x^2$ 上从 $A(2,0)$ 到 $C(1,3)$ 的一段弧.

解　令 $P=\frac{-y}{x^2+2y^2}, Q=\frac{x}{x^2+2y^2}$，则 $Q'_x=P'_y=\frac{2y^2-x^2}{(x^2+2y^2)^2}$. 取单连通域 D 如图 7.9 所示，因 D 中不含坐标原点，所以 $P,Q\in\mathscr{C}^{(1)}(D)$.

(1)) 在 D 上原式曲线积分与路径无关，取

$$\Gamma_1: x^2+2y^2=4\quad(y\geqslant 0)$$

从 $A(2,0)$ 到 $B(-2,0)$，则

$$\text{原式}=\int_{\Gamma_1}\frac{x\mathrm{d}y-y\mathrm{d}x}{x^2+2y^2}=\frac{1}{4}\int_{\Gamma_1}x\mathrm{d}y-y\mathrm{d}x$$

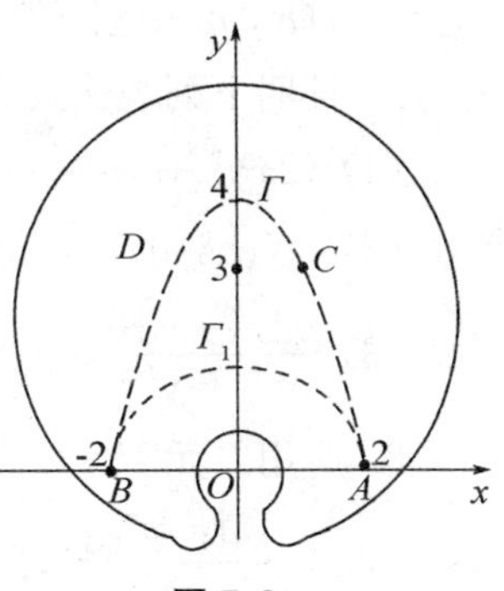

图 7.9

取 Γ_1 的参数方程 $x=2\cos t, y=\sqrt{2}\sin t(0\leqslant t\leqslant\pi)$，起点 $A(2,0)$ 对应于 $t=0$，于是

$$\text{原式}=\frac{1}{4}\int_0^{\pi}2\sqrt{2}(\cos^2 t+\sin^2 t)\mathrm{d}t=\frac{\pi}{\sqrt{2}}$$

(2) 在 $D(x>0)$ 上 $P\mathrm{d}x+Q\mathrm{d}y$ 为恰当微分，原函数为

$$u(x,y)=\int_2^x P(x,0)\mathrm{d}x+\int_0^y Q(x,y)\mathrm{d}y+C=0+\int_0^y\frac{x}{x^2+2y^2}\mathrm{d}y+C$$

$$=\frac{1}{\sqrt{2}}\arctan\frac{\sqrt{2}y}{x}\Big|_0^y+C=\frac{1}{\sqrt{2}}\arctan\frac{\sqrt{2}y}{x}+C$$

应用二元 N－L 公式得

$$\text{原式}=u(x,y)\Big|_{(2,0)}^{(1,3)}=\frac{1}{\sqrt{2}}\arctan\frac{\sqrt{2}y}{x}\Big|_{(2,0)}^{(1,3)}=\frac{1}{\sqrt{2}}\arctan 3\sqrt{2}$$

习题 7.2

A 组

1. 应用格林公式计算下列曲线积分：

(1) $\oint_{\Gamma}(x-y)\mathrm{d}x+x\mathrm{d}y$，$\Gamma$ 为 $x+y=1$ 与坐标轴所围区域边界，取正向；

(2) $\oint_{\Gamma}(2xy-x^2)\mathrm{d}x+(x+y^2)\mathrm{d}y$，$\Gamma$ 为 $y=x^2, x=y^2$ 所围区域边界，取正向；

(3) $\int_{\Gamma}(\mathrm{e}^{x}\sin y-my)\mathrm{d}x+(\mathrm{e}^{x}\cos y-m)\mathrm{d}y$,$\Gamma$为$x^{2}+y^{2}=ax(y\geqslant 0,a>0)$上自点$(a,0)$到点$(0,0)$的一段弧；

(4) $\int_{\Gamma}\mathrm{e}^{x}\cos y\mathrm{d}x+(5xy-\mathrm{e}^{x}\sin y)\mathrm{d}y$,$\Gamma$为$x^{2}+y^{2}=2y(x\geqslant 0)$上自点$(0,0)$到点$(0,2)$的一段弧；

(5) $\oint_{\Gamma}\frac{x\mathrm{d}y-y\mathrm{d}x}{x^{2}+y^{2}}$,$\Gamma:x^{\frac{2}{3}}+y^{\frac{2}{3}}=a^{\frac{2}{3}}$,取正向.

2. 证明下列表达式为恰当微分,并求原函数：

(1) $(2xy^{3}+y\cos xy)\mathrm{d}x+(3x^{2}y^{2}+x\cos xy+\sin y)\mathrm{d}y$;

(2) $\mathrm{e}^{x}(\cos y\mathrm{d}x-\sin y\mathrm{d}y)$;

(3) $\frac{y\mathrm{d}x-x\mathrm{d}y}{x^{2}+y^{2}}\ (y>0)$.

3. 应用二元 N-L 公式计算下列曲线积分：

(1) $\int_{\Gamma}\frac{y\mathrm{d}x-x\mathrm{d}y}{x^{2}}$,$\Gamma:y=\frac{1}{x}(a>0)$上自点$\left(\frac{1}{2},2\right)$到点$\left(2,\frac{1}{2}\right)$的一段弧；

(2) $\int_{\Gamma}\mathrm{e}^{xy}[y^{2}\mathrm{d}x+(1+xy)\mathrm{d}y]$,$\Gamma:x^{2}+y^{2}=2y(x\geqslant 0)$上自点$(0,0)$到点$(0,2)$的一段弧；

(3) $\int_{\Gamma}\frac{x\mathrm{d}y-y\mathrm{d}x}{x^{2}+y^{2}}$,$\Gamma:x=a(t-\sin t)-a\pi,y=a(1-\cos t)(a>0)$上自$t=0$到$t=2\pi$的一段弧.

B 组

4. 设Γ为xOy平面上的光滑单闭曲线并取正向,$f\in\mathscr{C}$,求证：

$$\oint_{\Gamma}f(x^{2}+y^{2})(x\mathrm{d}x+y\mathrm{d}y)=0$$

5. 设Γ为xOy平面上的光滑单闭曲线并取正向,$f\in\mathscr{C}$,求证：

$$\oint_{\Gamma}f(xy)(y\mathrm{d}x+x\mathrm{d}y)=0$$

6. 设Γ为xOy平面上的光滑曲线,且$P,Q\in\mathscr{C}(\Gamma)$,求证：

$$\left|\int_{\Gamma}P(x,y)\mathrm{d}x+Q(x,y)\mathrm{d}y\right|\leqslant sM$$

其中s是曲线Γ的弧长,$M=\max\limits_{(x,y)\in\Gamma}\sqrt{P^{2}+Q^{2}}$.

7.3 曲面积分

这一节研究多元函数沿着空间曲面的积分.由于实际问题背景的不同,曲面积分分为两种类型,一类是对面积的曲面积分,其物理背景是求空间曲面的质量;另一类是对坐标的曲面积分,其物理背景是求流体流过空间曲面的流量.

7.3.1 对面积的曲面积分

1) 对面积的曲面积分的定义

设有质量面密度为$\rho(x,y,z)$的空间曲面Σ,欲求曲面Σ的质量.与求空间曲线质量问题一样,我们将空间曲面Σ分割为n块小曲面Σ_i $(i=1,2,\cdots,n)$,Σ_i的面积记为ΔS_i,任取点$M_i\in\Sigma_i$,Σ_i的质量近似等于$\rho(x_i,y_i,z_i)\Delta S_i$,则曲面$\Sigma$的质量

$$m(\Sigma)=\lim_{\lambda\to 0}\sum_{i=1}^{n}\rho(x_i,y_i,z_i)\Delta S_i$$

下面给出以曲面质量问题为背景的对面积的曲面积分的定义.

定义 7.3.1(对面积的曲面积分) 设Σ是$\mathbf{R}^3$中的面积可求的曲面,$f(x,y,z)$在Σ上有定义,将Σ任意分割为n块小曲面$\Sigma_i(i=1,2,\cdots,n)$,Σ_i的面积记为ΔS_i,设Σ_i的直径为d_i,$\lambda=\max\limits_{1\leqslant i\leqslant n}\{d_i\}$,称$\lambda$为**分割的模**.在$\Sigma_i$上任取点$M_i(x_i,y_i,z_i)$,作和式

$$\sum_{i=1}^{n}f(x_i,y_i,z_i)\Delta S_i$$

若$\lambda\to 0$时此和式的极限存在,且其极限值与曲面Σ的分割的方式无关,与小曲面Σ_i上点M_i的取法无关,则称此极限值为函数$f(x,y,z)$沿曲面Σ的**对面积的曲面积分**(或称**第一型曲面积分**),记为

$$\iint_{\Sigma}f(x,y,z)\mathrm{d}S=\lim_{\lambda\to 0}\sum_{i=1}^{n}f(x_i,y_i,z_i)\Delta S_i$$

称函数$f(x,y,z)$为**被积函数**,Σ为**积分曲面**,$\mathrm{d}S$为**曲面微元**.

据此定义,曲面Σ的质量为

$$m(\Sigma)=\iint_{\Sigma}\rho(x,y,z)\mathrm{d}S$$

当$f\in\mathscr{C}(\Sigma)$时,f沿Σ的对面积的曲面积分存在,记为$f\in\mathscr{I}(\Sigma)$.

2) 对面积的曲面积分的性质

定理 7.3.1 设Σ是$\mathbf{R}^3$中的面积可求的曲面,且下面的曲面积分皆存在,则

对面积的曲面积分有下列主要性质:

(1) **(线性)** 若 a,b 为常数,则

$$\iint\limits_{\Sigma}(af(x,y,z)+bg(x,y,z))\mathrm{d}S=a\iint\limits_{\Sigma}f\,\mathrm{d}S+b\iint\limits_{\Sigma}g\,\mathrm{d}S$$

(2) **(可加性)** 用曲线将曲面 Σ 分为两块曲面 Σ_1 与 Σ_2,则

$$\iint\limits_{\Sigma}f(x,y,z)\mathrm{d}S=\iint\limits_{\Sigma_1}f(x,y,z)\mathrm{d}S+\iint\limits_{\Sigma_2}f(x,y,z)\mathrm{d}S$$

(3) **(奇偶、对称性)** 若积分曲面 Σ 关于 $x=0$ 对称,则

$$\iint\limits_{\Sigma}f(x,y,z)\mathrm{d}S=\begin{cases}0 & (f\text{ 关于 }x\text{ 为奇函数});\\ 2\iint\limits_{\Sigma_1}f(x,y,z)\mathrm{d}S & (f\text{ 关于 }x\text{ 为偶函数})\end{cases}$$

其中 Σ_1 是 Σ 的 $x\geqslant 0$ 的部分曲面.

该定理的证明从略.需要说明的是,若 Σ 关于 $y=0$(或 $z=0$)对称,有与上述性质(3)对应的结论.

3) 对面积的曲面积分的计算

定理 7.3.2 设 Σ 是 $\mathbf{R}^3$ 中的有界光滑曲面,其方程为

$$z=z(x,y)\quad((x,y)\in D)$$

函数 $f\in\mathscr{C}(\Sigma)$,则函数 f 沿 Σ 的对面积的曲面积分存在,且有

$$\iint\limits_{\Sigma}f(x,y,z)\mathrm{d}S=\iint\limits_{D}f(x,y,z(x,y))\sqrt{1+\left(\frac{\partial z}{\partial x}\right)^2+\left(\frac{\partial z}{\partial y}\right)^2}\,\mathrm{d}x\mathrm{d}y\tag{7.3.1}$$

证 将区域 D 任意分割为 n 个小区域 $D_i(i=1,2,\cdots,n)$,设 D_i 的面积为 $\Delta\sigma_i$,D_i 的直径为 d_i,$\lambda=\max\limits_{1\leqslant i\leqslant n}\{d_i\}$. 以 D_i 的边界曲线为准线,作母线平行于 z 轴的柱面,这些柱面将 Σ 分割为 n 块小曲面 Σ_i,应用曲面面积的计算公式和二重积分中值定理,曲面 Σ_i 的面积为

$$\begin{aligned}\Delta S_i&=\iint\limits_{D_i}\sqrt{1+(z'_x(x,y))^2+(z'_y(x,y))^2}\,\mathrm{d}x\mathrm{d}y\\&=\sqrt{1+(z'_x(\xi_i,\eta_i))^2+(z'_y(\xi_i,\eta_i))^2}\,\Delta\sigma_i\end{aligned}$$

其中 $(\xi_i,\eta_i)\in D_i$. 记 M_i 的坐标为 $(\xi_i,\eta_i,z(\xi_i,\eta_i))$,则 $M_i\in\Sigma_i$,于是由对面积的曲面积分的定义与二重积分的定义得

$$\iint\limits_{\Sigma}f(x,y,z)\mathrm{d}S=\lim_{\lambda\to 0}\sum_{i=1}^{n}f(\xi_i,\eta_i,z(\xi_i,\eta_i))\Delta S_i$$

$$= \lim_{\lambda\to 0}\sum_{i=1}^{n} f(\xi_i,\eta_i,z(\xi_i,\eta_i))\sqrt{1+(z_x'(\xi_i,\eta_i))^2+(z_y'(\xi_i,\eta_i))^2}\,\Delta\sigma_i$$

$$= \iint_D f(x,y,z(x,y))\sqrt{1+(z_x'(x,y))^2+(z_y'(x,y))^2}\,\mathrm{d}x\mathrm{d}y \qquad \square$$

注 1 当光滑曲面 Σ 的方程为 $x=x(y,z)$，Σ 在 yOz 平面上的投影为 D_{yz} 时，与公式(7.3.1)对应的计算公式为

$$\iint_\Sigma f(x,y,z)\mathrm{d}S = \iint_{D_{yz}} f(x(y,z),y,z)\sqrt{1+(x_y')^2+(x_z')^2}\,\mathrm{d}y\mathrm{d}z \qquad (7.3.2)$$

注 2 当光滑曲面 Σ 的方程为 $y=y(z,x)$，Σ 在 zOx 平面上投影为 D_{zx} 时，与公式(7.3.1)对应的计算公式为

$$\iint_\Sigma f(x,y,z)\mathrm{d}S = \iint_{D_{zx}} f(x,y(z,x),z)\sqrt{1+(y_z')^2+(y_x')^2}\,\mathrm{d}z\mathrm{d}x \qquad (7.3.3)$$

例 1 计算 $\iint\limits_\Sigma z^2\mathrm{d}S$，$\Sigma$ 为 $x^2+y^2+z^2=1$.

解 由 Σ 关于 $z=0$ 对称，z^2 关于 z 为偶函数，所以

$$\iint_\Sigma z^2\mathrm{d}S = 2\iint_{\Sigma_1} z^2\mathrm{d}S$$

这里 Σ_1 为 Σ 的 $z\geqslant 0$ 部分(即上半球面 $z=\sqrt{1-x^2-y^2}$). 记 D:$x^2+y^2\leqslant 1$，则

$$\text{原式} = 2\iint_D (1-x^2-y^2)\sqrt{1+\frac{x^2}{1-x^2-y^2}+\frac{y^2}{1-x^2-y^2}}\,\mathrm{d}x\mathrm{d}y$$

$$= 2\iint_D \sqrt{1-x^2-y^2}\,\mathrm{d}x\mathrm{d}y = 2\int_0^{2\pi}\mathrm{d}\theta\cdot\int_0^1\sqrt{1-\rho^2}\,\rho\mathrm{d}\rho$$

$$= 4\pi\left(-\frac{1}{3}\right)(1-\rho^2)^{\frac{3}{2}}\Big|_0^1 = \frac{4}{3}\pi$$

例 2 计算 $\iint\limits_\Sigma (xy+yz+zx)\mathrm{d}S$，$\Sigma$ 为圆锥面 $z=\sqrt{x^2+y^2}$ 被圆柱面 $x^2+y^2=2y$ 截下的一块曲面.

解 由于曲面 Σ 关于 $x=0$ 对称，函数 $xy+zx$ 关于 x 为奇函数，所以

$$\iint_\Sigma (xy+zx)\mathrm{d}S = 0$$

故原式 $=\iint\limits_\Sigma yz\mathrm{d}S$. Σ 在 xOy 平面上的投影为 D:$x^2+y^2\leqslant 2y$，则

$$\begin{aligned}原式&=\iint_D y\sqrt{x^2+y^2}\cdot\sqrt{1+(z_x')^2+(z_y')^2}\,\mathrm{d}x\mathrm{d}y\\&=\sqrt{2}\iint_D y\sqrt{x^2+y^2}\,\mathrm{d}x\mathrm{d}y=\sqrt{2}\int_0^{\pi}\mathrm{d}\theta\int_0^{2\sin\theta}\rho\sin\theta\cdot\rho^2\mathrm{d}\rho\\&=\sqrt{2}\int_0^{\pi}\sin\theta\cdot\frac{1}{4}\rho^4\Big|_0^{2\sin\theta}\mathrm{d}\rho=4\sqrt{2}\int_0^{\pi}\sin^5\theta\mathrm{d}\theta\\&=-4\sqrt{2}\left(\cos\theta-\frac{2}{3}\cos^3\theta+\frac{1}{5}\cos^5\theta\right)\Big|_0^{\pi}=\frac{64}{15}\sqrt{2}\end{aligned}$$

7.3.2 双侧曲面

对坐标的曲面积分与曲面的法向量有关.作为预备知识,先来介绍“双侧曲面”的概念.

考察上半球面$\Sigma:z=\sqrt{a^2-x^2-y^2}$(见图7.10),其上任一点$P(x_0,y_0,z_0)$处的法向量可以是$\boldsymbol{n}=(x_0,y_0,z_0)$,也可以是$-\boldsymbol{n}$.我们指定其中之一(例如$\boldsymbol{n}$),当点$P$在曲面上移动(不要越过$\Sigma$的边缘曲线)又回到出发点时,法向量仍回到原来的位置,这种曲面称为**双侧曲面**;如果点P回到原来位置时可以得到法向量$-\boldsymbol{n}$,这种曲面称为**单侧曲面**.下文中我们只研究双侧曲面.

我们用曲面上法向量的指向来规定曲面的**定侧**.

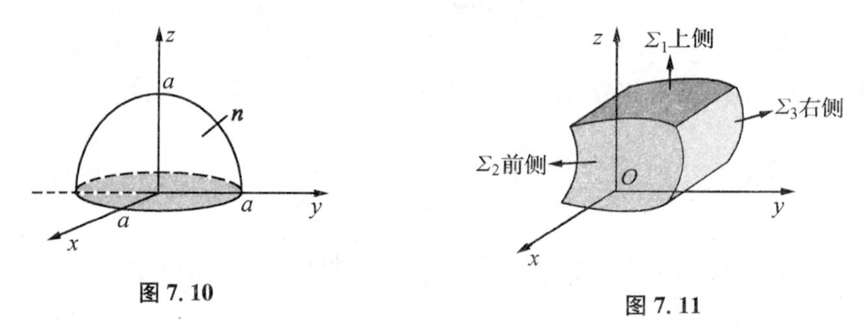

图 7.10　　图 7.11

为了叙述方便起见,我们选定如图7.11所示的坐标系,z轴向上,x轴向前,y轴向右.图中,曲面$\Sigma_1:z=z(x,y)$的两个定侧分别称为Σ_1 **上侧**(法向量$\boldsymbol{n}$与z轴的夹角为锐角)和Σ_1 **下侧**(法向量$\boldsymbol{n}$与z轴的夹角为钝角);曲面$\Sigma_2:x=x(y,z)$的两个定侧分别称为Σ_2 **前侧**(法向量$\boldsymbol{n}$与x轴的夹角为锐角)和Σ_2 **后侧**(法向量$\boldsymbol{n}$与x轴的夹角为钝角);曲面$\Sigma_3:y=y(z,x)$的两个定侧分别称为Σ_3 **右侧**(法向量$\boldsymbol{n}$与y轴的夹角为锐角)和Σ_3 **左侧**(法向量$\boldsymbol{n}$与y轴的夹角为钝角).

对于封闭曲面Σ,例如球面$x^2+y^2+z^2=1$和圆柱体$x^2+y^2\leqslant1,0\leqslant z\leqslant2$的表面等,它们的两个定侧通常称为$\Sigma$ **外侧**(法向量指向朝外,如图7.12所示)和Σ **内侧**.

下面来研究双侧曲面的边界曲线的正向概念.设Σ^*是给定的一块双侧曲面

的定侧，我们按下述规则来定义 Σ^* 的**边界曲线 Γ 的正向**：将右手伸出，四指与大拇指垂直，将手掌竖放在曲面 Σ^* 的边界曲线处，手心紧靠曲面 Σ^*，大拇指指向同 Σ^* 的法向，则四指所指的方向即为 Γ 的正向，记为 Γ^+（见图 7.13）. 反过来，若规定了 Σ 的边界曲线 Γ 的正向，我们按上述规则也能唯一确定曲面 Σ 的一个定侧. 这个规则称为**右手规则**.

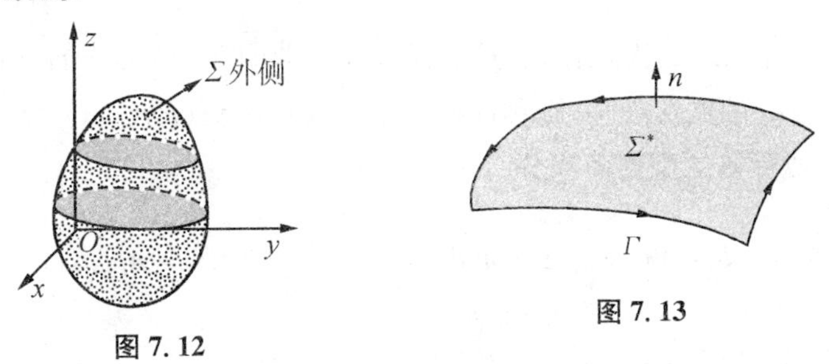

图 7.12　　图 7.13

7.3.3　对坐标的曲面积分

1）对坐标的曲面积分的定义

设有流体流经空间有界区域 Ω，Ω 中每一点 M 处流速为 $\boldsymbol{v}=\boldsymbol{v}(M)$. 在 Ω 中有一块双侧曲面 Σ，取定 Σ 的一个定侧 Σ^*，我们欲求在单位时间内流体顺着 Σ^* 的法向通过曲面 Σ^* 的流量. 采用分割取近似的方法，将 Σ^* 任意分割为 n 块小曲面 Σ_i^*（$i=1,2,\cdots,n$），Σ_i^* 的面积记为 ΔS_i，其直径为 d_i，$\lambda=\max\limits_{1\leqslant i\leqslant n}\{d_i\}$，称 λ 为**分割的模**. 在 Σ_i^* 上取点 M_i，设 Σ_i^* 在点 M_i 的单位法向量为 $\boldsymbol{n}_i^0$，则单位时间内流过 Σ^* 的流量为

$$q\approx\sum_{i=1}^{n}\boldsymbol{v}(M_i)\cdot\boldsymbol{n}_i^0\Delta S_i$$

令 $\lambda\to 0$，取极限即得

$$q=\lim_{\lambda\to 0}\sum_{i=1}^{n}\boldsymbol{v}(M_i)\cdot\boldsymbol{n}_i^0\Delta S_i$$

抽去上述实例的物理背景，我们有下面的定义.

定义 7.3.2（对坐标的曲面积分）　设 Σ^* 是 $\mathbf{R}^3$ 中的有界的双侧曲面的定侧，Σ^* 的单位法向量为

$$\boldsymbol{n}^0=(\cos\alpha,\cos\beta,\cos\gamma)$$

函数 P,Q,R 在 Σ^* 上有定义，记 $\boldsymbol{F}(x,y,z)=(P(x,y,z),Q(x,y,z),R(x,y,z))$. 将 Σ^* 任意分割为 n 块小曲面 Σ_i^*（$i=1,2,\cdots,n$），Σ_i^* 的面积为 ΔS_i，λ 是分割的模，在 Σ_i^* 上任取点 M_i，记

$$\boldsymbol{n}_i^0 = \boldsymbol{n}^0(M_i) = (\cos\alpha_i, \cos\beta_i, \cos\gamma_i), \quad \Delta\boldsymbol{S}_i \xlongequal{\text{def}} \boldsymbol{n}_i^0 \Delta S_i$$

作和式

$$\sum_{i=1}^{n} \boldsymbol{F}(M_i) \cdot \Delta\boldsymbol{S}_i = \sum_{i=1}^{n} \boldsymbol{F}(M_i) \cdot \boldsymbol{n}_i^0 \Delta S_i$$

若$\lambda \to 0$时,上述和式的极限存在,且其极限值与曲面Σ^*的分割的分式无关,与小曲面Σ_i^*上点M_i的取法无关,则称此极限值为向量函数(P,Q,R)沿Σ^*的**对坐标的曲面积分(或称第二型曲面积分)**,记为

$$\iint_{\Sigma^*} \boldsymbol{F} \cdot \mathrm{d}\boldsymbol{S} = \iint_{\Sigma^*} \boldsymbol{F} \cdot \boldsymbol{n}^0 \mathrm{d}S = \lim_{\lambda \to 0} \sum_{i=1}^{n} \boldsymbol{F}(M_i) \cdot \boldsymbol{n}_i^0 \Delta S_i$$

进一步,引进记号$\mathrm{d}\boldsymbol{S} = (\mathrm{d}y\mathrm{d}z, \mathrm{d}z\mathrm{d}x, \mathrm{d}x\mathrm{d}y)$,即

$$\frac{\mathrm{d}y\mathrm{d}z}{\cos\alpha} = \frac{\mathrm{d}z\mathrm{d}x}{\cos\beta} = \frac{\mathrm{d}x\mathrm{d}y}{\cos\gamma} = \mathrm{d}S \tag{7.3.4}$$

则对坐标的曲面积分又表示为

$$\iint_{\Sigma^*} \boldsymbol{F} \cdot \mathrm{d}\boldsymbol{S} = \iint_{\Sigma^*} P(x,y,z)\mathrm{d}y\mathrm{d}z + Q(x,y,z)\mathrm{d}z\mathrm{d}x + R(x,y,z)\mathrm{d}x\mathrm{d}y \tag{7.3.5}$$

注 在此定义中,$\mathrm{d}y\mathrm{d}z,\mathrm{d}z\mathrm{d}x,\mathrm{d}x\mathrm{d}y$分别表示曲面微元$\mathrm{d}S(>0)$在三个坐标平面上的有向投影. 例如,$\Sigma^*$为上侧时,$\mathrm{d}x\mathrm{d}y = \cos\gamma\mathrm{d}S \geqslant 0$;$\Sigma^*$为下侧时,$\mathrm{d}x\mathrm{d}y = \cos\gamma\mathrm{d}S \leqslant 0$. 要注意曲面$\Sigma^*$上的$\mathrm{d}x\mathrm{d}y$与二重积分中的$\mathrm{d}x\mathrm{d}y(\geqslant 0)$的区别.

据定义 7.3.2,流速为$\boldsymbol{v}(x,y,z) = (P(x,y,z),Q(x,y,z),R(x,y,z))$的流体,单位时间内流过曲面的一个定侧$\Sigma^*$的流量为

$$q = \iint_{\Sigma^*} P(x,y,z)\mathrm{d}y\mathrm{d}z + Q(x,y,z)\mathrm{d}z\mathrm{d}x + R(x,y,z)\mathrm{d}x\mathrm{d}y$$

2) 对坐标的曲面积分的性质

定理 7.3.3 设Σ是$\mathbf{R}^3$中的有界的双侧曲面的一个定侧,且下面的曲面积分皆存在,则对坐标的曲面积分有下列主要性质:

(1) **(有向性)** 设曲面Σ的两个定侧分别记为Σ^+与Σ^-,则

$$\iint_{\Sigma^-} P\mathrm{d}y\mathrm{d}z + Q\mathrm{d}z\mathrm{d}x + R\mathrm{d}x\mathrm{d}y = -\iint_{\Sigma^+} P\mathrm{d}y\mathrm{d}z + Q\mathrm{d}z\mathrm{d}x + R\mathrm{d}x\mathrm{d}y$$

(2) **(可加性)** 用曲线将Σ分为两块曲面Σ_1与Σ_2,则

$$\iint_{\Sigma} P\,\mathrm{d}y\mathrm{d}z + Q\mathrm{d}z\mathrm{d}x + R\mathrm{d}x\mathrm{d}y$$

$$= \iint_{\Sigma_1} P\mathrm{d}y\mathrm{d}z + Q\mathrm{d}z\mathrm{d}x + R\mathrm{d}x\mathrm{d}y + \iint_{\Sigma_2} P\mathrm{d}y\mathrm{d}z + Q\mathrm{d}z\mathrm{d}x + R\mathrm{d}x\mathrm{d}y$$

(3)(**可分性**)

$$\iint_{\Sigma} P\,\mathrm{d}y\mathrm{d}z + Q\mathrm{d}z\mathrm{d}x + R\mathrm{d}x\mathrm{d}y = \iint_{\Sigma} P\,\mathrm{d}y\mathrm{d}z + \iint_{\Sigma} Q\mathrm{d}z\mathrm{d}x + \iint_{\Sigma} R\,\mathrm{d}x\mathrm{d}y$$

该定理的证明从略.需要说明的是,对坐标的曲面积分一般没有对面积的曲面积分所具有的奇偶、对称性.这是因为 $\mathrm{d}S \geqslant 0$,而 $\mathrm{d}x\mathrm{d}y = \cos\gamma \mathrm{d}S$ 除特例外可正也可负,同样的,$\mathrm{d}y\mathrm{d}z$,$\mathrm{d}z\mathrm{d}x$ 也是除特例外可正也可负.

3) 对坐标的曲面积分的计算

由对坐标的曲面积分的定义过程和式(7.3.5)可以看出,对坐标的曲面积分与对面积的曲面积分有下列关系:

定理 7.3.4 设光滑的双侧曲面 Σ 的一个定侧 Σ^* 的单位法向量为

$$\boldsymbol{n}^0 = (\cos\alpha, \cos\beta, \cos\gamma)$$

函数 $P,Q,R \in \mathscr{C}(\Sigma)$,则向量 (P,Q,R) 沿 Σ^* 的对坐标的曲面积分存在,且

$$\iint_{\Sigma^*} P(x,y,z)\mathrm{d}y\mathrm{d}z + Q(x,y,z)\mathrm{d}z\mathrm{d}x + R(x,y,z)\mathrm{d}x\mathrm{d}y$$

$$= \iint_{\Sigma} (P(x,y,z)\cos\alpha + Q(x,y,z)\cos\beta + R(x,y,z)\cos\gamma)\mathrm{d}S \qquad (7.3.6)$$

定理 7.3.5(统一投影法) 设 Σ 是 $\mathbf{R}^3$ 中的光滑的双侧曲面的上侧,其方程为

$$z = z(x,y) \quad ((x,y) \in D)$$

函数 $P,Q,R \in \mathscr{C}(\Sigma)$,则向量 (P,Q,R) 沿 Σ 的对坐标的曲面积分存在,且有

$$\iint_{\Sigma} P(x,y,z)\mathrm{d}y\mathrm{d}z + Q(x,y,z)\mathrm{d}z\mathrm{d}x + R(x,y,z)\mathrm{d}x\mathrm{d}y$$

$$= \iint_{D} \left[P(x,y,z(x,y))\left(-\frac{\partial z}{\partial x}\right) + Q(x,y,z(x,y))\left(-\frac{\partial z}{\partial y}\right)\right.$$

$$\left. + R(x,y,z(x,y))\right]\mathrm{d}x\mathrm{d}y \qquad (7.3.7)$$

证 曲面 Σ 的单位法向量为

$$\boldsymbol{n}^0 = \left(\frac{-\frac{\partial z}{\partial x}}{\sqrt{1+\left(\frac{\partial z}{\partial x}\right)^2+\left(\frac{\partial z}{\partial y}\right)^2}}, \frac{-\frac{\partial z}{\partial y}}{\sqrt{1+\left(\frac{\partial z}{\partial x}\right)^2+\left(\frac{\partial z}{\partial y}\right)^2}}, \frac{1}{\sqrt{1+\left(\frac{\partial z}{\partial x}\right)^2+\left(\frac{\partial z}{\partial y}\right)^2}}\right)$$

应用公式(7.3.6)与对面积的曲面积分计算公式可得

$$\begin{aligned}
&\iint_{\Sigma} P\,\mathrm{d}y\mathrm{d}z + Q\mathrm{d}z\mathrm{d}x + R\mathrm{d}x\mathrm{d}y \\
&= \iint_{\Sigma} (P\cos\alpha + Q\cos\beta + R\cos\gamma)\mathrm{d}S \\
&= \iint_{\Sigma} \left[P\left(-\frac{\partial z}{\partial x}\right) + Q\left(-\frac{\partial z}{\partial y}\right) + R\right]\frac{1}{\sqrt{1+\left(\frac{\partial z}{\partial x}\right)^2+\left(\frac{\partial z}{\partial y}\right)^2}}\mathrm{d}S \\
&= \iint_{D} \left[P\left(-\frac{\partial z}{\partial x}\right) + Q\left(-\frac{\partial z}{\partial y}\right) + R\right]\Bigg|_{z=z(x,y)}\mathrm{d}x\mathrm{d}y
\end{aligned}$$

□

注 1 若光滑的双侧曲面 Σ 的方程为 $x = x(y,z)$,取前侧,Σ 在 yOz 平面上的投影为 D_{yz} 时,与公式(7.3.7)对应的计算公式为

$$\begin{aligned}
&\iint_{\Sigma} P(x,y,z)\mathrm{d}y\mathrm{d}z + Q(x,y,z)\mathrm{d}z\mathrm{d}x + R(x,y,z)\mathrm{d}x\mathrm{d}y \\
&= \iint_{D_{yz}} \left[P(x(y,z),y,z) + Q(x(y,z),y,z)\left(-\frac{\partial x}{\partial y}\right)\right. \\
&\quad \left. + R(x(y,z),y,z)\left(-\frac{\partial x}{\partial z}\right)\right]\mathrm{d}y\mathrm{d}z
\end{aligned} \tag{7.3.8}$$

注 2 若光滑的双侧曲面 Σ 的方程为 $y = y(z,x)$,取右侧,Σ 在 zOx 平面上的投影为 D_{zx} 时,与公式(7.3.7)对应的计算公式为

$$\begin{aligned}
&\iint_{\Sigma} P(x,y,z)\mathrm{d}y\mathrm{d}z + Q(x,y,z)\mathrm{d}z\mathrm{d}x + R(x,y,z)\mathrm{d}x\mathrm{d}y \\
&= \iint_{D_{zx}} \left[P(x,y(z,x),z)\left(-\frac{\partial y}{\partial x}\right) + Q(x,y(z,x),z)\right. \\
&\quad \left. + R(x,y(z,x),z)\left(-\frac{\partial y}{\partial z}\right)\right]\mathrm{d}z\mathrm{d}x
\end{aligned} \tag{7.3.9}$$

计算对坐标的曲面积分的另一种方法是应用可分性,将曲面积分中的三项分别向 yOz 平面、zOx 平面和 xOy 平面投影,化为三个投影区域上的三个二重积分的和.我们将此法称为**分项投影法**.

定理 7.3.6(分项投影法) 设曲面 Σ 的方程可作三种表示:

(1) $x = x(y,z),(y,z) \in D_{yz}$;

(2) $y = y(z,x),(z,x) \in D_{zx}$;

(3) $z = z(x,y),(x,y) \in D_{xy}$,

则

$$\iint_{\Sigma} P(x,y,z)\mathrm{d}y\mathrm{d}z + Q(x,y,z)\mathrm{d}z\mathrm{d}x + R(x,y,z)\mathrm{d}x\mathrm{d}y$$
$$= \pm\iint_{D_{yz}} P(x(y,z),y,z)\mathrm{d}y\mathrm{d}z \pm \iint_{D_{zx}} Q(x,y(z,x),z)\mathrm{d}z\mathrm{d}x$$
$$\pm\iint_{D_{xy}} R(x,y,z(x,y))\mathrm{d}x\mathrm{d}y \tag{7.3.10}$$

其中,等号右端第一项前侧取“+”,后侧取“−”;第二项右侧取“+”,左侧取“−”;第三项上侧取“+”,下侧取“−”.

证　应用对坐标的曲面积分的可分性,有

$$\iint_{\Sigma} P(x,y,z)\mathrm{d}y\mathrm{d}z + Q(x,y,z)\mathrm{d}z\mathrm{d}x + R(x,y,z)\mathrm{d}x\mathrm{d}y$$
$$= \iint_{\Sigma} P(x,y,z)\mathrm{d}y\mathrm{d}z + \iint_{\Sigma} Q(x,y,z)\mathrm{d}z\mathrm{d}x + \iint_{\Sigma} R(x,y,z)\mathrm{d}x\mathrm{d}y \tag{7.3.11}$$

对于等号右端第一项应用公式(7.3.8)得

$$\iint_{\Sigma} P(x,y,z)\mathrm{d}y\mathrm{d}z = \pm\iint_{D_{yz}} P(x(y,z),y,z)\mathrm{d}y\mathrm{d}z \tag{7.3.12}$$

对于等号右端第二项,应用公式(7.3.9)得

$$\iint_{\Sigma} Q(x,y,z)\mathrm{d}z\mathrm{d}x = \pm\iint_{D_{zx}} Q(x,y(z,x),z)\mathrm{d}z\mathrm{d}x \tag{7.3.13}$$

对于等号右端第三项,应用公式(7.3.7)得

$$\iint_{\Sigma} R(x,y,z)\mathrm{d}x\mathrm{d}z = \pm\iint_{D_{xy}} R(x,y,z(x,y))\mathrm{d}x\mathrm{d}y \tag{7.3.14}$$

将式(7.3.12),(7.3.13),(7.3.14)代入式(7.3.11),即得式(7.3.10)成立.　□

注　若曲面Σ是空间的封闭曲面,取其一定侧Σ^*,此时向量函数(P,Q,R)沿Σ^*的对坐标的曲面积分常记为

$$\oint\!\!\!\oint_{\Sigma^*} P\mathrm{d}y\mathrm{d}z + Q\mathrm{d}z\mathrm{d}x + R\mathrm{d}x\mathrm{d}y$$

例 3　设Σ为$x^2+y^2+z^2=a^2(z\geqslant 0)$,取上侧,求

$$\iint_{\Sigma} x^2\mathrm{d}y\mathrm{d}z + y^2\mathrm{d}z\mathrm{d}x + z^2\mathrm{d}x\mathrm{d}y$$

解法 1　曲面Σ上侧的单位法向量为

$$\boldsymbol{n}^0=(\cos\alpha,\cos\beta,\cos\gamma)=\left(\frac{x}{a},\frac{y}{a},\frac{z}{a}\right)$$

Σ的方程为$z=\sqrt{a^2-x^2-y^2}$,D:$x^2+y^2\leqslant a^2$.将原式化为第一型曲面积分,应用奇偶、对称性化简后再回到第二型曲面积分计算,则

$$\begin{aligned}原式&=\iint_\Sigma(x^2\cos\alpha+y^2\cos\beta+z^2\cos\gamma)\mathrm{d}S=\frac{1}{a}\iint_\Sigma(x^3+y^3+z^3)\mathrm{d}S\\&=0+0+\frac{1}{a}\iint_\Sigma z^3\mathrm{d}S\quad(因\,\Sigma\,关于\,x=0\,对称,关于\,y=0\,对称)\\&=\frac{1}{a}\iint_\Sigma z^3\frac{1}{\cos\gamma}\mathrm{d}x\mathrm{d}y=\iint_\Sigma z^2\mathrm{d}x\mathrm{d}y=\iint_D(a^2-x^2-y^2)\mathrm{d}x\mathrm{d}y\\&=\int_0^{2\pi}\mathrm{d}\theta\int_0^a(a^2-\rho^2)\rho\mathrm{d}\rho=2\pi\left(\frac{a^2}{2}\rho^2-\frac{1}{4}\rho^4\right)\Big|_0^a=\frac{1}{2}\pi a^4\end{aligned}$$

解法 2 采用统一投影法.因为

$$\frac{\mathrm{d}y\mathrm{d}z}{x}=\frac{\mathrm{d}z\mathrm{d}x}{y}=\frac{\mathrm{d}x\mathrm{d}y}{z}$$

Σ的方程为$z=\sqrt{a^2-x^2-y^2}$,$(x,y)\in D=\{(x,y)\mid x^2+y^2\leqslant a^2\}$,于是

$$\begin{aligned}原式&=\iint_\Sigma\left(\frac{x^3}{z}+\frac{y^3}{z}+z^2\right)\mathrm{d}x\mathrm{d}y\\&=\iint_D\left[\frac{x^3}{\sqrt{a^2-x^2-y^2}}+\frac{y^3}{\sqrt{a^2-x^2-y^2}}+(a^2-x^2-y^2)\right]\mathrm{d}x\mathrm{d}y\\&=0+0+\iint_D(a^2-x^2-y^2)\mathrm{d}x\mathrm{d}y\quad(因\,D\,关于\,x=0\,对称,关于\,y=0\,对称)\\&=\frac{1}{2}\pi a^4\quad(这一步计算同解法\,1)\end{aligned}$$

例 4 设Σ为$x^2+y^2=a^2(-h\leqslant z\leqslant h)$,取外侧,计算

$$\iint_\Sigma x\mathrm{d}y\mathrm{d}z+y\mathrm{d}z\mathrm{d}x+z\mathrm{d}x\mathrm{d}y$$

解法 1 因为Σ外侧的单位法向量为

$$\boldsymbol{n}^0=(\cos\alpha,\cos\beta,\cos\gamma)=\left(\frac{x}{a},\frac{y}{a},0\right)$$

将原式化为第一型曲面积分计算,则

$$\text{原式} = \iint_{\Sigma} (x\cos\alpha + y\cos\beta + z\cos\gamma)\mathrm{d}S$$
$$= \iint_{\Sigma} \frac{x^2 + y^2}{a}\mathrm{d}S = a\iint_{\Sigma}\mathrm{d}S = 4\pi a^2 h$$

解法 2　采用分项投影法，将原式分为三项分别计算. 记Σ_1为Σ的$x \geqslant 0$的部分，取前侧；Σ_2为Σ的$x \leqslant 0$的部分，取后侧. Σ_1的方程为$x = \sqrt{a^2 - y^2}$，Σ_2的方程为$x = -\sqrt{a^2 - y^2}$. Σ_1与Σ_2在yOz平面上的投影都是

$$D_{yz} = \{(y,z) \mid |y| \leqslant a, |z| \leqslant h\}$$

于是

$$\iint_{\Sigma} x\,\mathrm{d}y\mathrm{d}z = \iint_{\Sigma_1} x\mathrm{d}y\mathrm{d}z + \iint_{\Sigma_2} x\mathrm{d}y\mathrm{d}z$$
$$= \iint_{D_{yz}} \sqrt{a^2 - y^2}\,\mathrm{d}y\mathrm{d}z - \iint_{D_{yz}} (-\sqrt{a^2 - y^2})\mathrm{d}y\mathrm{d}z$$
$$= 2\int_{-h}^{h}\mathrm{d}z\int_{-a}^{a}\sqrt{a^2 - y^2}\,\mathrm{d}y = 2 \cdot 2h \cdot \frac{1}{2}\pi a^2 = 2\pi a^2 h$$

由对称性得$\iint_{\Sigma} y\,\mathrm{d}z\mathrm{d}x = 2\pi a^2 h$. 因在$\Sigma$上$\cos\gamma = 0$，故在$\Sigma$上$\mathrm{d}x\mathrm{d}y = \cos\gamma\mathrm{d}S = 0$，于是$\iint_{\Sigma} z\,\mathrm{d}x\mathrm{d}y = 0$. 因而

$$\text{原式} = 2\pi a^2 h + 2\pi a^2 h + 0 = 4\pi a^2 h$$

解法 3　采用统一投影法，因为

$$\frac{\mathrm{d}y\mathrm{d}z}{x} = \frac{\mathrm{d}z\mathrm{d}x}{y} = \frac{\mathrm{d}x\mathrm{d}y}{0}$$

故向yOz平面投影，则

$$\text{原式} = \iint_{\Sigma}\left(x + \frac{y^2}{x} + 0\right)\mathrm{d}y\mathrm{d}z = a^2\iint_{\Sigma}\frac{1}{x}\mathrm{d}y\mathrm{d}z$$
$$= a^2\left(\iint_{\Sigma_1}\frac{1}{x}\mathrm{d}y\mathrm{d}z + \iint_{\Sigma_2}\frac{1}{x}\mathrm{d}y\mathrm{d}z\right) \quad (\text{记号 } \Sigma_1, \Sigma_2, D_{yz} \text{ 同解法 2})$$
$$= 2a^2\iint_{D_{yz}}\frac{1}{\sqrt{a^2 - y^2}}\mathrm{d}y\mathrm{d}z = 2a^2\int_{-h}^{h}\mathrm{d}z\int_{-a}^{a}\frac{1}{\sqrt{a^2 - y^2}}\mathrm{d}y$$
$$= 4a^2 h\arcsin\frac{y}{a}\Big|_{-a^+}^{a^-} = 4\pi a^2 h$$

习题 7.3

A 组

1. 计算下列对面积的曲面积分：

(1) $\iint\limits_{\Sigma}\frac{1}{(1+x+y)^2}\mathrm{d}S,\Sigma:x+y+z=1\ (x\geqslant 0,y\geqslant 0,z\geqslant 0)$；

(2) $\iint\limits_{\Sigma}(x^2+y^2)\mathrm{d}S,\Sigma:x^2+y^2+z^2=a^2\ (x\geqslant 0,y\geqslant 0,z\geqslant 0)$；

(3) $\iint\limits_{\Sigma}(x^2+y^2+z^2)\mathrm{d}S,\Sigma:x^2+y^2+z^2=2az\ (a\leqslant z\leqslant 2a)$；

(4) $\iint\limits_{\Sigma}x^2y^2\mathrm{d}S,\Sigma:x^2+y^2=z^2\ (0\leqslant z\leqslant 1)$；

(5) $\iint\limits_{\Sigma}z\mathrm{d}S,\Sigma:z=\frac{1}{2}(x^2+y^2)\ (0\leqslant z\leqslant 1)$；

(6) $\iint\limits_{\Sigma}(x^2+y^2+z^2)\mathrm{d}S$，$\Sigma$ 为 $x^2+y^2+z^2=a^2(z\geqslant 0)$ 被 $x^2+y^2=ax$ 割下的部分曲面.

2. 计算下列对坐标的曲面积分：

(1) $\iint\limits_{\Sigma}-y\mathrm{d}z\mathrm{d}x+(y^2+xz)\mathrm{d}x\mathrm{d}y$，$\Sigma$ 为圆柱面 $x^2+y^2=4$ 被平面 $x+z=2$ 与 $z=0$ 所截部分曲面的外侧；

(2) $\iint\limits_{\Sigma}(2x+z)\mathrm{d}y\mathrm{d}z+z\mathrm{d}x\mathrm{d}y,\Sigma:z=x^2+y^2(0\leqslant z\leqslant 1)$，法向量与 z 轴正向夹角为锐角；

(3) $\iint\limits_{\Sigma}(x^2+y^2)\mathrm{d}z\mathrm{d}x+z\mathrm{d}x\mathrm{d}y,\Sigma:z=\sqrt{x^2+y^2}(x\geqslant 0,y\geqslant 0,0\leqslant z\leqslant 1)$，取下侧；

(4) $\iint\limits_{\Sigma}\frac{x\mathrm{d}y\mathrm{d}z+z^2\mathrm{d}x\mathrm{d}y}{x^2+y^2+z^2},\Sigma:x^2+y^2=a^2(-a\leqslant z\leqslant a)$，取外侧.

B 组

3. 计算 $\iint\limits_{\Sigma}\frac{\mathrm{e}^z\mathrm{d}x\mathrm{d}y}{\sqrt{x^2+y^2}}$，$\Sigma$ 为 $z=\sqrt{x^2+y^2}$ 与 $z=1,z=2$ 所围立体表面的外侧.

4. 设 Σ 为椭球面 $\frac{x^2}{2}+\frac{y^2}{2}+z^2=1(z\geqslant 0)$，$P\in\Sigma$，$\Pi$ 为 Σ 在点 P 处的切平面，$\rho(x,y,z)$ 为原点到平面 Π 的距离，求 $\iint\limits_{\Sigma}\frac{z}{\rho(x,y,z)}\mathrm{d}S$.

5. 设 Σ 为下半球面 $z=-\sqrt{a^2-x^2-y^2}$ 的上侧，求

$$\iint_{\Sigma}\frac{ax\mathrm{d}y\mathrm{d}z+(z+a)^2\mathrm{d}x\mathrm{d}y}{\sqrt{x^2+y^2+z^2}}$$

7.4　高斯公式及其应用

这一节我们研究两类特殊的对坐标的曲面积分，一类是沿封闭曲面外侧的对坐标的曲面积分，另一类是与曲面无关的对坐标的曲面积分.

7.4.1　高斯①公式

高斯公式揭示了空间区域 Ω 上的三重积分与沿 Ω 的边界曲面 Σ 的外侧的对坐标的曲面积分之间的关系.

首先介绍一下空间区域的体单连通性概念.

定义 7.4.1　若空间区域 Ω 中任一封闭曲面所围的立体皆包含于 Ω，则称区域 Ω 为**体单连通域**，否则称为**体多连通域**.

例如，$\Omega_1=\{(x,y,z)\mid x^2+y^2+z^2\leqslant 1\}$ 是体单连通域；$\Omega_2=\{(x,y,z)\mid 1<x^2+y^2+z^2<2\}$ 与 $\Omega_3=\{(x,y,z)\mid 1\leqslant x^2+y^2+z^2\leqslant 2\}$ 是体多连通域.

定理 7.4.1（高斯公式）　设 Ω 是空间的体单连通域或体多连通域，Ω 的边界曲面 Σ 逐片光滑，取外侧，若函数 $P,Q,R\in\mathscr{C}^{(1)}(\Omega)$，则有

$$\begin{aligned}&\oiint_{\Sigma}P(x,y,z)\mathrm{d}y\mathrm{d}z+Q(x,y,z)\mathrm{d}z\mathrm{d}x+R(x,y,z)\mathrm{d}x\mathrm{d}y\\&=\iiint_{\Omega}\left(\frac{\partial P}{\partial x}+\frac{\partial Q}{\partial y}+\frac{\partial R}{\partial z}\right)\mathrm{d}V\end{aligned}\tag{7.4.1}$$

证　首先假设 Ω 为体单连通域，且可表示为

$$\Omega=\{(x,y,x)\mid\varphi_1(x,y)\leqslant z\leqslant\varphi_2(x,y),(x,y)\in D\}$$

记曲面 $z=\varphi_1(x,y)$ 的下侧为 Σ_1，曲面 $z=\varphi_2(x,y)$ 的上侧为 Σ_2（见图 7.14），则

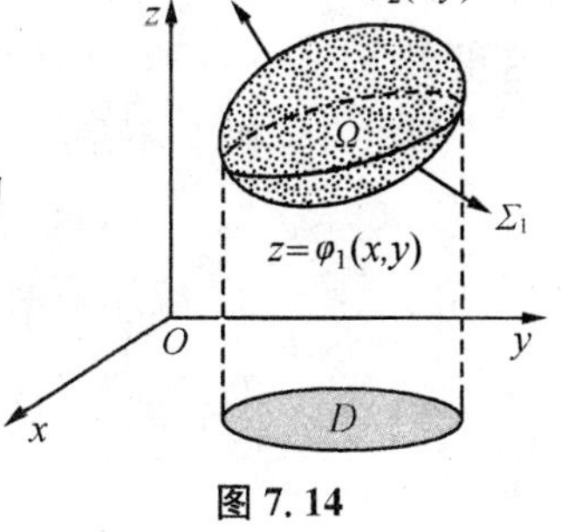

图 7.14

$$\begin{aligned}&\oiint_{\Sigma}R(x,y,z)\mathrm{d}x\mathrm{d}y\\&=\iint_{\Sigma_2}R(x,y,z)\mathrm{d}x\mathrm{d}y+\iint_{\Sigma_1}R(x,y,z)\mathrm{d}x\mathrm{d}y\end{aligned}$$

①高斯(Gauss)，1777—1855，德国著名的数学家.

$$=\iint_D R(x,y,\varphi_2(x,y))\mathrm{d}x\mathrm{d}y-\iint_D R(x,y,\varphi_1(x,y))\mathrm{d}x\mathrm{d}y$$

又

$$\begin{aligned}\iiint_\Omega \frac{\partial R}{\partial z}\mathrm{d}V &= \iint_D \mathrm{d}x\mathrm{d}y\int_{\psi_1(x,y)}^{\varphi_2(x,y)}\frac{\partial R}{\partial z}\mathrm{d}z\\ &=\iint_D [R(x,y,\varphi_2(x))-R(x,y,\varphi_1(x,y))]\mathrm{d}x\mathrm{d}y\\ &=\iint_D R(x,y,\varphi_2(x,y))\mathrm{d}x\mathrm{d}y-\iint_D R(x,y,\varphi_1(x,y))\mathrm{d}x\mathrm{d}y\end{aligned}$$

于是式(7.4.1) 两边与 R 有关的项相等,即

$$\oiint_\Sigma R(x,y,z)\mathrm{d}x\mathrm{d}y=\iiint_\Omega \frac{\partial R}{\partial z}\mathrm{d}V \tag{7.4.2}$$

同法可证式(7.4.1) 两边与 P 有关的项相等,与 Q 有关的项也相等,即

$$\oiint_\Sigma P(x,y,z)\mathrm{d}y\mathrm{d}z=\iiint_\Omega \frac{\partial P}{\partial x}\mathrm{d}V,\quad \oiint_\Sigma Q(x,y,z)\mathrm{d}z\mathrm{d}x=\iiint_\Omega \frac{\partial Q}{\partial y}\mathrm{d}V \tag{7.4.3}$$

将式(7.4.2) 与式(7.4.3) 中的三式相加即得式(7.4.1) 成立.

若 Ω 为体多连通域,或 Ω 不能写为上述表示时,可用与坐标平面平行的平面将 Ω 分割为有限个子域 Ω_i,使得每一个子域 Ω_i 为体单连通域,且有上面所写的表示形式.在每一子域上应用高斯公式,然后将其相加可得式(7.4.1) 在 Ω 上成立. □

例 1 计算

$$\iint_\Sigma x^2\mathrm{d}y\mathrm{d}z+y^2\mathrm{d}z\mathrm{d}x+z^2\mathrm{d}x\mathrm{d}y$$

这里 $\Sigma: x^2+y^2+z^2=a^2(z\geqslant 0)$,取上侧.(第 7.3 节例 3 中已有两种解法)

解法 3 因 Σ 不是封闭曲面,故不能应用高斯公式.我们给曲面 Σ 添一个下底 $\Sigma_1:\{(x,y,z)\mid z=0,x^2+y^2\leqslant a^2\}$,取下侧,则 $\Sigma+\Sigma_1$ 是封闭曲面的外侧,记它们所围的区域为 Ω,应用高斯公式与三重积分的奇偶、对称性得

$$\begin{aligned}&\oiint_{\Sigma+\Sigma_1} x^2\mathrm{d}y\mathrm{d}z+y^2\mathrm{d}z\mathrm{d}x+z^2\mathrm{d}x\mathrm{d}y\\ &=2\iiint_\Omega (x+y+z)\mathrm{d}V\\ &=0+0+2\iiint_\Omega z\mathrm{d}V \quad (\text{因 }\Omega\text{ 关于 }x=0\text{ 对称,且关于 }y=0\text{ 对称})\end{aligned}$$

$$= 2\int_0^{2\pi} d\theta \int_0^{\frac{\pi}{2}} \sin\varphi\cos\varphi d\varphi \cdot \int_0^a r^3 dr$$

$$= 2 \cdot 2\pi \cdot \frac{1}{2}\sin^2\varphi\Big|_0^{\frac{\pi}{2}} \cdot \frac{1}{4}r^4\Big|_0^a = \frac{1}{2}\pi a^4$$

于是

$$\text{原式} = \oiint_{\Sigma+\Sigma_1} x^2 dydz + y^2 dzdx + z^2 dxdy - \iint_{\Sigma_1} x^2 dydz + y^2 dzdx + z^2 dxdy$$

$$= \frac{1}{2}\pi a^4 + \iint_D (0+0+0) dxdy = \frac{1}{2}\pi a^4$$

例 2　计算

$$\iint_\Sigma x dydz + ydzdx + zdxdy$$

这里 $\Sigma: x^2 + y^2 = a^2 (-h \leqslant z \leqslant h)$，取外侧.（第 7.3 节例 4 中已有三种解法）

解法 4　因 Σ 不是封闭曲面，故不能应用高斯公式. 我们给曲面 Σ 添上上顶 Σ_1 与下底 Σ_2：

$$\Sigma_1 = \{(x,y,z) \mid z = h, x^2 + y^2 \leqslant a^2\} \quad (\text{取上侧})$$

$$\Sigma_2 = \{(x,y,z) \mid z = -h, x^2 + y^2 \leqslant a^2\} \quad (\text{取下侧})$$

则 $\Sigma + \Sigma_1 + \Sigma_2$ 是封闭曲面的外侧，记它们所围的区域为 Ω，应用高斯公式得

$$\oiint_{\Sigma+\Sigma_1+\Sigma_2} xdydz + ydzdx + zdxdy = 3\iiint_\Omega dV = 6\pi a^2 h$$

记 $D = \{(x,y) \mid x^2 + y^2 \leqslant a^2\}$，则

$$\iint_\Sigma x dxdz + ydzdx + zdxdy = 6\pi a^2 h - \iint_{\Sigma_1} zdxdy - \iint_{\Sigma_2} zdxdy$$

$$= 6\pi a^2 h - \iint_D h dxdy + \iint_D (-h) dxdy = 4\pi a^2 h$$

例 3　设 Σ 为球面 $x^2 + y^2 + z^2 = 2z$，试求曲面积分

$$\iint_\Sigma (x^4 + y^4 + z^4 - x^3 - y^3 - z^3) dS$$

解　因曲面 Σ 关于 $x = 0$ 对称，又关于 $y = 0$ 对称，应用对面积的曲面积分的奇偶、对称性化简原式，则

$$\text{原式} = \iint_\Sigma (x^4 + y^4 + z^4 - z^3) dS$$

由于曲面Σ外侧的单位法向量为$\boldsymbol{n}^0=(x,y,z-1)$，得$\frac{\mathrm{d}y\mathrm{d}z}{x}=\frac{\mathrm{d}z\mathrm{d}x}{y}=\frac{\mathrm{d}x\mathrm{d}y}{z-1}=\mathrm{d}S$.将原式化为对坐标的曲面积分，再应用高斯公式，并用球坐标计算(其中Ω:$x^2+y^2+z^2\leqslant 2z$)，得

$$\begin{aligned}\text{原式}&=\iint_{\Sigma}(x^3\cdot x+y^3\cdot y+z^3\cdot(z-1))\mathrm{d}S=\iint_{\Sigma}x^3\mathrm{d}y\mathrm{d}z+y^3\mathrm{d}z\mathrm{d}x+z^3\mathrm{d}x\mathrm{d}y\\&=3\iiint_{\Omega}(x^2+y^2+z^2)\mathrm{d}x\mathrm{d}y\mathrm{d}z=3\int_0^{2\pi}\mathrm{d}\theta\int_0^{\pi/2}\mathrm{d}\varphi\int_0^{2\cos\varphi}r^4\sin\varphi\mathrm{d}r\\&=-\pi\frac{32}{5}\cos^6\varphi\Big|_0^{\pi/2}=\frac{32}{5}\pi\end{aligned}$$

*7.4.2 曲面积分与曲面无关的条件

下面我们应用高斯公式来研究对坐标的曲面积分与曲面无关的条件.

定理 7.4.2 设Ω是$\mathbf{R}^3$中的体单连通域，函数$P,Q,R\in\mathscr{C}^{(1)}(\Omega)$，$\Gamma$是$\Omega$内的逐段光滑的单闭曲线，在$\Omega$内任取以$\Gamma$为边界曲线的双侧曲面$\Sigma$，且$\Sigma$的一个定侧$\Sigma^+$与$\Gamma$的正向$\Gamma^+$服从右手规则，则曲面积分

$$\iint_{\Sigma^+}P(x,y,z)\mathrm{d}y\mathrm{d}z+Q(x,y,z)\mathrm{d}z\mathrm{d}x+R(x,y,z)\mathrm{d}x\mathrm{d}y$$

与曲面Σ^+无关的充要条件是$\forall(x,y,z)\in\Omega$，有

$$\frac{\partial P}{\partial x}+\frac{\partial Q}{\partial y}+\frac{\partial R}{\partial z}=0$$

证 **(充分性)** 假设$\forall(x,y,z)\in\Omega$，$\frac{\partial P}{\partial x}+\frac{\partial Q}{\partial y}+\frac{\partial R}{\partial z}=0$.在$\Omega$内任取以$\Gamma^+$为边界曲线的两个双侧曲面$\Sigma_1^+$，$\Sigma_2^+$，它们的定侧都与$\Gamma^+$服从右手规则(如图7.15所示)，则$\Sigma_1^++\Sigma_2^-$组成一个封闭曲面的外侧，应用高斯公式得

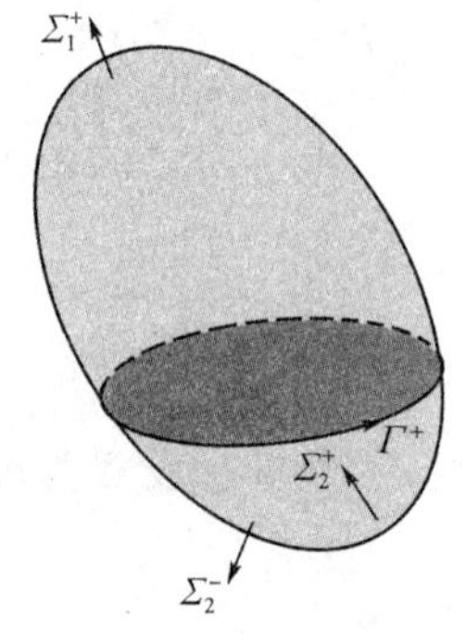

图 7.15

$$\begin{aligned}&\oint\!\!\!\!\oint_{\Sigma_1^++\Sigma_2^-}P\mathrm{d}y\mathrm{d}z+Q\mathrm{d}z\mathrm{d}x+R\mathrm{d}x\mathrm{d}y\\&=\iiint_{\Omega_1}(P'_x+Q'_y+R'_z)\mathrm{d}V=0\end{aligned}$$

其中Ω_1是Σ_1^+与Σ_2^-包围的区域.于是

$$\iint_{\Sigma_1^+}P\mathrm{d}y\mathrm{d}z+Q\mathrm{d}z\mathrm{d}x+R\mathrm{d}x\mathrm{d}y+\iint_{\Sigma_2^-}P\mathrm{d}y\mathrm{d}z+Q\mathrm{d}z\mathrm{d}x+R\mathrm{d}x\mathrm{d}y=0$$

移项得

$$\iint\limits_{\Sigma_1^+} P\mathrm{d}y\mathrm{d}z + Q\mathrm{d}z\mathrm{d}x + R\mathrm{d}x\mathrm{d}y = -\iint\limits_{\Sigma_2^-} P\mathrm{d}y\mathrm{d}z + Q\mathrm{d}z\mathrm{d}x + R\mathrm{d}x\mathrm{d}y$$

$$= \iint\limits_{\Sigma_2^+} P\mathrm{d}y\mathrm{d}z + Q\mathrm{d}z\mathrm{d}x + R\mathrm{d}x\mathrm{d}y$$

由 Σ_1^+ 与 Σ_2^+ 的任意性，得 $\iint\limits_{\Sigma^+} P\mathrm{d}y\mathrm{d}z + Q\mathrm{d}z\mathrm{d}x + R\mathrm{d}x\mathrm{d}y$ 与曲面 Σ^+ 无关.

(必要性) 用反证法，假设 $\exists M_0 \in \Omega$，使得 $\left(\dfrac{\partial P}{\partial x} + \dfrac{\partial Q}{\partial y} + \dfrac{\partial R}{\partial z}\right)\Big|_{M_0} \neq 0$，不妨设

$$\left(\frac{\partial P}{\partial x} + \frac{\partial Q}{\partial y} + \frac{\partial R}{\partial z}\right)\Big|_{M_0} = k > 0$$

由于 $P,Q,R \in \mathscr{C}^{(1)}(\Omega)$，应用连续函数的保号性可知：存在以 M_0 为球心，半径为 δ 的球体 $\Omega_0 \subset \Omega$，使得 $\left(\dfrac{\partial P}{\partial x} + \dfrac{\partial Q}{\partial y} + \dfrac{\partial R}{\partial z}\right)\Big|_{\Omega_0} \geqslant \dfrac{k}{2} > 0$. 设 Ω_0 的边界曲面的外侧为 Σ_0^+，应用高斯公式与三重积分的保号性，得

$$\oiint\limits_{\Sigma_0^+} P\mathrm{d}y\mathrm{d}z + Q\mathrm{d}z\mathrm{d}x + R\mathrm{d}x\mathrm{d}y = \iiint\limits_{\Omega_0} (P'_x + Q'_y + R'_z)\mathrm{d}V \geqslant \frac{k}{2}V(\Omega_0) > 0$$

在球面 Σ_0^+ 上取半径为 δ 的大圆 Γ_0，取定向 Γ_0^+，Γ_0^+ 将 Σ_0^+ 分为 Σ_1^+ 与 Σ_2^+ 两部分(见图 7.16)，由于

$$\oiint\limits_{\Sigma_0^+} P\mathrm{d}y\mathrm{d}z + Q\mathrm{d}z\mathrm{d}x + R\mathrm{d}x\mathrm{d}y$$

$$= \iint\limits_{\Sigma_1^+} P\mathrm{d}y\mathrm{d}z + Q\mathrm{d}z\mathrm{d}x + R\mathrm{d}x\mathrm{d}y + \iint\limits_{\Sigma_2^+} P\mathrm{d}y\mathrm{d}z + Q\mathrm{d}z\mathrm{d}x + R\mathrm{d}x\mathrm{d}y > 0 \qquad (7.4.4)$$

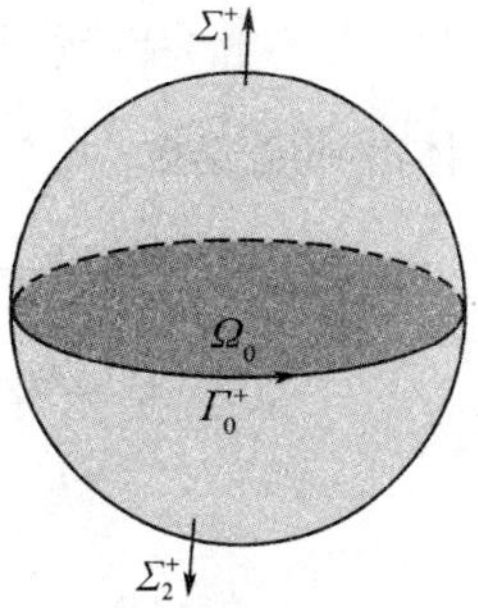

且 Σ_1^+，Σ_2^- 都与 Γ_0^+ 服从右手规则，由条件得

$$\iint\limits_{\Sigma_1^+} P\mathrm{d}y\mathrm{d}z + Q\mathrm{d}z\mathrm{d}x + R\mathrm{d}x\mathrm{d}y$$

$$= \iint\limits_{\Sigma_2^-} P\mathrm{d}y\mathrm{d}z + Q\mathrm{d}z\mathrm{d}x + R\mathrm{d}x\mathrm{d}y$$

$$= -\iint\limits_{\Sigma_2^+} P\mathrm{d}y\mathrm{d}z + Q\mathrm{d}z\mathrm{d}x + R\mathrm{d}x\mathrm{d}y$$

图 7.16

于是

$$\iint_{\Sigma_1^+} P\mathrm{d}y\mathrm{d}z + Q\mathrm{d}z\mathrm{d}x + R\mathrm{d}x\mathrm{d}y + \iint_{\Sigma_2^+} P\mathrm{d}y\mathrm{d}z + Q\mathrm{d}z\mathrm{d}x + R\mathrm{d}x\mathrm{d}y = 0$$

此式与式(7.4.4)矛盾. □

例 4 计算$\iint_{\Sigma}(y^2+z^2)\mathrm{d}y\mathrm{d}z+(z^2+x^2)\mathrm{d}z\mathrm{d}x+(x^2+y^2)\mathrm{d}x\mathrm{d}y$,其中$\Sigma: x^2+y^2+z^2=a^2(z\geqslant 0)$,取上侧.

解 记$P=y^2+z^2, Q=z^2+x^2, R=x^2+y^2$,则

$$\frac{\partial P}{\partial x}+\frac{\partial Q}{\partial y}+\frac{\partial R}{\partial z}=0+0+0=0$$

且$P,Q,R\in\mathscr{C}^{(1)}$,所以原式曲面积分与曲面无关.将积分曲面改为$\Sigma_1: z=0(x^2+y^2\leqslant a^2)$,取上侧,则

$$原式=\iint_{\Sigma_1} P\mathrm{d}y\mathrm{d}z+Q\mathrm{d}z\mathrm{d}x+R\mathrm{d}x\mathrm{d}y=\int_0^{2\pi}\mathrm{d}\theta\int_0^a \rho^3\mathrm{d}\rho=\frac{1}{2}\pi a^4$$

习题 7.4

A 组

1. 应用高斯公式计算下列曲面积分:

(1) $\oiint_{\Sigma} x^3\mathrm{d}y\mathrm{d}z+y^3\mathrm{d}z\mathrm{d}x+z^3\mathrm{d}x\mathrm{d}y$,$\Sigma$为$x^2+y^2+z^2=a^2$的外侧表面;

(2) $\oiint_{\Sigma} xz\mathrm{d}y\mathrm{d}z+yz\mathrm{d}z\mathrm{d}x+z\sqrt{x^2+y^2}\mathrm{d}x\mathrm{d}y$,$\Sigma$为$x^2+y^2+z^2=a^2$,$x^2+y^2+z^2=4a^2$,$x^2+y^2=z^2(z\geqslant 0)$所围立体的外侧表面;

(3) $\oiint_{\Sigma} x^3\mathrm{d}y\mathrm{d}z+y^3\mathrm{d}z\mathrm{d}x+z^3\mathrm{d}x\mathrm{d}y$,$\Sigma$为$z=\sqrt{x^2+y^2}$,$z=1$,$z=\sqrt[5]{2}$所围立体的外侧表面;

(4) $\iint_{\Sigma} x^2\mathrm{d}y\mathrm{d}z+y^2\mathrm{d}z\mathrm{d}x+z^2\mathrm{d}x\mathrm{d}y$,$\Sigma: z=\sqrt{x^2+y^2}(0\leqslant z\leqslant h)$,取下侧.

2. 设Σ是光滑的封闭曲面,$\boldsymbol{n}$是Σ的外法向量,$\boldsymbol{e}$是固定的非零向量,求

$$\oiint_{\Sigma}\cos\langle\boldsymbol{n},\boldsymbol{e}\rangle\mathrm{d}S$$

3. 计算$\iint_{\Sigma}(y^2-z^2)\mathrm{d}y\mathrm{d}z+(z^2-x^2)\mathrm{d}z\mathrm{d}x+(x^2-y^2)\mathrm{d}x\mathrm{d}y$,$\Sigma: x^2+y^2+z^2=a^2(z\geqslant 0)$,取上侧.

B 组

4. 应用高斯公式计算$\displaystyle\oiint_{\Sigma}\frac{1}{\sqrt{x^2+y^2}}\mathrm{e}^z\mathrm{d}x\mathrm{d}y$,$\Sigma$为$z=\sqrt{x^2+y^2}$与$z=1,z=2$所围立体表面的外侧.

5. 设曲面Σ:$\dfrac{x^2}{a^2}+\dfrac{y^2}{b^2}+\dfrac{z^2}{c^2}=1$上点$(x,y,z)$处的切平面为$\Pi$,原点到平面$\Pi$的距离为$\rho(x,y,z)$,求$\displaystyle\oiint_{\Sigma}\rho(x,y,z)\mathrm{d}S$.

7.5　斯托克斯公式及其应用

这一节我们研究两类特殊的对坐标的曲线积分,一类是沿空间封闭曲线的对坐标的曲线积分,另一类是与路径无关的对坐标的曲线积分.

7.5.1　斯托克斯[①]公式

斯托克斯公式揭示了沿空间非封闭曲面Σ的对坐标的曲面积分与沿Σ的边界Γ的对坐标的曲线积分之间的关系.

定理 7.5.1(斯托克斯公式)　设Σ^*是空间非封闭的双侧曲面的定侧,按右手规则确定Σ^*的边界闭曲线Γ^+的正向,函数$P,Q,R\in\mathscr{C}^{(1)}(\Sigma^*)$,则有

$$\oint_{\Gamma^+}P(x,y,z)\mathrm{d}x+Q(x,y,z)\mathrm{d}y+R(x,y,z)\mathrm{d}z$$
$$=\iint_{\Sigma^*}\left(\frac{\partial R}{\partial y}-\frac{\partial Q}{\partial z}\right)\mathrm{d}y\mathrm{d}z+\left(\frac{\partial P}{\partial z}-\frac{\partial R}{\partial x}\right)\mathrm{d}z\mathrm{d}x+\left(\frac{\partial Q}{\partial x}-\frac{\partial P}{\partial y}\right)\mathrm{d}x\mathrm{d}y \tag{7.5.1}$$

证　设Σ^*的方程为

$$z=z(x,y)\quad((x,y)\in D)$$

取上侧(见图 7.17).设D的边界曲线Γ_0的方程为

$$x=\varphi(t),\quad y=\psi(t)$$

其中t从α单调变化到β,则Σ^*的边界曲线Γ^+的方程为

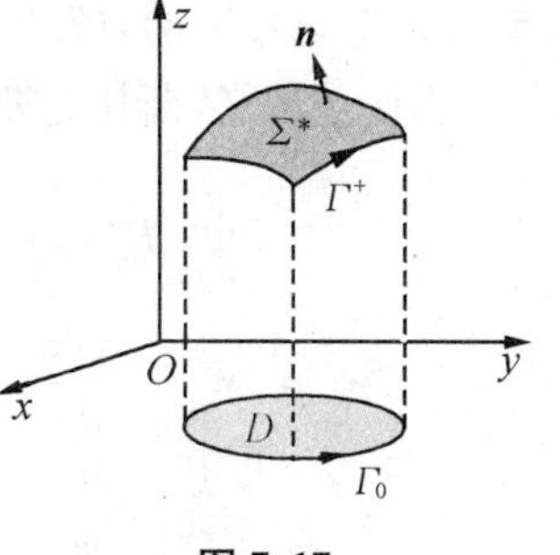

图 7.17

$$x=\varphi(t),\quad y=\psi(t),\quad z=z(\varphi(t),\psi(t))$$

①斯托克斯(Stokes),1819—1903,英国数学家.

且 t 从 α 单调变化到 β. 据对坐标的曲线积分的计算公式与格林公式,有

$$\begin{aligned}\oint_{\Gamma^+} P(x,y,z)\mathrm{d}x &= \int_\alpha^\beta P(\varphi(t),\psi(t),z(\varphi(t),\psi(t))\varphi'(t)\mathrm{d}t \\ &= \oint_{\Gamma_0} P(x,y,z(x,y))\mathrm{d}x \\ &= \iint_D \left(0-\frac{\partial}{\partial y}P(x,y,z(x,y))\right)\mathrm{d}x\mathrm{d}y \\ &= -\iint_D \left(\frac{\partial P}{\partial y}+\frac{\partial P}{\partial z}\frac{\partial z}{\partial y}\right)\Big|_{z=z(x,y)}\mathrm{d}x\mathrm{d}y\end{aligned}$$

另一方面,对式(7.5.1)右端与 P 有关的曲面积分应用统一投影法得

$$\begin{aligned}\iint_{\Sigma^*} \frac{\partial P}{\partial z}\mathrm{d}z\mathrm{d}x-\frac{\partial P}{\partial y}\mathrm{d}x\mathrm{d}y &= +\iint_D \left[\frac{\partial P}{\partial z}\left(-\frac{\partial z}{\partial y}\right)-\frac{\partial P}{\partial y}\right]\Big|_{z=z(x,y)}\mathrm{d}x\mathrm{d}y \\ &= -\iint_D \left(\frac{\partial P}{\partial y}+\frac{\partial P}{\partial z}\frac{\partial z}{\partial y}\right)\Big|_{z=z(x,y)}\mathrm{d}x\mathrm{d}y\end{aligned}$$

所以式(7.5.1)两边与 P 有关的项相等,即

$$\oint_{\Gamma^+} P(x,y,z)\mathrm{d}x = \iint_{\Sigma^*} \frac{\partial P}{\partial z}\mathrm{d}z\mathrm{d}x-\frac{\partial P}{\partial y}\mathrm{d}x\mathrm{d}y \tag{7.5.2}$$

同法可证式(7.5.1)两边与 Q 有关的项相等,与 R 有关的项也相等,即

$$\oint_{\Gamma^+} Q(x,y,z)\mathrm{d}y = \iint_{\Sigma^*} -\frac{\partial Q}{\partial z}\mathrm{d}y\mathrm{d}z+\frac{\partial Q}{\partial x}\mathrm{d}x\mathrm{d}y \tag{7.5.3}$$

$$\oint_{\Gamma^+} R(x,y,z)\mathrm{d}z = \iint_{\Sigma^*} \frac{\partial R}{\partial y}\mathrm{d}y\mathrm{d}z-\frac{\partial R}{\partial x}\mathrm{d}z\mathrm{d}x \tag{7.5.4}$$

将(7.5.2),(7.5.3),(7.5.4)三式相加即得式(7.5.1)成立. □

为便于记忆,斯托克斯公式(7.5.1)常写为下列两种形式:

$$\begin{aligned}&\oint_{\Gamma^+} P(x,y,z)\mathrm{d}x+Q(x,y,z)\mathrm{d}y+R(x,y,z)\mathrm{d}z \\ &= \iint_{\Sigma^*} \begin{vmatrix} \mathrm{d}y\mathrm{d}z & \mathrm{d}z\mathrm{d}x & \mathrm{d}x\mathrm{d}y \\ \frac{\partial}{\partial x} & \frac{\partial}{\partial y} & \frac{\partial}{\partial z} \\ P & Q & R \end{vmatrix} = \iint_{\Sigma^*} \begin{vmatrix} \cos\alpha & \cos\beta & \cos\gamma \\ \frac{\partial}{\partial x} & \frac{\partial}{\partial y} & \frac{\partial}{\partial z} \\ P & Q & R \end{vmatrix} \mathrm{d}S\end{aligned}$$

例 1 计算曲线积分 $\oint_\Gamma x^2y\mathrm{d}x-xy^2\mathrm{d}y+y^2z^2\mathrm{d}z$,其中 Γ: $x^2+y^2=2z, z=y$,从 z 轴正向看去为逆时针方向.

解　取Γ所包围的平面区域$\Sigma: z = y(x^2+y^2 \leqslant 2y)$，并取上侧，利用斯托克斯公式得

$$原式=\iint_{\Sigma}\left(\frac{\partial(y^2z^2)}{\partial y}-\frac{\partial(-xy^2)}{\partial z}\right)\mathrm{d}y\mathrm{d}z+\left(\frac{\partial(x^2y)}{\partial z}-\frac{\partial(y^2z^2)}{\partial x}\right)\mathrm{d}z\mathrm{d}x$$

$$+\left(\frac{\partial(-xy^2)}{\partial x}-\frac{\partial(x^2y)}{\partial y}\right)\mathrm{d}x\mathrm{d}y$$

$$=\iint_{\Sigma}(2yz^2-0)\mathrm{d}y\mathrm{d}z+(0-0)\mathrm{d}z\mathrm{d}x+(-y^2-x^2)\mathrm{d}x\mathrm{d}y$$

应用统一投影法，因$\frac{\mathrm{d}y\mathrm{d}z}{0}=\frac{\mathrm{d}z\mathrm{d}x}{-1}=\frac{\mathrm{d}x\mathrm{d}y}{1}$，又$\Sigma$在$xOy$平面上的投影为$D: x^2+y^2 \leqslant 2y$，则

$$原式=-\iint_{D}(x^2+y^2)\mathrm{d}x\mathrm{d}y=-\int_0^{\pi}\mathrm{d}\theta\int_0^{2\sin\theta}\rho^3\mathrm{d}\rho=-4\int_0^{\pi}\sin^4\theta\mathrm{d}\theta$$

$$=-4\int_0^{\pi}\left(\frac{3}{8}-\frac{1}{2}\cos 2\theta+\frac{1}{8}\cos 4\theta\right)\mathrm{d}\theta$$

$$=-4\left(\frac{3}{8}\theta-\frac{1}{4}\sin 2\theta+\frac{1}{32}\sin 4\theta\right)\Bigg|_0^{\pi}=-\frac{3\pi}{2}$$

例 2　计算曲线积分

$$\oint_{\Gamma}(y-z)\mathrm{d}x+(z-x)\mathrm{d}y+(x-y)\mathrm{d}z$$

这里Γ为圆周$\begin{cases}x^2+y^2+z^2=a^2,\\x+y+z=a\end{cases}(a>0)$，从$z$轴正向看去是逆时针方向.

解　记$P=y-z, Q=z-x, R=x-y$. 取Γ所包围的平面圆域为Σ，并取上侧(见图 7.18)，应用斯托克斯公式得

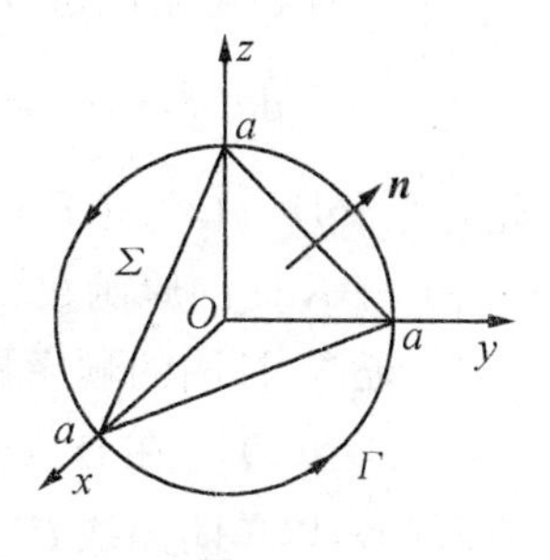

图 7.18

$$原式=\iint_{\Sigma}\left(\frac{\partial R}{\partial y}-\frac{\partial Q}{\partial z}\right)\mathrm{d}y\mathrm{d}z+\left(\frac{\partial P}{\partial z}-\frac{\partial R}{\partial x}\right)\mathrm{d}z\mathrm{d}x$$

$$+\left(\frac{\partial Q}{\partial x}-\frac{\partial P}{\partial y}\right)\mathrm{d}x\mathrm{d}y$$

$$=-2\iint_{\Sigma}\mathrm{d}y\mathrm{d}z+\mathrm{d}z\mathrm{d}x+\mathrm{d}x\mathrm{d}y$$

$$=-2\iint_{\Sigma}(\cos\alpha+\cos\beta+\cos\gamma)\mathrm{d}S$$

因为 $\cos\alpha=\cos\beta=\cos\gamma=\dfrac{1}{\sqrt{3}}$,圆域 Σ 的半径容易求出为 $r=\dfrac{\sqrt{6}}{3}a$,所以

$$原式=-2\sqrt{3}\iint\limits_{\Sigma}\mathrm{d}S=-2\sqrt{3}\sigma(\Sigma)=-\frac{4}{3}\sqrt{3}\pi a^2$$

7.5.2 空间的曲线积分与路径无关的条件

下面我们应用斯托克斯公式来研究空间的对坐标的曲线积分与路径无关的条件,以及 $P\mathrm{d}x+Q\mathrm{d}y+R\mathrm{d}z$ 的原函数存在问题.

首先介绍一下空间区域的面单连通性概念.

定义 7.5.1 设 $\Omega\subseteq\mathbf{R}^3$,若对于 Ω 内的任一条单闭曲线 Γ,总存在以 Γ 为边界的曲面 Σ,使得 $\Sigma\subset\Omega$,则称 Ω 为空间的面单连通域,否则称 Ω 为面多连通域.

例如,$\Omega_1=\{(x,y,z)\mid 1<x^2+y^2+z^2<2\}$ 是面单连通域;$\Omega_2=\{(x,y,z)\mid(\sqrt{x^2+y^2}-2)^2+z^2\leqslant 1\}$[①] 是面多连通域.

定理 7.5.2 设 Ω 是 $\mathbf{R}^3$ 中的面单连通域,函数 $P,Q,R\in\mathscr{C}^{(1)}(\Omega)$,则下列三条陈述相互等价:

(1) $\forall(x,y,z)\in\Omega$,有 $\dfrac{\partial R}{\partial y}=\dfrac{\partial Q}{\partial z},\dfrac{\partial P}{\partial z}=\dfrac{\partial R}{\partial x},\dfrac{\partial Q}{\partial x}=\dfrac{\partial P}{\partial y}$;

(2) $\forall A,B\in\Omega$,曲线积分

$$\int_{\widehat{AB}}P(x,y,z)\mathrm{d}x+Q(x,y,z)\mathrm{d}y+R(x,y,z)\mathrm{d}z$$

与路径无关;

(3) 存在可微函数 $u(x,y,z)$,使得 $\forall(x,y,z)\in\Omega$,有

$$\mathrm{d}u(x,y,z)=P(x,y,z)\mathrm{d}x+Q(x,y,z)\mathrm{d}y+R(x,y,z)\mathrm{d}z$$

此时称 $P\mathrm{d}x+Q\mathrm{d}y+R\mathrm{d}z$ 为**恰当微分**,并称 $u(x,y,z)$ 为 $P\mathrm{d}x+Q\mathrm{d}y+R\mathrm{d}z$ 的原函数.

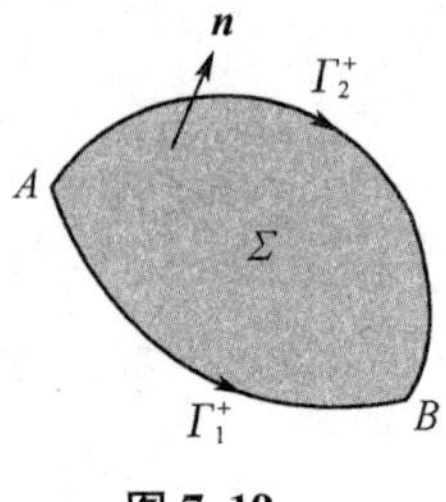

图 7.19

***证** 证明的顺序是(1)⇒(2)⇒(3)⇒(1).

(1)⇒(2) 在 Ω 内任取两条从 A 到 B 的路径 Γ_1^+,Γ_2^+(见图 7.19),以单闭曲线 $\Gamma_1^++\Gamma_2^-$ 为边界取一曲面 Σ,用右手规则确定 Σ 的定侧 Σ^*. 在 Σ^*上应用斯托克斯公式得

①Ω_2 是 yOz 平面上的圆 $(y-2)^2+z^2\leqslant 1$ 绕 z 轴旋转一周生成的旋转体.

$$\oint_{\Gamma_1^+ + \Gamma_2^-} P\mathrm{d}x + Q\mathrm{d}y + R\mathrm{d}z$$

$$= \iint_{\Sigma^*} \left(\frac{\partial R}{\partial y} - \frac{\partial Q}{\partial z}\right)\mathrm{d}y\mathrm{d}z + \left(\frac{\partial P}{\partial z} - \frac{\partial R}{\partial x}\right)\mathrm{d}z\mathrm{d}x + \left(\frac{\partial Q}{\partial x} - \frac{\partial P}{\partial y}\right)\mathrm{d}x\mathrm{d}y = 0$$

所以

$$\int_{\Gamma_1^+} P\mathrm{d}x + Q\mathrm{d}y + R\mathrm{d}z + \int_{\Gamma_2^-} P\mathrm{d}x + Q\mathrm{d}y + R\mathrm{d}z = 0$$

移项得

$$\int_{\Gamma_1^+} P\mathrm{d}x + Q\mathrm{d}y + R\mathrm{d}z = -\int_{\Gamma_2^-} P\mathrm{d}x + Q\mathrm{d}y + R\mathrm{d}z = \int_{\Gamma_2^+} P\mathrm{d}x + Q\mathrm{d}y + R\mathrm{d}z$$

因为 Γ_1^+, Γ_2^+ 是任取的，所以曲线积分 $\int_{\widehat{AB}} P\mathrm{d}x + Q\mathrm{d}y + R\mathrm{d}z$ 与路径无关.

(2)⇒(3) 任取点 $M_0(x_0, y_0, z_0), M(x, y, z) \in \Omega$，由于曲线积分与路径无关，我们记

$$u(x,y,z) = \int_{M_0(x_0,y_0,z_0)}^{M(x,y,z)} P\mathrm{d}x + Q\mathrm{d}y + R\mathrm{d}z = \int_{\widehat{M_0M}} P\mathrm{d}x + Q\mathrm{d}y + R\mathrm{d}z \tag{7.5.5}$$

下面证明式(7.5.5)中的 $u(x,y,z)$ 就是 $P\mathrm{d}x + Q\mathrm{d}y + R\mathrm{d}z$ 的原函数. 因为

$$\mathrm{d}u = P\mathrm{d}x + Q\mathrm{d}y + R\mathrm{d}z \Leftrightarrow \frac{\partial u}{\partial x} = P, \frac{\partial u}{\partial y} = Q, \frac{\partial u}{\partial z} = R$$

取点 $M'(x+h, y, z)$，并取 $\widehat{M_0M'} = \widehat{M_0M} + \overline{MM'}$，则

$$\begin{aligned}
&u(x+h,y,z) - u(x,y,z) \\
&= \int_{M_0(x_0,y_0,z_0)}^{M'(x+h,y,z)} P\mathrm{d}x + Q\mathrm{d}y + R\mathrm{d}z - \int_{M_0(x_0,y_0,z_0)}^{M(x,y,z)} P\mathrm{d}x + Q\mathrm{d}y + R\mathrm{d}z \\
&= \int_{M(x,y,z)}^{M'(x+h,y,z)} P\mathrm{d}x + Q\mathrm{d}y + R\mathrm{d}z = \int_x^{x+h} P(x,y,z)\mathrm{d}x \\
&= hP(x+\theta h, y, z)
\end{aligned}$$

这里 $0 < \theta < 1$，于是

$$\frac{\partial u}{\partial x} = \lim_{h \to 0} \frac{u(x+h,y,z) - u(x,y,z)}{h} = \lim_{h \to 0} P(x+\theta h, y, z) = P(x,y,z)$$

同理可证 $\frac{\partial u}{\partial y} = Q$；$\frac{\partial u}{\partial z} = R$. 因 $P, Q, R \in \mathscr{C}^{(1)}(\Omega) \Rightarrow u \in \mathscr{C}^{(1)}(\Omega) \Rightarrow u(x,y,z)$ 可微，所以 $u(x,y,z)$ 是 $P\mathrm{d}x + Q\mathrm{d}y + R\mathrm{d}z$ 的原函数.

(3)⇒(1)　由于$\frac{\partial u}{\partial x}=P,\frac{\partial u}{\partial y}=Q,\frac{\partial u}{\partial z}=R$,且$P,Q,R\in\mathscr{C}^{(1)}$,所以

$$\frac{\partial R}{\partial y}=\frac{\partial^2 u}{\partial z\partial y},\frac{\partial Q}{\partial z}=\frac{\partial^2 u}{\partial y\partial z}\Rightarrow\frac{\partial R}{\partial y}=\frac{\partial Q}{\partial z}$$
$$\frac{\partial P}{\partial z}=\frac{\partial^2 u}{\partial x\partial z},\frac{\partial R}{\partial x}=\frac{\partial^2 u}{\partial z\partial x}\Rightarrow\frac{\partial P}{\partial z}=\frac{\partial R}{\partial x}$$
$$\frac{\partial Q}{\partial x}=\frac{\partial^2 u}{\partial y\partial x},\frac{\partial P}{\partial y}=\frac{\partial^2 u}{\partial x\partial y}\Rightarrow\frac{\partial Q}{\partial x}=\frac{\partial P}{\partial y}$$
□

当$P\mathrm{d}x+Q\mathrm{d}y+R\mathrm{d}z$为恰当微分时,式(7.5.5)给出了原函数的一般形式,下面给出原函数的进一步的表达式.

因曲线积分与路径无关,取特殊路径:从点$M_0(x_0,y_0,z_0)$出发平行于x轴到点(x,y_0,z_0),再平行于y轴到点(x,y,z_0),最后平行于z轴到终点(x,y,z),则原函数为

$$u(x,y,z)=\int_{x_0}^{x}P(x,y_0,z_0)\mathrm{d}x+\int_{y_0}^{y}Q(x,y,z_0)\mathrm{d}y+\int_{z_0}^{z}R(x,y,z)\mathrm{d}z+C \tag{7.5.6}$$

若取特殊路径:从点$M_0(x_0,y_0,z_0)$出发平行于z轴到点(x_0,y_0,z),再平行于y轴到点(x_0,y,z),最后平行于x轴到终点(x,y,z),则原函数为

$$u(x,y,z)=\int_{x_0}^{x}P(x,y,z)\mathrm{d}x+\int_{y_0}^{y}Q(x_0,y,z)\mathrm{d}y+\int_{z_0}^{z}R(x_0,y_0,z)\mathrm{d}z+C \tag{7.5.7}$$

与上述特殊路径对应的,还有四条特殊路径,因而原函数的表达式还有四种形式,这里不赘述.

定理7.5.3(三元N-L公式)　设Ω是$\mathbf{R}^3$中的面单连通域,$\widehat{AB}$是Ω中的光滑曲线,函数$P,Q,R\in\mathscr{C}^{(1)}(\Omega)$,若可微函数$u(x,y,z)$是$P\mathrm{d}x+Q\mathrm{d}y+R\mathrm{d}z$的原函数,则

$$\int_{\widehat{AB}}P(x,y,z)\mathrm{d}x+Q(x,y,z)\mathrm{d}y+R(x,y,z)\mathrm{d}z=u(x,y,z)\Big|_A^B$$

证　设$\widehat{AB}$的参数方程为

$$x=\varphi(t),\quad y=\psi(t),\quad z=\omega(t)\quad(\alpha\leqslant t\leqslant\beta)$$

不妨设$t=\alpha$对应于点$A(a_1,a_2,a_3)$,$t=\beta$对应于点$B(b_1,b_2,b_3)$,则

$$\int_{\widehat{AB}}P(x,y,z)\mathrm{d}x+Q(x,y,z)\mathrm{d}y+R(x,y,z)\mathrm{d}z$$

$$=\int_{\alpha}^{\beta}[P(\varphi(t),\psi(t),\omega(t))\varphi'(t)+Q(\varphi(t),\psi(t),\omega(t))\psi'(t)$$
$$+R(\varphi(t),\psi(t),\omega(t))\omega'(t)]\mathrm{d}t \tag{7.5.8}$$

由于

$$\mathrm{d}u=P\mathrm{d}x+Q\mathrm{d}y+R\mathrm{d}z \Leftrightarrow \frac{\partial u}{\partial x}=P,\frac{\partial u}{\partial y}=Q,\frac{\partial u}{\partial z}=R$$

所以函数 $u(\varphi(t),\psi(t),\omega(t))$ 的全导数为

$$\begin{aligned}
&\frac{\mathrm{d}}{\mathrm{d}t}u(\varphi(t),\psi(t),\omega(t))\\
&=u_x'(\varphi(t),\psi(t),\omega(t))\varphi'(t)+u_y'(\varphi(t),\psi(t),\omega(t))\psi'(t)\\
&\quad+u_z'(\varphi(t),\psi(t),\omega(t))\omega'(t)\\
&=P(\varphi(t),\psi(t),\omega(t))\varphi'(t)+Q(\varphi(t),\psi(t),\omega(t))\psi'(t)\\
&\quad+R(\varphi(t),\psi(t),\omega(t))\omega'(t)
\end{aligned}$$

对式(7.5.8)右端应用 N－L 公式,得

$$\begin{aligned}
\int_{\widehat{AB}}P\mathrm{d}x+Q\mathrm{d}y+R\mathrm{d}z&=u(\varphi(t),\psi(t),\omega(t))\Big|_{\alpha}^{\beta}\\
&=u(\varphi(\beta),\psi(\beta),\omega(\beta))-u(\varphi(\alpha),\psi(\alpha),\omega(\alpha))\\
&=u(b_1,b_2,b_3)-u(a_1,a_2,a_3)\\
&=u(x,y,z)\Big|_{A}^{B}
\end{aligned}$$

□

例 3 求证

$$2(1+x\mathrm{e}^{2y}z)\mathrm{d}x+2(x^2\mathrm{e}^{2y}-y)z\mathrm{d}y+(x^2\mathrm{e}^{2y}-y^2)\mathrm{d}z$$

为恰当微分,并求其原函数.

解 记

$$P=2(1+x\mathrm{e}^{2y}z),\quad Q=2(x^2\mathrm{e}^{2y}-y)z,\quad R=x^2\mathrm{e}^{2y}-y^2$$

因为 $P,Q,R\in\mathscr{C}^{(1)}$,且

$$\frac{\partial R}{\partial y}-\frac{\partial Q}{\partial z}=(2x^2\mathrm{e}^{2y}-2y)-2(x^2\mathrm{e}^{2y}-y)=0$$

$$\frac{\partial P}{\partial z}-\frac{\partial R}{\partial x}=2x\mathrm{e}^{2y}-2x\mathrm{e}^{2y}=0$$

$$\frac{\partial Q}{\partial x}-\frac{\partial P}{\partial y}=4x\mathrm{e}^{2y}z-4x\mathrm{e}^{2y}z=0$$

所以 $P\mathrm{d}x+Q\mathrm{d}y+R\mathrm{d}z$ 为恰当微分.

取$(x_0,y_0,z_0)=(0,0,0)$，则原函数为

$$\begin{aligned}u(x,y,z)&=\int_0^x P(x,0,0)\mathrm{d}x+\int_0^y Q(x,y,0)\mathrm{d}y+\int_0^z R(x,y,z)\mathrm{d}z+C\\&=\int_0^x 2\mathrm{d}x+\int_0^y 0\mathrm{d}y+\int_0^z (x^2\mathrm{e}^{2y}-y^2)\mathrm{d}z+C\\&=2x+(x^2\mathrm{e}^{2y}-y^2)z+C\end{aligned}$$

例 4 计算曲线积分

$$\int_\Gamma (x^2+yz)\mathrm{d}x+(y^2+zx)\mathrm{d}y+(z^2+xy)\mathrm{d}z$$

其中，曲线Γ为$x=a\cos t,y=a\sin t,z=kt(k>0)$上从$t=0$到$t=2\pi$的一段弧.

解 曲线Γ如图 7.20 所示，起点为$A(a,0,0)$，终点为$B(a,0,2k\pi)$. 记

$$P=x^2+yz,\quad Q=y^2+zx,\quad R=z^2+xy$$

显见$P,Q,R\in\mathscr{C}^{(1)}$，且

图 7.20

$$\frac{\partial R}{\partial y}-\frac{\partial Q}{\partial z}=x-x=0,\quad \frac{\partial P}{\partial z}-\frac{\partial R}{\partial x}=y-y=0$$

$$\frac{\partial Q}{\partial x}-\frac{\partial P}{\partial y}=z-z=0$$

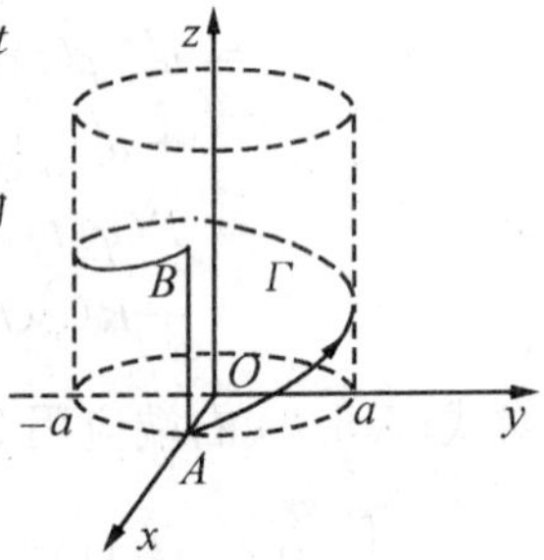

所以原式曲线积分与路径无关. 下面用两种方法求原式：

方法 1 改变路径为$\overline{AB}$：$x=a,y=0,z=z$(z从 0 到 $2k\pi$)，于是

$$\begin{aligned}\text{原式}&=\int_{\overline{AB}}(x^2+yz)\mathrm{d}x+(y^2+zx)\mathrm{d}y+(z^2+xy)\mathrm{d}z\\&=\int_0^{2k\pi}z^2\mathrm{d}z=\frac{1}{3}z^3\Big|_0^{2k\pi}=\frac{8}{3}k^3\pi^3\end{aligned}$$

方法 2 $P\mathrm{d}x+Q\mathrm{d}y+R\mathrm{d}z$存在原函数，且原函数为

$$\begin{aligned}u(x,y,z)&=\int_0^x P(x,0,0)\mathrm{d}x+\int_0^y Q(x,y,0)\mathrm{d}y+\int_0^z R(x,y,z)\mathrm{d}z\\&=\int_0^x x^2\mathrm{d}x+\int_0^y y^2\mathrm{d}y+\int_0^z (z^2+xy)\mathrm{d}z\\&=\frac{1}{3}x^3+\frac{1}{3}y^3+\frac{1}{3}z^3+xyz\end{aligned}$$

$u(x,y,z)$显见可微，应用三元 N－L 公式得

$$\text{原式}=\left(\frac{1}{3}x^3+\frac{1}{3}y^3+\frac{1}{3}z^3+xyz\right)\Big|_{(a,0,0)}^{(a,0,2k\pi)}$$

$$=\frac{1}{3}a^3+\frac{8}{3}k^3\pi^3-\frac{1}{3}a^3=\frac{8}{3}k^3\pi^3$$

习题 7.5

A 组

1. 应用斯托克斯公式计算下列曲线积分：

(1) $\oint_\Gamma yz\mathrm{d}x+3zx\mathrm{d}y-xy\mathrm{d}z$，$\Gamma$ 为 $x^2+y^2=4y$ 与 $3y-z+1=0$ 的交线，从 z 轴正向看去为逆时针方向；

(2) $\oint_\Gamma y^2\mathrm{d}x+z^2\mathrm{d}y+x^2\mathrm{d}z$，$\Gamma$ 为以 $A(a,0,0)$，$B(0,a,0)$，$C(0,0,a)$ 为顶点的三角形，从 x 轴正向看去为顺时针方向；

(3) $\oint_\Gamma (y+1)\mathrm{d}x+(z+2)\mathrm{d}y+(x+3)\mathrm{d}z$，$\Gamma$ 为 $x^2+y^2+z^2=R^2$ 与 $x+y+z=0$ 的交线，从 z 轴正向看去为逆时针方向；

(4) $\oint_\Gamma (y-z)\mathrm{d}x+(z-x)\mathrm{d}y+(x-y)\mathrm{d}z$，$\Gamma$ 为 $x^2+y^2=a^2$ 与 $\frac{x}{a}+\frac{z}{h}=1$ $(a>0,h>0)$ 的交线，从 x 轴正向看去为逆时针方向.

2. 求证 $(2x+y)\mathrm{d}x+(x+2z)\mathrm{d}y+(2y-6z)\mathrm{d}z$ 为恰当微分，并求其原函数.

3. 求证 $(x^2-2yz)\mathrm{d}x+(y^2-2xz)\mathrm{d}y+(z^2-2xy)\mathrm{d}z$ 为恰当微分，并求其原函数.

4. 应用三元 N－L 公式计算下列曲线积分：

(1) $\int_\Gamma 2x\mathrm{d}x+\mathrm{e}^y z\mathrm{d}y+\mathrm{e}^y\mathrm{d}z$，$\Gamma$ 为从点 $(0,0,1)$ 到点 $(1,1,2)$ 的某一光滑弧段；

(2) $\int_\Gamma (1+x\mathrm{e}^{2y}z)\mathrm{d}x+(x^2\mathrm{e}^{2y}z-yz)\mathrm{d}y+\frac{1}{2}(x^2\mathrm{e}^{2y}-y^2)\mathrm{d}z$，$\Gamma$ 为从点 $(0,0,0)$ 到点 $(1,1,1)$ 的某一光滑弧段；

(3) $\int_\Gamma (\mathrm{e}^{2x}y^2+z\cos(xz))\mathrm{d}x+y\mathrm{e}^{2x}\mathrm{d}y+x\cos(xz)\mathrm{d}z$，$\Gamma$ 为从点 $(0,1,1)$ 到点 $\left(1,0,\frac{\pi}{2}\right)$ 的某一光滑弧段.

B 组

5. 应用斯托克斯公式计算曲线积分

$$\oint_{\Gamma}(x^2+y^2-z^2)\mathrm{d}x+(y^2+z^2-x^2)\mathrm{d}y+(z^2+x^2-y^2)\mathrm{d}z$$

其中 Γ 为 $x^2+y^2+z^2=6y$ 与 $x^2+y^2=4y(z\geqslant 0)$ 的交线,从 z 轴正向看去为逆时针方向.

*7.6 场论初步

物理量中有的量是向量(如力、速度、磁场强度),有的量是数量(如温度、密度、电位),它们在空间的分布分别称为**向量场**与**数量场**. 这一节我们研究数量场或向量场在哈密顿[1]算子作用下的变化.

7.6.1 哈密顿算子

在场论中,算子 ∇ [2]起着很重要的作用.

定义 7.6.1(哈密顿算子) 在直角坐标中,哈密顿算子 ∇ 定义为

$$\nabla \xlongequal{\text{def}} \boldsymbol{i}\frac{\partial}{\partial x}+\boldsymbol{j}\frac{\partial}{\partial y}+\boldsymbol{k}\frac{\partial}{\partial z}=\left(\frac{\partial}{\partial x},\frac{\partial}{\partial y},\frac{\partial}{\partial z}\right)$$

向量算子 ∇ 与表示函数的符号 f 一样,它本身不是一个量. ∇ 是一个向量形式的算子,将它作用于数量场 $f(x,y,z)$ 或向量场 $\boldsymbol{F}=(P,Q,R)$ 时,有下列三种形式,并得到一些新的数量场或向量场.

(1) 设数量场 $f(x,y,z)\in\mathscr{C}^{(1)}$,则

$$\nabla f=\left(\frac{\partial}{\partial x},\frac{\partial}{\partial y},\frac{\partial}{\partial z}\right)f=(f'_x,f'_y,f'_z)$$

其中,∇f 是一个向量场.

(2) 设向量场 $\boldsymbol{F}=(P,Q,R)$,其中 $P,Q,R\in\mathscr{C}^{(1)}$,则

$$\nabla\cdot\boldsymbol{F}=\left(\frac{\partial}{\partial x},\frac{\partial}{\partial y},\frac{\partial}{\partial z}\right)\cdot(P,Q,R)=\frac{\partial P}{\partial x}+\frac{\partial Q}{\partial y}+\frac{\partial R}{\partial z}$$

其中,$\nabla\cdot\boldsymbol{F}$ 是一个数量场.

(3) 设向量场 $\boldsymbol{F}=(P,Q,R)$,其中 $P,Q,R\in\mathscr{C}^{(1)}$,则

$$\nabla\times\boldsymbol{F}=\left(\frac{\partial}{\partial x},\frac{\partial}{\partial y},\frac{\partial}{\partial z}\right)\times(P,Q,R)=\left(\frac{\partial R}{\partial y}-\frac{\partial Q}{\partial z},\frac{\partial P}{\partial z}-\frac{\partial R}{\partial x},\frac{\partial Q}{\partial x}-\frac{\partial P}{\partial y}\right)$$

---

①哈密顿(Hamilton),1805—1865,英国数学家.

②算子 ∇ 读作“那布拉”(Nabla).

其中,$\nabla \times \boldsymbol{F}$ 是一个向量场.

值得注意的是

$$\nabla f \neq f\nabla, \quad \nabla \cdot \boldsymbol{F} \neq \boldsymbol{F} \cdot \nabla, \quad \nabla \times \boldsymbol{F} \neq \boldsymbol{F} \times \nabla$$

这是因为上面三式的左端是一个量,而右端仍然是一个算子. 例如

$$\boldsymbol{F} \cdot \nabla = P\frac{\partial}{\partial x} + Q\frac{\partial}{\partial y} + R\frac{\partial}{\partial z}$$

定理 7.6.1 算子∇ 具有下列性质:

(1) **(线性)** 设 $f,g \in \mathscr{C}^{(1)}$,$\boldsymbol{F}_1,\boldsymbol{F}_2 \in \mathscr{C}^{(1)}$,$\lambda,\mu \in \mathbf{R}$,则有

① $\nabla(\lambda f + \mu g) = \lambda \nabla f + \mu \nabla g$;

② $\nabla \cdot (\lambda \boldsymbol{F}_1 + \mu \boldsymbol{F}_2) = \lambda \nabla \cdot \boldsymbol{F}_1 + \mu \nabla \cdot \boldsymbol{F}_2$;

③ $\nabla \times (\lambda \boldsymbol{F}_1 + \mu \boldsymbol{F}_2) = \lambda \nabla \times \boldsymbol{F}_1 + \mu \nabla \times \boldsymbol{F}_2$.

(2) **(微分性质)** 设 $f,g \in \mathscr{C}^{(1)}$,$\boldsymbol{F} \in \mathscr{C}^{(1)}$,则有

① $\nabla(fg) = f\nabla g + g\nabla f$;

② $\nabla\left(\dfrac{f}{g}\right) = \dfrac{1}{g^2}(g\nabla f - f\nabla g)$;

③ $\nabla \cdot (f\boldsymbol{F}) = f(\nabla \cdot \boldsymbol{F}) + (\nabla f) \cdot \boldsymbol{F}$;

④ $\nabla \times (f\boldsymbol{F}) = f(\nabla \times \boldsymbol{F}) + (\nabla f) \times \boldsymbol{F}$.

上述性质都可应用∇ 的定义和微分性质证明,这里从略.

关于算子∇ 的三种运算形式,第一种∇f 就是我们在第 5.5 节中研究过的梯度,即

$$\mathbf{grad} f = \nabla f = (f'_x, f'_y, f'_z)$$

这里就不再讨论了,下面来研究∇ 的第二与第三种运算形式.

7.6.2 散度

定义 7.6.2(散度) 设向量场 $\boldsymbol{F} = (P,Q,R)$,其中 $P,Q,R \in \mathscr{C}^{(1)}$,称$\nabla \cdot \boldsymbol{F}$为向量场 $\boldsymbol{F}$ 的**散度**,记为

$$\mathrm{div}\boldsymbol{F} = \nabla \cdot \boldsymbol{F} = \frac{\partial P}{\partial x} + \frac{\partial Q}{\partial y} + \frac{\partial R}{\partial z}$$

由向量场 $\boldsymbol{F}$ 的散度 $\mathrm{div}\boldsymbol{F}$(读作 Divergent $\boldsymbol{F}$) 所确定的数量场称为**散量场**.

应用散度概念,高斯公式可写为向量表示形式:

$$\oint\!\!\!\!\oint_{\Sigma^*} \boldsymbol{F} \cdot \boldsymbol{n}^0 \mathrm{d}S = \iiint_{\Omega} \mathrm{div}\boldsymbol{F}\mathrm{d}V = \iiint_{\Omega} \nabla \cdot \boldsymbol{F}\mathrm{d}V$$

这里 Σ^* 是 Ω 的外表面.高斯公式的物理意义是在单位时间内,向量场通过封闭曲面外侧的流量等于该曲面所围区域内散度的总和.

7.6.3 旋度

定义 7.6.3(旋度) 设向量场 $\boldsymbol{F}=(P,Q,R)$,其中 $P,Q,R\in\mathscr{C}^{(1)}$,称 $\nabla\times\boldsymbol{F}$ 为向量场 $\boldsymbol{F}$ 的**旋度**,记为

$$\mathbf{rot}\boldsymbol{F}=\nabla\times\boldsymbol{F}=\left(\frac{\partial R}{\partial y}-\frac{\partial Q}{\partial z},\frac{\partial P}{\partial z}-\frac{\partial R}{\partial x},\frac{\partial Q}{\partial x}-\frac{\partial P}{\partial y}\right)$$

由向量场 $\boldsymbol{F}$ 的旋度 $\mathbf{rot}\boldsymbol{F}$(读作 Rotation $\boldsymbol{F}$) 所确定的向量场称为**旋度场**.

应用旋度概念,斯托克斯公式可写为向量表示形式:

$$\oint_{\Gamma^+}\boldsymbol{F}\cdot\mathrm{d}\boldsymbol{r}=\iint_{\Sigma^*}\mathbf{rot}\boldsymbol{F}\cdot\boldsymbol{n}^0\,\mathrm{d}S=\iint_{\Sigma^*}\nabla\times\boldsymbol{F}\cdot\boldsymbol{n}^0\,\mathrm{d}S$$

其中,Γ^+ 是 Σ^* 的边缘曲线,且 Γ^+ 的正向与 Σ^* 的定侧服从右手规则.

例 1 设 $f(x,y,z)\in\mathscr{C}^{(2)}$,$\boldsymbol{F}=(P,Q,R)$,且 $P,Q,R\in\mathscr{C}^{(2)}$,求证:

(1) $\mathbf{rot}\ \mathbf{grad}f=\mathbf{0}$;

(2) $\mathrm{div}\ \mathbf{rot}\boldsymbol{F}=0$.

证 (1)
$$\begin{aligned}\mathbf{rot}\ \mathbf{grad}f&=\nabla\times\nabla f=\nabla\times(f'_x,f'_y,f'_z)\\&=\left(\frac{\partial f'_z}{\partial y}-\frac{\partial f'_y}{\partial z},\frac{\partial f'_x}{\partial z}-\frac{\partial f'_z}{\partial x},\frac{\partial f'_y}{\partial x}-\frac{\partial f'_x}{\partial y}\right)\\&=(f''_{zy}-f''_{yz},f''_{xz}-f''_{zx},f''_{yx}-f''_{xy})\\&=(0,0,0)=\mathbf{0}\end{aligned}$$

(2)
$$\begin{aligned}\mathrm{div}\ \mathbf{rot}\boldsymbol{F}&=\nabla\cdot\nabla\times\boldsymbol{F}=\nabla\cdot\left(\frac{\partial R}{\partial y}-\frac{\partial Q}{\partial z},\frac{\partial P}{\partial z}-\frac{\partial R}{\partial x},\frac{\partial Q}{\partial x}-\frac{\partial P}{\partial y}\right)\\&=\frac{\partial}{\partial x}(R'_y-Q'_z)+\frac{\partial}{\partial y}(P'_z-R'_x)+\frac{\partial}{\partial z}(Q'_x-P'_y)\\&=R''_{yx}-Q''_{zx}+P''_{zy}-R''_{xy}+Q''_{xz}-P''_{yz}\\&=(R''_{yx}-R''_{xy})+(Q''_{xz}-Q''_{zx})+(P''_{zy}-P''_{yz})=0\end{aligned}$$

7.6.4 无旋场与势函数

定义 7.6.4(无旋场) 设 Ω 是空间的面单连通域,$P,Q,R\in\mathscr{C}^{(1)}(\Omega)$,且 $\boldsymbol{F}=(P,Q,R)$,若 $\forall(x,y,z)\in\Omega$,有 $\mathbf{rot}\boldsymbol{F}=\mathbf{0}$,则称向量场 $\boldsymbol{F}$ 为**无旋场(或称有势场、保守场)**.

定理 7.6.2 向量场 $\boldsymbol{F}$ 为无旋场的充要条件是存在可微函数 $u(x,y,z)$,使得

$$\mathbf{grad}u=\boldsymbol{F}$$

并称函数 $u(x,y,z)$ 为向量场 $\boldsymbol{F}$ 的**势函数**(简称**势**)

证　因

$$\mathbf{rot}\boldsymbol{F}=\mathbf{0}\Leftrightarrow\frac{\partial R}{\partial y}=\frac{\partial Q}{\partial z},\frac{\partial P}{\partial z}=\frac{\partial R}{\partial x},\frac{\partial Q}{\partial x}=\frac{\partial P}{\partial y}$$

据定理 7.5.2,存在可微函数 $u(x,y,z)$,使得

$$\mathrm{d}u(x,y,z)=P\mathrm{d}x+Q\mathrm{d}y+R\mathrm{d}z \tag{7.6.1}$$

而式(7.6.1) $\Leftrightarrow P=\dfrac{\partial u}{\partial x},Q=\dfrac{\partial u}{\partial y},R=\dfrac{\partial u}{\partial z}\Leftrightarrow\boldsymbol{F}=\mathbf{grad}u.$ □

此定理表明:无旋场 $\boldsymbol{F}$ 的势函数,就是恰当微分

$$P\mathrm{d}x+Q\mathrm{d}y+R\mathrm{d}z$$

的原函数. 因而,在第 7.5 节中求原函数的公式也就是求势函数的公式.

例 2　求证向量场 $\boldsymbol{F}=(y\cos(xy),x\cos(xy),\sin z)$ 为无旋场,并求势函数.

解　记 $P=y\cos(xy),Q=x\cos(xy),R=\sin z$,则

$$\begin{aligned}\mathbf{rot}\boldsymbol{F}=\nabla\times\boldsymbol{F}&=\left(\frac{\partial R}{\partial y}-\frac{\partial Q}{\partial z},\frac{\partial P}{\partial z}-\frac{\partial R}{\partial x},\frac{\partial Q}{\partial x}-\frac{\partial P}{\partial y}\right)\\&=(0-0,0-0,\cos(xy)-xy\sin(xy)-\cos(xy)+xy\sin(xy))\\&=(0,0,0)=\mathbf{0}\end{aligned}$$

所以向量场 $\boldsymbol{F}$ 为无旋场. 其势函数为

$$\begin{aligned}u&=\int_0^x P(x,0,0)\mathrm{d}x+\int_0^y Q(x,y,0)\mathrm{d}y+\int_0^z R(x,y,z)\mathrm{d}z+C_1\\&=\int_0^x 0\mathrm{d}x+\int_0^y x\cos(xy)\mathrm{d}y+\int_0^z \sin z\mathrm{d}z+C_1\\&=\sin(xy)-\cos z\Big|_0^z+C_1=\sin(xy)-\cos z+C\end{aligned}$$

例 3　设 $\boldsymbol{r}=(x,y,z),r=|\boldsymbol{r}|,f(r)\in\mathscr{D}$,求证 $\boldsymbol{F}=f(r)\boldsymbol{r}$ 为无旋场,并求势函数.

解　设 $P=f(r)x,Q=f(r)y,R=f(r)z$,所以

$$\begin{aligned}\mathbf{rot}\boldsymbol{F}=\nabla\times\boldsymbol{F}&=\left(\frac{\partial R}{\partial y}-\frac{\partial Q}{\partial z},\frac{\partial P}{\partial z}-\frac{\partial R}{\partial x},\frac{\partial Q}{\partial x}-\frac{\partial P}{\partial y}\right)\\&=\Big(zf'(r)\frac{\partial r}{\partial y}-yf'(r)\frac{\partial r}{\partial z},xf'(r)\frac{\partial r}{\partial z}-zf'(r)\frac{\partial r}{\partial x},\\&\qquad yf'(r)\frac{\partial r}{\partial x}-xf'(r)\frac{\partial r}{\partial y}\Big)\\&=\Big(\frac{1}{r}zyf'(r)-\frac{1}{r}yzf'(r),\frac{1}{r}xzf'(r)-\frac{1}{r}zxf'(r),\end{aligned}$$

$$\left.\frac{1}{r}yxf'(r)-\frac{1}{r}xyf'(r)\right)$$
$$=(0,0,0)=\mathbf{0}$$

所以 $f(r)\boldsymbol{r}$ 为无旋场.

下面求势函数 u. 因为

$$\begin{aligned}\mathrm{d}u &= P\mathrm{d}x+Q\mathrm{d}y+R\mathrm{d}z=f(r)(x\mathrm{d}x+y\mathrm{d}y+z\mathrm{d}z)\\ &= f(r)\,\frac{1}{2}\mathrm{d}(x^2+y^2+z^2)=\frac{1}{2}f(r)\mathrm{d}(r^2)\\ &= f(r)r\mathrm{d}r\end{aligned}$$

所以势函数为 $u=\int rf(r)\mathrm{d}r+C$.

习题 7.6

A 组

1. 设 $\boldsymbol{r}=(x,y,z)$，$r=|\boldsymbol{r}|$，$f(r)\in\mathscr{D}$，求：

(1) $\mathrm{div}(f(r)\boldsymbol{r})$；　　(2) $\mathbf{rot}\left(\frac{f(r)}{r}\boldsymbol{r}\right)$.

2. 求下列向量场的散度与旋度：

(1) $\boldsymbol{F}=(x^2y,y^2z,z^2x)$；　　(2) $\boldsymbol{F}=(yz,2zx,3xy)$.

3. 试证下列向量场是无旋场，并求其势函数：

(1) $\boldsymbol{F}=(x^2,-y,z^3)$；

(2) $\boldsymbol{F}=(y^2+2xz^2-1,2xy,2x^2z+z^3)$；

(3) $\boldsymbol{F}=(y+\sin z,x,x\cos z)$.

复习题 7

1. 求曲线积分 $\int_\Gamma\frac{x\mathrm{d}y-y\mathrm{d}x}{|x|+|y|}$，其中 Γ 为半圆 $x^2+y^2=1(y\geqslant 0)$ 上从 $A(1,0)$ 到 $B(-1,0)$ 的一段弧.

2. 设 D 是光滑的单闭曲线 l 围成的平面区域，$u,v\in\mathscr{C}^{(2)}(D)$，若 $\boldsymbol{n}$ 为 l 的外法向量，试证：

$$\oint_{l^+}v\frac{\partial u}{\partial\boldsymbol{n}}\mathrm{d}s=\iint_D\left[v\left(\frac{\partial^2u}{\partial x^2}+\frac{\partial^2u}{\partial y^2}\right)+\left(\frac{\partial u}{\partial x}\frac{\partial v}{\partial x}+\frac{\partial u}{\partial y}\frac{\partial v}{\partial y}\right)\right]\mathrm{d}x\mathrm{d}y$$

3. 设 $f\in\mathscr{C}(-\infty,+\infty)$，$f\neq 0$，$\Gamma$：$(x-1)^2+(y-1)^2=1$，取正向，证明：

$$\oint_\Gamma xf^2(y)\mathrm{d}y-\frac{y}{f^2(x)}\mathrm{d}x\geqslant 2\pi$$

4. 设Σ是空间区域Ω的边界曲面，$u,v\in\mathscr{C}^{(2)}(\Omega)$，$\boldsymbol{n}$为$\Sigma$的外侧法向量，试证：

$$\iint\limits_{\Sigma} v\frac{\partial u}{\partial \boldsymbol{n}}\mathrm{d}S=\iiint\limits_{\Omega}\left[v\left(\frac{\partial^2 u}{\partial x^2}+\frac{\partial^2 u}{\partial y^2}+\frac{\partial^2 u}{\partial z^2}\right)+\left(\frac{\partial u}{\partial x}\frac{\partial v}{\partial x}+\frac{\partial u}{\partial y}\frac{\partial v}{\partial y}+\frac{\partial u}{\partial z}\frac{\partial v}{\partial z}\right)\right]\mathrm{d}V$$

5. 计算$\iint\limits_{\Sigma}\frac{1}{\sqrt{x^2+z^2}}\mathrm{e}^{\sqrt{y}}\mathrm{d}z\mathrm{d}x$，其中$\Sigma$为$y=x^2+z^2$与$y=1,y=2$所围立体的外侧表面.

6. 计算$\iint\limits_{\Sigma}z\left(\frac{x}{a^2}\cos\alpha+\frac{y}{b^2}\cos\beta+\frac{z}{c^2}\cos\gamma\right)\mathrm{d}S$，其中$\Sigma$为上半椭球面$\frac{x^2}{a^2}+\frac{y^2}{b^2}+\frac{z^2}{c^2}=1(z\geqslant 0)$，$\cos\alpha,\cos\beta,\cos\gamma$为其外侧法向量的方向余弦.

7. 设Σ为$x^2+y^2+z^2=1(z\geqslant 0)$，取外侧，求连续函数$f(x,y)$，使其满足：

$$f(x,y)=2(x-y)^2+\iint\limits_{\Sigma}x(z^2+\mathrm{e}^z)\mathrm{d}y\mathrm{d}z+y(z^2+\mathrm{e}^z)\mathrm{d}z\mathrm{d}x+(zf(x,y)-2\mathrm{e}^z)\mathrm{d}x\mathrm{d}y$$

8 数项级数与幂级数

级数是高等数学的重要组成部分.在本章中,我们重点讲授级数的两个主要内容——数项级数与幂级数.数项级数是数列的新的表现形式,既是对数列极限理论很好的应用,又将数列收敛与发散的概念进一步深化,推动了极限理论的发展;幂级数是研究函数表示、函数性质,以及计算函数值、求解微分方程等内容不可缺少的数学工具,具有广泛的应用.本章最后介绍傅里叶级数基本概念.

8.1 数项级数

8.1.1 数项级数的基本概念

1) 圆的面积问题

如何计算圆的面积,这是一个古老的问题.在第1.3节中我们曾提到古代数学家刘徽的"割圆术",此法的步骤如下所述:第一步,在半径为R的圆内作一个内接正六边形,设其面积为a_1;第二步,以正六边形的每一边为底边作六个顶点在圆上的等腰三角形,设其面积之和为a_2,则a_1+a_2是圆内接正十二边形的面积(见图8.1),它是圆的面积S的一个近似值;第三步,以正十二边形的每一边为底边作十二个顶点在圆上的等腰三角形,设其面积之和为a_3,则$a_1+a_2+a_3$是圆内接正二十四边形的面积,它是圆的面积S的一个更好的近似值.按照上述步骤继续n次,得到圆内接正3×2^n边形的面积为

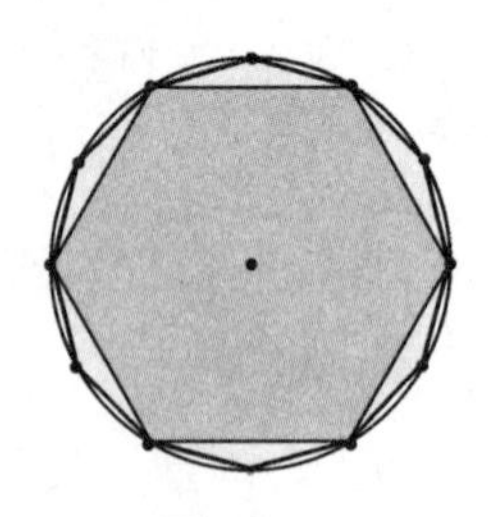

图 8.1

$$S_n = a_1 + a_2 + a_3 + \cdots + a_n = \sum_{i=1}^{n} a_i$$

其中n越大,S_n越接近圆的面积S.应用极限概念得

$$S = \lim_{n\to\infty} S_n = \lim_{n\to\infty}(a_1 + a_2 + a_3 + \cdots + a_n) = \lim_{n\to\infty}\sum_{i=1}^{n} a_i$$

2) 数项级数的定义

定义 8.1.1(数项级数) 设有数列$\{a_n\}$,称

$$\sum_{n=1}^{\infty} a_n = a_1 + a_2 + a_3 + \cdots + a_n + \cdots \tag{8.1.1}$$

为**数项级数**,简称**级数**,并称 a_n 为级数(8.1.1)的**通项**或**一般项**.记

$$S_1 = a_1,\quad S_2 = a_1 + a_2,\quad S_3 = a_1 + a_2 + a_3,\quad \cdots$$

$$S_n = \sum_{i=1}^{n} a_i = a_1 + a_2 + a_3 + \cdots + a_n \tag{8.1.2}$$

称数列 $\{S_n\}$ 为级数(8.1.1)的**部分和数列**,简称**部分和**.

在级数(8.1.1)中,若 $\forall n \in \mathbf{N}^*, a_n \geqslant 0$(或 $\leqslant 0$),则称该级数为**正项级数**(或**负项级数**),否则称为**任意项级数**.

例 1　写出下列级数的通项,判别级数的类型,并将级数写成 $\sum\limits_{n=1}^{\infty} a_n$ 的形式.

(1) $\dfrac{1}{2} + \dfrac{1}{6} + \dfrac{1}{12} + \dfrac{1}{20} + \cdots$;

(2) $2 - \dfrac{3}{2} + \dfrac{4}{3} - \dfrac{5}{4} + \cdots$;

(3) $\dfrac{1}{3} + 0 + \dfrac{1}{3^3} + 0 + \dfrac{1}{3^5} + 0 + \cdots$;

(4) $1 - q + q^2 - q^3 + \cdots\ (q > 0)$.

解　(1) $a_n = \dfrac{1}{n(n+1)}$,正项级数,$\sum\limits_{n=1}^{\infty} \dfrac{1}{n(n+1)}$;

(2) $a_n = (-1)^{n+1} \dfrac{n+1}{n}$,任意项级数,$\sum\limits_{n=1}^{\infty} (-1)^{n+1} \dfrac{n+1}{n}$;

(3) $a_n = \dfrac{1+(-1)^{n+1}}{2 \cdot 3^n}$,正项级数,$\sum\limits_{n=1}^{\infty} \dfrac{1+(-1)^{n+1}}{2 \cdot 3^n}$;

(4) $a_n = (-q)^n$,任意项级数,$\sum\limits_{n=0}^{\infty} (-q)^n$.

3) 数项级数的收敛性与发散性

定义 8.1.2(收敛与发散)　若级数(8.1.1)的部分和数列 $\{S_n\}$ 收敛,即

$$\lim_{n \to \infty} S_n = S\quad (S \in \mathbf{R})$$

则称**级数(8.1.1)收敛**,称 S 是**级数(8.1.1)的和**,记为

$$\sum_{i=1}^{\infty} a_i = S$$

若部分和数列 $\{S_n\}$ 发散,则称**级数(8.1.1)发散**.

例 2　讨论**几何级数**(又称**等比级数**)

$$\sum_{n=0}^{\infty} aq^n = a + aq + aq^2 + \cdots + aq^n + \cdots \quad (a \neq 0) \tag{8.1.3}$$

的敛散性($q \in \mathbf{R}$).

解 当 $q \neq 1$ 时,级数(8.1.3)的部分和为

$$S_n = \sum_{i=0}^{n} aq^i = \frac{a(1-q^{n+1})}{1-q}$$

当 $q=1$ 时,$S_n=(n+1)a$. 而当 $q=-1$ 时,若 n 为奇数,则 $S_n=0$;若 n 为偶数,则 $S_n=a$. 所以

$$\lim_{n\to\infty} S_n = \begin{cases} \dfrac{a}{1-q} & (\text{当} \mid q \mid < 1); \\ \infty & (\text{当} \mid q \mid > 1 \text{ 或 } q=1); \\ \text{不存在} & (\text{当 } q=-1) \end{cases}$$

于是几何级数(8.1.3)当且仅当 $|q|<1$ 时收敛,其和为$\dfrac{a}{1-q}$.

例 3 证明:**调和级数**

$$\sum_{n=1}^{\infty} \frac{1}{n} = 1 + \frac{1}{2} + \cdots + \frac{1}{n} + \cdots \tag{8.1.4}$$

发散.

证 用反证法. 设级数(8.1.4)收敛,其和为 S,则 $S_n \to S(n\to\infty)$,且 $S_{2n} \to S(n\to\infty)$,于是 $S_{2n}-S_n \to S-S=0(n\to\infty)$. 但另一方面,有

$$S_{2n}-S_n = \frac{1}{n+1} + \frac{1}{n+2} + \cdots + \frac{1}{2n} > \frac{1}{2n} + \frac{1}{2n} + \cdots + \frac{1}{2n} = \frac{1}{2}$$

由极限的保号性得

$$\lim_{n\to\infty}(S_{2n}-S_n) \geqslant \frac{1}{2}$$

从而导出了矛盾. 故级数(8.1.4)发散.

例 4 判别级数$\sum\limits_{n=1}^{\infty} \dfrac{1}{n(n+1)}$的敛散性,若收敛,求其和.

解 由于级数的通项

$$a_n = \frac{1}{n(n+1)} = \frac{1}{n} - \frac{1}{n+1}$$

故级数的部分和

$$S_n=\sum_{i=1}^{n}\frac{1}{i(i+1)}=\sum_{i=1}^{n}\left(\frac{1}{i}-\frac{1}{i+1}\right)$$
$$=\left(1-\frac{1}{2}\right)+\left(\frac{1}{2}-\frac{1}{3}\right)+\left(\frac{1}{3}-\frac{1}{4}\right)+\cdots+\left(\frac{1}{n}-\frac{1}{n+1}\right)$$
$$=1-\frac{1}{n+1}$$

显然$\lim\limits_{n\to\infty}S_n=\lim\limits_{n\to\infty}\left(1-\frac{1}{n+1}\right)=1$,于是原级数收敛,其和为1.

8.1.2 收敛级数的性质

定理8.1.1(级数收敛的必要条件) 级数$\sum\limits_{n=1}^{\infty}a_n$收敛的必要条件是$\lim\limits_{n\to\infty}a_n=0$.

证 设$\sum\limits_{n=1}^{\infty}a_n=S$,令$S_n=\sum\limits_{i=1}^{n}a_i$,则$S_n\to S(n\to\infty)$,又$S_{n-1}\to S(n\to\infty)$,于是

$$\lim_{n\to\infty}a_n=\lim_{n\to\infty}(S_n-S_{n-1})=S-S=0 \qquad \square$$

注 定理8.1.1的逆命题不成立.比如例3中的调和级数$\sum\limits_{n=1}^{\infty}\frac{1}{n}$,其通项$\frac{1}{n}$收敛于0,但调和级数是发散的.此定理的逆否命题很有用,即当级数的通项不收敛于零时,该级数一定发散.这是判别级数发散的一个重要方法.

定理8.1.2(线性) 若级数$\sum\limits_{n=1}^{\infty}a_n$,$\sum\limits_{n=1}^{\infty}b_n$皆收敛,且$\sum\limits_{n=1}^{\infty}a_n=S_1$,$\sum\limits_{n=1}^{\infty}b_n=S_2$,$h,k\in\mathbf{R}$,则$\sum\limits_{n=1}^{\infty}(ha_n\pm kb_n)$也收敛,且

$$\sum_{n=1}^{\infty}(ha_n\pm kb_n)=hS_1\pm kS_2$$

证 由于$\sum\limits_{n=1}^{\infty}a_n=S_1$,$\sum\limits_{n=1}^{\infty}b_n=S_2$,令$\sum\limits_{i=1}^{n}a_i=S_n'$,$\sum\limits_{i=1}^{n}b_i=S_n''$,则

$$\sum_{n=1}^{\infty}(ka_n\pm hb_n)=\lim_{n\to\infty}\sum_{i=1}^{n}(ka_i\pm hb_i)=\lim_{n\to\infty}(kS_n'\pm hS_n'')=kS_1\pm hS_2 \qquad \square$$

推论8.1.3 若级数$\sum\limits_{n=1}^{\infty}a_n=S(S\in\mathbf{R})$,级数$\sum\limits_{n=1}^{\infty}b_n$发散,则级数$\sum\limits_{n=1}^{\infty}(a_n\pm b_n)$发散.

此推论应用定理8.1.2,由反证法即可证明,不赘述.

定理8.1.4 在级数前面添上有限项,或去掉级数前面的有限项,或改变级数

前面的有限项,均不改变级数的敛散性.

证 我们来证明级数 $\sum_{n=1}^{\infty} a_n$ 与 $\sum_{n=1}^{\infty} a_{n+k}$ 有相同的敛散性($k \in \mathbf{N}^*$). 取 $\sum_{n=1}^{\infty} a_n$ 的部分和

$$S'_{n+k} = a_1 + a_2 + \cdots + a_k + a_{k+1} + \cdots + a_{n+k}$$

取 $\sum_{n=1}^{\infty} a_{n+k}$ 的部分和

$$S''_n = a_{1+k} + a_{2+k} + \cdots + a_{n+k}$$

则 $S'_{n+k} = a_1 + a_2 + \cdots + a_k + S''_n = S'_k + S''_n$. 因 $a_1 + a_2 + \cdots + a_k = S'_k$ 是一个常数,所以数列 $\{S'_{n+k}\}$ 与 $\{S''_n\}$ 有相同的敛散性,故 $\sum_{n=1}^{\infty} a_n$ 与 $\sum_{n=1}^{\infty} a_{n+k}$ 有相同的敛散性. □

定理 8.1.5 对收敛级数的项任意"加括号"(数项相加)后所得级数仍收敛,且其和不变.

证 先看一个"加括号"的例子:

$$(a_1 + a_2) + (a_3 + a_4) + \cdots + (a_{2n-1} + a_{2n}) + \cdots$$

其部分和为

$$S'_n = (a_1 + a_2) + (a_3 + a_4) + \cdots + (a_{2n-1} + a_{2n})$$

设原级数的部分和为 $S_n = \sum_{i=1}^{n} a_i$,则

$$S'_1 = S_2, \quad S'_2 = S_4, \quad S'_3 = S_6, \quad \cdots, \quad S'_n = S_{2n}$$

这表明"加括号"后的新级数的部分和数列是原级数的部分和数列的子数列. 设原级数收敛于 S,即 $\lim\limits_{n\to\infty} S_n = \lim\limits_{n\to\infty} \sum_{i=1}^{n} a_i = S$,于是

$$\lim_{n\to\infty} S'_n = \lim_{n\to\infty} S_{2n} = S$$

即"加括号"后的新级数仍然收敛,且其和不变.

对于其他的"加括号"的情况,证明是类似的. □

注 1 定理 8.1.5 的逆命题一般不对. 例如,级数

$$1 - 1 + 1 - 1 + \cdots + (-1)^{n+1} + \cdots$$

显然是发散的,但是"加括号"后得到的级数

$$(1-1) + (1-1) + \cdots + (1-1) + \cdots$$

是收敛的.对于正项级数而言,下一小节将证明定理 8.1.5 的逆命题也是正确的.

注 2 定理 8.1.5 的逆否命题很有用,即当按某种方式"加括号"后得到的级数发散时,原级数一定发散.这也是判别级数发散的一个重要方法.

例 5 判别下列级数的敛散性:

(1) $\sum\limits_{n=1}^{\infty}\sqrt[n]{n}$; (2) $\sum\limits_{n=2}^{\infty}(-1)^n\left(1-\dfrac{1}{n}\right)^n$; (3) $\sum\limits_{n=1}^{\infty}\left(2^n+\dfrac{(-1)^{n+1}}{2^n}\right)$.

解 (1) 由于 $\lim\limits_{n\to\infty}a_n=\lim\limits_{n\to\infty}\sqrt[n]{n}=1\neq 0$,根据级数收敛的必要条件,可知原级数发散;

(2) 由于 $\lim\limits_{n\to\infty}|a_n|=\lim\limits_{n\to\infty}\left(1-\dfrac{1}{n}\right)^n=\dfrac{1}{\mathrm{e}}\neq 0$,所以 $\lim\limits_{n\to\infty}a_n\neq 0$,根据级数收敛的必要条件,可知原级数发散;

(3) 由于级数 $\sum\limits_{n=1}^{\infty}2^n$ 是公比为 2 的几何级数,为发散级数,$\sum\limits_{n=1}^{\infty}\dfrac{(-1)^{n+1}}{2^n}$ 是公比为 $-\dfrac{1}{2}$ 的几何级数,为收敛级数,应用推论 8.1.3 可得原级数发散.

***例 6** 设级数 $\sum\limits_{n=1}^{\infty}a_n$ 收敛,数列 $\{a_n\}$ 单调减少,证明:$\lim\limits_{n\to\infty}(na_n)=0$.

证 因为级数 $\sum\limits_{n=1}^{\infty}a_n$ 收敛,所以 $\lim\limits_{n\to\infty}a_n=0$,又数列 $\{a_n\}$ 单调减少,故 $a_n>0$.记 $x_n=na_n$,则

$$\begin{aligned}0<x_{2n}&=2na_{2n}=2(a_{2n}+a_{2n}+\cdots+a_{2n})\leqslant 2(a_{n+1}+a_{n+2}+\cdots+a_{2n})\\&=2(S_{2n}-S_n)\to 2(S-S)=0\quad(n\to\infty)\end{aligned}$$

应用夹逼准则,得数列 $\{x_{2n}\}$ 收敛于 0;又

$$0<x_{2n+1}=(2n+1)a_{2n+1}\leqslant 4n\,a_{2n}=2x_{2n}\to 0\quad(n\to\infty)$$

同样应用夹逼准则,得数列 $\{x_{2n+1}\}$ 收敛于 0.所以

$$\lim_{n\to\infty}(na_n)=\lim_{n\to\infty}x_n=0$$

8.1.3 正项级数敛散性判别

对于正项级数,除了应用敛散性的定义和收敛级数的性质判别敛散性外,针对"正项"特征,本小节介绍几个正项级数敛散性的判别法.

定理 8.1.6(级数收敛的充要条件)

(1) 级数 $\sum\limits_{n=1}^{\infty}a_n(a_n\geqslant 0)$ 收敛的充要条件是其部分和数列 $\{S_n\}$ 为有界数列;

(2) 级数$\sum_{n=1}^{\infty} a_n(a_n \geqslant 0)$收敛的充要条件是其项任意“加括号”后所得级数收敛.

证 级数$\sum_{n=1}^{\infty} a_n(a_n \geqslant 0)$收敛$\Leftrightarrow$部分和数列$\{S_n\}$收敛.

(1) 必要性由收敛数列$\{S_n\}$的有界性可得;充分性由部分和数列$\{S_n\}$单调递增且有上界,应用单调有界准则可得.

(2) 必要性由定理 8.1.5 可得,下面证明充分性.

设“加括号”后所得级数收敛,其部分和为S'_n,应用上面(1)的结论可知数列$\{S'_n\}$有上界. 设原级数的部分和为S_n,因$\forall n \in \mathbf{N}^*$,$S_n \leqslant S'_n$,所以数列$\{S_n\}$有上界,再应用上面(1)的结论即得原级数$\sum_{n=1}^{\infty} a_n$收敛. □

例 7 判别级数$\sum_{n=2}^{\infty} \frac{1}{\ln n}$的敛散性.

解 由于$\forall i \in \mathbf{N}^*$且$i > 1$,有$\ln i < i$,所以

$$\frac{1}{\ln i} > \frac{1}{i} \Rightarrow S'_n = \sum_{i=2}^{n} \frac{1}{\ln i} > \sum_{i=2}^{n} \frac{1}{i} = S''_n$$

因为调和级数$\sum_{n=2}^{\infty} \frac{1}{n}$发散,应用定理 8.1.6 可知其部分和数列$\{S''_n\}$无上界,由上式得级数$\sum_{n=2}^{\infty} \frac{1}{\ln n}$的部分和数列$\{S'_n\}$无上界,再应用定理 8.1.6 即得$\sum_{n=2}^{\infty} \frac{1}{\ln n}$发散.

定理 8.1.6 是判别正项级数敛散性的基本定理,下面应用它导出一系列更具体的判别法.

定理 8.1.7(柯西积分判别法) 已知级数$\sum_{n=1}^{\infty} a_n(a_n \geqslant 0)$,设$f(n) = a_n$,且$f(x)$在$[1, +\infty)$上为正值连续的单调减少函数.

(1) 若反常积分$\int_1^{+\infty} f(x)\mathrm{d}x$收敛,则级数$\sum_{n=1}^{\infty} a_n$收敛;

(2) 若反常积分$\int_1^{+\infty} f(x)\mathrm{d}x$发散,则级数$\sum_{n=1}^{\infty} a_n$发散.

证 由于$f(x)$单调减少,所以当$k \in \mathbf{N}^*$,$k \leqslant x < k+1$时,有

$$a_{k+1} = f(k+1) < f(x) \leqslant f(k) = a_k$$

将此式各项从k到$k+1$积分,应用定积分的保号性可得

$$a_{k+1} = \int_k^{k+1} a_{k+1}\mathrm{d}x < \int_k^{k+1} f(x)\mathrm{d}x \leqslant \int_k^{k+1} a_k\mathrm{d}x = a_k$$

于是

$$\sum_{k=1}^{n} a_{k+1} < \sum_{k=1}^{n} \int_{k}^{k+1} f(x)\mathrm{d}x = \int_{1}^{n+1} f(x)\mathrm{d}x \leqslant \sum_{k=1}^{n} a_k \tag{8.1.5}$$

(1) 当反常积分$\int_{1}^{+\infty} f(x)\mathrm{d}x$收敛时，则$\int_{1}^{n+1} f(x)\mathrm{d}x$有上界，由式(8.1.5)左端不等式得$\sum_{k=1}^{n} a_{k+1}$有上界，于是$\sum_{k=1}^{\infty} a_{k+1} = \sum_{n=2}^{\infty} a_n$收敛，故级数$\sum_{n=1}^{\infty} a_n$收敛.

(2) 当反常积分$\int_{1}^{+\infty} f(x)\mathrm{d}x$发散时，则$\int_{1}^{n+1} f(x)\mathrm{d}x$无上界，由式(8.1.5)右端不等式得$\sum_{k=1}^{n} a_k$无上界，于是级数$\sum_{k=1}^{\infty} a_k = \sum_{n=1}^{\infty} a_n$发散. □

例 8　判别 p 级数$\sum_{n=1}^{\infty} \frac{1}{n^p}$的敛散性.

解　(1) 当 $p \leqslant 0$ 时，$\lim_{n\to\infty} \frac{1}{n^p} \neq 0$，故 $p \leqslant 0$ 时 p 级数$\sum_{n=1}^{\infty} \frac{1}{n^p}$发散.

(2) 当 $p > 0$ 时，$f(x) = \frac{1}{x^p}$在$[1, +\infty)$上为正值连续的单调减少函数，因

$$\int_{1}^{+\infty} f(x)\mathrm{d}x = \int_{1}^{+\infty} \frac{1}{x^p}\mathrm{d}x = \begin{cases} \left.\frac{1}{(1-p)x^{p-1}}\right|_{1}^{+\infty} = \frac{1}{p-1} & (p > 1); \\ \left.\frac{1}{(1-p)x^{p-1}}\right|_{1}^{+\infty} = +\infty & (p < 1); \\ \left.\ln x\right|_{1}^{+\infty} = +\infty & (p = 1) \end{cases}$$

应用积分判别法得 $p > 1$ 时 p 级数$\sum_{n=1}^{\infty} \frac{1}{n^p}$收敛，$0 < p \leqslant 1$ 时 p 级数$\sum_{n=1}^{\infty} \frac{1}{n^p}$发散.

综合(1)和(2)，可得：$p > 1$ 时 p 级数$\sum_{n=1}^{\infty} \frac{1}{n^p}$收敛，$p \leqslant 1$ 时 p 级数$\sum_{n=1}^{\infty} \frac{1}{n^p}$发散.

例 9　判别下列级数的敛散性：

(1) $\sum_{n=2}^{\infty} \frac{1}{n\ln n}$；　　(2) $\sum_{n=2}^{\infty} \frac{1}{n\ln^2 n}$.

解　(1) 由于 $f(x) = \frac{1}{x\ln x}$在$[2, +\infty)$上为正值连续的单调减少函数，且

$$\int_{2}^{+\infty} f(x)\mathrm{d}x = \int_{2}^{+\infty} \frac{1}{x\ln x}\mathrm{d}x = \ln|\ln x|\Big|_{2}^{+\infty} = +\infty$$

应用积分判别法可得级数$\sum_{n=2}^{\infty} \frac{1}{n\ln n}$发散.

(2) 由于 $f(x)=\dfrac{1}{x\ln^2 x}$ 在$[2,+\infty)$上为正值连续的单调减少函数,且

$$\int_2^{+\infty} f(x)\mathrm{d}x=\int_2^{+\infty}\frac{1}{x\ln^2 x}\mathrm{d}x=-\frac{1}{\ln x}\Big|_2^{+\infty}=\frac{1}{\ln 2}$$

应用积分判别法可得级数$\sum\limits_{n=2}^{\infty}\dfrac{1}{n\ln^2 n}$收敛.

定理 8.1.8(比较判别法 Ⅰ) 已知级数$\sum\limits_{n=1}^{\infty}a_n$,$\sum\limits_{n=1}^{\infty}b_n$,设 $\forall n\in\mathbf{N}^*$ 有

$$0\leqslant a_n\leqslant b_n$$

(1) 若$\sum\limits_{n=1}^{\infty}b_n$收敛,则级数$\sum\limits_{n=1}^{\infty}a_n$收敛;

(2) 若$\sum\limits_{n=1}^{\infty}a_n$发散,则级数$\sum\limits_{n=1}^{\infty}b_n$发散.

证 因(1)⇔(2),故(1)与(2)中只要证一个成立就行.下面证明(1).

因$\sum\limits_{n=1}^{\infty}b_n$收敛,故其部分和数列$\{S_n''\}$有上界,其中$S_n''=\sum\limits_{i=1}^{n}b_i$.由条件$a_n\leqslant b_n$,故级数$\sum\limits_{n=1}^{\infty}a_n$的部分和$S_n'=\sum\limits_{i=1}^{n}a_i\leqslant S_n''$,故$\{S_n'\}$有上界,因此$\sum\limits_{n=1}^{\infty}a_n$收敛. □

定理 8.1.9(比较判别法 Ⅱ) 已知级数$\sum\limits_{n=1}^{\infty}a_n(a_n\geqslant 0)$,$\sum\limits_{n=1}^{\infty}b_n(b_n>0)$,设

$$\lim_{n\to\infty}\frac{a_n}{b_n}=\lambda\quad(0\leqslant\lambda\leqslant+\infty)\tag{8.1.6}$$

(1) 若$0\leqslant\lambda<+\infty$,且$\sum\limits_{n=1}^{\infty}b_n$收敛,则$\sum\limits_{n=1}^{\infty}a_n$收敛;

(2) 若$0<\lambda\leqslant+\infty$,且$\sum\limits_{n=1}^{\infty}b_n$发散,则$\sum\limits_{n=1}^{\infty}a_n$发散.

证 (1) 若$0\leqslant\lambda<+\infty$,由极限式(8.1.6),对$\varepsilon=1$,$\exists k\in\mathbf{N}^*$,当$n\geqslant k$时

$$\left|\frac{a_n}{b_n}-\lambda\right|<1$$

于是$a_n<(1+\lambda)b_n$.因为$\sum\limits_{n=1}^{\infty}b_n$收敛,所以$\sum\limits_{n=k}^{\infty}(1+\lambda)b_n$收敛,应用比较判别法 Ⅰ 推得$\sum\limits_{n=k}^{\infty}a_n$收敛,因而$\sum\limits_{n=1}^{\infty}a_n$收敛.

(2) 若$0<\lambda<+\infty$,由极限式(8.1.6),对$\varepsilon=\dfrac{\lambda}{2}>0$,$\exists k\in\mathbf{N}^*$,当$n\geqslant k$时

$$\left|\frac{a_n}{b_n}-\lambda\right|<\frac{\lambda}{2}$$

于是$\frac{a_n}{b_n}>\lambda-\frac{\lambda}{2}=\frac{\lambda}{2}$，即$\frac{\lambda}{2}b_n<a_n$. 因为$\sum_{n=1}^{\infty}b_n$发散，所以$\sum_{n=k}^{\infty}\frac{\lambda}{2}b_n$发散，应用比较判别法 Ⅰ 推得$\sum_{n=k}^{\infty}a_n$发散，因而$\sum_{n=1}^{\infty}a_n$发散.

若$\lambda=+\infty$，由极限式(8.1.6)，$\exists k\in\mathbf{N}^*$，当$n\geqslant k$时

$$\frac{a_n}{b_n}>1\Leftrightarrow a_n>b_n$$

因为$\sum_{n=1}^{\infty}b_n$发散，所以$\sum_{n=k}^{\infty}b_n$发散，应用比较判别法 Ⅰ 推得$\sum_{n=k}^{\infty}a_n$发散，因而$\sum_{n=1}^{\infty}a_n$发散. □

例 10　判别下列级数的敛散性：

(1) $\sum_{n=1}^{\infty}(\sqrt{n+2}-\sqrt{n})$；　　(2) $\sum_{n=1}^{\infty}\frac{\sqrt{n}}{n^2+2n-1}$.

解　(1) 由于$n\geqslant 3$时，有

$$a_n=\sqrt{n+2}-\sqrt{n}=\frac{2}{\sqrt{n+2}+\sqrt{n}}>\frac{2}{2\sqrt{n+2}}=\frac{1}{\sqrt{n+2}}>\frac{1}{n}$$

因调和级数$\sum_{n=1}^{\infty}\frac{1}{n}$发散，应用比较判别法 Ⅰ 推得级数$\sum_{n=1}^{\infty}(\sqrt{n+2}-\sqrt{n})$发散.

(2) 记$a_n=\frac{\sqrt{n}}{n^2+2n-1}$，由于$n\to\infty$时，有

$$a_n=\frac{\sqrt{n}}{n^2+2n-1}=\frac{\sqrt{n}}{n^2\left(1+\frac{2}{n}-\frac{1}{n^2}\right)}\sim\frac{1}{n^{\frac{3}{2}}}$$

因级数$\sum_{n=1}^{\infty}\frac{1}{n^{\frac{3}{2}}}$收敛，应用比较判别法 Ⅱ 推得级数$\sum_{n=1}^{\infty}\frac{\sqrt{n}}{n^2+2n-1}$收敛.

定理 8.1.10(达朗贝尔[①]比值判别法)　已知级数$\sum_{n=1}^{\infty}a_n\ (a_n>0)$，设

$$\lim_{n\to\infty}\frac{a_{n+1}}{a_n}=\lambda\quad(0\leqslant\lambda\leqslant+\infty)\tag{8.1.7}$$

①达朗贝尔(D'Alembert)，1717—1783，法国数学家.

(1) 若 $0 \leqslant \lambda < 1$,则级数 $\sum_{n=1}^{\infty} a_n$ 收敛;

(2) 若 $1 < \lambda \leqslant +\infty$,则级数 $\sum_{n=1}^{\infty} a_n$ 发散;

(3) 若 $\lambda = 1$,则本定理无法判别级数 $\sum_{n=1}^{\infty} a_n$ 的敛散性.

证 (1) 当 $0 \leqslant \lambda < 1$ 时,取常数 q,使得 $\lambda < q < 1$. 应用极限式(8.1.7),对于 $\varepsilon = q - \lambda > 0$, $\exists k \in \mathbf{N}^*$,当 $n \geqslant k$ 时,有

$$\left|\frac{a_{n+1}}{a_n} - \lambda\right| < q - \lambda$$

于是 $a_{n+1} < q a_n$,因此有

$$a_{n+k} < q a_{n+k-1} < q^2 a_{n+k-2} < \cdots < q^n a_k$$

由于几何级数 $\sum_{n=1}^{\infty} a_k q^n (0 < q < 1)$ 收敛,应用比较判别法 Ⅰ 推得 $\sum_{n=1}^{\infty} a_{k+n} = \sum_{n=k+1}^{\infty} a_n$ 收敛,于是级数 $\sum_{n=1}^{\infty} a_n$ 收敛.

(2) 当 $1 < \lambda \leqslant +\infty$ 时,应用极限式(8.1.7), $\exists k \in \mathbf{N}^*$,当 $n \geqslant k$ 时,有 $\frac{a_{n+1}}{a_n} > 1$,因此数列 $\{a_n\}$ 单调递增,所以 $\lim_{n \to \infty} a_n \neq 0$,故级数 $\sum_{n=1}^{\infty} a_n$ 发散.

(3) 考察两个例子:对于发散级数 $\sum_{n=1}^{\infty} \frac{1}{n}$ 与收敛级数 $\sum_{n=1}^{\infty} \frac{1}{n^2}$,分别有

$$\lim_{n \to \infty} \frac{a_{n+1}}{a_n} = \lim_{n \to \infty} \frac{n}{n+1} = 1 \quad 与 \quad \lim_{n \to \infty} \frac{a_{n+1}}{a_n} = \lim_{n \to \infty} \frac{n^2}{(n+1)^2} = 1$$

所以由 $\lim_{n \to \infty} \frac{a_{n+1}}{a_n} = 1$ 不能判别级数 $\sum_{n=1}^{\infty} a_n$ 的敛散性. □

例 11 判别下列级数的敛散性:

(1) $\sum_{n=1}^{\infty} \frac{n}{2^n}$; (2) $\sum_{n=1}^{\infty} \frac{n!}{n^n}$.

解 (1) 记 $a_n = \frac{n}{2^n} > 0$,由于

$$\lim_{n \to \infty} \frac{a_{n+1}}{a_n} = \lim_{n \to \infty} \frac{(n+1) 2^n}{2^{n+1} \cdot n} = \frac{1}{2} < 1$$

应用比值判别法可得级数 $\sum_{n=1}^{\infty} \frac{n}{2^n}$ 收敛.

(2) 记 $a_n = \dfrac{n!}{n^n} > 0$，由于

$$\lim_{n\to\infty}\frac{a_{n+1}}{a_n} = \lim_{n\to\infty}\frac{(n+1)!}{(n+1)^{n+1}}\cdot\frac{n^n}{n!} = \lim_{n\to\infty}\frac{1}{\left(1+\dfrac{1}{n}\right)^n} = \frac{1}{\mathrm{e}} < 1$$

应用比值判别法可得级数 $\sum\limits_{n=1}^{\infty}\dfrac{n!}{n^n}$ 收敛.

定理 8.1.11(柯西根值判别法)　已知级数 $\sum\limits_{n=1}^{\infty}a_n(a_n>0)$，设

$$\lim_{n\to\infty}\sqrt[n]{a_n} = \lambda \quad (0\leqslant\lambda\leqslant+\infty) \tag{8.1.8}$$

(1) 若 $0\leqslant\lambda<1$，则级数 $\sum\limits_{n=1}^{\infty}a_n$ 收敛；

(2) 若 $1<\lambda\leqslant+\infty$，则级数 $\sum\limits_{n=1}^{\infty}a_n$ 发散；

(3) 若 $\lambda=1$，则本定理无法判别级数 $\sum\limits_{n=1}^{\infty}a_n$ 的敛散性.

证　(1) 当 $0\leqslant\lambda<1$ 时，取常数 q，使得 $\lambda<q<1$. 应用极限式(8.1.8)，对于 $\varepsilon=q-\lambda>0$，$\exists k\in\mathbf{N}^*$，当 $n\geqslant k$ 时，有

$$\left|\sqrt[n]{a_n}-\lambda\right| < q-\lambda$$

于是 $\sqrt[n]{a_n}<q \Rightarrow a_n<q^n$. 由于几何级数 $\sum\limits_{n=k}^{\infty}q^n(0<q<1)$ 收敛，应用比较判别法 Ⅰ 推得 $\sum\limits_{n=k}^{\infty}a_n$ 收敛，于是级数 $\sum\limits_{n=1}^{\infty}a_n$ 收敛.

(2) 当 $1<\lambda\leqslant+\infty$ 时，应用极限式(8.1.8)，$\exists k\in\mathbf{N}^*$，当 $n\geqslant k$ 时，有 $\sqrt[n]{a_n}>1$，因此 $\lim\limits_{n\to\infty}a_n\neq0$，故级数 $\sum\limits_{n=1}^{\infty}a_n$ 发散.

(3) 考察两个例子：对于发散级数 $\sum\limits_{n=1}^{\infty}\dfrac{1}{n}$ 与收敛级数 $\sum\limits_{n=1}^{\infty}\dfrac{1}{n^2}$，分别有

$$\lim_{n\to\infty}\sqrt[n]{a_n} = \lim_{n\to\infty}\frac{1}{\sqrt[n]{n}} = 1 \quad 与 \quad \lim_{n\to\infty}\sqrt[n]{a_n} = \lim_{n\to\infty}\frac{1}{\sqrt[n]{n^2}} = \lim_{n\to\infty}\left(\frac{1}{\sqrt[n]{n}}\right)^2 = 1$$

所以由 $\lim\limits_{n\to\infty}\sqrt[n]{a_n}=1$ 不能判别级数 $\sum\limits_{n=1}^{\infty}a_n$ 的敛散性. □

例 12　判别下列级数的敛散性：

(1) $\sum_{n=1}^{\infty}\left(\frac{2n+1}{3n-2}\right)^n$;　　　(2) $\sum_{n=1}^{\infty}\frac{n}{\left(1+\frac{\lambda}{n}\right)^{n^2}}$ $(\lambda\in\mathbf{R})$.

解　(1) 记 $a_n=\left(\frac{2n+1}{3n-2}\right)^n$,由于

$$\lim_{n\to\infty}\sqrt[n]{a_n}=\lim_{n\to\infty}\frac{2n+1}{3n-2}=\frac{2}{3}<1$$

应用根值判别法可得级数 $\sum_{n=1}^{\infty}\left(\frac{2n+1}{3n-2}\right)^n$ 收敛.

(2) 记 $a_n=\frac{n}{\left(1+\frac{\lambda}{n}\right)^{n^2}}$. 当 $\lambda=0$ 时,$\lim_{n\to\infty}a_n=\lim_{n\to\infty}n\neq 0$,所以 $\lambda=0$ 时原级数发散. 当 $\lambda\neq 0$ 时,由于

$$\lim_{n\to\infty}\sqrt[n]{a_n}=\lim_{n\to\infty}\frac{\sqrt[n]{n}}{\left(1+\frac{\lambda}{n}\right)^n}=\frac{1}{e^{\lambda}}$$

当 $\lambda>0$ 时,$\frac{1}{e^{\lambda}}<1$,应用根值判别法可得原级数收敛;当 $\lambda<0$ 时,$\frac{1}{e^{\lambda}}>1$,应用根值判别法可得原级数发散.

8.1.4　任意项级数敛散性判别

当级数 $\sum_{n=1}^{\infty}a_n$ 的通项 $a_n<0(\forall n\in\mathbf{N}^*)$ 时,或级数中只有前面的有限项取负值(或正值)时,应用级数的基本性质,问题都可化为正项级数处理. 下面我们考虑的任意项级数 $\sum_{n=1}^{\infty}a_n$,有无穷多项取正值,且有无穷多项取负值.

1) 交错级数的敛散性判别法

首先我们讨论一类特殊的任意项级数,它的项中一项为正值、一项为负值交替出现,一般形式为 $\sum_{n=1}^{\infty}(-1)^{n+1}a_n(a_n>0)$,此级数称为**交错级数**. 对于交错级数的敛散性,有下面重要的莱布尼茨判别法.

定理 8.1.12(莱布尼茨判别法)　设 $\lim_{n\to\infty}a_n=0$,且数列 $\{a_n\}$ 单调递减,则交错级数 $\sum_{n=1}^{\infty}(-1)^{n+1}a_n$ 收敛.

证　令 $S_n=\sum_{k=1}^{n}(-1)^{k+1}a_k$,欲证 $S_n\to S(n\to\infty)$,等价于证明 $S_{2n}\to S,S_{2n+1}$

$\to S(n\to\infty)$. 由于数列$\{a_n\}$单调递减,故

$$S_{2n}=(a_1-a_2)+(a_3-a_4)+\cdots+(a_{2n-1}-a_{2n})$$
$$\leqslant(a_1-a_2)+(a_3-a_4)+\cdots+(a_{2n+1}-a_{2n+2})=S_{2n+2}$$

$$S_{2n}=a_1-(a_2-a_3)-(a_4-a_5)-\cdots-(a_{2n-2}-a_{2n-1})-a_{2n}\leqslant a_1$$

所以数列$\{S_{2n}\}$为有上界的单调递增数列,应用单调有界准则推知$S_{2n}\to S(S\in\mathbf{R}, n\to\infty)$. 由于

$$S_{2n+1}=S_{2n}+a_{2n+1}\to S+0=S\quad(n\to\infty)$$

所以数列$\{S_{2n+1}\}$亦收敛于S. 于是$S_n\to S(n\to\infty)$,即$\sum_{n=1}^{\infty}(-1)^{n+1}a_n$收敛. □

注　满足此定理条件的级数常称为**莱布尼茨型级数**.

例 13　判别下列级数的敛散性:

(1) $\sum_{n=1}^{\infty}(-1)^{n+1}\frac{1}{n}$;　　(2) $\sum_{n=2}^{\infty}\frac{(-1)^n\sqrt{n}}{n-1}$;　　(3) $\sum_{n=2}^{\infty}(-1)^n\frac{\ln n}{n}$.

解　(1) $a_n=\frac{1}{n}$,显然有$\lim\limits_{n\to\infty}a_n=0$,且$\{a_n\}$单调递减,所以该级数是莱布尼茨型级数,是收敛的.

(2) $a_n=\frac{\sqrt{n}}{n-1}$,显然有$\lim\limits_{n\to\infty}a_n=0$. 又由于$\left\{\sqrt{n}-\frac{1}{\sqrt{n}}\right\}$单调递增,所以

$$a_n=\frac{\sqrt{n}}{n-1}=\frac{1}{\sqrt{n}-\frac{1}{\sqrt{n}}}$$

单调递减,因此该级数也是莱布尼茨型级数,是收敛的.

(3) $a_n=\frac{\ln n}{n}$,令$f(x)=\frac{\ln x}{x}(x\geqslant 2)$,由于

$$\lim_{x\to+\infty}\frac{\ln x}{x}\overset{\frac{0}{0}}{=\!=}\lim_{x\to+\infty}\frac{\frac{1}{x}}{1}=0$$

所以$\lim\limits_{n\to\infty}a_n=\lim\limits_{n\to\infty}\frac{\ln n}{n}=0$. 又由

$$f'(x)=\frac{1-\ln x}{x^2}<0\quad(x\geqslant 3)$$

推得函数$f(x)$在$x\geqslant 3$时单调减少,因而$a_n=\frac{\ln n}{n}$在$n\geqslant 3$时单调递减. 因此该级数也是莱布尼茨型级数,是收敛的.

2) 任意项级数的绝对收敛与条件收敛

我们来考察两个莱布尼茨型级数

$$\sum_{n=1}^{\infty}(-1)^{n+1}\frac{1}{n^2} \quad 与 \quad \sum_{n=1}^{\infty}(-1)^{n+1}\frac{1}{n}$$

的绝对值级数

$$\sum_{n=1}^{\infty}\left|(-1)^{n+1}\frac{1}{n^2}\right|=\sum_{n=1}^{\infty}\frac{1}{n^2} \quad 与 \quad \sum_{n=1}^{\infty}\left|(-1)^{n+1}\frac{1}{n}\right|=\sum_{n=1}^{\infty}\frac{1}{n}$$

很显然,这两个 p 级数,第一个是收敛的,第二个是发散的.

对于一般的任意项级数的敛散性,也包含三种情况:

(1) 绝对值级数$\sum\limits_{n=1}^{\infty}|a_n|$收敛,原级数$\sum\limits_{n=1}^{\infty}a_n$ 也收敛$\Big($下面将证明$\sum\limits_{n=1}^{\infty}|a_n|$收敛时,$\sum\limits_{n=1}^{\infty}a_n$ 必收敛$\Big)$;

(2) 绝对值级数$\sum\limits_{n=1}^{\infty}|a_n|$发散,原级数$\sum\limits_{a=1}^{\infty}a_n$ 收敛;

(3) 绝对值级数$\sum\limits_{n=1}^{\infty}|a_n|$发散,原级数$\sum\limits_{a=1}^{\infty}a_n$ 也发散.

为了区别两种收敛的任意项级数,我们引进绝对收敛与条件收敛的概念.

定义 8.1.3 若绝对值级数$\sum\limits_{n=1}^{\infty}|a_n|$收敛,称级数$\sum\limits_{n=1}^{\infty}a_n$ 为**绝对收敛**;若绝对值级数$\sum\limits_{n=1}^{\infty}|a_n|$发散,而级数$\sum\limits_{n=1}^{\infty}a_n$ 收敛,称级数$\sum\limits_{n=1}^{\infty}a_n$ 为**条件收敛**.

由此可知:级数$\sum\limits_{n=1}^{\infty}(-1)^{n+1}\dfrac{1}{n^2}$ 为绝对收敛,级数$\sum\limits_{n=1}^{\infty}(-1)^{n+1}\dfrac{1}{n}$ 为条件收敛.

为了揭示绝对收敛与条件收敛的差异,我们来考察两个级数:

$$\sum_{n=1}^{\infty}p_n \quad \left(p_n=\frac{1}{2}(a_n+|a_n|)\right) \tag{8.1.9}$$

$$\sum_{n=1}^{\infty}q_n \quad \left(q_n=\frac{1}{2}(a_n-|a_n|)\right) \tag{8.1.10}$$

其中,级数(8.1.9)是将级数$\sum\limits_{n=1}^{\infty}a_n$ 正值项保留,非正值项全改为 0 得到的正项级数,称其为级数$\sum\limits_{n=1}^{\infty}a_n$ 的**正值项子级数**;级数(8.1.10)是将级数$\sum\limits_{n=1}^{\infty}a_n$ 的负值项保留,非负值项全改为 0 得到的负项级数,称其为级数$\sum\limits_{n=1}^{\infty}a_n$ 的**负值项子级数**.下面

利用正值项子级数与负值项子级数揭示绝对收敛与条件收敛的差异.

定理 8.1.13　已知任意项级数 $\sum\limits_{n=1}^{\infty} a_n$，设

$$p_n = \frac{1}{2}(a_n + |a_n|),\quad q_n = \frac{1}{2}(a_n - |a_n|)\quad (n = 1, 2, \cdots)$$

(1) $\sum\limits_{n=1}^{\infty} |a_n|$ 收敛的充要条件是 $\sum\limits_{n=1}^{\infty} p_n$ 与 $\sum\limits_{n=1}^{\infty} q_n$ 皆收敛；

(2) 若 $\sum\limits_{n=1}^{\infty} |a_n|$ 收敛，则 $\sum\limits_{n=1}^{\infty} a_n$ 收敛；

(3) 若 $\sum\limits_{n=1}^{\infty} a_n$ 条件收敛，则 $\sum\limits_{n=1}^{\infty} p_n$ 与 $\sum\limits_{n=1}^{\infty} q_n$ 皆发散.

证　(1)(**必要性**) 设 $\sum\limits_{n=1}^{\infty} |a_n|$ 收敛，由于

$$0 \leqslant p_n \leqslant \frac{1}{2}(|a_n| + |a_n|) = |a_n|,\quad 0 \leqslant -q_n \leqslant \frac{1}{2}(|a_n| + |a_n|) = |a_n|$$

应用比较判别法 Ⅰ 可得正值项子级数 $\sum\limits_{n=1}^{\infty} p_n$ 和 $\sum\limits_{n=1}^{\infty} (-q_n) = -\sum\limits_{n=1}^{\infty} q_n$ 收敛，于是负值项子级数 $\sum\limits_{n=1}^{\infty} q_n$ 也收敛.

(**充分性**) 设 $\sum\limits_{n=1}^{\infty} p_n$ 与 $\sum\limits_{n=1}^{\infty} q_n$ 皆收敛，由于 $|a_n| = p_n - q_n$，应用收敛级数的线性性质，得 $\sum\limits_{n=1}^{\infty} |a_n| = \sum\limits_{n=1}^{\infty} p_n - \sum\limits_{n=1}^{\infty} q_n$ 也收敛.

(2) 因 $\sum\limits_{n=1}^{\infty} |a_n|$ 收敛，由上面已证的(1)可知级数 $\sum\limits_{n=1}^{\infty} p_n$ 也收敛. 又由于 $a_n = 2p_n - |a_n|$，应用收敛级数的线性性质，得

$$\sum_{n=1}^{\infty} a_n = 2\sum_{n=1}^{\infty} p_n - \sum_{n=1}^{\infty} |a_n|$$

也收敛.

(3) 设 $\sum\limits_{n=1}^{\infty} |a_n|$ 发散，$\sum\limits_{n=1}^{\infty} a_n$ 收敛，应用推论 8.1.3 可得

$$\sum_{n=1}^{\infty} (a_n + |a_n|)\quad 与\quad \sum_{n=1}^{\infty} (a_n - |a_n|)$$

皆发散，于是

$$\sum_{n=1}^{\infty} p_n = \sum_{n=1}^{\infty} \frac{1}{2}(a_n + |a_n|) \quad 与 \quad \sum_{n=1}^{\infty} q_n = \sum_{n=1}^{\infty} \frac{1}{2}(a_n - |a_n|)$$

皆发散. □

3) 任意项级数的比值判别法

定理 8.1.14(任意项级数比值判别法) 已知任意项项级数 $\sum_{n=1}^{\infty} a_n$,设

$$\lim_{n\to\infty}\left|\frac{a_{n+1}}{a_n}\right| = \lambda \quad (0 \leqslant \lambda \leqslant +\infty) \tag{8.1.11}$$

(1) 若 $0 \leqslant \lambda < 1$,则级数 $\sum_{n=1}^{\infty} a_n$ 绝对收敛;

(2) 若 $1 < \lambda \leqslant +\infty$,则级数 $\sum_{n=1}^{\infty} a_n$ 发散.

证 (1) 当 $\lambda < 1$ 时,应用正项级数的比值判别法可得 $\sum_{n=1}^{\infty} |a_n|$ 收敛,所以级数 $\sum_{n=1}^{\infty} a_n$ 绝对收敛.

(2) 当 $\lambda > 1$ 时,由式(8.1.11) 与极限性质,$\exists k \in \mathbf{N}^*$,当 $n > k$ 时,有

$$\left|\frac{a_{n+1}}{a_n}\right| > 1 \Rightarrow |a_{n+1}| > |a_n|$$

所以数列 $\{|a_n|\}$ 单调递增,故 $\lim_{n\to\infty} |a_n| \neq 0 \Rightarrow \lim_{n\to\infty} a_n \neq 0$,于是级数 $\sum_{n=1}^{\infty} a_n$ 发散. □

4) 判别任意项级数敛散性的步骤

要判别任意项级数的敛散性,首先应用上一小节介绍的正项级数的一系列敛散性判别法判别绝对值级数 $\sum_{n=1}^{\infty} |a_n|$ 的敛散性. 若 $\sum_{n=1}^{\infty} |a_n|$ 收敛,则级数 $\sum_{n=1}^{\infty} a_n$ 绝对收敛. 若 $\sum_{n=1}^{\infty} |a_n|$ 发散,则原级数 $\sum_{n=1}^{\infty} a_n$ 可能收敛,也可能发散,此时可考虑能否应用任意项级数的比值判别法或莱布尼茨判别法,或利用级数的基本性质来判别敛散性.

例 14 就参数 p,讨论级数 $\sum_{n=1}^{\infty} (-1)^{n+1} \frac{1}{n^p} (p \in \mathbf{R})$ 的敛散性.

解 记 $a_n = (-1)^{n+1} \frac{1}{n^p}$,则 $|a_n| = \frac{1}{n^p}$.

(1) 当 $p > 1$ 时,由于 $\sum_{n=1}^{\infty} |a_n| = \sum_{n=1}^{\infty} \frac{1}{n^p}$ 收敛,所以 $p > 1$ 时原级数绝对收敛.

(2) 当 $0 < p \leqslant 1$ 时,由于 $\sum_{n=1}^{\infty} |a_n| = \sum_{n=1}^{\infty} \frac{1}{n^p}$ 发散,所以 $0 < p \leqslant 1$ 时原级数

非绝对收敛. 因为$\lim\limits_{n\to\infty}\frac{1}{n^p}=0$,且数列$\left\{\frac{1}{n^p}\right\}$显然单调递减,所以$0<p\leqslant 1$时原级数为莱布尼茨型级数,因此$0<p\leqslant 1$时原级数条件收敛.

(3) 当$p\leqslant 0$时,由于$\lim\limits_{n\to\infty}\frac{1}{n^p}\neq 0$,所以原级数发散.

例 15　就参数a,讨论级数$\sum\limits_{n=1}^{\infty}(-1)^{n+1}\frac{1}{1+a^n}(a>0)$的敛散性.

解　记$a_n=(-1)^{n+1}\frac{1}{1+a^n}$,由于

$$\lim_{n\to\infty}|a_n|=\lim_{n\to\infty}\frac{1}{1+a^n}=\begin{cases}1 & (0<a<1);\\ \frac{1}{2} & (a=1)\end{cases}$$

所以$0<a\leqslant 1$时,$\lim\limits_{n\to\infty}|a_n|\neq 0\Rightarrow\lim\limits_{n\to\infty}a_n\neq 0$,因此$0<a\leqslant 1$时原级数发散. 当$a>1$时,有

$$\lim_{n\to\infty}\left|\frac{a_{n+1}}{a_n}\right|=\lim_{n\to\infty}\frac{1+a^n}{1+a^{n+1}}=\lim_{n\to\infty}\frac{1+a^{-n}}{a(1+a^{-n-1})}=\frac{1}{a}<1$$

应用任意项级数比值判别法,可得$a>1$时原级数绝对收敛.

习题 8.1

A 组

1. 利用定义判别下列级数的敛散性:

(1) $\sum\limits_{n=1}^{\infty}\frac{1}{(2n-1)(2n+1)}$;　　(2) $\sum\limits_{n=1}^{\infty}\frac{1}{(3n-1)(3n+2)}$;

(3) $\sum\limits_{n=1}^{\infty}(\sqrt{n+1}-\sqrt{n})$;　　(4) $\sum\limits_{n=1}^{\infty}\frac{(-1)^{n+1}}{2^n}$.

2. 利用级数收敛的必要条件判别下列级数的敛散性:

(1) $\sum\limits_{n=1}^{\infty}\left(1+\frac{1}{n}\right)^n$;　　(2) $\sum\limits_{n=1}^{\infty}\left(\frac{n}{n+1}\right)^n$;

(3) $\sum\limits_{n=1}^{\infty}\left(\frac{1}{n}\right)^{\frac{1}{n}}$;　　(4) $\sum\limits_{n=2}^{\infty}\left(\frac{1}{\ln n}\right)^{\frac{1}{n}}$.

3. 利用级数的性质判别下列级数的敛散性:

(1) $-\frac{7}{9}+\frac{7^2}{9^2}-\frac{7^3}{9^3}+\cdots$;　　(2) $\sum\limits_{n=1}^{\infty}\left(\frac{1}{2^n}+\frac{1}{2n}\right)$;

(3) $\sum\limits_{n=1}^{\infty}\frac{2^n-3^n}{6^n}$;　　(4) $\sum\limits_{n=1}^{\infty}\left(2^n+\frac{1}{2^n}\right)$.

4. 判别下列命题是否正确，正确的给出证明，错误的举出反例.

(1) 若$\lim\limits_{n\to\infty}a_n=0$，则$\sum\limits_{n=1}^{\infty}a_n^2$ 收敛；

(2) 若 $a_n>0$，且$\dfrac{a_{n+1}}{a_n}<1$，则$\sum\limits_{n=1}^{\infty}a_n$ 收敛；

(3) 若$\sum\limits_{n=1}^{\infty}a_n$ 收敛，$\sum\limits_{n=1}^{\infty}b_n$ 发散，则$\sum\limits_{n=1}^{\infty}(a_n-b_n)$ 发散；

(4) 若$\sum\limits_{n=1}^{\infty}a_n$ 发散，$\sum\limits_{n=1}^{\infty}b_n$ 发散，则$\sum\limits_{n=1}^{\infty}(a_n-b_n)$ 发散.

5. 利用积分判别法判别下列级数的敛散性：

(1) $\sum\limits_{n=2}^{\infty}\dfrac{1}{n\ln^3 n}$；

(2) $\sum\limits_{n=1}^{\infty}\dfrac{1}{(n+1)\ln^k(n+1)}\ (k>0)$；

(3) $\sum\limits_{n=4}^{\infty}\dfrac{1}{n\ln n(\ln\ln n)^k}\ (k>0)$.

6. 设 $a_n>0$，$b_n>0$，判别下列命题是否正确，正确的给出证明，错误的举出反例.

(1) 若$\lim\limits_{n\to\infty}\dfrac{a_n}{b_n}=0$，且$\sum\limits_{n=1}^{\infty}b_n$ 发散，则$\sum\limits_{n=1}^{\infty}a_n$ 发散；

(2) 若$\sum\limits_{n=1}^{\infty}a_n$ 收敛，则$\lim\limits_{n\to\infty}\dfrac{a_{n+1}}{a_n}=\lambda<1$；

(3) 若$\sum\limits_{n=1}^{\infty}a_n$ 发散，则$\lim\limits_{n\to\infty}\dfrac{a_{n+1}}{a_n}=\lambda>1$.

7. 用比值判别法能否判别级数$\sum\limits_{n=1}^{\infty}\dfrac{2+(-1)^n}{3^n}$的敛散性?若不能，如何判别?

8. 判别下列正项级数的敛散性：

(1) $\sum\limits_{n=2}^{\infty}\dfrac{1}{\ln n}$；

(2) $\sum\limits_{n=1}^{\infty}\dfrac{1}{n^2+2n+3}$；

(3) $\sum\limits_{n=1}^{\infty}\dfrac{n^2+2}{n(n^2+3)}$；

(4) $\sum\limits_{n=1}^{\infty}\dfrac{1+(-1)^n}{\sqrt{n}}$；

(5) $\sum\limits_{n=1}^{\infty}\left(1-\cos\dfrac{1}{n}\right)$；

(6) $\sum\limits_{n=1}^{\infty}\dfrac{\sqrt{n+1}-\sqrt{n-1}}{\sqrt{n}}$；

(7) $\sum\limits_{n=2}^{\infty}\dfrac{1}{n(\sqrt{n}-\sqrt[3]{n})}$；

(8) $\sum\limits_{n=2}^{\infty}\dfrac{1}{\ln(n!)}$；

(9) $\sum\limits_{n=1}^{\infty}\dfrac{(n!)^2}{(2n)!}$；

(10) $\sum\limits_{n=1}^{\infty}\dfrac{e^n n!}{n^n}$；

(11) $\sum\limits_{n=1}^{\infty}\left(\dfrac{2n+3}{3n-2}\right)^{2n-1}$；

(12) $\sum\limits_{n=1}^{\infty}\dfrac{\sin\dfrac{1}{n}}{\ln(1+n)}$.

9. 利用级数收敛的必要条件证明下列极限：

(1) $\lim\limits_{n\to\infty}\dfrac{n^k}{a^n}=0\ (k\in\mathbf{R},a>1)$；　(2) $\lim\limits_{n\to\infty}\dfrac{n^n}{(n!)^2}=0$.

10. 判别下列级数的敛散性，是绝对收敛、条件收敛还是发散？

(1) $\sum\limits_{n=1}^{\infty}\dfrac{(-1)^{n+1}}{(\ln 3)^n}$；　(2) $\sum\limits_{n=2}^{\infty}(-1)^n\left(\dfrac{\sqrt{n}+(-1)^n}{n}\right)$；

(3) $\sum\limits_{n=1}^{\infty}(-1)^n\left(\dfrac{1}{\sqrt{n}}-\dfrac{1}{n^2}\right)$；　(4) $\sum\limits_{n=1}^{\infty}\dfrac{(-1)^{n+1}}{n+\ln n}$；

(5) $\sum\limits_{n=2}^{\infty}(-1)^n\dfrac{\ln n}{n}$；　(6) $\sum\limits_{n=2}^{\infty}\sin\left(n\pi+\dfrac{1}{\ln n}\right)$；

(7) $\sum\limits_{n=1}^{\infty}(-1)^{n+1}\dfrac{n!}{(2n-1)!!}$；　(8) $\sum\limits_{n=1}^{\infty}(-1)^{n+1}\left(1-n\sin\dfrac{1}{n}\right)$.

11. 设 $a_n>0$，且 a_n 单调递减，$\sum\limits_{n=1}^{\infty}(-1)^{n+1}a_n$ 发散，判别级数 $\sum\limits_{n=1}^{\infty}\left(\dfrac{1}{1+a_n}\right)^n$ 的敛散性.

12. 设 $a_n=\int_0^{\frac{\pi}{4}}\tan^n x\,\mathrm{d}x\ (n\in\mathbf{N})$.

(1) 求级数 $\sum\limits_{n=1}^{\infty}\dfrac{a_n+a_{n+2}}{n}$ 的和；

(2) 设 $\lambda>0$，证明：级数 $\sum\limits_{n=1}^{\infty}\dfrac{a_n}{n^\lambda}$ 收敛.

13. 设 $a_1=2,a_{n+1}=\dfrac{1}{2}\left(a_n+\dfrac{1}{a_n}\right)$，试证明：级数 $\sum\limits_{n=1}^{\infty}\left(\dfrac{a_n}{a_{n+1}}-1\right)$ 收敛.

14. 设 $a_n>0,b_n>0$，级数 $\sum\limits_{n=1}^{\infty}b_n$ 收敛，且有 $\dfrac{a_{n+1}}{a_n}\leqslant\dfrac{b_{n+1}}{b_n}$，求证：级数 $\sum\limits_{n=1}^{\infty}a_n$ 收敛.

B 组

15. 设 $a_n\leqslant b_n\leqslant c_n$，且 $\sum\limits_{n=1}^{\infty}a_n$，$\sum\limits_{n=1}^{\infty}c_n$ 皆收敛，求证：$\sum\limits_{n=1}^{\infty}b_n$ 收敛.

16. 设 $\sum\limits_{n=1}^{\infty}a_n$，$\sum\limits_{n=1}^{\infty}b_n$ 均为收敛的正项级数，试证明：$\sum\limits_{n=1}^{\infty}a_n^2$，$\sum\limits_{n=1}^{\infty}\sqrt{a_nb_n}$，$\sum\limits_{n=1}^{\infty}a_nb_n$ 皆收敛.

17. 设 $a_n>0,S_n=\sum\limits_{i=1}^{n}a_i$，试判别级数 $\sum\limits_{n=1}^{\infty}\dfrac{a_n}{S_n^2}$ 的敛散性.

8.2 幂级数

8.2.1 函数项级数简介

这一节我们将数项级数的通项推广到函数的范畴. 设 $u_n(x)(n=1,2,\cdots)$ 是定义在区间 X 上的函数序列,则称

$$\sum_{n=1}^{\infty}u_n(x)=u_1(x)+u_2(x)+\cdots+u_n(x)+\cdots \tag{8.2.1}$$

为定义在 X 上的**函数项级数**.

取 $x_0\in X$,代入式(8.2.1),若数项级数 $\sum\limits_{n=1}^{\infty}u_n(x_0)$ 收敛,则称 x_0 为函数项级数(8.2.1) 的**收敛点**,其和记为 $S(x_0)$;若数项级数 $\sum\limits_{n=1}^{\infty}u_n(x_0)$ 发散,则称 x_0 为函数项级数(8.2.1) 的**发散点**. 级数(8.2.1) 的收敛点的集合称为函数项级数(8.2.1) 的**收敛域**,记为 X_0. 显然有 $X_0\subseteq X$. $\forall x\in X_0$,级数(8.2.1) 的和记为 $S(x)$,称为函数项级数(8.2.1) 的**和函数**. 并称

$$S_n(x)=\sum_{k=1}^{n}u_k(x)$$

为级数(8.2.1) 的**部分和函数序列**,显然有

$$\lim_{n\to\infty}S_n(x)=S(x)\quad(x\in X_0)$$

例 1 求下列函数项级数的收敛域,并求(2) 的和函数.

(1) $\sum\limits_{n=1}^{\infty}\dfrac{\sin nx}{n^2}$;　　　(2) $\sum\limits_{n=0}^{\infty}(x+2)^n$.

解 (1) 记 $u_n(x)=\dfrac{\sin nx}{n^2}$,由于 $\forall x\in\mathbf{R}$,有

$$|u_n(x)|=\left|\frac{\sin nx}{n^2}\right|\leqslant\frac{1}{n^2}$$

而 $\sum\limits_{n=1}^{\infty}\dfrac{1}{n^2}$ 收敛,应用比较判别法 Ⅰ 可得 $\sum\limits_{n=1}^{\infty}|u_n(x)|$ 对 $x\in(-\infty,+\infty)$ 皆收敛,故所求的收敛域为 $(-\infty,+\infty)$.

(2) 这是公比为 $x+2$ 为几何级数,当且仅当 $|x+2|<1$ 时 $\sum\limits_{n=0}^{\infty}(x+2)^n$ 收敛,故所求的收敛域为 $(-3,-1)$,和函数为 $S(x)=\dfrac{1}{1-(x+2)}=-\dfrac{1}{1+x}$.

对于一般的函数项级数(8.2.1),我们不予讨论.下面研究一类特殊的函数项级数——幂级数.当级数(8.2.1)中的通项为 $x-x_0$ 的幂函数,即 $u_n(x)=a_n(x-x_0)^n$ 时,称级数

$$\sum_{n=0}^{\infty}a_n(x-x_0)^n=a_0+a_1(x-x_0)+a_2(x-x_0)^2+\cdots+a_n(x-x_0)^n+\cdots$$

为 $x-x_0$ 的**幂级数**.

当级数(8.2.1)中的通项为 x 的幂函数,即 $u_n(x)=a_nx^n$ 时,称级数

$$\sum_{n=0}^{\infty}a_nx^n=a_0+a_1x+a_2x^2+\cdots+a_nx^n+\cdots \tag{8.2.2}$$

为 x 的**幂级数**,简称**幂级数**.下面重点研究幂级数(8.2.2).

8.2.2　幂级数的收敛域与收敛半径

1) 阿贝尔定理

在幂级数(8.2.2)中取 $x=0$,此时幂级数收敛于 a_0,故任何 x 的幂级数的收敛域总包含点 $x=0$.

定理 8.2.1(阿贝尔①定理)　设 α,β 为非零实数,且 α,β 分别是幂级数(8.2.2)的收敛点和发散点,则

(1) 幂级数(8.2.2)在 $|x|<|\alpha|$ 时绝对收敛;

(2) 幂级数(8.2.2)在 $|x|>|\beta|$ 时发散.

证　(1) 因 $\sum\limits_{n=0}^{\infty}a_n\alpha^n$ 收敛,必有 $\lim\limits_{n\to\infty}a_n\alpha^n=0$,由收敛数列的有界性,$\exists M>0$,使得

$$|a_n\alpha^n|\leqslant M\quad(\forall n\in\mathbf{N})$$

故当 $|x|<|\alpha|$ 时,$\forall n\in\mathbf{N}$ 有

$$|a_nx^n|=|a_n\alpha^n|\left|\frac{x}{\alpha}\right|^n\leqslant M\left|\frac{x}{\alpha}\right|^n$$

因几何级数 $\sum\limits_{n=0}^{\infty}M\left|\frac{x}{\alpha}\right|^n\left(\left|\frac{x}{\alpha}\right|<1\right)$ 收敛,由比较判别法 Ⅰ 推得级数 $\sum\limits_{n=0}^{\infty}|a_nx^n|$ 收敛,即幂级数(8.2.2)在 $|x|<|\alpha|$ 时绝对收敛.

(2) 用反证法.若 $\exists x_0\in\mathbf{R}$ 且 $|x_0|>|\beta|$,使得级数 $\sum\limits_{n=0}^{\infty}a_nx_0^n$ 收敛,由上述已证

①阿贝尔(Abel),1802—1829,挪威数学家.

明的(1),推得幂级数(8.2.2)在$|x|<|x_0|$时绝对收敛,因而级数$\sum_{n=0}^{\infty}a_n\beta^n$绝对收敛,此与$\beta$为发散点的条件矛盾.故$|x|>|\beta|$时幂级数(8.2.2)发散. □

2) 幂级数的收敛域

*下面用阿贝尔定理来讨论幂级数(8.2.2)的收敛域.

首先,$x=0$为幂级数(8.2.2)的收敛点.

(1) 若在$(0,+\infty)$上找不到收敛点,则幂级数(8.2.2)的收敛域为$\{0\}$.

(2) 若在$(0,+\infty)$上找不到发散点,则幂级数(8.2.2)的收敛域为$(-\infty,\infty)$.

(3) 若在$(0,+\infty)$上找到收敛点a_1,又找到发散点$b_1(a_1<b_1)$.考察$[a_1,b_1]$的中点$\frac{1}{2}(a_1+b_1)$,若$\frac{1}{2}(a_1+b_1)$为收敛点,则记$a_2=\frac{1}{2}(a_1+b_1)$,$b_2=b_1$;若$\frac{1}{2}(a_1+b_1)$为发散点,则记$a_2=a_1$,$b_2=\frac{1}{2}(a_1+b_1)$.如此继续下去,我们得到一组闭区间$\{[a_n,b_n]\}(n=1,2,\cdots)$,使得

$$a_1\leqslant a_2\leqslant\cdots\leqslant a_n\leqslant\cdots\leqslant b_n\leqslant\cdots\leqslant b_2\leqslant b_1$$

且a_n为幂级数(8.2.2)的收敛点,b_n为幂级数(8.2.2)的发散点$(n=1,2,\cdots)$.

由于数列$\{a_n\}$单调增加有上界,数列$\{b_n\}$单调减少有下界,应用单调有界准则可知数列$\{a_n\}$与$\{b_n\}$都收敛.令

$$\lim_{n\to\infty}a_n=\xi,\quad \lim_{n\to\infty}b_n=\eta$$

由于$b_n-a_n=\frac{1}{2^{n-1}}(b_1-a_1)\to 0(n\to\infty)$,所以$\xi=\eta=R$.

由以上讨论,可将幂级数(8.2.2)的收敛域分为三种情况:

(1) 仅在$x=0$处收敛;

(2) 在$(-\infty,+\infty)$上处处收敛;

(3) $\exists R\in\mathbf{R}$,使得$|x|<R$时幂级数绝对收敛,$|x|>R$时幂级数发散.

我们将上述第(3)种情况中的数R称为幂级数(8.2.2)的**收敛半径**,并将开区间$(-R,R)$称为幂级数(8.2.2)的**收敛区间**.为叙述方便起见,我们将上述第(1)种情况记为收敛半径$R=0$,将第(2)种情况记为收敛半径$R=+\infty$.

对于第(3)种情况,还要将$x=R$与$x=-R$分别代入幂级数(8.2.2)得到两个数项级数,并应用上一节介绍的判别敛散性的方法判别这两个数项级数的敛散性.根据$x=R$与$x=-R$时的敛散性情况,可确定出幂级数(8.2.2)的收敛域为下列四个区间$(-R,R)$,$[-R,R]$,$[-R,R)$,$(-R,R]$中的某一个.

3) 幂级数的收敛半径

定理8.2.2(收敛半径公式Ⅰ) 对于幂级数(8.2.2),若$\lim_{n\to\infty}\left|\frac{a_n}{a_{n+1}}\right|$存在(或为

$+\infty$),则幂级数(8.2.2)的收敛半径为

$$R=\lim_{n\to\infty}\left|\frac{a_n}{a_{n+1}}\right| \tag{8.2.3}$$

证　设$\lim\limits_{n\to\infty}\left|\dfrac{a_n}{a_{n+1}}\right|=l$.

(1) 当$0<l<+\infty$时,有

$$\lim_{n\to\infty}\left|\frac{a_{n+1}x^{n+1}}{a_nx^n}\right|=|x|\lim_{n\to\infty}\left|\frac{a_{n+1}}{a_n}\right|=\frac{|x|}{l} \tag{8.2.4}$$

若$|x|<l$,则$\dfrac{|x|}{l}<1$,应用任意项级数比值判别法可得幂级数(8.2.2)绝对收敛;若$|x|>l$,则$\dfrac{|x|}{l}>1$,应用任意项级数比值判别法可得幂级数(8.2.2)发散.于是收敛半径$R=l$.

(2) 当$l=0$时,$\forall x\neq 0$,有

$$\lim_{n\to\infty}\left|\frac{a_{n+1}x^{n+1}}{a_nx^n}\right|=|x|\lim_{n\to\infty}\left|\frac{a_{n+1}}{a_n}\right|=+\infty$$

应用任意项级数比值判别法可得幂级数(8.2.2)发散,于是收敛半径$R=l=0$.

(3) 当$l=+\infty$时,$\forall x\neq 0$,有

$$\lim_{n\to\infty}\left|\frac{a_{n+1}x^{n+1}}{a_nx^n}\right|=|x|\lim_{n\to\infty}\left|\frac{a_{n+1}}{a_n}\right|=0$$

应用任意项级数比值判别法可得幂级数(8.2.2)绝对收敛,于是收敛半径

$$R=l=+\infty$$

□

定理 8.2.3(收敛半径公式 Ⅱ)　对于幂级数(8.2.2),若$\lim\limits_{n\to\infty}\dfrac{1}{\sqrt[n]{|a_n|}}$存在(或为$+\infty$),则幂级数(8.2.2)的收敛半径为

$$R=\lim_{n\to\infty}\frac{1}{\sqrt[n]{|a_n|}} \tag{8.2.5}$$

* **证**　设$\lim\limits_{n\to\infty}\dfrac{1}{\sqrt[n]{|a_n|}}=l$.

(1) 当$0<l<+\infty$时,有

$$\lim_{n\to\infty}\sqrt[n]{|a_nx^n|}=|x|\lim_{n\to\infty}\sqrt[n]{|a_n|}=\frac{|x|}{l} \tag{8.2.6}$$

若$|x|<l$,则$\dfrac{|x|}{l}<1$,应用根值判别法可得幂级数(8.2.2)绝对收敛;若$|x|>l$,

由极限式(8.2.6)推知,n 充分大时有 $\sqrt[n]{|a_n x^n|}>1$,即 $|a_n x^n|>1$,于是

$$\lim_{n\to\infty}|a_n x^n|\neq 0 \Leftrightarrow \lim_{n\to\infty}a_n x^n\neq 0$$

故幂级数(8.2.2)发散.于是收敛半径 $R=l$.

(2) 当 $l=0$ 时,$\forall x\neq 0$,有

$$\lim_{n\to\infty}\sqrt[n]{|a_n x^n|}=|x|\lim_{n\to\infty}\sqrt[n]{|a_n|}=+\infty$$

所以 n 充分大时有 $\sqrt[n]{|a_n x^n|}>1$,即 $|a_n x^n|>1$,于是

$$\lim_{n\to\infty}|a_n x^n|\neq 0 \Leftrightarrow \lim_{n\to\infty}a_n x^n\neq 0$$

故幂级数(8.2.2)发散,于是收敛半径 $R=0$.

(3) 当 $l=+\infty$ 时,$\forall x\neq 0$,有

$$\lim_{n\to\infty}\sqrt[n]{|a_n x^n|}=|x|\lim_{n\to\infty}\sqrt[n]{|a_n|}=0$$

应用根值判别法可得幂级数(8.2.2)绝对收敛,于是收敛半径 $R=+\infty$. □

值得注意的是,根据阿尔贝定理,我们已分析证明了收敛半径 R 的存在性,但不能推得一定有

$$\lim_{n\to\infty}\left|\frac{a_n}{a_{n+1}}\right|=R \quad 或 \quad \lim_{n\to\infty}\frac{1}{\sqrt[n]{|a_n|}}=R$$

因为定理 8.2.2 与定理 8.2.3 表示的是在这两个极限存在(或为 $+\infty$)时,它们才是收敛半径,但这两个极限还可能是除去 $+\infty$ 以外的其他不存在形式.

例如幂级数 $\sum\limits_{n=0}^{\infty}(2+(-1)^n)x^n$ 中,$a_n=2+(-1)^n$,显然 $\lim\limits_{n\to\infty}\left|\frac{a_n}{a_{n+1}}\right|$ 不存在,且不为 ∞.对于这种情况的幂级数,我们将在下面的定理 8.2.4 中进一步研究其收敛半径.

例 2 求下列幂级数的收敛域:

(1) $\sum\limits_{n=1}^{\infty}\frac{1}{n\cdot 3^n}x^n$;　　(2) $\sum\limits_{n=2}^{\infty}\left(1-\frac{1}{n}\right)^n x^n$;

(3) $\sum\limits_{n=0}^{\infty}\frac{1}{n!}x^n$;　　(4) $\sum\limits_{n=1}^{\infty}n^n x^n$.

解 (1) $a_n=\frac{1}{n\cdot 3^n}$,因

$$\lim_{n\to\infty}\left|\frac{a_n}{a_{n+1}}\right|=\lim_{n\to\infty}\frac{(n+1)\cdot 3^{n+1}}{n\cdot 3^n}=3$$

故收敛半径 $R=3$. 当 $x=3$ 时,原幂级数化为 $\sum_{n=1}^{\infty}\frac{1}{n}$,显见发散;$x=-3$ 时,原幂级数化为 $\sum_{n=1}^{\infty}(-1)^n\frac{1}{n}$,此为莱布尼茨型级数.故原幂级数的收敛域为$[-3,3)$.

(2) $a_n=\left(1-\frac{1}{n}\right)^n$,因

$$\lim_{n\to\infty}\frac{1}{\sqrt[n]{|a_n|}}=\lim_{n\to\infty}\frac{1}{1-\frac{1}{n}}=1$$

故收敛半径 $R=1$. 当 $x=\pm 1$ 时,原幂级数化为

$$\sum_{n=2}^{\infty}(\pm 1)^n\left(1-\frac{1}{n}\right)^n$$

由于$\lim_{n\to\infty}\left(1-\frac{1}{n}\right)^n=\frac{1}{\mathrm{e}}\neq 0$,所以 $x=\pm 1$ 时原幂级数发散.因此原幂级数的收敛域为$(-1,1)$.

(3) $a_n=\frac{1}{n!}$,因

$$\lim_{n\to\infty}\left|\frac{a_n}{a_{n+1}}\right|=\lim_{n\to\infty}\frac{(n+1)!}{n!}=\lim_{n\to\infty}(n+1)=+\infty$$

故收敛半径 $R=+\infty$,因此原幂级数的收敛域为$(-\infty,+\infty)$.

(4) $a_n=n^n$,因

$$\lim_{n\to\infty}\frac{1}{\sqrt[n]{|a_n|}}=\lim_{n\to\infty}\frac{1}{n}=0$$

故收敛半径 $R=0$,因此原幂级数仅当 $x=0$ 时收敛.

例 3　求下列函数项级数的收敛域:

(1) $\sum_{n=1}^{\infty}\frac{1}{n}(2x+1)^n$;　　(2) $\sum_{n=1}^{\infty}(-1)^{n+1}\frac{1}{2^n}x^{2n}$.

解　(1) 令 $t=2x+1$,原式 $=\sum_{n=1}^{\infty}\frac{1}{n}t^n$. 易求出此幂级数的收敛域为$[-1,1)$,于是 $-1\leqslant 2x+1<1$,由此可解得原级数的收敛域为$[-1,0)$.

(2) 这里幂指数不是以公差1递增的,故用变量代换,令 $t=x^2(t\geqslant 0)$,将原式化为 t 的幂级数,则原式 $=\sum_{n=1}^{\infty}(-1)^{n+1}\frac{1}{2^n}t^n$,可得 $R=\lim_{n\to\infty}\frac{2^{n+1}}{2^n}=2$. 当 $t=2$ 时,原级数 $=\sum_{n=1}^{\infty}(-1)^{n+1}$,显然发散,所以收敛域为$[0,2)$,于是 $x^2<2$,因此原级数的

收敛域为$(-\sqrt{2},\sqrt{2})$.

8.2.3 幂级数的性质

1) 幂级数的代数性质

定理 8.2.4 设有两个幂级数$\sum\limits_{n=0}^{\infty}a_nx^n$与$\sum\limits_{n=0}^{\infty}b_nx^n$,它们的收敛半径分别为$R_1$与$R_2$,收敛域分别为$X_1$与$X_2$.若幂级数$\sum\limits_{n=0}^{\infty}(a_n+b_n)x^n$的收敛半径为$R$,则

(1) 当$R_1\neq R_2$时,$R=\min\{R_1,R_2\}$;

(2) 当$R_1=R_2$且$X_1\neq X_2$时,$R=R_1=R_2$;

(3) 当$R_1=R_2$且$X_1=X_2$时,$R\geqslant R_1=R_2$.

证 (1) 不妨设$R_1<R_2$,则$\min\{R_1,R_2\}=R_1$.由于$|x|<R_1$时幂级数$\sum\limits_{n=0}^{\infty}a_nx^n$与$\sum\limits_{n=0}^{\infty}b_nx^n$皆绝对收敛,应用数项级数的线性性质推得$|x|<R_1$时

$$\sum_{n=0}^{\infty}(a_n+b_n)x^n=\sum_{n=0}^{\infty}a_nx^n+\sum_{n=0}^{\infty}b_nx^n$$

也收敛,由此可得$R\geqslant R_1$.$\forall x_0$且$R_1<|x_0|<R_2$,由于$\sum\limits_{n=0}^{\infty}a_nx_0^n$发散,$\sum\limits_{n=0}^{\infty}b_nx_0^n$收敛,应用推论 8.1.3 推得$\sum\limits_{n=0}^{\infty}(a_n+b_n)x_0^n$发散,由此可得$R\leqslant R_1$.综合即得

$$R=R_1=\min\{R_1,R_2\}$$

(2) 当$|x|<R_1$时,两个幂级数$\sum\limits_{n=0}^{\infty}a_nx^n$,$\sum\limits_{n=0}^{\infty}b_nx^n$皆收敛,因而$\sum\limits_{n=0}^{\infty}(a_n+b_n)x^n$也收敛,由此可得$R\geqslant R_1$.由于$X_1\neq X_2$,这表明幂级数$\sum\limits_{n=0}^{\infty}a_nx^n$与$\sum\limits_{n=0}^{\infty}b_nx^n$在$x=R$(或$x=-R$)处一个为收敛,一个为发散,因此$\sum\limits_{n=0}^{\infty}(a_n+b_n)x^n$在该点处发散,由此可得$R\leqslant R_1$.综合即得$R=R_1=R_2$.

(3) 考察一个特例:当$a_n=-b_n$时,$\sum\limits_{n=0}^{\infty}a_nx^n$与$\sum\limits_{n=0}^{\infty}b_nx^n$的收敛半径与收敛域皆相同,但$\sum\limits_{n=0}^{\infty}(a_n+b_n)x^n$的收敛半径$R=+\infty$. □

注 通过该定理可得如下结论:$R\geqslant\min\{R_1,R_2\}$.

不难看出,我们之前所举例的幂级数$\sum\limits_{n=0}^{\infty}(2+(-1)^n)x^n=\sum\limits_{n=0}^{\infty}2x^n+\sum\limits_{n=0}^{\infty}(-1)^nx^n$属于定理 8.2.4 中第(3)种情况,这里$R_1=R_2=1$,$X_1=X_2=(-1,1)$,故$R\geqslant 1$.

又由于 $2+(-1)^n$ 不趋于 $0(n\to\infty)$，所以原幂级数在 $x=1$ 处发散，故 $R\leqslant 1$. 因此，该幂级数的收敛半径 $R=1$.

2）幂级数的解析性质

下面我们研究幂级数的和函数 $S(x)$ 的连续性，以及和函数 $S(x)$ 的可导性与可积性.

定理 8.2.5　设幂级数 $\sum\limits_{n=0}^{\infty}a_nx^n$ 的收敛半径为 R，收敛域为 X，和函数为 $S(x)$，则

(1) $S(x)\in\mathscr{C}(X)$；

(2) $S'(x)=\sum\limits_{n=1}^{\infty}na_nx^{n-1},x\in(-R,R)$；

(3) $\int_0^x S(x)\mathrm{d}x=\sum\limits_{n=0}^{\infty}\dfrac{a_n}{n+1}x^{n+1},x\in(-R,R)$.

此定理的证明从略. 这是幂级数理论中非常重要的性质，其中第(1) 条性质表明幂级数的和函数在其收敛域上连续；第(2) 条性质表明幂级数在收敛区间内**可逐项求导数**；第(3) 条性质表明幂级数在收敛区间内**可逐项求积分**. 值得说明的是，第(2) 条与第(3) 条性质在下面几小节中将有着重要的应用.

8.2.4　幂级数的和函数(Ⅰ)

本小节举 4 个例子介绍如何求幂级数的和函数.

例 4　求幂级数 $\sum\limits_{n=0}^{\infty}x^n$ 的和函数.

解　这是公比为 x 的几何级数，其和函数为

$$\sum_{n=0}^{\infty}x^n=\frac{1}{1-x}\quad(|x|<1) \tag{8.2.7}$$

例 5　求幂级数 $\sum\limits_{n=1}^{\infty}\dfrac{1}{n}x^n$ 的和函数.

解　容易求得幂级数的收敛域为$[-1,1)$，令

$$S(x)=\sum_{n=1}^{\infty}\frac{1}{n}x^n\quad(-1\leqslant x<1)$$

在收敛区间$(-1,1)$ 内，将上式逐项求导，并应用公式(8.2.7) 得

$$S'(x)=\sum_{n=1}^{\infty}x^{n-1}=\sum_{n=0}^{\infty}x^n=\frac{1}{1-x} \tag{8.2.8}$$

将式(8.2.8) 两端从 0 到 x 积分得

$$S(x)=S(0)+\int_0^x\frac{1}{1-x}\mathrm{d}x=-\ln(1-x)$$

于是得到

$$\sum_{n=1}^{\infty}\frac{1}{n}x^n=-\ln(1-x)\qquad(-1\leqslant x<1)\tag{8.2.9}$$

例 6 求幂级数$\sum_{n=1}^{\infty}\frac{1}{n(n+1)}x^n$的和函数.

解 容易求得幂级数的收敛半径$R=1$,收敛域为$[-1,1]$.记和函数为$S(x)$,则$S(0)=0$,且

$$S(1)=\sum_{n=1}^{\infty}\frac{1}{n(n+1)}=\lim_{n\to\infty}\left(1-\frac{1}{n+1}\right)=1$$

当$x\in[-1,0)\cup(0,1)$时,有

$$\begin{aligned}S(x)&=\sum_{n=1}^{\infty}\left(\frac{1}{n}-\frac{1}{n+1}\right)x^n=\sum_{n=1}^{\infty}\frac{1}{n}x^n-\sum_{n=1}^{\infty}\frac{1}{n+1}x^n\\&=\sum_{n=1}^{\infty}\frac{1}{n}x^n-\frac{1}{x}\sum_{n=2}^{\infty}\frac{1}{n}x^n=-\ln(1-x)+\frac{1}{x}\ln(1-x)+1\end{aligned}$$

于是所求幂级数的和函数为

$$\sum_{n=1}^{\infty}\frac{1}{n(n+1)}x^n=\begin{cases}1+\dfrac{1-x}{x}\ln(1-x) & (-1\leqslant x<0\text{ 或 }0<x<1);\\0 & (x=0);\\1 & (x=1)\end{cases}$$

例 7 求幂级数$\sum_{n=1}^{\infty}n^2x^n$的和函数.

解 易得幂级数的收敛半径$R=1$,收敛域为$(-1,1)$.令$S_1(x)=\sum_{n=1}^{\infty}n^2x^{n-1}$,逐项积分再求导得

$$S_1(x)=\left(\sum_{n=1}^{\infty}nx^n\right)'=\left(x\sum_{n=1}^{\infty}nx^{n-1}\right)'\quad(-1<x<1)$$

令$S_2(x)=\sum_{n=1}^{\infty}nx^{n-1}$,逐项积分再求导得

$$S_2(x)=\left(\sum_{n=1}^{\infty}x^n\right)'=\left(\frac{x}{1-x}\right)'=\frac{1}{(1-x)^2}\quad(-1<x<1)$$

于是

$$S_1(x)=(xS_2(x))'=\left(\frac{x}{(1-x)^2}\right)'=\frac{1+x}{(1-x)^3}\quad(-1<x<1)$$

于是所求幂级数的和函数为

$$S(x)=xS_1(x)=\frac{x(1+x)}{(1-x)^3}\quad(-1<x<1)$$

上述求和函数的例题都源于公式(8.2.7)(几何级数)的应用.下一小节我们先来讨论一般函数的幂级数展式,并导出一些常用初等函数的幂级数展式.运用这些幂级数展式,我们可求出其他初等函数的幂级数展式,并反过来用于求幂级数的和函数.

8.2.5　初等函数的幂级数展式

定理 8.2.6　设函数 $f(x)$ 在 $(-R,R)$ 上可展开为 x 的幂级数,即

$$f(x)=\sum_{n=0}^{\infty}a_nx^n \tag{8.2.10}$$

则 $f(x)$ 在 $(-R,R)$ 上任意阶可导,且 $a_0=f(0)$, $a_n=\frac{1}{n!}f^{(n)}(0)$, $n\in\mathbf{N}^*$.

证　在式(8.2.10)中令 $x=0$ 得 $a_0=f(0)$.运用幂级数可逐项求导的性质,将式(8.2.10)两边逐次求导得

$$f'(x)=\sum_{n=1}^{\infty}na_nx^{n-1}$$

$$f''(x)=\sum_{n=2}^{\infty}n(n-1)a_nx^{n-2}$$

$$\vdots$$

$$f^{(k)}(x)=\sum_{n=k}^{\infty}n(n-1)\cdots(n-k+1)a_nx^{n-k}$$

$$\vdots$$

这里 $x\in(-R,R)$.在上列各式中令 $x=0$ 得

$$f'(0)=a_1,\quad f''(0)=2a_2,\quad\cdots,\quad f^{(k)}(0)=k!a_k,\quad\cdots$$

所以 $f(x)$ 在 $(-R,R)$ 上任意阶可导,且 $a_n=\frac{1}{n!}f^{(n)}(0)$, $n\in\mathbf{N}$.　□

此定理表明:函数 $f(x)$ 可展开为 x 的幂级数的必要条件是 $f(x)$ 在 $x=0$ 的某邻域内任意阶可导,且其 x 的幂级数展式是唯一的,形式为

$$f(x)=\sum_{n=0}^{\infty}\frac{1}{n!}f^{(n)}(0)x^n \tag{8.2.11}$$

此式称为 $f(x)$ 的**马克劳林级数**(或 **x 的幂级数**).

值得注意的是,上述必要条件不是充分条件,由上面的系数公式得到的 x 的幂级数(8.2.11) 的和函数并不一定是 $f(x)$. 下面研究式(8.2.11) 成立的充要条件.

定理 8.2.7 设函数 $f(x)$ 在$(-R,R)$ 上任意阶可导,则 $f(x)$ 有 x 的幂级数展式(8.2.11) 的充要条件是

$$\lim_{n\to\infty}\frac{1}{n!}f^{(n)}(\xi)x^n=0 \tag{8.2.12}$$

其中,$x\in(-R,R)$,ξ 介于 0 与 x 之间.

证 因函数 $f(x)$ 在$(-R,R)$ 上任意阶可导,据马克劳林公式(定理 2.5.7),$\forall n\in\mathbf{N}$,有

$$f(x)=\sum_{k=0}^{n-1}\frac{1}{k!}f^{(k)}(0)x^k+\frac{1}{n!}f^{(n)}(\xi)x^n \tag{8.2.13}$$

其中,$x\in(-R,R)$,ξ 介于 0 与 x 之间. 在式(8.2.13) 中令 $n\to\infty$,得

$$f(x)=\sum_{k=0}^{\infty}\frac{1}{k!}f^{(k)}(0)x^k+\lim_{n\to\infty}\frac{1}{n!}f^{(n)}(\xi)x^n$$

由此式即得式(8.2.11) 成立的充要条件是式(8.2.12) 成立. □

函数 $f(x)$ 除任意阶可导外,还需满足什么条件能保证式(8.2.12) 成立呢?下面的定理给出一个充分条件.

定理 8.2.8 设函数 $f(x)$ 在$(-R,R)$ 上任意阶可导,且$\exists M>0$,使得 $\forall n\in\mathbf{N}$,以及 $\forall x\in(-R,R)$,有

$$|f^{(n)}(x)|\leqslant M$$

则 $f(x)$ 有 x 的幂级数展式(8.2.11).

证 记 $a_n=\dfrac{R^n}{n!}$,由于

$$\lim_{n\to\infty}\frac{a_{n+1}}{a_n}=\lim_{n\to\infty}\frac{R^{n+1}}{(n+1)!}\cdot\frac{n!}{R^n}=\lim_{n\to\infty}\frac{R}{n+1}=0$$

则根据比值判别法,可知级数$\sum\limits_{n=0}^{\infty}a_n=\sum\limits_{n=0}^{\infty}\dfrac{R^n}{n!}$ 收敛. 又据级数收敛的必要条件,可得$\lim\limits_{n\to\infty}a_n=\lim\limits_{n\to\infty}\dfrac{R^n}{n!}=0$,因此

$$0\leqslant\left|\frac{1}{n!}f^{(n)}(\xi)x^n\right|\leqslant\frac{M}{n!}R^n\to 0\quad(n\to\infty)$$

所以

$$\lim_{n\to\infty}\frac{1}{n!}f^{(n)}(\xi)x^n=0$$

据定理 8.2.7 可得 $f(x)$ 有 x 的幂级数展式(8.2.11). □

例 8　求函数 $f(x)=(x+1)^5+(x-2)^4+\sin x+e^{2x}$ 的 x 的幂级数展式的前 3 项.

解　因为

$$f(0)=1+16+0+1=18$$

$$f'(0)=\left[5(x+1)^4+4(x-2)^3+\cos x+2e^{2x}\right]\Big|_{x=0}=-24$$

$$f''(0)=\left[20(x+1)^3+12(x-2)^2-\sin x+4e^{2x}\right]\Big|_{x=0}=72$$

所以函数 $f(x)$ 的 x 的幂级数展式的前 3 项为

$$f(x)=18-24x+36x^2+\cdots$$

注　我们将按公式(8.2.11)求函数 $f(x)$ 的 x 的幂级数展式的方法称为**直接展开法**.

例 9　用直接展开法求函数 $e^x,\sin x,(1+x)^\alpha(\alpha\in\mathbf{R})$ 的 x 的幂级数展式.

解　(1) 令 $f(x)=e^x$,则 $f^{(n)}(x)=e^x$,$f^{(n)}(0)=1$,所以 $a_n=\dfrac{1}{n!}$. $\forall M>0$,当 $|x|<M$ 时,有

$$|f^{(n)}(x)|=|e^x|\leqslant e^M$$

因而 $|x|<M$ 时,有 $e^x=\sum\limits_{n=0}^{\infty}\dfrac{1}{n!}x^n$. 由于 $M>0$ 的任意性,故此式对 $|x|<+\infty$ 成立,即得

$$e^x=\sum_{n=0}^{\infty}\frac{1}{n!}x^n\quad(|x|<+\infty)\tag{8.2.14}$$

(2) 令 $f(x)=\sin x$,则 $f^{(n)}(x)=\sin\left(x+n\cdot\dfrac{\pi}{2}\right)$,故

$$f^{(n)}(0)=\sin\left(n\cdot\frac{\pi}{2}\right)=\begin{cases}0 & (n\text{ 为偶数 }2k);\\(-1)^k & (n\text{ 为奇数 }2k+1)\end{cases}$$

且 $\forall x\in\mathbf{R}$, $|f^{(n)}(x)|\leqslant 1$,所以

$$\sin x=\sum_{n=0}^{\infty}(-1)^n\frac{1}{(2n+1)!}x^{2n+1}\quad(|x|<+\infty)\tag{8.2.15}$$

(3) 令 $f(x)=(1+x)^\alpha$,则

$$f^{(n)}(x)=\alpha(\alpha-1)\cdots(\alpha-n+1)(1+x)^{\alpha-n}$$
$$f^{(n)}(0)=\alpha(\alpha-1)\cdots(\alpha-n+1)$$

于是 $f(x)$ 的 x 的幂级数展式为

$$(1+x)^{\alpha}=\sum_{n=0}^{\infty}\frac{\alpha(\alpha-1)\cdots(\alpha-n+1)}{n!}x^{n}\quad(|x|<1)\qquad(8.2.16)$$

注 公式(8.2.16)中级数的收敛性的证明较难,超出本课程的教学要求,这里从略.

应用直接展开法求函数的幂级数展式的难点在于证明式(8.2.12).由于求函数的幂级数展式与求幂级数的和函数这两个问题互为逆运算,因此我们可以将幂级数的和函数公式反向使用.例如,在例 4 中我们已求得幂级数 $\sum\limits_{n=0}^{\infty}x^{n}$ 的和函数为 $\frac{1}{1-x}(|x|<1)$,反过来,函数 $\frac{1}{1-x}$ 的幂级数展式就是 $\sum\limits_{n=0}^{\infty}x^{n}(|x|<1)$;在例 5 中我们已求得幂级数 $\sum\limits_{n=0}^{\infty}\frac{1}{n}x^{n}$ 的和函数为 $-\ln(1-x)(-1\leqslant x<1)$,反过来,函数 $\ln(1-x)$ 的幂级数展式就是 $-\sum\limits_{n=0}^{\infty}\frac{1}{n}x^{n}(-1\leqslant x<1)$.此时都无需证明式(8.2.12).再加上例 9 中求得的几个常见的函数的幂级数展式,将它们作为公式并通过四则运算以及幂级数在收敛区间内可逐项求导数、逐项求积分的性质,来求另一些初等函数的幂级数展式,此时也无需证明式(8.2.12).我们通常称这一方法为**间接展开法**.

通过前面的学习,我们已知的常见初等函数的幂级数展开公式如下所示:

(Ⅰ) $e^{x}=\sum\limits_{n=0}^{\infty}\frac{1}{n!}x^{n}\ (|x|<+\infty)$;

(Ⅱ) $\sin x=\sum\limits_{n=0}^{\infty}\frac{(-1)^{n}}{(2n+1)!}x^{2n+1}\ (|x|<+\infty)$;

(Ⅲ) $\cos x=\sum\limits_{n=0}^{\infty}\frac{(-1)^{n}}{(2n)!}x^{2n}\ (|x|<+\infty)$(将公式(Ⅱ)逐项求导得到);

(Ⅳ) $\ln(1-x)=-\sum\limits_{n=1}^{\infty}\frac{1}{n}x^{n}\ (-1\leqslant x<1)$;

(Ⅴ) $\frac{1}{1-x}=\sum\limits_{n=0}^{\infty}x^{n}\ (|x|<1)$;

(Ⅵ) $(1+x)^{\alpha}=\sum\limits_{n=0}^{\infty}\frac{\alpha(\alpha-1)\cdots(\alpha-n+1)}{n!}x^{n}\ (|x|<1)$.

例 10 求下列函数的 x 的幂级数展式:

(1) $\dfrac{1}{x^2+x-6}$；　　　　(2) $\ln(2-x-x^2)$；

(3) 2^{x^2}；　　　　(4) $\sin^2 x$.

解　(1) 应用上述公式(Ⅴ)，得

$$\begin{aligned}\frac{1}{x^2+x-6}&=\frac{1}{(x-2)(x+3)}=-\frac{1}{5}\left(\frac{1}{3+x}+\frac{1}{2-x}\right)\\&=-\frac{1}{15}\cdot\frac{1}{1+\dfrac{x}{3}}-\frac{1}{10}\cdot\frac{1}{1-\dfrac{x}{2}}\\&=-\frac{1}{15}\sum_{n=0}^{\infty}\left(-\frac{1}{3}\right)^n x^n-\frac{1}{10}\sum_{n=0}^{\infty}\frac{1}{2^n}x^n\\&=\sum_{n=0}^{\infty}\left(\frac{(-1)^{n+1}}{5\cdot 3^{n+1}}-\frac{1}{5\cdot 2^{n+1}}\right)x^n\quad(|x|<2)\end{aligned}$$

(2) 应用上述公式(Ⅳ)，得

$$\begin{aligned}\ln(2-x-x^2)&=\ln2\left(1+\frac{x}{2}\right)(1-x)\\&=\ln2+\ln\left(1+\frac{x}{2}\right)+\ln(1-x)\\&=\ln2-\sum_{n=1}^{\infty}\frac{1}{n}\left(-\frac{1}{2}\right)^n x^n-\sum_{n=1}^{\infty}\frac{1}{n}x^n\\&=\ln2+\sum_{n=1}^{\infty}\frac{1}{n}\left(\frac{(-1)^{n+1}}{2^n}-1\right)x^n\quad(-1\leqslant x<1)\end{aligned}$$

(3) 应用上述公式(Ⅰ)，得

$$2^{x^2}=e^{x^2\ln2}=\sum_{n=0}^{\infty}\frac{(\ln2)^n}{n!}x^{2n}\quad(|x|<+\infty)$$

(4) 应用上述公式(Ⅲ)，得

$$\sin^2 x=\frac{1}{2}(1-\cos2x)=\frac{1}{2}+\sum_{n=0}^{\infty}\frac{(-1)^{n+1}4^n}{2\cdot(2n)!}x^{2n}\quad(|x|<+\infty)$$

例 11　求 $f(x)=\arctan x$ 的 x 的幂级数展式.

解　因为

$$f'(x)=\frac{1}{1+x^2}=\sum_{n=0}^{\infty}(-x^2)^n=\sum_{n=0}^{\infty}(-1)^n x^{2n}\quad(|x|<1)$$

逐项求积分得

$$f(x)-f(0)=\sum_{n=0}^{\infty}\frac{(-1)^n}{2n+1}x^{2n+1}\quad(|x|<1)$$

由于 $f(0)=0$,且上式右端在 $x=\pm 1$ 处为莱布尼茨型级数,皆收敛,因此收敛范围为 $|x|\leqslant 1$,于是

$$\arctan x=\sum_{n=0}^{\infty}\frac{(-1)^n}{2n+1}x^{2n+1}\quad(|x|\leqslant 1)$$

*例 12　求 $f(x)=\dfrac{1}{x^2}$ 在 $x=2$ 处的幂级数展式.

解　令 $x-2=t$,则 $f(x)=\dfrac{1}{(2+t)^2}\equiv\varphi(t)$,因为

$$\int_0^t\varphi(t)\mathrm{d}t=\int_0^t\frac{1}{(2+t)^2}\mathrm{d}t=-\frac{1}{2+t}\bigg|_0^t=\frac{t}{2(2+t)}=\frac{t}{4\left(1+\dfrac{t}{2}\right)}$$

$$=\frac{t}{4}\sum_{n=0}^{\infty}\left(-\frac{t}{2}\right)^n=\sum_{n=0}^{\infty}(-1)^n\frac{t^{n+1}}{2^{n+2}}$$

这里 $\left|\dfrac{t}{2}\right|<1$. 上式左边求导,右边逐项求导数得

$$f(x)=\varphi(t)=\sum_{n=0}^{\infty}(-1)^n\frac{n+1}{2^{n+2}}t^n=\sum_{n=0}^{\infty}(-1)^n\frac{n+1}{2^{n+2}}(x-2)^n$$

这里 $0<x<4$.

8.2.6　幂级数的和函数(Ⅱ)

由上一小节的 6 个初等函数的 x 的幂级数展开公式,我们反向使用,直接得到 6 个幂级数的和函数的公式:

(Ⅰ) $\displaystyle\sum_{n=0}^{\infty}\frac{1}{n!}x^n=\mathrm{e}^x\ (|x|<+\infty)$;

(Ⅱ) $\displaystyle\sum_{n=0}^{\infty}(-1)^n\frac{1}{(2n+1)!}x^{2n+1}=\sin x\ (|x|<+\infty)$;

(Ⅲ) $\displaystyle\sum_{n=0}^{\infty}(-1)^n\frac{1}{(2n)!}x^{2n}=\cos x\ (|x|<+\infty)$;

(Ⅳ) $\displaystyle\sum_{n=1}^{\infty}\frac{1}{n}x^n=-\ln(1-x)\ (-1\leqslant x<1)$;

(Ⅴ) $\displaystyle\sum_{n=k}^{\infty}x^n=\frac{x^k}{1-x}\ (|x|<1,k=0,1,2,\cdots)$;

(Ⅵ) $\displaystyle\sum_{n=0}^{\infty}\frac{\alpha(\alpha-1)\cdots(\alpha-n+1)}{n!}x^n=(1+x)^\alpha\ (|x|<1)$.

运用这些公式,通过四则运算以及逐项求导数、逐项求积分可求出另一些幂级数的和函数.

例 13　求下列幂级数的和函数：

(1) $\sum\limits_{n=1}^{\infty}\frac{(-1)^{n+1}n}{(2n)!}x^{2n}$；　　　* (2) $\sum\limits_{n=0}^{\infty}\frac{1}{n!(n+2)}x^{n}$.

解　(1) 应用上述公式(Ⅱ)，得

$$\sum_{n=1}^{\infty}\frac{(-1)^{n+1}n}{(2n)!}x^{2n}=\frac{1}{2}\sum_{n=1}^{\infty}\frac{(-1)^{n+1}2n}{(2n)!}x^{2n}=\frac{x}{2}\sum_{n=1}^{\infty}\frac{(-1)^{n+1}}{(2n-1)!}x^{2n-1}$$
$$=\frac{x}{2}\sum_{n=0}^{\infty}\frac{(-1)^{n}}{(2n+1)!}x^{2n+1}=\frac{x}{2}\sin x\quad(|x|<+\infty)$$

(2) 设原幂级数的和函数为 $S(x)$. 首先考虑幂级数

$$\sum_{n=0}^{\infty}\frac{1}{n!(n+2)}x^{n+2}=S_1(x)$$

逐项求导数，并应用上述公式(Ⅰ)，有

$$S_1'(x)=\sum_{n=0}^{\infty}\frac{1}{n!}x^{n+1}=x\left(\sum_{n=0}^{\infty}\frac{1}{n!}x^{n}\right)$$
$$=xe^{x}\quad(|x|<+\infty)$$

上式两边从 0 到 x 积分得

$$S_1(x)-S_1(0)=\int_0^x xe^x\mathrm{d}x=\int_0^x x\mathrm{d}e^x=xe^x\Big|_0^x-e^x\Big|_0^x$$
$$=xe^x-e^x+1=e^x(x-1)+1$$

由于 $S_1(0)=0$，所以

$$S_1(x)=\sum_{n=0}^{\infty}\frac{1}{n!(n+2)}x^{n+2}=e^x(x-1)+1\quad(|x|<+\infty)$$

当 $x\neq 0$ 时，$S(x)=\frac{S_1(x)}{x^2}=\frac{e^x(x-1)+1}{x^2}$；当 $x=0$ 时，应用幂级数的和函数的连续性，有

$$S(0)=\lim_{x\to 0}\frac{e^x(x-1)+1}{x^2}\xlongequal{\frac{0}{0}}\lim_{x\to 0}\frac{xe^x}{2x}=\frac{1}{2}$$

于是

$$\sum_{n=0}^{\infty}\frac{1}{n!(n+2)}x^{n}=\begin{cases}\dfrac{e^x(x-1)+1}{x^2} & (x\neq 0);\\[2ex]\dfrac{1}{2} & (x=0)\end{cases}$$

8.2.7 幂级数的应用

1) 求数项级数的和

应用幂级数的和函数可以求与之有关的数项级数的和.

例 14 求下列级数的和：

(1) $\sum\limits_{n=1}^{\infty}(-1)^{n+1}\frac{1}{n}$；　　(2) $\sum\limits_{n=1}^{\infty}\frac{n}{2^n}$；

(3) $\sum\limits_{n=1}^{\infty}\frac{(-1)^{n+1}n}{(2n)!}$；　　(4) $\sum\limits_{n=0}^{\infty}\frac{1}{n!(n+2)}$.

解 (1) 由于

$$\sum_{n=1}^{\infty}\frac{(-1)^{n+1}}{n}x^n=\ln(1+x)\quad(-1<x\leqslant 1)$$

令 $x=1$ 即得

$$原式=\sum_{n=1}^{\infty}(-1)^{n+1}\frac{1}{n}=\ln 2$$

(2) 取幂级数 $\sum\limits_{n=1}^{\infty}nx^{n-1}=S(x)$，逐项积分再求导得

$$S(x)=\left(\sum_{n=1}^{\infty}x^n\right)'=\left(\frac{x}{1-x}\right)'=\frac{1}{(1-x)^2}\quad(|x|<1)$$

令 $x=\frac{1}{2}$ 即得

$$\sum_{n=1}^{\infty}\frac{n}{2^n}=\frac{1}{2}S\left(\frac{1}{2}\right)=2$$

(3) 取幂级数 $\sum\limits_{n=1}^{\infty}\frac{(-1)^{n+1}n}{(2n)!}x^{2n}=S(x)$，在例 13(1) 中已求得

$$S(x)=\frac{x}{2}\sin x\quad(|x|<+\infty)$$

令 $x=1$ 即得

$$原式=\sum_{n=1}^{\infty}\frac{(-1)^{n+1}n}{(2n)!}=S(1)=\frac{1}{2}\sin 1$$

(4) 取幂级数 $\sum\limits_{n=0}^{\infty}\frac{1}{n!(n+2)}x^n=S(x)$，在例 13(2) 中已求得

$$S(x)=\frac{e^x(x-1)+1}{x^2}\quad(x\neq 0)$$

令 $x=1$ 即得

$$原式=\sum_{n=0}^{\infty}\frac{1}{n!(n+2)}=S(1)=1$$

2) 求 $\frac{0}{0}$ 型未定式的极限

例 15　求下列极限：

(1) $\lim\limits_{x\to 0}\dfrac{\sin x-x+\frac{1}{6}x^3}{x^5}$；　　　(2) $\lim\limits_{x\to 0}\dfrac{\tan x-x-\frac{1}{3}x^3}{x^5}$.

解　(1) 应用 $\sin x$ 的 x 的幂级数展式(写到 x^5)，得

$$\sin x=x-\frac{1}{3!}x^3+\frac{1}{5!}x^5+\cdots=x-\frac{1}{6}x^3+\frac{1}{120}x^5+o(x^5)$$

于是

$$原式=\lim_{x\to 0}\frac{\frac{1}{120}x^5+o(x^5)}{x^5}=\frac{1}{120}$$

(2) 应用长除法，将 $\sin x$ 的 x 的幂级数展式除以 $\cos x$ 的 x 的幂级数展式(写到 x^5)，得

$$\begin{array}{r|l}
 & x+\frac{1}{3}x^3+\frac{2}{15}x^5+\cdots \\ \hline
1-\frac{1}{2}x^2+\frac{1}{24}x^4-\cdots & x-\frac{1}{6}x^3+\frac{1}{120}x^5-\cdots \\
 & x-\frac{1}{2}x^3+\frac{1}{24}x^5-\cdots \\ \hline
 & \frac{1}{3}x^3-\frac{1}{30}x^5+\cdots \\
 & \frac{1}{3}x^3-\frac{1}{6}x^5+\cdots \\ \hline
 & \frac{2}{15}x^5+\cdots \\
 & \frac{2}{15}x^5+\cdots \\ \hline
 & 0+\cdots
\end{array}$$

所以

$$\tan x=\frac{\sin x}{\cos x}=x+\frac{1}{3}x^3+\frac{2}{15}x^5+o(x^5)$$

于是

$$\text{原式} = \lim_{x \to 0} \frac{\frac{2}{15}x^5 + o(x^5)}{x^5} = \frac{2}{15}$$

3) 欧拉公式

定理 8.2.9(欧拉公式) 设 $x \in \mathbf{R}, \mathrm{i} = \sqrt{-1}$,则 $\mathrm{e}^{\mathrm{i}x} = \cos x + \mathrm{i}\sin x$.

证 应用 e^x 关于 x 的幂级数展式,得函数 $\mathrm{e}^{\mathrm{i}x}$ 关于 $\mathrm{i}x$ 的幂级数展式为

$$\begin{aligned}
\mathrm{e}^{\mathrm{i}x} &= \sum_{n=0}^{\infty} \frac{1}{n!}(\mathrm{i}x)^n = \sum_{n=0}^{\infty} \frac{1}{(2n)!}(\mathrm{i}x)^{2n} + \sum_{n=0}^{\infty} \frac{1}{(2n+1)!}(\mathrm{i}x)^{2n+1} \\
&= \sum_{n=0}^{\infty} \frac{((\mathrm{i})^2)^n}{(2n)!}x^{2n} + \sum_{n=0}^{\infty} \frac{((\mathrm{i})^2)^n \mathrm{i}}{(2n+1)!}x^{2n+1} \\
&= \sum_{n=0}^{\infty} \frac{(-1)^n}{(2n)!}x^{2n} + \mathrm{i}\left(\sum_{n=0}^{\infty} \frac{(-1)^n}{(2n+1)!}x^{2n+1}\right) \\
&= \cos x + \mathrm{i}\sin x.
\end{aligned}$$

□

注 欧拉公式在第 9.3.3 小节求微分方程的特解时将有重要应用.

习题 8.2

A 组

1. 求下列幂级数的收敛域:

(1) $\sum_{n=1}^{\infty} (-1)^n \frac{n}{3n-2}x^n$;

(2) $\sum_{n=1}^{\infty} \frac{1}{n^2 \cdot 2^n}x^n$;

(3) $\sum_{n=1}^{\infty} (-1)^n \frac{1}{n}x^n$;

(4) $\sum_{n=1}^{\infty} \frac{2^n}{n}x^n$;

(5) $\sum_{n=1}^{\infty} \frac{n!}{n^n}x^n$;

(6) $\sum_{n=0}^{\infty} \frac{(n!)^2}{(2n)!}x^n$.

2. 求下列函数的关于 x 的幂级数展式:

(1) $\cos^2 x$;

(2) $(2-x)\mathrm{e}^x$;

(3) $\frac{x}{x^2-2x-3}$;

(4) $\ln(1+x-2x^2)$;

(5) $\arctan\frac{1+x}{1-x}$;

(6) $\frac{1}{4}\ln\frac{1+x}{1-x} + \frac{1}{2}\arctan x - x$.

3. 求下列函数在指定点的幂级数展式:

(1) $\frac{1}{1+x}$,在 $x = 1$ 处;

(2) $\frac{1}{(1+x)^2}$,在 $x = 1$ 处.

4. 求下列幂级数的和函数：

(1) $\sum_{n=0}^{\infty}\frac{1}{3^n}x^n$；

(2) $\sum_{n=0}^{\infty}\frac{1}{2n+1}x^{2n+1}$；

(3) $\sum_{n=1}^{\infty}\left(\frac{1}{n}+\frac{n}{n+1}\right)x^n$；

(4) $\sum_{n=1}^{\infty}nx^n$；

(5) $\sum_{n=1}^{\infty}(2n+1)x^n$；

(6) $\sum_{n=1}^{\infty}n(n+1)x^n$；

(7) $\sum_{n=2}^{\infty}\frac{(-1)^n}{n(n-1)}x^n$；

(8) $\sum_{n=1}^{\infty}\frac{2n-1}{2^n}x^{2n-1}$.

5. 求下列数项级数的和：

(1) $\sum_{n=1}^{\infty}\frac{(-1)^{n+1}}{n\cdot 2^n}$；

(2) $\sum_{n=1}^{\infty}\frac{(-1)^n\cdot 2^n}{n!}$；

(3) $\sum_{n=1}^{\infty}\frac{(-1)^n}{n(2n-1)}$；

(4) $\sum_{n=0}^{\infty}\frac{1}{n!(n+3)}$.

B 组

6. 求下列函数的关于 x 的幂级数展式：

(1) $\frac{1}{x^2-x+1}$；

(2) $\ln(1+x+x^2)$.

7. 求幂级数 $\sum_{n=1}^{\infty}(-1)^{n+1}\frac{x^{2n-1}}{(2n+1)(2n-1)}$ 的和函数.

8. 求级数 $\sum_{n=0}^{\infty}\frac{(-1)^n(n^2-n+1)}{2^n}$ 的和.

*8.3 傅里叶①级数

不论在理论上还是在实践中，常常需要将一个函数分解为一系列简单函数的和的形式，而这些简单函数中要数幂函数最简单，其次是三角函数. 1712 年，英国数学家泰勒第一个提出初等函数的幂级数展式问题，其优点是幂函数简单且易于求值，缺点是对被展函数要求太高. 1807 年，法国数学家傅里叶提出函数的三角级数展式问题，并发展为傅里叶级数理论. 该理论最大优点是对被展函数要求很低，哪怕不连续都行. 这一理论后被广泛应用于现代声学、光学、电子学等科技领域.

①傅里叶(Fourier)，1768—1830，法国数学家.

8.3.1 傅氏系数与傅氏级数

1) 三角函数系的正交性

我们先来研究三角函数系

$$1,\quad \cos x,\quad \sin x,\quad \cos 2x,\quad \sin 2x,\quad \cdots,\quad \cos nx,\quad \sin nx,\quad \cdots \tag{8.3.1}$$

的基本性质.

定理 8.3.1(正交性) 三角函数系(8.3.1)具有下列性质(其中 $n,m \in \mathbf{N}^*$):

(1) $\int_{-\pi}^{\pi} 1 \cdot \cos nx\,\mathrm{d}x = \int_{-\pi}^{\pi} 1 \cdot \sin nx\,\mathrm{d}x = 0$;

(2) $\int_{-\pi}^{\pi} \cos nx \cdot \sin mx\,\mathrm{d}x = 0$;

(3) $\int_{-\pi}^{\pi} \cos nx \cdot \cos mx\,\mathrm{d}x = \int_{-\pi}^{\pi} \sin nx \cdot \sin mx\,\mathrm{d}x = 0\ (n \neq m)$;

(4) $\int_{-\pi}^{\pi} \cos^2 nx\,\mathrm{d}x = \int_{-\pi}^{\pi} \sin^2 nx\,\mathrm{d}x = \pi$.

证 (1) 直接积分可得

$$\int_{-\pi}^{\pi} \cos nx\,\mathrm{d}x = \frac{1}{n}\sin nx\Big|_{-\pi}^{\pi} = 0,\quad \int_{-\pi}^{\pi} \sin nx\,\mathrm{d}x = \frac{-1}{n}\cos nx\Big|_{-\pi}^{\pi} = 0$$

(2) 应用定积分的奇偶、对称性即得.

(3) 应用三角函数积化和差公式得

$$\begin{aligned}\int_{-\pi}^{\pi} \cos nx \cdot \cos mx\,\mathrm{d}x &= \frac{1}{2}\int_{-\pi}^{\pi} [\cos(n-m)x + \cos(n+m)x]\mathrm{d}x \\ &= \frac{1}{2}\left[\frac{1}{n-m}\sin(n-m)x + \frac{1}{n+m}\sin(n+m)x\right]\Big|_{-\pi}^{\pi} = 0\end{aligned}$$

$$\begin{aligned}\int_{-\pi}^{\pi} \sin nx \cdot \sin mx\,\mathrm{d}x &= \frac{1}{2}\int_{-\pi}^{\pi} [\cos(n-m)x - \cos(n+m)x]\mathrm{d}x \\ &= \frac{1}{2}\left[\frac{1}{n-m}\sin(n-m)x - \frac{1}{n+m}\sin(n+m)x\right]\Big|_{-\pi}^{\pi} = 0\end{aligned}$$

(4) 应用三角函数的二倍角公式得

$$\int_{-\pi}^{\pi} \cos^2 nx\,\mathrm{d}x = \int_{-\pi}^{\pi} \frac{1+\cos 2nx}{2}\mathrm{d}x = \frac{1}{2}\left(x + \frac{1}{2n}\sin 2nx\right)\Big|_{-\pi}^{\pi} = \pi$$

$$\int_{-\pi}^{\pi} \sin^2 nx\,\mathrm{d}x = \int_{-\pi}^{\pi} \frac{1-\cos 2nx}{2}\mathrm{d}x = \frac{1}{2}\left(x - \frac{1}{2n}\sin 2nx\right)\Big|_{-\pi}^{\pi} = \pi \qquad \square$$

上述性质(1),(2),(3) 表明:三角函数系(8.3.1) 中的任何两个不同项的乘积在$[-\pi,\pi]$上定积分值皆为0. 这一性质称为**三角函数系**(8.3.1)**的正交性**①.

2) 傅氏系数公式

下面我们考虑将函数$f(x)$按三角函数系(8.3.1)展开的问题.

定理 8.3.2 设$f(x)$是周期为2π的周期函数,$f\in\mathscr{I}[-\pi,\pi]$,且在$[-\pi,\pi]$上可展为三角级数

$$f(x)=\frac{a_0}{2}+\sum_{n=1}^{\infty}(a_n\cos nx+b_n\sin nx) \tag{8.3.2}$$

则

$$\begin{cases}a_n=\dfrac{1}{\pi}\displaystyle\int_{-\pi}^{\pi}f(x)\cos nx\,\mathrm{d}x\quad(n=0,1,2,\cdots);\\ b_n=\dfrac{1}{\pi}\displaystyle\int_{-\pi}^{\pi}f(x)\sin nx\,\mathrm{d}x\quad(n=1,2,3,\cdots)\end{cases} \tag{8.3.3}$$

并称式(8.3.3)为**欧拉-傅里叶系数**.

证 将式(8.3.2)两边在$[-\pi,\pi]$上积分得

$$\int_{-\pi}^{\pi}f(x)\mathrm{d}x=a_0\pi+\sum_{n=1}^{\infty}\left(a_n\int_{-\pi}^{\pi}\cos nx\,\mathrm{d}x+b_n\int_{-\pi}^{\pi}\sin nx\,\mathrm{d}x\right)=a_0\pi$$

所以$a_0=\dfrac{1}{\pi}\displaystyle\int_{-\pi}^{\pi}f(x)\mathrm{d}x$.

将式(8.3.2)两边乘以$\cos nx$后在$[-\pi,\pi]$上积分,应用定理8.3.1得

$$\begin{aligned}\int_{-\pi}^{\pi}f(x)\cos nx\,\mathrm{d}x&=\frac{a_0}{2}\int_{-\pi}^{\pi}\cos nx\,\mathrm{d}x+\sum_{m=1}^{\infty}a_m\int_{-\pi}^{\pi}\cos nx\cdot\cos mx\,\mathrm{d}x\\&\quad+\sum_{m=1}^{\infty}b_m\int_{-\pi}^{\pi}\cos nx\cdot\sin mx\,\mathrm{d}x\\&=0+\pi a_n+0=\pi a_n\end{aligned}$$

所以$a_n=\dfrac{1}{\pi}\displaystyle\int_{-\pi}^{\pi}f(x)\cos nx\,\mathrm{d}x$.

类似的,将式(8.3.2)两边乘以$\sin nx$后在$[-\pi,\pi]$上积分得

$$\begin{aligned}\int_{-\pi}^{\pi}f(x)\sin nx\,\mathrm{d}x&=\frac{a_0}{2}\int_{-\pi}^{\pi}\sin nx\,\mathrm{d}x+\sum_{m=1}^{\infty}a_m\int_{-\pi}^{\pi}\cos mx\cdot\sin nx\,\mathrm{d}x\\&\quad+\sum_{m=1}^{\infty}b_m\int_{-\pi}^{\pi}\sin mx\cdot\sin nx\,\mathrm{d}x\end{aligned}$$

①在"实变函数论"中将两个函数的**内积**定义为$(f,g)\xlongequal{\text{def}}\int_a^b f(x)g(x)\mathrm{d}x$,当$(f,g)=0$时称$f$与$g$**正交**.

$$= 0 + 0 + b_n\pi = b_n\pi$$

所以 $b_n = \dfrac{1}{\pi}\int_{-\pi}^{\pi} f(x)\sin nx\,dx$. □

3) 傅氏级数

定理 8.3.2 表明:周期为 2π 的函数按三角函数系(8.3.1)展开得到的三角级数(8.3.2)的形式是唯一的. 将傅氏系数 a_n, b_n 代入式(8.3.2)得到的级数称为 $f(x)$ 的**傅氏级数展式**,简称为 $f(x)$ 的**傅氏级数**,记为

$$f(x) \sim \frac{a_0}{2} + \sum_{n=1}^{\infty}(a_n\cos nx + b_n\sin nx) \tag{8.3.4}$$

其中 a_n, b_n 为式(8.3.3)所示.

在式(8.3.4)中符号"~"不能改为"=",这是因为我们还不知道式(8.3.4)右边的傅氏级数是否收敛,以及收敛时它的和函数是否就是 $f(x)$ 本身. 这一问题我们在下一小节讨论.

8.3.2 傅氏级数的和函数

函数 $f(x)$ 的傅氏级数是否收敛?如果收敛,其和函数是 $f(x)$ 吗?这是傅氏级数理论中极为重要的问题,至今我们尚未找到傅氏级数收敛的充要条件,下面所介绍的收敛定理也只是给出了一个充分条件.

定理 8.3.3(狄利克雷收敛定理) 设 $f(x)$ 是周期为 2π 的有界函数,它在区间 $[-\pi,\pi]$ 上只有有限个不连续点和有限个极值点,则 $f(x)$ 的傅氏级数

$$\frac{a_0}{2} + \sum_{n=1}^{\infty}(a_n\cos nx + b_n\sin nx)$$

在 $(-\infty,+\infty)$ 上处处收敛,其和函数 $S(x)$ 以 2π 为周期,在 $[-\pi,\pi]$ 上可表示为

$$S(x) = \begin{cases} f(x) & (\text{当 } x \text{ 为 } f(x) \text{ 的连续点}); \\ \dfrac{1}{2}[f(x^-) + f(x^+)] & (\text{当 } x \text{ 为 } f(x) \text{ 的间断点}); \\ \dfrac{1}{2}[f(\pi^-) + f((-\pi)^+)] & (x = \pm\pi) \end{cases}$$

狄利克雷收敛定理表明:仅当周期为 2π 的函数 $f(x)$ 在 $[-\pi,\pi]$ 上连续时,和函数 $S(x) = f(x)$. 只要 $f(x)$ 有间断点,和函数就不是 $f(x)$.

例 1 求 $f(x) = \begin{cases} 0 & (-\pi \leqslant x < 0); \\ 1 & (0 \leqslant x < \pi) \end{cases}$ 的傅氏级数与该级数的和函数.

解 先求傅氏系数,有

$$a_0=\frac{1}{\pi}\int_{-\pi}^{\pi}f(x)\mathrm{d}x=\frac{1}{\pi}\int_0^{\pi}1\mathrm{d}x=1$$

$$\begin{aligned}a_n&=\frac{1}{\pi}\int_{-\pi}^{\pi}f(x)\cos nx\,\mathrm{d}x=\frac{1}{\pi}\int_0^{\pi}\cos nx\,\mathrm{d}x\\&=\frac{1}{n\pi}\sin nx\Big|_0^{\pi}=0\quad(n=1,2,3,\cdots)\end{aligned}$$

$$\begin{aligned}b_n&=\frac{1}{\pi}\int_{-\pi}^{\pi}f(x)\sin nx\,\mathrm{d}x=\frac{1}{\pi}\int_0^{\pi}\sin nx\,\mathrm{d}x\\&=\frac{-1}{n\pi}\cos nx\Big|_0^{\pi}=\frac{1}{n\pi}(1-(-1)^n)\quad(n=1,2,3,\cdots)\end{aligned}$$

于是 $f(x)$ 的傅氏级数与该级数的和函数为

$$\begin{aligned}f(x)&\sim\frac{1}{2}+\sum_{n=1}^{\infty}b_n\sin nx=\frac{1}{2}+\frac{1}{\pi}\sum_{n=1}^{\infty}\frac{1-(-1)^n}{n}\sin nx\\&=\frac{1}{2}+\frac{2}{\pi}\left(\sin x+\frac{1}{3}\sin 3x+\frac{1}{5}\sin 5x+\cdots+\frac{1}{2n+1}\sin(2n+1)x+\cdots\right)\\&=\begin{cases}0 & (-\pi<x<0);\\1 & (0<x<\pi);\\\dfrac{1}{2} & (x=-\pi,0,\pi)\end{cases}\end{aligned}$$

这里 $f(x)$ 的图形在电工学中被称为方波，$f(x)$ 的傅氏级数表明：方波可由一系列正弦波迭加得到.

例 2　设 $f(x)=x,x\in[-\pi,\pi)$，试求 $f(x)$ 的傅氏级数与该级数的和函数.

解　先求傅氏系数. 由于 $f(x)$，$f(x)\cos nx$ 皆为奇函数，所以

$$a_0=\frac{1}{\pi}\int_{-\pi}^{\pi}f(x)\mathrm{d}x=0$$

$$a_n=\frac{1}{\pi}\int_{-\pi}^{\pi}f(x)\cos nx\,\mathrm{d}x=0\quad(n=1,2,\cdots)$$

又由于 $f(x)\sin nx$ 为偶函数，所以

$$\begin{aligned}b_n&=\frac{2}{\pi}\int_0^{\pi}f(x)\sin nx\,\mathrm{d}x=\frac{2}{\pi}\int_0^{\pi}x\sin nx\,\mathrm{d}x=\frac{-2}{n\pi}\int_0^{\pi}x\mathrm{d}\cos nx\\&=\frac{-2}{n\pi}\left(x\cos nx\Big|_0^{\pi}-\int_0^{\pi}\cos nx\,\mathrm{d}x\right)\\&=\frac{-2}{n\pi}\left((-1)^n\pi-\frac{1}{n}\sin nx\Big|_0^{\pi}\right)\\&=(-1)^{n+1}\frac{2}{n}\end{aligned}$$

于是 $f(x)$ 的傅氏级数与该级数的和函数为

$$f(x) \sim \frac{a_0}{2} + \sum_{n=1}^{\infty}(a_n \cos nx + b_n \sin nx) = \sum_{n=1}^{\infty}(-1)^{n+1}\frac{2}{n}\sin nx$$

$$= \begin{cases} x & (-\pi < x < \pi); \\ 0 & (x = \pm\pi) \end{cases}$$

例 3　设 $f(x) = x^2, x \in [-\pi, \pi]$，试求 $f(x)$ 的傅氏级数与该级数的和函数，并求级数 $\sum\limits_{n=1}^{\infty}\frac{1}{n^2}$ 与 $\sum\limits_{n=1}^{\infty}\frac{(-1)^{n+1}}{n^2}$ 的和.

解　先求傅氏系数. 由于 $f(x)$ 为偶函数，则 $f(x)\cos nx$ 为偶函数，$f(x)\sin nx$ 为奇函数，所以傅氏系数中 $b_n = 0(n = 1,2,\cdots)$，且

$$a_0 = \frac{2}{\pi}\int_0^{\pi} f(x)\mathrm{d}x = \frac{2}{\pi}\int_0^{\pi} x^2\mathrm{d}x = \frac{2}{3}\pi^2$$

$$a_n = \frac{2}{\pi}\int_0^{\pi} f(x)\cos nx\,\mathrm{d}x = \frac{2}{\pi}\int_0^{\pi} x^2\cos nx\,\mathrm{d}x = \frac{2}{n\pi}\int_0^{\pi} x^2\,\mathrm{d}\sin nx$$

$$= \frac{2}{n\pi}\left(x^2\sin nx\Big|_0^{\pi} - 2\int_0^{\pi} x\sin nx\,\mathrm{d}x\right) = \frac{4}{n^2\pi}\int_0^{\pi} x\,\mathrm{d}\cos nx$$

$$= \frac{4}{n^2\pi}\left(x\cos nx\Big|_0^{\pi} - \frac{1}{n}\sin nx\Big|_0^{\pi}\right) = (-1)^n\frac{4}{n^2}$$

因 $f \in \mathscr{C}[-\pi,\pi]$，于是 $f(x)$ 的傅氏级数与该级数的和函数为

$$f(x) \sim \frac{a_0}{2} + \sum_{n=1}^{\infty}(a_n\cos nx + b_n\sin nx)$$

$$= \frac{\pi^2}{3} + \sum_{n=1}^{\infty}(-1)^n\frac{4}{n^2}\cos nx$$

$$= x^2 \quad (|x| \leqslant \pi)$$

在上式中分别令 $x = \pi$ 与 $x = 0$ 得

$$\pi^2 = \frac{\pi^2}{3} + \sum_{n=1}^{\infty}(-1)^n\frac{4}{n^2}(-1)^n, \quad 0 = \frac{\pi^2}{3} + \sum_{n=1}^{\infty}(-1)^n\frac{4}{n^2}$$

此两式化简即得

$$\sum_{n=1}^{\infty}\frac{1}{n^2} = \frac{\pi^2}{6}, \quad \sum_{n=1}^{\infty}\frac{(-1)^{n+1}}{n^2} = \frac{\pi^2}{12}$$

8.3.3　周期为 2*l* 的函数的傅氏级数

上面我们研究了周期为 2π 的函数的傅氏级数，现在考虑一般的周期为 $2l$ 的函数的傅氏级数.

定理 8.3.4　设 $f(x)$ 是周期为 $2l$ 的周期函数，$f \in \mathscr{I}[-l,l]$，则 $f(x)$ 有傅氏级数展式

$$f(x) \sim \frac{a_0}{2} + \sum_{n=1}^{\infty}\left(a_n \cos\frac{n\pi x}{l} + b_n \sin\frac{n\pi x}{l}\right)$$

其中

$$a_n = \frac{1}{l}\int_{-l}^{l} f(x)\cos\frac{n\pi x}{l}\mathrm{d}x \quad (n = 0,1,2,\cdots)$$

$$b_n = \frac{1}{l}\int_{-l}^{l} f(x)\sin\frac{n\pi x}{l}\mathrm{d}x \quad (n = 1,2,3,\cdots)$$

证　作变换 $t = \frac{\pi x}{l}$，则 $f(x) = f\left(\frac{l}{\pi}t\right)$，且 $f\left(\frac{l}{\pi}t\right)$ 是以 2π 为周期的函数，$f\left(\frac{l}{\pi}t\right)$ 的傅氏级数为

$$\begin{aligned} f(x) = f\left(\frac{l}{\pi}t\right) &\sim \frac{a_0}{2} + \sum_{n=1}^{\infty}(a_n \cos nt + b_n \sin nt) \\ &= \frac{a_0}{2} + \sum_{n=1}^{\infty}\left(a_n \cos\frac{n\pi x}{l} + b_n \sin\frac{n\pi x}{l}\right) \end{aligned}$$

其中

$$\begin{aligned} a_n &= \frac{1}{\pi}\int_{-\pi}^{\pi} f\left(\frac{l}{\pi}t\right)\cos nt\,\mathrm{d}t = \frac{1}{\pi}\int_{-l}^{l} f(x)\cos\frac{n\pi x}{l}\cdot\frac{\pi}{l}\mathrm{d}x \\ &= \frac{1}{l}\int_{-l}^{l} f(x)\cos\frac{n\pi x}{l}\mathrm{d}x \quad (n = 0,1,2,\cdots) \\ b_n &= \frac{1}{\pi}\int_{-\pi}^{\pi} f\left(\frac{l}{\pi}t\right)\sin nt\,\mathrm{d}t = \frac{1}{\pi}\int_{-l}^{l} f(x)\sin\frac{n\pi x}{l}\cdot\frac{\pi}{l}\mathrm{d}x \\ &= \frac{1}{l}\int_{-l}^{l} f(x)\sin\frac{n\pi x}{l}\mathrm{d}x \quad (n = 1,2,\cdots) \end{aligned}$$

□

关于 $f(x)$ 在$[-l,l]$上的傅氏级数的和函数，狄利克雷收敛定理仍成立.

例 4　求函数 $f(x) = x^2$ 在$[-1,1]$上的傅氏级数与该级数的和函数.

解　先求傅氏系数. 因 $2l = 2$，故 $l = 1$. 又由于 $f(x)$ 为偶函数，$f(x)\cos n\pi x$ 为偶函数，而 $f(x)\sin n\pi x$ 为奇函数，所以 $b_n = 0(n = 1,2,\cdots)$，且

$$a_0 = \frac{2}{l}\int_0^l f(x)\mathrm{d}x = 2\int_0^1 x^2\mathrm{d}x = \frac{2}{3}$$

$$\begin{aligned} a_n &= \frac{2}{l}\int_0^l f(x)\cos\frac{n\pi x}{l}\mathrm{d}x = 2\int_0^1 x^2\cos n\pi x\mathrm{d}x \\ &= \frac{2}{n\pi}\left(x^2\sin n\pi x\Big|_0^1 - 2\int_0^1 x\sin n\pi x\mathrm{d}x\right) \end{aligned}$$

$$=\frac{4}{(n\pi)^2}\left(x\cos n\pi x\Big|_0^1-\frac{1}{n\pi}\sin n\pi x\Big|_0^1\right)$$

$$=(-1)^n\frac{4}{(n\pi)^2}\quad(n=1,2,\cdots)$$

因 $f\in\mathscr{C}[-1,1]$，于是 $f(x)$ 的傅氏级数与该级数的和函数为

$$f(x)\sim\frac{a_0}{2}+\sum_{n=1}^{\infty}\left(a_n\cos\frac{n\pi x}{l}+b_n\sin\frac{n\pi x}{l}\right)$$

$$=\frac{1}{3}+\frac{4}{\pi^2}\sum_{n=1}^{\infty}(-1)^n\frac{1}{n^2}\cos n\pi x=x^2\quad(|x|\leqslant 1)$$

8.3.4 正弦级数与余弦级数

当 $f(x)$ 是 $[-\pi,\pi]$(或 $[-l,l]$) 上的奇函数时，$f(x)$ 的傅氏系数中 $a_n=0(n=0,1,2,\cdots)$，故 $f(x)$ 的傅氏级数展式中只含正弦项，即

$$f(x)\sim\sum_{n=1}^{\infty}b_n\sin nx\quad\left(\text{或}\sum_{n=1}^{\infty}b_n\sin\frac{n\pi x}{l}\right)$$

此时 $f(x)$ 的傅氏级数为**正弦级数**(例如前面的例 2).

当 $f(x)$ 是 $[-\pi,\pi]$(或 $[-l,l]$) 上的偶函数时，$f(x)$ 的傅氏系数中 $b_n=0(n=1,2,\cdots)$，故 $f(x)$ 的傅氏级数展式中只含余弦项，即

$$f(x)\sim\frac{a_0}{2}+\sum_{n=1}^{\infty}a_n\cos nx\quad\left(\text{或}\ \frac{a_0}{2}+\sum_{n=1}^{\infty}a_n\cos\frac{n\pi x}{l}\right)$$

此时 $f(x)$ 的傅氏级数为**余弦级数**(例如前面的例 3 与例 4).

有时函数 $f(x)$ 只是在半周期 $[0,\pi]$(或 $[0,l]$) 上定义，并且满足狄利克雷收敛定理的条件，此时我们可在 $[-\pi,0]$(或 $[-l,0]$) 上补充定义 $f(x)$，使得函数 $f(x)$ 在 $[-\pi,\pi]$(或 $[-l,l]$) 上有定义且为奇函数，或补充定义 $f(x)$ 使之为偶函数，再在 $(-\infty,+\infty)$ 上作周期 2π(或 $2l$) 的延拓(分别称为**奇延拓**与**偶延拓**)，于是 $f(x)$ 在 $[0,\pi]$(或 $[0,l]$) 上既可展为正弦级数，也可展为余弦级数.

例 5 (1) 设 $f(x)=\sin x,x\in[0,\pi]$，试将 $f(x)$ 展为余弦级数；

(2) 设 $g(x)=\cos x,x\in[0,\pi]$，试将 $g(x)$ 展为正弦级数.

解 (1) 将 $f(x)=\sin x$ 作偶延拓，则 $f(x)\sin nx$ 为奇函数，所以 $f(x)$ 的傅氏系数中 $b_n=0(n=1,2,\cdots)$，且

$$a_0=\frac{2}{\pi}\int_0^{\pi}f(x)\mathrm{d}x=\frac{2}{\pi}\int_0^{\pi}\sin x\mathrm{d}x=\frac{4}{\pi}$$

$$a_n=\frac{2}{\pi}\int_0^{\pi}f(x)\cos nx\mathrm{d}x=\frac{2}{\pi}\int_0^{\pi}\sin x\cdot\cos nx\mathrm{d}x$$

$$= \frac{1}{\pi}\int_0^{\pi}(\sin(1+n)x+\sin(1-n)x)\mathrm{d}x$$

$$= \frac{1}{\pi}\left[\frac{-1}{1+n}\cos(1+n)x+\frac{1}{n-1}\cos(n-1)x\right]\Big|_0^{\pi}$$

$$= \frac{-2}{(n^2-1)\pi}(1+(-1)^n) \quad (n=2,3,\cdots)$$

$$a_1 = \frac{2}{\pi}\int_0^{\pi}f(x)\cos x\mathrm{d}x = \frac{2}{\pi}\int_0^{\pi}\sin x\cdot\cos x\mathrm{d}x = 0$$

于是 $f(x)=\sin x$ 的余弦级数为

$$\sin x \sim \frac{2}{\pi}-2\sum_{n=2}^{\infty}\frac{1+(-1)^n}{(n^2-1)\pi}\cos nx = \frac{2}{\pi}-\frac{4}{\pi}\sum_{k=1}^{\infty}\frac{1}{4k^2-1}\cos 2kx$$

(2) 将 $g(x)=\cos x$ 作奇延拓，则 $g(x)\cos nx$ 为奇函数，所以 $g(x)$ 的傅氏系数中 $a_0=0, a_n=0(n=1,2,\cdots)$，且

$$b_n = \frac{2}{\pi}\int_0^{\pi}g(x)\sin nx\mathrm{d}x = \frac{2}{\pi}\int_0^{\pi}\cos x\cdot\sin nx\mathrm{d}x$$

$$= \frac{1}{\pi}\int_0^{\pi}(\sin(n+1)x+\sin(n-1)x)\mathrm{d}x$$

$$= \frac{1}{\pi}\left[\frac{-1}{n+1}\cos(n+1)x+\frac{-1}{n-1}\cos(n-1)x\right]\Big|_0^{\pi}$$

$$= \frac{2n}{(n^2-1)\pi}(1+(-1)^n) \quad (n=2,3,\cdots)$$

$$b_1 = \frac{2}{\pi}\int_0^{\pi}g(x)\sin x\mathrm{d}x = \frac{2}{\pi}\int_0^{\pi}\cos x\cdot\sin x\mathrm{d}x = 0$$

于是 $g(x)=\cos x$ 的正弦级数为

$$\cos x \sim \frac{2}{\pi}\sum_{n=2}^{\infty}\frac{(1+(-1)^n)n}{n^2-1}\sin nx = \frac{8}{\pi}\sum_{k=1}^{\infty}\frac{k}{4k^2-1}\sin 2kx$$

习题 8.3

A 组

1. 求下列函数的傅氏级数与该级数的和函数：

(1) $f(x)=\begin{cases}1 & (0\leqslant x\leqslant \pi), \\ -1 & (-\pi\leqslant x<0);\end{cases}$

(2) $f(x)=|x| \quad (x\in[-\pi,\pi])$.

2. 求 $f(x)=\begin{cases}1 & \left(0\leqslant x\leqslant \frac{\pi}{2}\right); \\ 0 & \left(\frac{\pi}{2}<x\leqslant \pi\right)\end{cases}$ 的正弦级数与该级数的和函数.

3. 将函数 $f(x)=x^2$:(1) 在$[0,\pi]$上展为正弦级数;(2) 在$[0,2\pi]$上展为傅氏级数(周期为 2π).

B组

4. 求下列函数在指定区间上的傅氏级数与该级数的和函数:

(1) $f(x)=\begin{cases}0 & (x\in[-3,0]),\\ 1+2x & (x\in(0,3]);\end{cases}$

(2) $f(x)=\begin{cases}0 & (x\in[-1,0]),\\ x^2 & (x\in(0,1]).\end{cases}$

5. 求$f(x)=\begin{cases}x & (0\leqslant x\leqslant 1);\\ 2-x & (1<x\leqslant 2)\end{cases}$的正弦级数与该级数的和函数.

复习题 8

1. 讨论级数$\sum\limits_{n=1}^{\infty}\dfrac{\beta^n}{n^\alpha}(\alpha,\beta\in\mathbf{R})$的敛散性,并在收敛时判别是绝对收敛还是条件收敛.

2. 证明下列各题:

(1) 设级数$\sum\limits_{n=1}^{\infty}a_n$ 收敛,级数$\sum\limits_{n=1}^{\infty}b_n$ 绝对收敛,则级数$\sum\limits_{n=1}^{\infty}a_nb_n$ 绝对收敛;

(2) 设级数$\sum\limits_{n=1}^{\infty}a_n$ 收敛$(a_n>0)$,级数$\sum\limits_{n=2}^{\infty}(b_n-b_{n-1})$ 收敛,则级数$\sum\limits_{n=1}^{\infty}a_nb_n$ 绝对收敛;

(3) 设$\lim\limits_{n\to\infty}a_n=0$,$\sum\limits_{n=1}^{\infty}(a_{2n-1}+a_{2n})$ 收敛,则级数$\sum\limits_{n=1}^{\infty}a_n$ 收敛.

3. 讨论级数$\sum\limits_{n=2}^{\infty}(\ln n)^p\ln\left(1+\dfrac{1}{n^q}\right)$的敛散性$(p,q\in\mathbf{R})$.

4. 求证:幂级数$\sum\limits_{n=1}^{\infty}\dfrac{a_n}{n}x^n$ 与$\sum\limits_{n=1}^{\infty}\dfrac{a_n}{\sqrt{n}}x^n$ 有相同的收敛半径.

5. 求下列级数的和:

(1) $\sum\limits_{n=0}^{\infty}\dfrac{n^2+1}{2^n n!}$;　　(2) $\sum\limits_{n=1}^{\infty}\dfrac{1}{n(n+1)(n+2)}$;

(3) $\sum\limits_{n=1}^{\infty}\dfrac{(-1)^{n+1}n^2}{(2n)!}$;　　(4) $\sum\limits_{n=1}^{\infty}\dfrac{(-1)^{n+1}}{n(2n-1)3^n}$.

6. 求函数 $f(x)$,使得$\int_x^{2x}f(x)\mathrm{d}x=\mathrm{e}^x-1$.

7. 将周期函数 $f(x)=x-[x]$ 展开为傅氏级数,并写出该级数的和函数.

9 微分方程

在第3.1节中讲述的不定积分概念,实际上是求满足等式 $y' = f(x)$ 的未知函数 $y = F(x)$. 微分方程这一数学分支就是由求不定积分发展起来的. 随着科学与技术的发展,人们发现物理、天文等学科中大量的实际问题都可以用微分方程来描述,并通过求解微分方程去揭示这些实际问题的变化规律.

9.1 微分方程基本概念

9.1.1 微分方程的定义与分类

定义 9.1.1 含有一个自变量、一个未知函数以及未知函数的导数的等式称为**常微分方程**;含有至少两个自变量、一个未知函数以及未知函数的偏导数的等式称为**偏微分方程**. 常微分方程通常称为**微分方程**,偏微分方程通常称为**数学物理方程**或简称**数理方程**.

本书只研究常微分方程,即微分方程. 例如

$$y' = 3x^2 \tag{9.1.1}$$

$$y' = y \tag{9.1.2}$$

$$yy' + x = 0 \tag{9.1.3}$$

$$y'' + xy' + e^x y = \sin x \tag{9.1.4}$$

$$y'' = xy' + y^3 \tag{9.1.5}$$

$$y''' + xy' + x^3 y = \tan x \tag{9.1.6}$$

$$y^{(n)} = f(x, y, y', \cdots, y^{(n-1)}) \tag{9.1.7}$$

都是微分方程. 值得注意的是,微分方程中可以不显含自变量 x,例如式(9.1.2);也可以不显含未知函数 y,例如式(9.1.1). 因此微分方程的定义可简说成含有导数的等式称为**微分方程**.

微分方程中所含导数的最高阶数称为微分方程的"**阶**".

定义 9.1.2(线性与非线性微分方程) 将自变量视为常数,若 n 阶微分方程关于未知函数以及它的各阶导数 $y, y', \cdots, y^{(n)}$ 这 $n+1$ 个变量是一次方程,则称此

微分方程为**关于 y 的 n 阶线性微分方程**,否则称为 **n 阶非线性微分方程**.

关于 y 的 n 阶线性微分方程的标准形式是

$$y^{(n)}+p_1(x)y^{(n-1)}+p_2(x)y^{(n-2)}+\cdots+p_n(x)y=f(x) \tag{9.1.8}$$

其中,$p_i(x)(i=1,2,\cdots,n)$ 与 $f(x)$ 为已知函数.

例如,式(9.1.1)和式(9.1.2)是一阶线性微分方程;式(9.1.3)是一阶非线性微分方程;式(9.1.4)是二阶线性微分方程;式(9.1.5)是二阶非线性微分方程;式(9.1.6)是三阶线性微分方程;式(9.1.7)由函数 f 的具体情况确定是否线性.

线性微分方程与非线性微分方程是微分方程的两个重要分类. 对于线性微分方程,人们研究得较多,很多理论问题都得到了解决,这也是本章讨论的主要内容. 对于非线性微分方程,特别是二阶以上的方程,研究的难度较大,本章只介绍其中的一些特殊方程.

例 求下列曲线或曲线族所满足的微分方程:

(1) $e^y=x(1-y)$;

(2) $e^y=Cx(1-y)$ (C 为任意常数);

(3) $y=C_1x+C_2e^{2x}$ (C_1,C_2 为任意常数).

解 (1) 令 $F(x,y)=e^y-x(1-y)$,应用隐函数求导公式,有

$$\frac{dy}{dx}=-\frac{F'_x}{F'_y}=-\frac{y-1}{e^y+x}$$

将 $e^y=x(1-y)$ 代入上式并化简即得所求微分方程为

$$y'=\frac{1-y}{x(2-y)}$$

(2) 令 $G(x,y)=e^y-Cx(1-y)$,应用隐函数求导公式,有

$$\frac{dy}{dx}=-\frac{G'_x}{G'_y}=-\frac{C(y-1)}{e^y+Cx}$$

将 $C=\dfrac{e^y}{x(1-y)}$ 代入上式并化简即得所求微分方程为

$$y'=\frac{1-y}{x(2-y)}$$

注 上面两小题得到的微分方程是一样的.

(3) 将原方程两边求导数得 $y'=C_1+2C_2e^{2x}$,再求导数得 $y''=4C_2e^{2x}$,由

$$\begin{cases}y=C_1x+C_2e^{2x},\\ y'=C_1+2C_2e^{2x},\\ y''=4C_2e^{2x}\end{cases}$$

消去 C_1,C_2 即得所求微分方程为

$$(1-2x)y''+4xy'-4y=0$$

9.1.2 微分方程的通解与特解

容易验证 $y=x^3+1$ 与 $y=x^3+C$ 都满足方程(9.1.1).我们将这种满足微分方程的函数统称为该**微分方程的解**,并将不含任意常数的微分方程的解称为该**微分方程的特解**,将含有一个任意常数的解称为**一阶微分方程的通解**.

又如易于验证下列 4 个函数

$$y_1=x,\quad y_2=C_1\mathrm{e}^x+x,\quad y_3=(C_1+C_2)\mathrm{e}^{2x}+x,\quad y_4=C_1\mathrm{e}^x+C_2\mathrm{e}^{2x}+x$$

都是二阶线性微分方程

$$y''-3y'+2y=2x-3 \tag{9.1.9}$$

的解,其中只有 $y_1=x$ 是特解.其他解都含有任意常数,那么 y_2,y_3,y_4 中哪个是通解呢?下面给出二阶以上的微分方程的通解的定义.

定义 9.1.3(微分方程的通解) n 阶微分方程的含有 n 个独立的任意常数 C_1,$C_2,\cdots,C_n$ 的解称为 ***n* 阶微分方程的通解**.

这里"独立"的含义是指含有 n 个任意常数的解的形式不能用含少于 n 个任意常数的解的形式所替代.应用定义 9.1.3,可得方程(9.1.9)的通解是 $y_4=C_1\mathrm{e}^x+C_2\mathrm{e}^{2x}+x$,这里任意常数 C_1 与 C_2 是独立的,一个也不能少.在 $y_2=C_1\mathrm{e}^x+x$ 中只含一个任意常数,故它不是通解;在 $y_3=(C_1+C_2)\mathrm{e}^{2x}+x$ 中虽含有两个任意常数,但 C_1 与 C_2 显然不独立,所以 y_3 也不是通解.

微分方程的通解,有时以隐函数形式给出.例如 $x^2+y^2=C$ 显然满足微分方程(9.1.3).微分方程的以隐函数形式给出的通解称为**通积分**.为简单起见,我们有时将通积分也说成通解.在本章的例题与习题答案中,微分方程的通解表达式中的 C,C_1,C_2 等总表示任意常数,以后一般不再一一说明.

通解中含有任意常数,为了确定这些任意常数,要给出一定的条件.一阶微分方程只要给出一个条件,例如 $y(x_0)=y_0(x_0,y_0\in\mathbf{R})$;二阶微分方程要给出两个条件,例如 $y(x_0)=y_0,y'(x_0)=y_1(x_0,y_0,y_1\in\mathbf{R})$.我们将这些条件称为**初始条件**,并将求微分方程的满足初始条件的解的问题称为**初值问题**.

习题 9.1

A 组

1. 写出下列微分方程的阶数,并指出是线性微分方程还是非线性微分方程.

(1) $y' + y\sin x = \cos^2 x$;　　(2) $xy' - x^2\ln y = 3x^2$;

(3) $xy'' + x^2 y' + x^3 y = x^4$;　　(4) $xy'' - 2yy' = x^2$;

(5) $xy''' + 2y = x^2 y^2$;　　(6) $y''' + x^2 y' + xy = \sin x$.

2. 设 C, C_1, C_2 是任意常数,求下列曲线所满足的微分方程:

(1) $y = Ce^x$;　　(2) $(x-C)^2 + y^2 = 1$;

(3) $y = Cx + C^2$;　　(4) $y = C_1 e^x + C_2 e^{2x}$;

(5) $y = C_1 x + C_2 e^x$;　　(6) $y = C_1 x + C_2 e^x + x^2$.

3. 验证下列函数 y 是对应初值问题的特解:

(1) $x^2 y' = -y - 1, y(1) = 1; y = 2e^{\frac{1}{x}-1} - 1$.

(2) $y'' - 3y' + 2y = e^x, y(0) = 1, y'(0) = 2; y = 2e^{2x} - e^x - xe^x$.

9.2　一阶微分方程

这一节研究已解出导数的一阶微分方程

$$y' = f(x, y) \quad (f \in \mathscr{C}) \tag{9.2.1}$$

或写成对称形式的一阶微分方程

$$P(x,y)\mathrm{d}x + Q(x,y)\mathrm{d}y = 0 \quad (P, Q \in \mathscr{C}) \tag{9.2.2}$$

当一阶微分方程写成对称形式(9.2.2)时,变量 x, y 处于平等位置,可将 y 看作未知函数,有时也将 x 看作未知函数.

为叙述方便,在这一章我们常常将微分方程简称为**方程**.

在微分方程这门学科建立的初始阶段,数学家们把主要精力用于研究求解通解的方法和技巧,但最终发现能用初等积分法求出通解的微分方程的类型非常有限. 例如1841年,刘维尔①证明了看似简单的黎卡提(Riccati)方程 $y' = x^2 + y^2$ 就不能用初等积分法求解.

本章下面研究微分方程的可解类,它们的通解可用初等积分法与代数方法求出.

9.2.1　变量可分离的方程

设函数 $f(x), g(y) \in \mathscr{C}$,形如

$$\frac{\mathrm{d}y}{\mathrm{d}x} = f(x)g(y) \tag{9.2.3}$$

---

①刘维尔(Liouville),1809—1882,法国数学家.

的方程称为**变量可分离的方程**.

方程(9.2.3)通过积分就能求出其通解.事实上,若 $g(y)\neq 0$,用 $\frac{1}{g(y)}\mathrm{d}x$ 乘以方程(9.2.3)两边得

$$\frac{\mathrm{d}y}{g(y)}=f(x)\mathrm{d}x \tag{9.2.4}$$

此式称为**变量已分离的方程**.应用不定积分的换元积分法,上式两边积分得

$$\int\frac{1}{g(y)}\mathrm{d}y=\int f(x)\mathrm{d}x+C \tag{9.2.5}$$

上式中两个不定积分只表示一个原函数,积分常数已单独写出.假设上式中两个不定积分的某个确定的原函数分别为 $G(y)$ 与 $F(x)$,则方程(9.2.3)的通积分为

$$G(y)=F(x)+C \tag{9.2.6}$$

此外,若 $g(y)=0$ 有根 $y=y_1$,则方程(9.2.3)还有特解 $y=y_1$,它是在解题过程中丢失的,且常常不包含在通解表达式(9.2.6)中.此时要察看题目的要求,若题目是求通解,写出式(9.2.6)就行,可不管有没有其他特解;若题目是"解方程",则除写出通解外,还要补上在解方程的过程中可能丢失的特解.

注 在本章中,我们约定所有的不定积分只表示一个原函数,而非原函数的全体,积分常数 C 就像式(9.2.5)一样单独写出.这是因为式(9.2.5)中两个不定积分都取任意常数时,微分方程的通解就含有两个任意常数,它们是不独立的.

例 1 解方程 $y'=\frac{1-y}{x(2-y)}$.

解 这是变量可分离的方程.分离变量得

$$\frac{2-y}{1-y}\mathrm{d}y=\frac{1}{x}\mathrm{d}x$$

两边积分得

$$y-\ln|1-y|=\ln|x|+\ln|C|$$

化简即得所求通积分为 $\mathrm{e}^y=Cx(1-y)$.

另由 $1-y=0$,得原方程还有特解 $y=1$.

例 2 解方程 $2y'=(1-y^2)\tan x$.

解 这是变量可分离的方程.分离变量得

$$\frac{2}{1-y^2}\mathrm{d}y=\tan x\mathrm{d}x$$

两边积分得

$$\ln\left|\frac{1+y}{1-y}\right| = -\ln|\cos x| + \ln|C| \Rightarrow \frac{1+y}{1-y} = \frac{C}{\cos x}$$

化简即得所求通解为 $y = \dfrac{C-\cos x}{C+\cos x}$.

另由 $1-y^2=0$,得原方程还有特解 $y=1$ 与 $y=-1$.

9.2.2 齐次方程

设函数 $f(u)\in\mathscr{C}$,形如

$$\frac{\mathrm{d}y}{\mathrm{d}x} = f\left(\frac{y}{x}\right) \tag{9.2.7}$$

的方程称为**齐次方程**.

方程(9.2.7)的解法是作未知函数的变换. 令 $\dfrac{y}{x}=u$,视 u 为新的未知函数,自变量仍是 x. 由于 $y'=u+xu'$,代入式(9.2.7),原方程化为 $x\dfrac{\mathrm{d}u}{\mathrm{d}x}=f(u)-u$. 这是变量可分离的方程,分离变量再两边积分得

$$\int\frac{1}{f(u)-u}\mathrm{d}u = \int\frac{1}{x}\mathrm{d}x = \ln|x|+C \tag{9.2.8}$$

假设 $\displaystyle\int\frac{1}{f(u)-u}\mathrm{d}u = F(u)$(一个原函数),则方程(9.2.7)的通积分为

$$F\left(\frac{y}{x}\right) = \ln|x|+C$$

此外,若方程 $f(u)-u=0$ 有解 $u=u_0$,则原方程还有特解 $y=u_0x$.

例 3 解方程 $y' = \dfrac{x^2+y^2}{2xy}$.

解 这是齐次方程. 令 $\dfrac{y}{x}=u$,则 $y'=u+xu'$,代入原方程,并分离变量得

$$\frac{2u}{1-u^2}\mathrm{d}u = \frac{1}{x}\mathrm{d}x$$

两边积分得

$$-\ln|1-u^2| = \ln|x| - \ln|C| \tag{9.2.9}$$

将 $u=\dfrac{y}{x}$ 代入并化简便得所求通积分为

$$y^2 = x^2 - Cx$$

另外，$1-u^2=0$ 有根 $u=\pm 1$，因此 $y=x$ 与 $y=-x$ 是原方程的特解（它们已包含在通解的表达式中，可由 $C=0$ 得到）.

注　在例 3 中由积分得到的式(9.2.9) 里要求 $C\neq 0$，而最后通解表达式中的任意常数 C 又可以等于 0. 在解题过程中，像上面在括号中所作的说明以后都可从略，无需再进行说明.

9.2.3　一阶线性方程

设函数 $P,Q\in\mathscr{C}$，形如

$$y'+P(x)y=Q(x) \tag{9.2.10}$$

的方程称为**关于 y 的一阶线性方程**. 当方程(9.2.10) 中 $Q(x)\equiv 0$ 时，则化为特殊形式

$$y'+P(x)y=0 \tag{9.2.11}$$

我们又称方程(9.2.10) 为**关于 y 的一阶线性非齐次方程**，称方程(9.2.11) 为**关于 y 的一阶线性齐次方程**或**方程(9.2.10) 所对应的齐次方程**.

线性齐次方程(9.2.11) 是变量可分离的方程，显然它的通解是

$$y=C\mathrm{e}^{-\int P(x)\mathrm{d}x} \tag{9.2.12}$$

对于线性非齐次方程(9.2.10)，我们用下一定理所提供的通解公式求解.

定理 9.2.1（一阶线性非齐次方程的通解公式）　线性方程 $y'+P(x)y=Q(x)$ 的通解是

$$y=\mathrm{e}^{-\int P(x)\mathrm{d}x}\left(C+\int Q(x)\mathrm{e}^{\int P(x)\mathrm{d}x}\mathrm{d}x\right) \tag{9.2.13}$$

证　用**“常数变易法”**证明. 所谓常数变易法，就是将方程(9.2.10) 所对应的齐次方程的通解(9.2.12) 中的常数 C 变为待定函数 $C(x)$，然后令方程(9.2.10) 的通解为

$$y=C(x)\mathrm{e}^{-\int P(x)\mathrm{d}x} \tag{9.2.14}$$

我们来选取函数 $C(x)$，使得式(9.2.14) 成为方程(9.2.10) 的通解.

将式(9.2.14) 代入方程(9.2.10) 并化简得

$$C'(x)=Q(x)\mathrm{e}^{\int P(x)\mathrm{d}x}$$

两边积分得待定函数 $C(x)$ 为

$$C(x)=C+\int Q(x)\mathrm{e}^{\int P(x)\mathrm{d}x}\mathrm{d}x$$

再将此式代入式(9.2.14)即得通解公式(9.2.13). □

注 1　公式(9.2.13)中含有3个不定积分,按约定它们都表示一个原函数,不带积分常数.

注 2　由于连续函数的原函数可用变上限的定积分表示,所以公式(9.2.13)有时也表示为

$$y = e^{-\int_{x_0}^{x} P(x)dx}\left(C + \int_{x_0}^{x} Q(x) e^{\int_{x_0}^{x} P(x)dx} dx\right) \tag{9.2.15}$$

因而方程(9.2.10)的满足初始条件 $y(x_0) = y_0$ 的特解可表示为

$$y = e^{-\int_{x_0}^{x} P(x)dx}\left(y_0 + \int_{x_0}^{x} Q(x) e^{\int_{x_0}^{x} P(x)dx} dx\right) \tag{9.2.16}$$

注 3　公式(9.2.13)中含有两项,第一项

$$Y(x) = Ce^{-\int P(x)dx}$$

是对应的齐次方程(9.2.11)的通解;第二项

$$\tilde{y}(x) = e^{-\int P(x)dx} \cdot \int Q(x) e^{\int P(x)dx} dx$$

容易验证它是方程(9.2.10)本身的一个特解.于是方程(9.2.10)的通解为

$$y = Y(x) + \tilde{y}(x)$$

上面讨论的是关于未知函数 y 的一阶线性方程.有时候,我们也可以将 x 视为未知函数,将 y 视为自变量,得到关于 x 的一阶线性方程

$$\frac{dx}{dy} + P(y)x = Q(y) \tag{9.2.17}$$

则与通解公式(9.2.13)相对应,方程 $x' + P(y)x = Q(y)$ 的通解是

$$x = e^{-\int P(y)dy}\left(C + \int Q(y) e^{\int P(y)dy} dy\right) \tag{9.2.18}$$

例 4　解方程 $y' + y\tan x = \sec x$.

解　这是一阶线性方程,应用其通解公式(9.2.13),可得通解为

$$\begin{aligned} y &= e^{-\int \tan x dx}\left(C + \int \sec x \cdot e^{\int \tan x dx} dx\right) = \cos x\left(C + \int \sec x \cdot \frac{1}{\cos x} dx\right) \\ &= \cos x(C + \tan x) = C\cos x + \sin x \end{aligned}$$

例 5　解方程 $y' = \dfrac{y}{x + y^3}$.

解　将 x 视为未知函数,原方程化为

$$\frac{dx}{dy}-\frac{1}{y}x=y^2$$

这是关于 x 的一阶线性方程,应用通解公式(9.2.18),则通解为

$$x=e^{\int\frac{1}{y}dy}\left(C+\int y^2e^{-\int\frac{1}{y}dy}dy\right)=y\left(C+\int y^2\frac{1}{y}dy\right)=Cy+\frac{1}{2}y^3$$

9.2.4 全微分方程

设 D 是 $\mathbf{R}^2$ 的区域,$P,Q\in\mathscr{C}^{(1)}(D)$,微分方程

$$P(x,y)dx+Q(x,y)dy=0 \tag{9.2.19}$$

的左边等于某可微函数 $u(x,y)$ 的全微分时,称方程(9.2.19)为**全微分方程**,并称 $u(x,y)$ 为 $P(x,y)dx+Q(x,y)dy$ 的**原函数**.

定理 9.2.2 设函数 $P,Q\in\mathscr{C}^{(1)}$,则微分方程(9.2.19)是全微分方程的充要条件是

$$\frac{\partial}{\partial x}Q(x,y)\equiv\frac{\partial}{\partial y}P(x,y)$$

该定理在第 7.2 节已有证明,这里不再赘述.

当微分方程(9.2.19)为全微分方程时,$P(x,y)dx+Q(x,y)dy$ 的一个原函数 $u(x,y)$ 由公式

$$u(x,y)=\int_{x_0}^{x}P(x,y_0)dx+\int_{y_0}^{y}Q(x,y)dy \tag{9.2.20}$$

或

$$u(x,y)=\int_{x_0}^{x}P(x,y)dx+\int_{y_0}^{y}Q(x_0,y)dy \tag{9.2.21}$$

求得. 于是微分方程(9.2.19)的通积分为

$$u(x,y)=C$$

例 6 解方程 $y(3x^2-y^3+e^{xy})dx+x(x^2-4y^3+e^{xy})dy=0$.

解 记 $P(x,y)=y(3x^2-y^3+e^{xy})$,$Q(x,y)=x(x^2-4y^3+e^{xy})$,由于

$$Q'_x(x,y)=P'_y(x,y)=3x^2-4y^3+e^{xy}(1+xy)$$

所以原方程为全微分方程. 下面用 3 种方法求原函数与通积分.

方法 1 应用公式(9.2.20)求原函数. 取 $(x_0,y_0)=(0,0)$,则

$$u(x,y)=\int_0^x P(x,0)dx+\int_0^y Q(x,y)dy=\int_0^x 0dx+\int_0^y x(x^2-4y^3+e^{xy})dy$$

$$= x^3y - xy^4 + e^{xy} - 1$$

于是所求通积分为 $x^3y - xy^4 + e^{xy} = C$.

方法 2 用分项凑微分的方法求原函数. 由于

$$3x^2y\mathrm{d}x + x^3\mathrm{d}y = y\mathrm{d}(x^3) + x^3\mathrm{d}y = \mathrm{d}(x^3y)$$

$$-y^4\mathrm{d}x - 4xy^3\mathrm{d}y = -(y^4\mathrm{d}x + x\mathrm{d}(y^4)) = -\mathrm{d}(xy^4)$$

$$ye^{xy}\mathrm{d}x + xe^{xy}\mathrm{d}y = e^{xy}(y\mathrm{d}x + x\mathrm{d}y) = e^{xy}\mathrm{d}(xy) = \mathrm{d}(e^{xy})$$

因此

$$y(3x^2 - y^3 + e^{xy})\mathrm{d}x + x(x^2 - 4y^3 + e^{xy})\mathrm{d}y = \mathrm{d}(x^3y - xy^4 + e^{xy})$$

所以原函数为 $u(x,y) = x^3y - xy^4 + e^{xy}$,于是所求通积分为 $x^3y - xy^4 + e^{xy} = C$.

方法 3 用求含参数的不定积分求原函数. 由于

$$P(x,y)\mathrm{d}x + Q(x,y)\mathrm{d}y = \mathrm{d}u(x,y) \Leftrightarrow \frac{\partial u}{\partial x} = P(x,y), \frac{\partial u}{\partial y} = Q(x,y)$$

将$\frac{\partial u}{\partial x} = P(x,y)$ 两边对 x 积分(视 y 为参数),有

$$\begin{aligned} u(x,y) &= \int P(x,y)\mathrm{d}x = \int y(3x^2 - y^3 + e^{xy})\mathrm{d}x \\ &= x^3y - y^4x + e^{xy} + C(y) \end{aligned} \tag{9.2.22}$$

令

$$\frac{\partial u}{\partial y} = x^3 - 4xy^3 + xe^{xy} + C'(y) = Q(x,y) = x(x^2 - 4y^3 + e^{xy})$$

则 $C'(y) = 0$. 取 $C(y) = 0$,代入式(9.2.22) 即得原函数为 $u(x,y) = x^3y - y^4x + e^{xy}$,于是所求通积分为 $x^3y - xy^4 + e^{xy} = C$.

9.2.5 可用变量代换法求解的一阶微分方程

前几小节我们研究了一阶微分方程的 4 个可解的标准类型,这里介绍利用变量代换法将 3 类微分方程化为上述可解类进行求解.

1) **方程类型** $y' = f(ax + by + c)$

求解方法 作未知函数的变换,令 $ax + by + c = u$,则 $a + by' = u'$,原方程化为变量可分离的方程

$$\frac{\mathrm{d}u}{\mathrm{d}x} = a + bf(u)$$

例 7　解方程 $y' = (x+2y+3)^2$.

解　作未知函数的变换,令 $x+2y+3=u$,则 $1+2y'=u'$,原方程化为

$$\frac{\mathrm{d}u}{\mathrm{d}x} = 1+2u^2$$

分离变量并积分得 $\arctan(\sqrt{2}u) = \sqrt{2}x+C$,于是原方程的通积分为

$$\sqrt{2}(x+2y+3) = \tan(\sqrt{2}x+C)$$

2) **方程类型** $y' + P(x)y = Q(x)y^{\lambda}, \lambda \neq 0,1$(称为**伯努利方程**)

求解方法　令 $y^{1-\lambda} = u$,则原方程化为关于 u 的一阶线性方程

$$\frac{\mathrm{d}u}{\mathrm{d}x} + (1-\lambda)P(x)u = (1-\lambda)Q(x)$$

例 8(同例 3)　解方程 $y' = \frac{x^2+y^2}{2xy}$.

解　原方程为伯努利方程

$$y' - \frac{1}{2x}y = \frac{x}{2}y^{-1}$$

令 $y^2 = u$,将此方程化为一阶线性方程

$$\frac{\mathrm{d}u}{\mathrm{d}x} - \frac{1}{x}u = x$$

应用一阶线性方程的通解公式,则原方程的通积分为

$$y^2 = u = \mathrm{e}^{\int \frac{1}{x}\mathrm{d}x}\left(C + \int x\mathrm{e}^{-\int \frac{1}{x}\mathrm{d}x}\mathrm{d}x\right) = x\left(C + \int x \cdot \frac{1}{x}\mathrm{d}x\right) = x(C+x)$$

即 $y^2 = Cx + x^2$.

3) **方程类型** $f'(y)\frac{\mathrm{d}y}{\mathrm{d}x} + P(x)f(y) = Q(x)$

求解方法　令 $f(y) = u$,则原方程化为关于 u 的一阶线性方程

$$\frac{\mathrm{d}u}{\mathrm{d}x} + P(x)u = Q(x)$$

例 9　解方程 $y' = \tan y \cdot (1 + \sin x \csc y)$.

解　原方程化为

$$\cos y \cdot y' - \sin y = \sin x$$

令 $\sin y = u$,则上式化为

$$\frac{\mathrm{d}u}{\mathrm{d}x}-u=\sin x$$

应用一阶线性方程的通解公式得

$$u=\mathrm{e}^{\int\mathrm{d}x}\left(C+\int\sin x\mathrm{e}^{-\int\mathrm{d}x}\mathrm{d}x\right)=\mathrm{e}^{x}\left(C+\int\mathrm{e}^{-x}\sin x\mathrm{d}x\right)$$
$$=C\mathrm{e}^{x}-\frac{1}{2}(\cos x+\sin x)$$

于是原方程的通积分为 $\sin y=C\mathrm{e}^{x}-\frac{1}{2}(\cos x+\sin x)$.

习题 9.2

A 组

1. 解下列变量可分离的方程：

(1) $xy'-y\ln y=0$； (2) $xy\mathrm{d}x+(1+x^2)\mathrm{d}y=0$；

(3) $x\sec y\mathrm{d}x+(1+x)\mathrm{d}y=0$； (4) $y'=2^{x+y}$；

(5) $y\ln x\mathrm{d}x+x\ln y\mathrm{d}y=0$； (6) $(\mathrm{e}^{x+y}-\mathrm{e}^{x})\mathrm{d}x+(\mathrm{e}^{x+y}+\mathrm{e}^{y})\mathrm{d}y=0$；

(7) $x^2y^2y'+1=y$.

2. 解下列齐次方程：

(1) $y^2+x^2y'=xyy'$； (2) $(x^2+y^2)y'=2xy$；

(3) $xy'-y=x\tan\frac{y}{x}$； (4) $xy'=y-x\mathrm{e}^{\frac{y}{x}}$；

(5) $xy'=y\cos\left(\ln\frac{y}{x}\right)$.

3. 解下列线性方程：

(1) $(4x+2y)\mathrm{d}x-(1+2x)\mathrm{d}y=0$； (2) $(xy+\mathrm{e}^{x})\mathrm{d}x-x\mathrm{d}y=0$；

(3) $(y+x^2\cos x)\mathrm{d}x-x\mathrm{d}y=0$； (4) $xy'+(1+x)y=3x^2\mathrm{e}^{-x}$；

(5) $\mathrm{d}x+(x-2\mathrm{e}^{y})\mathrm{d}y=0$； (6) $y\mathrm{d}x+(y^2-3x)\mathrm{d}y=0$.

4. 解下列全微分方程：

(1) $\frac{1-xy\ln x}{x^2y}\mathrm{d}x+\frac{1}{xy^2}\mathrm{d}y=0$；

(2) $y(3y+\sin(2xy))\mathrm{d}x+x(6y+\sin(2xy))\mathrm{d}y=0$；

(3) $(2x\sin y+2x+3y\cos x)\mathrm{d}x+(x^2\cos y+3\sin x)\mathrm{d}y=0$；

(4) $(y^3+\ln x)\mathrm{d}y+\frac{y}{x}\mathrm{d}x=0$.

5. 确定常数 A，使得 $\left(\frac{1}{x^2}+\frac{1}{y^2}\right)\mathrm{d}x+\frac{1+Ax}{y^3}\mathrm{d}y=0$ 为全微分方程，并求其

通解.

6. 用变量代换法解下列方程：

(1) $(x+y^2)\mathrm{d}x-xy\mathrm{d}y=0$； (2) $xy'+2y+x^5y^3\mathrm{e}^x=0$；

(3) $(x^2-1)y'\sin y+2x\cos y=2x-2x^3$； (4) $\mathrm{e}^y\left(y'-\dfrac{2}{x}\right)=1$.

B 组

7. 实数 α,β 满足什么条件时，换元变换 $y=u^n(n\in\mathbf{N}^*)$ 可将方程 $y'=ax^\alpha+by^\beta$ 化为齐次方程？

8. 解方程 $x\mathrm{d}x-(x^2-2y+1)\mathrm{d}y=0$.

9. 求函数 $P(x,y)$，使得 $P(x,y)\mathrm{d}x+(2x^2y^3+x^4y)\mathrm{d}y=0$ 为全微分方程，并求其通解.

9.3 二阶微分方程

二阶微分方程的标准形式是

$$y''=f(x,y,y')\quad(f\in\mathscr{C})\tag{9.3.1}$$

当方程(9.3.1)是非线性方程时，欲求其通解，甚至是求一个特解都是非常困难的，但当方程(9.3.1)的右边缺少某些变量时，用降阶法有时能求出通解；当方程(9.3.1)是二阶线性方程，特别是二阶常系数线性方程时，求解的问题已得到圆满解决，本节将用较多篇幅重点介绍这一内容.

9.3.1 可降阶的二阶方程

1) 方程类型

$$y''=f(x)\quad(f\in\mathscr{C})\tag{9.3.2}$$

求解方法 对方程(9.3.2)两边求两次不定积分，积分一次则降一阶.

例 1 解方程 $y''=\sin^2x$.

解 方程两边积分一次得

$$y'=\int\sin^2x\mathrm{d}x+C_1=\int\frac{1-\cos2x}{2}\mathrm{d}x+C_1=\frac{1}{2}x-\frac{1}{4}\sin2x+C_1$$

上式两端再积分一次即得所求通解为

$$y=\int\left(\frac{1}{2}x-\frac{1}{4}\sin2x+C_1\right)\mathrm{d}x+C_2=\frac{1}{4}x^2+\frac{1}{8}\cos2x+C_1x+C_2$$

2) **方程类型**

$$y''=f(x,y')\quad(f\in\mathscr{C})\tag{9.3.3}$$

求解方法 方程(9.3.3)的特征是右边不显含变量 y. 作未知函数的变换,令 $y'=u$,视 u 为新的未知函数,自变量仍是 x,则原二阶方程(9.3.3)化为一阶方程

$$u'=f(x,u)\tag{9.3.4}$$

这里要求方程(9.3.4)是上一节介绍的可解类,设其通解为 $u=\varphi(x,C_1)$,则原二阶方程(9.3.3)的通解为

$$y=\int\varphi(x,C_1)\mathrm{d}x+C_2$$

例 2 求方程 $xy''=y'\ln\frac{y'}{x}$ 的通解.

解 此方程不显含变量 y. 令 $y'=u$,视 u 为新的未知函数,自变量仍是 x,则原方程化为一阶齐次方程

$$u'=\frac{u}{x}\ln\frac{u}{x}$$

令 $\frac{u}{x}=v$,则 $u'=v+xv'$,上式化为变量可分离的方程

$$x\frac{\mathrm{d}v}{\mathrm{d}x}=v(\ln v-1)$$

分离变量,两边积分得

$$\ln|\ln v-1|=\ln|x|+\ln|C_1|$$

化简得

$$y'=u=xv=x\exp(C_1x+1)$$

两边再积分即得原方程的通解为

$$\begin{aligned}y&=\int x\exp(C_1x+1)\mathrm{d}x+C_2\\&=\frac{1}{C_1}\left(x\exp(C_1x+1)-\int\exp(C_1x+1)\mathrm{d}x\right)+C_2\\&=\frac{1}{C_1}x\exp(C_1x+1)-\frac{1}{C_1^2}\exp(C_1x+1)+C_2\end{aligned}$$

3) **方程类型**

$$y''=f(y,y')\quad(f\in\mathscr{C})\tag{9.3.5}$$

求解方法　方程(9.3.5)的特征是右边不显含变量 x. 作未知函数与自变量的变换,令 $y'=u$,视 u 为新的未知函数,视 y 为新的自变量,则 $y''=u\dfrac{du}{dy}$,二阶方程(9.3.5)化为一阶方程

$$u\frac{du}{dy}=f(y,u) \tag{9.3.6}$$

这里要求方程(9.3.6)是上一节介绍的可解类,设其通解为 $u=\psi(y,C_1)$,则原二阶方程(9.3.5)的通解为

$$x=\int\frac{1}{\psi(y,C_1)}dy+C_2$$

例 3　求方程 $yy''=(y')^2$ 满足初始条件 $y(0)=1,y'(0)=2$ 的特解.

解　此方程不显含变量 x. 令 $y'=u$,视 u 为新的未知函数,视 y 为新的自变量,则 $y''=u\dfrac{du}{dy}$,原方程化为一阶变量可分离的方程 $y\dfrac{du}{dy}=u$,且 $u\Big|_{y=1}=2$. 容易解得 $u=2y$,即 $y'=2y$,分离变量后积分得 $y=Ce^{2x}$,再由 $y(0)=1$,得 $C=1$,于是所求特解为 $y=e^{2x}$.

9.3.2　二阶线性方程通解的结构

二阶线性非齐次方程的标准形式为

$$y''+p(x)y'+q(x)y=f(x) \tag{9.3.7}$$

这里 $p(x),q(x),f(x)\in\mathscr{C}[a,b]$. 方程(9.3.7)所对应的线性齐次方程为

$$y''+p(x)y'+q(x)y=0 \tag{9.3.8}$$

引进算子

$$L(D)=D^2+p(x)D+q(x)$$

其中 $D=\dfrac{d}{dx},D^2=\dfrac{d^2}{dx^2}$,则方程(9.3.7)和(9.3.8)可分别简写为

$$L(D)y=f(x) \tag{9.3.7}$$

$$L(D)y=0 \tag{9.3.8}$$

对于算子 $L(D)$,由于求导数运算是线性运算,故 $L(D)$ 是线性微分算子,即有

$$L(D)(C_1y_1(x)+C_2y_2(x))=C_1L(D)y_1(x)+C_2L(D)y_2(x)$$

其中,C_1,C_2 是两个任意常数;$y_1(x),y_2(x)$ 是两个任意的二阶可导的函数.

1) 二阶线性方程解的性质

定理 9.3.1 设 $y_1(x), y_2(x)$ 是方程(9.3.8) 的两个解,则它们的线性组合

$$Y(x) = C_1 y_1(x) + C_2 y_2(x)$$

仍是方程(9.3.8) 的解(其中 C_1, C_2 是两个任意常数).

证 由条件可知 $\forall x \in [a,b]$,有

$$L(D)y_1(x) = 0, \quad L(D)y_2(x) = 0$$

于是 $\forall x \in [a,b]$,有

$$\begin{aligned} L(D)Y(x) &= L(D)(C_1 y_1(x) + C_2 y_2(x)) = C_1 L(D) y_1(x) + C_2 L(D) y_2(x) \\ &= 0 + 0 = 0 \end{aligned}$$

此式表明 $Y(x)$ 是方程(9.3.8) 的解. □

定理 9.3.2 方程(9.3.8) 的任一解 $Y(x)$ 与方程(9.3.7) 的任一解 $\tilde{y}(x)$ 的和 $Y(x) + \tilde{y}(x)$ 是方程(9.3.7) 的解.

证 由条件可知 $\forall x \in [a,b]$,有

$$L(D)Y(x) = 0, \quad L(D)\tilde{y}(x) = f(x)$$

于是 $\forall x \in [a,b]$,有

$$L(D)(Y(x) + \tilde{y}(x)) = 0 + f(x) = f(x)$$

此式表明 $Y(x) + \tilde{y}(x)$ 是方程(9.3.7) 的解. □

定理 9.3.3 方程(9.3.7) 的任意两个解 $\tilde{y}_1(x)$ 与 $\tilde{y}_2(x)$ 的差 $\tilde{y}_1(x) - \tilde{y}_2(x)$ 是方程(9.3.8) 的解,而它们的均值 $\frac{1}{2}(\tilde{y}_1(x) + \tilde{y}_2(x))$ 仍是方程(9.3.7) 的解.

证 由条件可知 $\forall x \in [a,b]$,有

$$L(D)\tilde{y}_1(x) = f(x), \quad L(D)\tilde{y}_2(x) = f(x)$$

于是 $\forall x \in [a,b]$,有

$$L(D)(\tilde{y}_1(x) - \tilde{y}_2(x)) = L(D)\tilde{y}_1(x) - L(D)\tilde{y}_2(x) = f(x) - f(x) = 0$$

此式表明 $\tilde{y}_1(x) - \tilde{y}_2(x)$ 是方程(9.3.8) 的解.

又 $\forall x \in [a,b]$,有

$$\begin{aligned} L(D)\left(\frac{1}{2}(\tilde{y}_1(x) + \tilde{y}_2(x))\right) &= \frac{1}{2}(L(D)\tilde{y}_1(x) + L(D)\tilde{y}_2(x)) \\ &= \frac{1}{2}(f(x) + f(x)) = f(x) \end{aligned}$$

此式表明$\frac{1}{2}(\tilde{y}_1(x)+\tilde{y}_2(x))$是方程(9.3.7)的解. □

2) 函数组线性相关与线性无关的定义

定义 9.3.1(线性相关与线性无关) 设函数 $y_1(x),y_2(x),\cdots,y_n(x)$ 皆在区间$[a,b]$上连续，若存在不全为零的常数 $k_1,k_2,\cdots,k_n$，使得 $\forall x\in[a,b]$，有

$$k_1y_1(x)+k_2y_2(x)+\cdots+k_ny_n(x)=0 \tag{9.3.9}$$

则称函数 $y_1(x),y_2(x),\cdots,y_n(x)$ 在区间$[a,b]$上线性相关；若恒等式(9.3.9)当且仅当

$$k_1=k_2=\cdots=k_n=0$$

时成立，则称这 n 个函数 $y_1(x),y_2(x),\cdots,y_n(x)$ 在区间$[a,b]$上线性无关(或线性独立).

定理 9.3.4 若函数 $y_1(x),y_2(x)$ 在区间$[a,b]$上连续，则函数 $y_1(x),y_2(x)$ 在区间$[a,b]$上线性相关的充要条件是存在常数 k，使得 $\forall x\in[a,b]$，有

$$y_1(x)=ky_2(x) \quad 或 \quad y_2(x)=ky_1(x)$$

证 由定义 9.3.1，函数 $y_1(x),y_2(x)$ 在区间$[a,b]$上线性相关的充要条件是存在不全为零的常数 k_1,k_2，使得 $\forall x\in[a,b]$，有

$$k_1y_1(x)+k_2y_2(x)=0$$

若 $k_1\neq0$，则上式 $\Leftrightarrow y_1(x)=-\frac{k_2}{k_1}y_2(x)$，记 $k=-\frac{k_2}{k_1}$，则 $y_1(x)=ky_2(x)$；

若 $k_2\neq0$，则上式 $\Leftrightarrow y_2(x)=-\frac{k_1}{k_2}y_1(x)$，记 $k=-\frac{k_1}{k_2}$，则 $y_2(x)=ky_1(x)$.

□

例 4 判别下列函数组的线性相关性：

(1) $\sin^2x,\cos^2x,1$，其中 $x\in(a,b)$；

(2) $1,x,x^2$，其中 $x\in(a,b)$；

(3) e^x,e^{2x},e^{3x}，其中 $x\in(a,b)$.

解 (1) 取全不为零的常数 $k_1=1,k_2=1,k_3=-1$，则 $\forall x\in(a,b)$，有

$$k_1\sin^2x+k_2\cos^2x+k_3\cdot1=\sin^2x+\cos^2x-1=0$$

所以 $\sin^2x,\cos^2x,1$ 在(a,b)上线性相关.

(2) 用反证法. 若 $1,x,x^2$ 在(a,b)上线性相关，则存在不全为零的常数 k_1,k_2,k_3，使得 $\forall x\in(a,b)$，有

$$k_1\cdot1+k_2x+k_3x^2=0$$

这表明区间(a,b)内的所有实数都是这个次数最高为2的实系数代数方程的实根，而这是不可能的，所以函数$1,x,x^2$在(a,b)上线性无关.

(3) 令

$$k_1 e^x + k_2 e^{2x} + k_3 e^{3x} = 0 \quad (x \in (a,b))$$

将方程两边求导数两次，并与原方程联立得

$$\begin{cases} e^x k_1 + e^{2x} k_2 + e^{3x} k_3 = 0, \\ e^x k_1 + 2e^{2x} k_2 + 3e^{3x} k_3 = 0, \\ e^x k_1 + 4e^{2x} k_2 + 9e^{3x} k_3 = 0 \end{cases} \tag{9.3.10}$$

由于$\begin{vmatrix} e^x & e^{2x} & e^{3x} \\ e^x & 2e^{2x} & 3e^{3x} \\ e^x & 4e^{2x} & 9e^{3x} \end{vmatrix} = 2e^{6x} \neq 0$，应用克莱姆法则得方程组(9.3.10)只有零解，即$k_1 = k_2 = k_3 = 0$，因此函数e^x, e^{2x}, e^{3x}在(a,b)上线性无关.

3) 二阶线性方程通解的结构

定理9.3.5(通解结构定理Ⅰ) 设$y_1(x), y_2(x)$是线性齐次方程(9.3.8)的两个线性无关的特解，则它们的线性组合

$$y = Y(x) \equiv C_1 y_1(x) + C_2 y_2(x) \tag{9.3.11}$$

为方程(9.3.8)的通解，其中C_1, C_2是两个任意常数.

证 由定理9.3.1可知式(9.3.11)是齐次方程(9.3.8)的解. 式(9.3.11)中含有两个任意常数，当$y_1(x), y_2(x)$线性无关时，式(9.3.11)不能用少于两个任意常数的表达式代替，故任意常数C_1, C_2是独立的，所以式(9.3.11)是方程(9.3.8)的通解. □

注 当$y_1(x), y_2(x)$线性相关时，C_1, C_2就不独立了. 因为此时

$$Y(x) \equiv C_1 y_1(x) + C_2 y_2(x) = C_1 k y_2(x) + C_2 y_2(x) = (C_1 k + C_2) y_2(x)$$

记$C_1 k + C_2 = C$，则$Y(x) \equiv C y_2(x)$，解式中只含一个任意常数.

定理9.3.6(通解结构定理Ⅱ) 设$y_1(x), y_2(x)$是线性齐次方程(9.3.8)的两个线性无关的特解，$\bar{y}(x)$是线性非齐次方程(9.3.7)的任一特解，则方程(9.3.7)的通解为

$$y = Y(x) + \bar{y}(x) = C_1 y_1(x) + C_2 y_2(x) + \bar{y}(x) \tag{9.3.12}$$

其中C_1, C_2是两个任意常数.

证 由定理9.3.1和定理9.3.2知式(9.3.12)是方程(9.3.7)的解. 式(9.3.12)中含两个任意常数，由于$y_1(x), y_2(x)$线性无关，可知C_1, C_2是独立的，再由通解

的定义便知式(9.3.12)是方程(9.3.7)的通解. □

上面的两个通解结构定理很重要,它是求解线性方程的理论基础.根据结构定理,欲求方程(9.3.8)的通解,只需求其两个线性无关的特解;欲求方程(9.3.7)的通解,必须先求它所对应的齐次方程(9.3.8)的两个线性无关的特解,再求原方程本身的一个特解.最后,应用这两个结构定理便可写出它们的通解.

定义 9.3.2(余函数) 线性齐次方程 $y''+p(x)y'+q(x)y=0$ 的通解

$$y=Y(x)=C_1y_1(x)+C_2y_2(x)$$

称为线性非齐次方程 $y''+p(x)y'+q(x)y=f(x)$ 的**余函数**.

例 5 已知方程 $y''+p(x)y'+q(x)y=f(x)$ 有三个特解

$$y_1(x)=x,\quad y_2(x)=\mathrm{e}^x,\quad y_3(x)=\mathrm{e}^{2x}$$

试写出该方程的通解,并说明理由.

解 所求的通解为

$$y=C_1(\mathrm{e}^x-x)+C_2(\mathrm{e}^{2x}-x)+x$$

这是因为

$$y_2(x)-y_1(x)=\mathrm{e}^x-x,\quad y_3(x)-y_1(x)=\mathrm{e}^{2x}-x$$

是原方程所对应的齐次方程的两个特解,由于

$$\frac{y_2(x)-y_1(x)}{y_3(x)-y_1(x)}=\frac{\mathrm{e}^x-x}{\mathrm{e}^{2x}-x}\neq 常数$$

所以 e^x-x 与 $\mathrm{e}^{2x}-x$ 线性无关,又由于 $y_1(x)=x$ 是原方程本身的一个特解,应用通解结构定理 Ⅱ,即得上述通解.

9.3.3 二阶常系数线性齐次方程的通解

二阶常系数线性齐次方程的标准形式为

$$y''+py'+qy=0 \tag{9.3.13}$$

这里 $p,q\in\mathbf{R}$.引进算子

$$L_1(D)=D^2+pD+q$$

其中 $D=\frac{\mathrm{d}}{\mathrm{d}x},D^2=\frac{\mathrm{d}^2}{\mathrm{d}x^2}$,则方程(9.3.13)可简写为

$$L_1(D)y=0 \tag{9.3.13}$$

为了求二阶常系数线性齐次方程的通解,应用通解结构定理 Ⅰ,只需求其两

个线性无关的特解便可.下面我们用**"待定指数法"**求方程(9.3.13)的形如 $y=e^{\lambda x}$ 的特解,这里 λ 是实常数或复常数,x 是实变量.将 $y=e^{\lambda x}$ 代入方程(9.3.13)得

$$L_1(D)e^{\lambda x}=e^{\lambda x}(\lambda^2+p\lambda+q)=0$$

由于 $e^{\lambda x}\neq 0$,故有

$$\lambda^2+p\lambda+q=0 \tag{9.3.14}$$

这表明:欲使 $y=e^{\lambda x}$ 是方程(9.3.13)的特解,待定常数 λ 必须满足方程(9.3.14);反之,若常数 λ 是方程(9.3.14)的根,则 $y=e^{\lambda x}$ 方程(9.3.13)的特解.我们将代数方程(9.3.14)称为微分方程(9.3.13)的**特征方程**,将代数方程(9.3.14)的根称为微分方程(9.3.13)的**特征根**.特征根与方程(9.3.13)的特解一一对应.下面根据特征根的不同情况写出微分方程(9.3.13)的通解.

(1) 若 $p^2-4q>0$,则特征方程(9.3.14)有两个相异的实根 λ_1 与 λ_2,则

$$y_1(x)=e^{\lambda_1 x} \quad 与 \quad y_2(x)=e^{\lambda_2 x}$$

是方程(9.3.13)的两个线性无关的特解,故原方程(9.3.13)的通解为

$$y=C_1e^{\lambda_1 x}+C_2e^{\lambda_2 x}$$

特别的,当 $\lambda_1=0,\lambda_2\neq 0$ 时方程(9.3.13)的通解为 $y=C_1+C_2e^{\lambda_2 x}$.

(2) 若 $p^2-4q=0$,则特征方程(9.3.14)有二重实根 $\lambda_1=\lambda_2$,此时只能得到方程(9.3.13)的一个非零特解

$$y_1(x)=e^{\lambda_1 x}$$

下面我们在 $\lambda_1=-\dfrac{p}{2},\lambda_1^2+p\lambda_1+q=0$ 的条件下,寻求方程(9.3.13)的另一个与 $y_1(x)$ 线性无关的特解.令 $y_2(x)=xy_1(x)=xe^{\lambda_1 x}$,由于

$$L_1(D)y_2(x)=L_1(D)(xe^{\lambda_1 x})=xe^{\lambda_1 x}(\lambda_1^2+p\lambda_1+q)+e^{\lambda_1 x}(2\lambda_1+p)=0$$

所以 $y_2(x)=xy_1(x)=xe^{\lambda_1 x}$ 即为所求的特解.因此方程(9.3.13)的通解为

$$y=(C_1+C_2x)e^{\lambda_1 x}$$

特别的,当 $\lambda_1=\lambda_2=0$ 时方程(9.3.13)的通解为 $y=C_1+C_2x$.

(3) 若 $p^2-4q<0$,则方程(9.3.14)有一对共轭复根

$$\lambda_{1,2}=\alpha\pm\beta i \quad \left(\alpha=-\frac{p}{2},\beta=\frac{1}{2}\sqrt{4q-p^2}\right)$$

则方程(9.3.13)有两个线性无关解

$$y_1(x)=e^{\lambda_1 x}=e^{\alpha x}(\cos\beta x+i\sin\beta x),\quad y_2(x)=e^{\lambda_2 x}=e^{\alpha x}(\cos\beta x-i\sin\beta x)$$

由于这两个特解都是复值解，因此是两个不理想的特解.而应用定理 9.3.1，可得

$$y_3(x)=\frac{1}{2}y_1(x)+\frac{1}{2}y_2(x)=\mathrm{e}^{\alpha x}\cos\beta x$$

$$y_4(x)=\frac{1}{2\mathrm{i}}y_1(x)-\frac{1}{2\mathrm{i}}y_2(x)=\mathrm{e}^{\alpha x}\sin\beta x$$

也是方程(9.3.13)的两个特解.它们显然是两个线性无关的实值解，由此可得方程(9.3.13)的通解为

$$y=\mathrm{e}^{\alpha x}(C_1\cos\beta x+C_2\sin\beta x)$$

特别的，当 $\lambda_{1,2}=\pm\beta\mathrm{i}$ 时方程(9.3.13)的通解为 $y=C_1\cos\beta x+C_2\sin\beta x$.

至此，二阶常系数线性齐次方程求通解的问题获得圆满解决.

例 6 求下列二阶常系数线性齐次方程的通解：

(1) $y''+y'-2y=0$；　　(2) $y''-6y'+9y=0$.

解 (1) 特征方程为 $\lambda^2+\lambda-2=0$，容易解出特征根为 $\lambda_1=-2,\lambda_2=1$，故原方程的通解为

$$y=C_1\mathrm{e}^{-2x}+C_2\mathrm{e}^{x}$$

(2) 特征方程为 $\lambda^2-6\lambda+9=0$，容易解出特征根为 $\lambda_1=\lambda_2=3$，故原方程的通解为

$$y=(C_1+C_2x)\mathrm{e}^{3x}$$

例 7 求微分方程 $y''-4y'+13y=0$ 满足初始条件 $y(0)=1,y'(0)=-1$ 的特解.

解 特征方程为 $\lambda^2-4\lambda+13=0$，容易解出特征根为 $\lambda_{1,2}=2\pm3\mathrm{i}$，故原方程的通解为

$$y=\mathrm{e}^{2x}(C_1\cos3x+C_2\sin3x)$$

令 $x=0$ 得 $y(0)=C_1=1$，则 $y=\mathrm{e}^{2x}(\cos3x+C_2\sin3x)$，求导得

$$y'=\mathrm{e}^{2x}((2+3C_2)\cos3x+(2C_2-3)\sin3x)$$

令 $x=0$ 得 $y'(0)=2+3C_2=-1$，则 $C_2=-1$.于是所求特解为

$$y=\mathrm{e}^{2x}(\cos3x-\sin3x)$$

注 上面求解二阶常系数线性齐次方程的三步骤(即写出特征方程、求出特征根、写出通解)，对于高于二阶的常系数线性齐次方程仍然适用，方法是类似的.下面举一个例子作介绍.

*例 8　解方程 $y''' - y'' + 4y' - 4y = 0$.

解　特征方程为 $\lambda^3 - \lambda^2 + 4\lambda - 4 = 0$,容易解出 3 个特征根为 $\lambda = 1, 2\mathrm{i}, -2\mathrm{i}$,故原方程的通解为

$$y = C_1 \mathrm{e}^x + C_2 \cos 2x + C_3 \sin 2x$$

9.3.4　二阶常系数线性非齐次方程的特解与通解(待定系数法)

二阶常系数线性非齐次方程的标准形式为

$$y'' + py' + qy = f(x) \tag{9.3.15}$$

这里 p, q 为实常数,函数 $f \in \mathscr{C}[a,b]$. 利用上一小节的算子 $L_1(D) = D^2 + pD + q$,则方程(9.3.15) 可简写为

$$L_1(D)y = f(x) \tag{9.3.15}$$

现在来考虑如何求二阶常系数线性非齐次方程(9.3.15) 的通解. 根据通解结构定理 Ⅱ,只要求出方程(9.3.15) 的一个特解 $\bar{y}(x)$,则方程(9.3.15) 的通解便容易写出. 下面对几类特殊的函数 $f(x)$,采用"**待定系数法**"求方程(9.3.15) 的一个特解.

当函数 $f(x)$ 是指数函数、多项式、正弦与余弦函数(包含它们的乘积) 时,可以证明此时方程(9.3.15) 有特解 $\bar{y}(x)$ 与 $f(x)$ 具有相同(或类似) 的形式,只是其中某些项的系数不同. 原因是上述这些函数的导数仍是同类型的函数. 所谓"待定系数法",就是先写出某一特解形式 $\bar{y}(x)$,再将 $\bar{y}(x)$ 代入原方程(9.3.15),用求导运算与代数运算便可确定其中某些项的待定系数,从而获得特解 $\bar{y}(x)$.

现在将函数 $f(x)$ 分两种情况给出特解 $\bar{y}$ 的形式.

(1) $f(x) = \mathrm{e}^{\lambda x} P_n(x)$(其中 $P_n(x)$ 为 n 次多项式,$\lambda \in \mathbf{R}$) 时,特解形式为

$$\bar{y} = \begin{cases} \mathrm{e}^{\lambda x} Q_n(x) & (\lambda \text{ 不是特征根}); \\ x\mathrm{e}^{\lambda x} Q_n(x) & (\lambda \text{ 是单特征根}); \\ x^2 \mathrm{e}^{\lambda x} Q_n(x) & (\lambda \text{ 是二重特征根}) \end{cases}$$

其中 $Q_n(x)$ 为 n 次多项式,系数为待定常数.

(2) $f(x) = \mathrm{e}^{\alpha x}(P_m^{(1)}(x)\cos\beta x + P_n^{(2)}(x)\sin\beta x)$(其中 $P_m^{(1)}(x)$ 与 $P_n^{(2)}(x)$ 分别是 m, n 次多项式,$\alpha, \beta \in \mathbf{R}$) 时,特解形式为

$$\bar{y} = \begin{cases} \mathrm{e}^{\alpha x}(Q_l^{(1)}(x)\cos\beta x + Q_l^{(2)}(x)\sin\beta x) & (\alpha + \beta\mathrm{i} \text{ 不是特征根}); \\ x\mathrm{e}^{\alpha x}(Q_l^{(1)}(x)\cos\beta x + Q_l^{(2)}(x)\sin\beta x) & (\alpha + \beta\mathrm{i} \text{ 是特征根}) \end{cases}$$

其中 $Q_l^{(1)}(x), Q_l^{(2)}(x)$ 为 l 次多项式,$l = \max\{m, n\}$,系数为待定常数.

例 9　求下列二阶常系数线性非齐次方程的通解：

(1) $y''-3y'+2y=2x^2+1$；　　(2) $y''+y'-6y=6\mathrm{e}^{3x}$；

(3) $y''-y'=2x+1$；　　(4) $y''-y'=x\mathrm{e}^{x}$；

(5) $y''-2y'+10y=\sin 3x$；　　(6) $y''-2y'+10y=\mathrm{e}^{x}\cos x$.

解　(1) 特征方程为 $\lambda^2-3\lambda+2=0$，容易解出特征根为 $\lambda_1=1,\lambda_2=2$，故原方程的余函数为

$$Y(x)=C_1\mathrm{e}^{x}+C_2\mathrm{e}^{2x}$$

由于 $f(x)=\mathrm{e}^{0x}(2x^2+1)$，$\lambda=0$ 不是特征根，所以特解形式为 $\tilde{y}=Ax^2+Bx+C$. 将 $\tilde{y}$ 与

$$\tilde{y}'=2Ax+B,\quad \tilde{y}''=2A$$

一起代入原方程，并比较两边 x 的同次幂的系数，可解得 $A=1,B=3,C=4$，故 $\tilde{y}=x^2+3x+4$. 于是原方程的通解为

$$y=Y(x)+\tilde{y}=C_1\mathrm{e}^{x}+C_2\mathrm{e}^{2x}+x^2+3x+4$$

(2) 特征方程为 $\lambda^2+\lambda-6=0$，容易解出特征根为 $\lambda_1=-3,\lambda_2=2$，故原方程的余函数为

$$Y(x)=C_1\mathrm{e}^{-3x}+C_2\mathrm{e}^{2x}$$

由于 $f(x)=6\mathrm{e}^{3x}$，$\lambda=3$ 不是特征根，所以特解形式为 $\tilde{y}=A\mathrm{e}^{3x}$. 将 $\tilde{y}$ 与

$$\tilde{y}'=3A\mathrm{e}^{3x},\quad \tilde{y}''=9A\mathrm{e}^{3x}$$

一起代入原方程，并比较两边 x 的同次幂的系数，可解得 $A=1$，故 $\tilde{y}=\mathrm{e}^{3x}$. 于是原方程的通解为

$$y=Y(x)+\tilde{y}=C_1\mathrm{e}^{-3x}+C_2\mathrm{e}^{2x}+\mathrm{e}^{3x}$$

(3) 特征方程为 $\lambda^2-\lambda=0$，容易解出特征根为 $\lambda_1=0,\lambda_2=1$，故原方程的余函数为

$$Y(x)=C_1+C_2\mathrm{e}^{x}$$

由于 $f(x)=\mathrm{e}^{0x}(2x+1)$，$\lambda=0$ 是单特征根，所以特解形式为 $\tilde{y}=x(Ax+B)$. 将 $\tilde{y}$ 与

$$\tilde{y}'=2Ax+B,\quad \tilde{y}''=2A$$

一起代入原方程，并比较两边 x 的同次幂的系数，可解得 $A=-1,B=-3$，故 $\tilde{y}=$

$-x(x+3)$. 于是原方程的通解为

$$y=Y(x)+\tilde{y}=C_1+C_2\mathrm{e}^x-x(x+3)$$

(4) 特征方程同(3),余函数为

$$Y(x)=C_1+C_2\mathrm{e}^x$$

由于 $f(x)=\mathrm{e}^x x$,$\lambda=1$ 是单特征根,所以特解形式为 $\tilde{y}=x\mathrm{e}^x(Ax+B)$. 将 $\tilde{y}$ 与

$$\tilde{y}'=\mathrm{e}^x(Ax^2+(2A+B)x+B),\quad \tilde{y}''=\mathrm{e}^x(Ax^2+(4A+B)x+2A+2B)$$

一起代入原方程,并比较两边 x 的同次幂的系数,可解得 $A=\dfrac{1}{2}$,$B=-1$,故 $\tilde{y}=\dfrac{1}{2}x\mathrm{e}^x(x-2)$. 于是原方程的通解为

$$y=Y(x)+\tilde{y}=C_1+C_2\mathrm{e}^x+\frac{1}{2}x\mathrm{e}^x(x-2)$$

(5) 特征方程为 $\lambda^2-2\lambda+10=0$,容易解出特征根 $\lambda_{1,2}=1\pm 3\mathrm{i}$,故原方程的余函数为

$$Y(x)=\mathrm{e}^x(C_1\cos 3x+C_2\sin 3x)$$

由于 $f(x)=\sin 3x$,$\lambda=3\mathrm{i}$ 不是特征根,所以特解形式为 $\tilde{y}=A\cos 3x+B\sin 3x$. 将 $\tilde{y}$ 与

$$\tilde{y}'=3B\cos 3x-3A\sin 3x,\quad \tilde{y}''=-9A\cos 3x-9B\sin 3x$$

一起代入原方程,并比较两边的三角函数的系数,可解得 $A=\dfrac{6}{37}$,$B=\dfrac{1}{37}$,故 $\tilde{y}=\dfrac{6}{37}\cos 3x+\dfrac{1}{37}\sin 3x$. 于是原方程的通解为

$$y=Y(x)+\tilde{y}=\mathrm{e}^x(C_1\cos 3x+C_2\sin 3x)+\frac{6}{37}\cos 3x+\frac{1}{37}\sin 3x$$

(6) 特征方程同(5),余函数为

$$Y(x)=\mathrm{e}^x(C_1\cos 3x+C_2\sin 3x)$$

由于 $f(x)=\mathrm{e}^x\cos x$,$\lambda=1+\mathrm{i}$ 不是特征根,所以特解形式为

$$\tilde{y}=\mathrm{e}^x(A\cos x+B\sin x)$$

将 $\tilde{y}$ 与

$$\tilde{y}'=\mathrm{e}^x((A+B)\cos x+(B-A)\sin x),\quad \tilde{y}''=\mathrm{e}^x(2B\cos x-2A\sin x)$$

一起代入原方程,并比较两边的三角函数的系数,可解得 $A=\frac{1}{8}$,$B=0$,故 $\tilde{y}=\frac{1}{8}e^{x}\cos x$. 于是原方程的通解为

$$y=Y(x)+\tilde{y}=e^{x}(C_1\cos 3x+C_2\sin 3x)+\frac{1}{8}e^{x}\cos x$$

例 10 写出下列常系数线性非齐次方程的一个特解形式:

(1) $y''-2y'+y=x^3e^{x}$; (2) $y''-6y'+13y=xe^{3x}\sin 2x$.

解 (1) 特征方程为 $\lambda^2-2\lambda+1=0$,容易解出特征根为 $\lambda_1=\lambda_2=1$. 由于 $f(x)=x^3e^{x}$,$\lambda=1$ 是二重特征根,所以特解形式为

$$\tilde{y}=x^2e^{x}(Ax^3+Bx^2+Cx+D)$$

(2) 特征方程为 $\lambda^2-6\lambda+13=0$,容易解出特征根为 $\lambda_{1,2}=3\pm 2i$. 由于 $f(x)=e^{3x}x\sin 2x$,$\lambda=3+2i$ 是特征根,所以特解形式为

$$\tilde{y}=xe^{3x}((Ax+B)\cos 2x+(Cx+D)\sin 2x)$$

注 上面求解二阶常系数线性非齐次方程的三步骤(即求余函数、求一特解、写出通解),对于高于二阶的常系数线性非齐次方程仍然适用,方法是类似的. 下面举一个例子作介绍.

***例 11** 解方程 $y^{(4)}+y'''-2y''=xe^{x}$.

解 特征方程为 $\lambda^4+\lambda^3-2\lambda^2=0$,容易解出 4 个特征根为 $\lambda=0,0,1,-2$,故原方程的余函数为

$$Y(x)=C_1+C_2x+C_3e^{x}+C_4e^{-2x}$$

由于 $f(x)=e^{x}x$,$\lambda=1$ 是单特征根,所以特解形式为 $\tilde{y}=xe^{x}(Ax+B)$. 将 $\tilde{y}$ 与

$$\tilde{y}'=e^{x}(Ax^2+(2A+B)x+B)$$

$$\tilde{y}''=e^{x}(Ax^2+(4A+B)x+2A+2B)$$

$$\tilde{y}'''=e^{x}(Ax^2+(6A+B)x+6A+3B)$$

$$\tilde{y}^{(4)}=e^{x}(Ax^2+(8A+B)x+12A+4B)$$

一起代入原方程,并比较两边 x 的同次幂的系数,可解得 $A=\frac{1}{6}$,$B=-\frac{7}{9}$,故 $\tilde{y}=\frac{1}{18}xe^{x}(3x-14)$. 于是原方程的通解为

$$y=Y(x)+\tilde{y}=C_1+C_2x+C_3e^{x}+C_4e^{-2x}+\frac{1}{18}xe^{x}(3x-14)$$

下面考虑方程(9.3.15)中函数 $f(x)$ 是两个或两个以上不同类函数相加时特解 $\tilde{y}$ 的求法.

* **定理 9.3.7(叠加原理)** 设 $\tilde{y}_1(x)$ 与 $\tilde{y}_2(x)$ 分别是线性非齐次方程

$$y'' + py' + qy = f_1(x) \quad 与 \quad y'' + py' + qy = f_2(x)$$

的特解,则 $\tilde{y} = \tilde{y}_1(x) + \tilde{y}_2(x)$ 是线性非齐次方程

$$y'' + py' + qy = f_1(x) + f_2(x) \tag{9.3.16}$$

的一个特解.

证 由题意,$\forall x \in [a,b]$,有

$$L_1(D)\tilde{y}_1(x) = f_1(x), \quad L_1(D)\tilde{y}_2(x) = f_2(x)$$

于是 $\forall x \in [a,b]$,有

$$\begin{aligned} L_1(D)\tilde{y} &= L_1(D)(\tilde{y}_1(x) + \tilde{y}_2(x)) = L_1(D)\tilde{y}_1(x) + L_1(D)\tilde{y}_2(x) \\ &= f_1(x) + f_2(x) \end{aligned}$$

此式表明 $\tilde{y}_1(x) + \tilde{y}_2(x)$ 是方程(9.3.16)的特解. □

注 当方程(9.3.16)的右端是两个以上的函数相加时,有对应的叠加原理.

* **例 12** 解方程 $y'' - 3y' + 2y = e^{-x} + \cos 2x$.

解 特征方程为 $\lambda^2 - 3\lambda + 2 = 0$,容易解出特征根为 $\lambda_1 = 1, \lambda_2 = 2$,故原方程的余函数为

$$Y(x) = C_1 e^x + C_2 e^{2x}$$

因 $f(x) = e^{-x} + \cos 2x$,记

$$f_1(x) = e^{-x}, \quad f_2(x) = \cos 2x$$

则与之对应的有

$$\tilde{y}_1(x) = Ae^{-x}, \quad \tilde{y}_2(x) = B\cos 2x + C\sin 2x$$

于是原方程的特解形式为

$$\tilde{y} = \tilde{y}_1(x) + \tilde{y}_2(x) = Ae^{-x} + B\cos 2x + C\sin 2x$$

将 $\tilde{y}$ 与

$$\tilde{y}' = -Ae^{-x} - 2B\sin 2x + 2C\cos 2x, \quad \tilde{y}'' = Ae^{-x} - 4B\cos 2x - 4C\sin 2x$$

一起代入原方程得

$$6Ae^{-x} - 2(B + 3C)\cos 2x + 2(3B - C)\sin 2x = e^{-x} + \cos 2x$$

比较系数得

$$6A=1,\quad -2B-6C=1,\quad 6B-2C=0$$

由此解得 $A=\frac{1}{6}$, $B=-\frac{1}{20}$, $C=-\frac{3}{20}$,故 $\tilde{y}=\frac{1}{6}e^{-x}-\frac{1}{20}\cos 2x-\frac{3}{20}\sin 2x$. 于是原方程的通解为

$$y=Y(x)+\tilde{y}=C_1e^{x}+C_2e^{2x}+\frac{1}{6}e^{-x}-\frac{1}{20}(\cos 2x+3\sin 2x)$$

*9.3.5　二阶常系数线性非齐次方程的特解(常数变易法)

与求一阶线性非齐次方程特解的常数变易法一样,我们也可以利用二阶线性非齐次方程(9.3.7)的余函数采用**"常数变易法"**来求二阶线性非齐次方程(9.3.7)的一个特解.下面就二阶常系数线性非齐次方程(9.3.15)介绍这一方法.

设二阶常系数线性非齐次方程(9.3.15)的余函数为

$$Y(x)=C_1y_1(x)+C_2y_2(x)$$

将其中常数 C_1,C_2 变为待定函数 $C_1(x)$,$C_2(x)$,得

$$\tilde{y}=C_1(x)y_1(x)+C_2(x)y_2(x) \tag{9.3.17}$$

下面我们来选取 $C_1(x)$ 与 $C_2(x)$,使得式(9.3.17)成为方程(9.3.15)的特解.

将式(9.3.17)代入式(9.3.15),因为

$$\tilde{y}'=C_1'(x)y_1(x)+C_2'(x)y_2(x)+C_1(x)y_1'(x)+C_2(x)y_2'(x) \tag{9.3.18}$$

这里右端已含4项相加,若再求二阶导数将有8项相加,求解会很麻烦.考虑到要确定两个函数 $C_1(x)$ 与 $C_2(x)$ 必须有两个条件,将式(9.3.17)代入式(9.3.15)只能得到一个条件,我们还需补充一个条件.若我们在 $\tilde{y}'$ 的表达式(9.3.18)中令

$$C_1'(x)y_1(x)+C_2'(x)y_2(x)=0 \tag{9.3.19}$$

用式(9.3.19)作为补充条件,此时 $\tilde{y}'=C_1(x)y_1'(x)+C_2(x)y_2'(x)$ 比式(9.3.18)简单了很多.对此式再求导数得

$$\tilde{y}''=C_1'(x)y_1'(x)+C_2'(x)y_2'(x)+C_1(x)y_1''(x)+C_2(x)y_2''(x)$$

一起代入方程(9.3.15)得

$$\begin{aligned}C_1'(x)\,y_1'(x)+C_2'(x)y_2'(x)+C_1(x)(y_1''(x)+py_1'(x)+qy_1(x))\\+C_2(x)(y_2''(x)+py_2'(x)+qy_2(x))=f(x)\end{aligned}$$

利用 $y_1(x)$,$y_2(x)$ 是方程(9.3.15)所对应的齐次方程(9.3.13)的解,上式可化简

为

$$C_1'(x)y_1'(x)+C_2'(x)y_2'(x)=f(x) \tag{9.3.20}$$

将(9.3.19),(9.3.20)两式联立,得到关于 $C_1'(x)$ 与 $C_2'(x)$ 的方程组

$$\begin{cases}C_1'(x)y_1(x)+C_2'(x)y_2(x)=0,\\ C_1'(x)y_1'(x)+C_2'(x)y_2'(x)=f(x)\end{cases} \tag{9.3.21}$$

应用克莱姆法则可解得

$$C_1'(x)=\frac{\begin{vmatrix}0 & y_2(x)\\ f(x) & y_2'(x)\end{vmatrix}}{\begin{vmatrix}y_1(x) & y_2(x)\\ y_1'(x) & y_2'(x)\end{vmatrix}}=\frac{-y_2(x)f(x)}{y_1(x)y_2'(x)-y_2(x)y_1'(x)}$$

$$C_2'(x)=\frac{\begin{vmatrix}y_1(x) & 0\\ y_1'(x) & f(x)\end{vmatrix}}{\begin{vmatrix}y_1(x) & y_2(x)\\ y_1'(x) & y_2'(x)\end{vmatrix}}=\frac{y_1(x)f(x)}{y_1(x)y_2'(x)-y_2(x)y_1'(x)}$$

将上面两式分别积分求其一个原函数,就确定了 $C_1(x)$ 与 $C_2(x)$,代入式(9.3.17)便求得了二阶常系数线性非齐次方程(9.3.15)的一个特解 $\bar{y}(x)$.

例 13 解方程 $y''+y=\tan x$.

解 特征方程为 $\lambda^2+1=0$,解出特征根为 $\lambda_{1,2}=\pm\mathrm{i}$,故原方程的余函数为

$$Y(x)=C_1\cos x+C_2\sin x$$

令原方程的特解为

$$\tilde{y}=C_1(x)\cos x+C_2(x)\sin x$$

且 $C_1'(x)$ 与 $C_2'(x)$ 满足方程组

$$\begin{cases}C_1'(x)\cos x+C_2'(x)\sin x=0,\\ -C_1'(x)\sin x+C_2'(x)\cos x=\tan x\end{cases}$$

应用克莱姆法则得

$$C_1'(x)=\frac{\begin{vmatrix}0 & \sin x\\ \tan x & \cos x\end{vmatrix}}{\begin{vmatrix}\cos x & \sin x\\ -\sin x & \cos x\end{vmatrix}}=-\sin x\tan x$$

$$C_2'(x)=\frac{\begin{vmatrix}\cos x & 0\\ -\sin x & \tan x\end{vmatrix}}{\begin{vmatrix}\cos x & \sin x\\ -\sin x & \cos x\end{vmatrix}}=\cos x\tan x=\sin x$$

两式分别积分(取一个原函数),得

$$C_1(x)=-\int \sin x\tan x\mathrm{d}x=\int\frac{\cos^2 x-1}{\cos x}\mathrm{d}x=\sin x-\ln|\sec x+\tan x|$$

$$C_2(x)=\int\sin x\mathrm{d}x=-\cos x$$

所以原方程有特解

$$\tilde{y}=(\sin x-\ln|\sec x+\tan x|)\cos x-\cos x\sin x=-\cos x\ln|\sec x+\tan x|$$

于是原方程的通解为

$$y=Y(x)+\tilde{y}=C_1\cos x+C_2\sin x-\cos x\ln|\sec x+\tan x|$$

*9.3.6 特殊的二阶变系数线性方程

二阶变系数线性方程一般来说是很难求解的,我们只能求解其中一些特殊的方程.

1) 欧拉方程

欧拉方程是一类典型的可以化为常系数线性方程的方程,它的标准形式是

$$x^2y''+pxy'+qy=f(x) \tag{9.3.22}$$

其中 $p,q\in\mathbf{R},f\in\mathscr{C}$. 当 $x\neq 0$ 时,作自变量的变换 $t=\ln|x|$,则

$$\frac{\mathrm{d}y}{\mathrm{d}x}=\frac{1}{x}\frac{\mathrm{d}y}{\mathrm{d}t},\frac{\mathrm{d}^2y}{\mathrm{d}x^2}=-\frac{1}{x^2}\frac{\mathrm{d}y}{\mathrm{d}t}+\frac{1}{x^2}\frac{\mathrm{d}^2y}{\mathrm{d}t^2}\Rightarrow x\frac{\mathrm{d}y}{\mathrm{d}x}=\frac{\mathrm{d}y}{\mathrm{d}t},x^2\frac{\mathrm{d}^2y}{\mathrm{d}x^2}=\frac{\mathrm{d}^2y}{\mathrm{d}t^2}-\frac{\mathrm{d}y}{\mathrm{d}t}$$

将右式代入方程(9.3.22) 可得

$$\frac{\mathrm{d}^2y}{\mathrm{d}t^2}+(p-1)\frac{\mathrm{d}y}{\mathrm{d}t}+qy=f(\pm\mathrm{e}^t)\quad(t=\ln|x|)$$

这是二阶常系数线性方程,求得通解后将 $t=\ln|x|$ 代入便得原欧拉方程(9.3.22)的通解,并说明理由.

例 14 解方程 $x^2y''+xy'-y=\ln^2x$.

解 这是欧拉方程,这里 $x>0$. 令 $x=\mathrm{e}^t$,则

$$x\frac{\mathrm{d}y}{\mathrm{d}x}=\frac{\mathrm{d}y}{\mathrm{d}t},\quad x^2\frac{\mathrm{d}^2y}{\mathrm{d}x^2}=\frac{\mathrm{d}^2y}{\mathrm{d}t^2}-\frac{\mathrm{d}y}{\mathrm{d}t}$$

代入原方程并化简得$\frac{d^2y}{dt^2}-y=t^2$. 此为二阶常系数线性非齐次方程，容易求得其通解为$y=C_1e^{-t}+C_2e^t-t^2-2$，于是原方程的通解为

$$y=\frac{C_1}{x}+C_2x-\ln^2x-2$$

2）系数形式特殊的可降阶方程

形如

$$y''+p(x)y'+p'(x)y=f(x)$$

的方程（即方程(9.3.7)中$q(x)=p'(x)$），可写为$(y'+p(x)y)'=f(x)$，两边积分得

$$y'+p(x)y=\int f(x)dx+C_1$$

此为一阶线性方程，余下解法略.

例 15　解方程 $y''+y'\tan x+y\sec^2x=\sin x$.

解　原方程化为$(y'+y\tan x)'=\sin x$，两边积分得

$$y'+y\tan x=-\cos x+C_1$$

应用一阶线性方程的通解公式，得所求通解为

$$\begin{aligned}y&=e^{-\int\tan xdx}\left(C_2+\int(C_1-\cos x)e^{\int\tan xdx}dx\right)\\&=\cos x\cdot\left(C_2+\int(C_1-\cos x)\frac{1}{\cos x}dx\right)\\&=C_2\cos x+C_1\cos x\cdot\ln|\sec x+\tan x|-x\cos x\end{aligned}$$

3）已知线性齐次方程的一个特解的方程

若已知或者能求出线性齐次方程 $y''+p(x)y'+q(x)y=0$ 的一个特解 $y=y_1(x)$，则可用未知函数的变换 $y=y_1(x)u$ 解线性方程

$$y''+p(x)y'+q(x)y=f(x)\quad（或\ y''+p(x)y'+q(x)y=0）\tag{9.3.23}$$

这是因为将未知函数的变换 $y=y_1(x)u$ 代入方程(9.3.23)，可得

$$\begin{aligned}&(y_1(x)u)''+p(x)(y_1(x)u)'+q(x)y_1(x)u\\=&(y_1(x)u''+2y_1'(x)u'+y_1''(x)u)\\&+p(x)(y_1(x)u'+y_1'(x)u)+q(x)y_1(x)u\\=&y_1(x)u''+(2y_1'(x)+p(x)y_1(x))u'\\&+(y_1''(x)+p(x)y_1'(x)+q(x)y_1(x))u\\=&y_1(x)u''+(2y_1'(x)+p(x)y_1(x))u'=f(x)\end{aligned}$$

这是关于 $v=u'$ 的一阶线性方程 $v'+\left(\frac{2y_1'(x)}{y_1(x)}+p(x)\right)v=\frac{f(x)}{y_1(x)}$,可应用一阶线性方程的通解公式求解.

例 16(参见第 9.1 节例 1(3)) 解方程 $(1-2x)y''+4xy'-4y=0$.

解 用观察法得原方程有特解 $y=x$,令 $y=xu$,代入原方程得

$$u''+\left(\frac{2}{x}+\frac{4x}{1-2x}\right)u'=0$$

这是关于 u' 的一阶线性齐次方程,应用其通解公式得

$$u'=C_1\mathrm{e}^{-\int\left(\frac{2}{x}-2-\frac{2}{2x-1}\right)\mathrm{d}x}=C_1\frac{2x-1}{x^2}\mathrm{e}^{2x}$$

两边积分得

$$\begin{aligned}u&=\int C_1\frac{2x-1}{x^2}\mathrm{e}^{2x}\mathrm{d}x+C_2=C_1\int\frac{2}{x}\mathrm{e}^{2x}\mathrm{d}x+C_1\int\mathrm{e}^{2x}\mathrm{d}\frac{1}{x}+C_2\\&=C_1\int\frac{2}{x}\mathrm{e}^{2x}\mathrm{d}x+C_1\mathrm{e}^{2x}\frac{1}{x}-C_1\int\frac{2}{x}\mathrm{e}^{2x}\mathrm{d}x+C_2\\&=C_1\mathrm{e}^{2x}\frac{1}{x}+C_2\end{aligned}$$

于是原方程的通解为 $y=xu=C_1\mathrm{e}^{2x}+C_2x$.

习题 9.3

A 组

1. 求下列方程的通解:

(1) $x^2y''=(y')^2$; (2) $(1+\mathrm{e}^x)y''+y'=0$;

(3) $y''=2yy'$; (4) $y''+(y')^2=\frac{1}{2}\mathrm{e}^{-y}$.

2. 已知某二阶线性非齐次方程有 3 个特解 $y_1=1,y_2=x,y_3=x^2$,试直接写出此方程的通解,并说明理由.

3. 已知某二阶常系数线性非齐次方程有 3 个特解 $y_1=x,y_2=x-2\mathrm{e}^x,y_3=x-3\mathrm{e}^{2x}$,试直接写出此方程的通解,并写出原方程.

4. 已知方程 $y''+\alpha y'+\beta y=\gamma\mathrm{e}^x$ 有一个特解 $\bar{y}=x\mathrm{e}^x+\mathrm{e}^{-x}$,试求 α,β,γ,并写出其通解.

5. 解下列方程:

(1) $2y''-5y'+2y=0$; (2) $y''-4y'+5y=0$.

6. 解下列方程:

(1) $y''-2y'-3y=e^{4x}$；　(2) $y''+y=4xe^x$；

(3) $y''-y=-x^2$；　(4) $y''-3y'+2y=\sin x$；

(5) $y''-5y'+4y=4x^2e^{2x}$；　(6) $y''+y=x\sin x$；

(7) $y''-y'=2\cos^2 x$；　(8) $y''+9y=x\cos 3x$.

*7. 解下列方程：

(1) $2y'''+3y''+2y'=0$；　(2) $y'''-6y''+11y'-6y=0$；

(3) $y'''-3y'+2y=0$；　(4) $y'''-6y''+11y'-6y=e^{4x}$.

*8. 解下列方程：

(1) $x^2y''+y=3x^2$；　(2) $x^2y''-xy'+2y=x\ln x$；

(3) $y''+\dfrac{1}{x}y'-\dfrac{1}{x^2}y=e^x$.

*9. 用常数变易法解下列方程：

(1) $y''-3y'+2y=\sin e^x$；　(2) $y''-2y'+y=\dfrac{1}{x}e^x$；

(3) $y''+y=2\sec^3 x$；　(4) $y''+y=\csc x$.

B 组

10. 证明：方程 $y''+k^2y=f(x)$ 满足初始条件 $y(0)=y'(0)=0$ 的特解可表示为

$$\tilde{y}=\frac{1}{k}\int_0^x f(t)\sin k(x-t)\,dt$$

其中 $k>0, f(x)\in\mathscr{C}$.

11. 就参数 λ 的不同值，求方程 $y''-2y'+\lambda y=e^x\sin 2x$ 的一个特解.

12. 求二阶可导函数 $f(x)$，使其满足 $f'(x)=\dfrac{1}{2}+\int_0^x(f(t)+t\sin t)dt$，且 $f(0)=1$.

13. 已知常系数线性非齐次方程的通解为

$$y=e^{-x}(C_1+C_2x+C_3x^2)+e^x$$

试求原方程.

*9.4　微分方程的应用

微分方程在几何学、物理学和现代科技的各个领域都有着广泛的应用，本节讲解几个一阶方程与二阶方程的应用题.

9.4.1　一阶微分方程的应用题

例 1(几何应用)　求过点(1,1)的曲线，使其上任一点的切线、该点到原点线

段以及 y 轴所围图形的面积为常数 a^2.

解 在曲线 $y = y(x)$ 上任取点 $P(x,y)$，过点 P 的切线 PQ 的方程为

$$Y - y = y'(X - x)$$

这里(X,Y)为切线 PQ 上点的流动坐标. 设切线 PQ 与 y 轴的交点为 Q(见图 9.1)，则点 Q 的坐标为$(0, y - xy')$. 由题意得所求曲线所满足的微分方程为

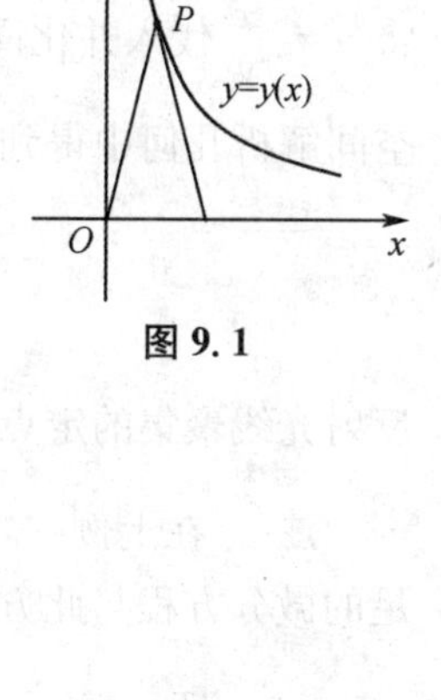

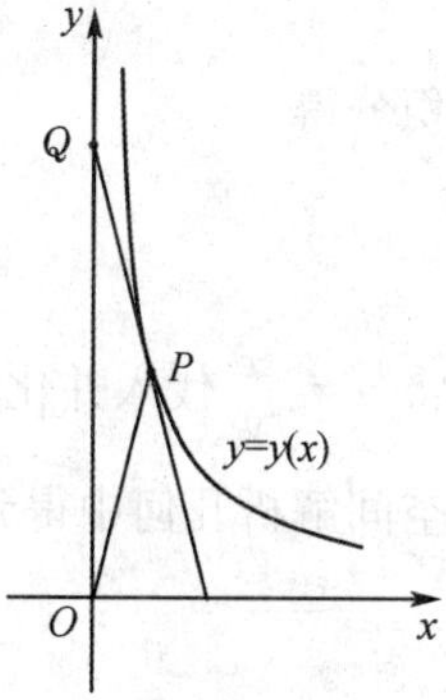

图 9.1

$$x(y - xy') = \pm 2a^2 \Leftrightarrow y' - \frac{1}{x}y = \mp \frac{2a^2}{x^2}$$

这是一阶线性方程，应用其通解公式得

$$y = \exp\left(\int \frac{1}{x}\mathrm{d}x\right) \cdot \left[C \mp \int \frac{2a^2}{x^2}\exp\left(-\int \frac{1}{x}\mathrm{d}x\right)\mathrm{d}x\right]$$

$$= x\left(C \mp \int \frac{2a^2}{x^3}\mathrm{d}x\right) = Cx \pm \frac{a^2}{x}$$

将$(1,1)$ 代入可得 $C = 1 \mp a^2$，于是所求曲线的方程为

$$y = x \mp a^2\left(x - \frac{1}{x}\right)$$

例 2(物理应用) 已知一镜面的形状为旋转曲面，当平行光线射向镜面时，反射光线聚集于镜面内一定点，求该镜面的方程和上述定点的位置.

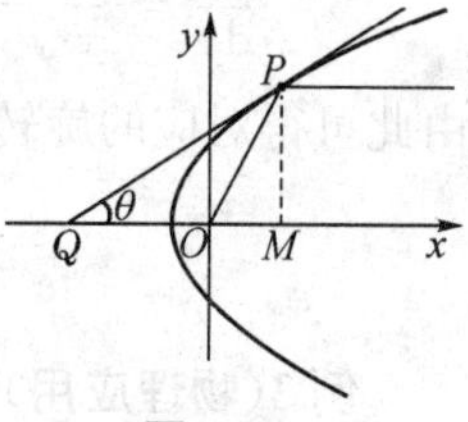

解 建立平面直角坐标系，坐标原点在定点处，x 轴平行于入射光线. 设镜面是由 xOy 平面的曲线 $y = y(x)$ 绕 x 轴旋转而成(见图 9.2). 在曲线 $y = y(x)$ 上任取一点 $P(x,y)(y \geqslant 0)$，过点 P 作曲线的切线交 x 轴于 Q，因入射角等于反射角，所以 $\angle PQO = \angle QPO$(记 $\angle PQO = \theta$)，因此 $OP = OQ$. 作 PM 垂直于 x 轴，M 为垂足. 因

图 9.2

$$|OP| = \sqrt{x^2 + y^2}, \quad |QM| = \frac{y}{\tan\theta} = \frac{y}{y'}, \quad |OM| = |x|$$

$$|OP| = |OQ| = \begin{cases} |QM| - |OM| = \dfrac{y}{y'} - x & (x \geqslant 0); \\ |QM| + |OM| = \dfrac{y}{y'} - x & (x \leqslant 0) \end{cases}$$

所以有 $\sqrt{x^2 + y^2} = \dfrac{y}{y'} - x(y \geqslant 0)$，即有

$$\frac{\mathrm{d}x}{\mathrm{d}y} = \frac{x}{y} + \sqrt{1 + \left(\frac{x}{y}\right)^2} \tag{9.4.1}$$

此为齐次方程,令$\frac{x}{y}=u$,则$\frac{dx}{dy}=u+y\frac{du}{dy}$,代入式(9.4.1),并分离变量得

$$\frac{du}{\sqrt{1+u^2}}=\frac{dy}{y}$$

积分得

$$\ln(u+\sqrt{1+u^2})=\ln|y|+\ln|C|$$

将$u=\frac{x}{y}$代入并化简即得所求曲线方程为$x=\frac{C}{2}y^2-\frac{1}{2C}$(这里取$C>0$).再应用空间解析几何中得到的公式,此曲线绕$x$轴旋转一周的旋转抛物面的方程为

$$x=\frac{C}{2}(y^2+z^2)-\frac{1}{2C}\quad(C>0)$$

反射光线聚集的定点在镜面的对称轴上,距旋转抛物面的顶点的距离为$\frac{1}{2C}$.

注 在上例中,若平面曲线$y=y(x)$的开口向左,类似的讨论可得该曲线满足的微分方程与此方程的通解分别为

$$\frac{dx}{dy}=\frac{x}{y}-\sqrt{1+\left(\frac{x}{y}\right)^2}\quad 与\quad x=-\left(\frac{C}{2}y^2-\frac{1}{2C}\right)\quad(C>0)$$

由此可得对应的旋转抛物面的方程为

$$x=-\frac{C}{2}(y^2+z^2)+\frac{1}{2C}\quad(C>0)$$

例 3(物理应用) 已知一放射性物质在30天中衰变原有质量的$\frac{1}{10}$,根据物理实验知道衰变速度与剩余物质的质量成比例,问经过多长时间放射性物质剩下原有质量的$\frac{1}{100}$?

解 设放射性物质的质量为$m(t)$,其中t为时间(单位:天),则$m'(t)$为衰变速度,$m(0)$为原有质量,$m(30)=\frac{9}{10}m(0)$.由题意有

$$m'(t)=-km(t)\quad(k>0\text{ 为比例常数})$$

这是一阶线性齐次方程,容易求得通解为

$$m(t)=C\exp\left(-\int k\,dt\right)=Ce^{-kt}$$

分别将$t=0$与$t=30$代入可解得$C=m(0)$,$k=\frac{1}{30}\ln\frac{10}{9}$,于是放射性物质的衰

变规律为

$$m(t) = m(0)\exp\left(-\frac{t}{30}\ln\frac{10}{9}\right) = m(0)\left(\frac{9}{10}\right)^{\frac{t}{30}}$$

继令 $m(t) = \frac{1}{100}m(0)$,代入上式得

$$\frac{1}{100}m(0) = m(0)\left(\frac{9}{10}\right)^{\frac{t}{30}}$$

解得

$$t = \frac{60}{1-2\lg 3} \approx \frac{60}{0.045\,8} = 1\,311(\text{天})$$

即放射性物质经过大约 1 311 天衰变剩下原有质量的$\frac{1}{100}$.

例 4(数学应用) 设函数 $f(x) \in \mathscr{D}$, $f(0)=3$, $f'(0)=-6$,且 $\forall x, y \in \mathbf{R}$ 有

$$f(x)f(y) = 3f(x+y)$$

求函数 $f(x)$.

解 应用导数的定义,有

$$\begin{aligned} f'(x) &= \lim_{y\to 0}\frac{f(x+y)-f(x)}{y} = \lim_{y\to 0}\frac{3f(x+y)-3f(x)}{3y} \\ &= \lim_{y\to 0}\frac{f(x)f(y)-3f(x)}{3y} = \lim_{y\to 0}\frac{f(x)(f(y)-3)}{3y} \\ &= \frac{f(x)}{3}\lim_{y\to 0}\frac{f(y)-f(0)}{y} = \frac{f(x)}{3}f'(0) \\ &= -2f(x) \end{aligned}$$

于是所求函数满足微分方程 $y'=-2y$ 和初始条件 $y(0)=3$. 容易解得此初值问题的特解为 $f(x)=3\mathrm{e}^{-2x}$,此即为所求的函数.

9.4.2 二阶微分方程的应用题

例 5(物理应用) 一粒质量为 m kg 的子弹以 300 m/s 的速度垂直射入厚度为 20 cm 的木板,受到的阻力与子弹的速度的平方成正比,如果子弹穿出木板时的速度为 100 m/s,求子弹穿过木板所需的时间.

解 设子弹的运动规律为 $x(t)$,其中 t 为时间(单位:s),则 $x(0)=0$, $x'(0)=300$. 再设子弹穿过木板所需的时间为 T,则 $x(T)=0.2$, $x'(T)=100$. 根据牛顿第二定律,得子弹的运动方程为

$$mx''(t) = -k(x'(t))^2 \quad (k>0\text{ 为比例常数}) \tag{9.4.2}$$

这是可降阶的二阶方程. 令 $x'(t)=v(t)$,则 $x''(t)=v'(t)$,方程(9.4.2)化为

$$v'(t)=-\frac{k}{m}v^2(t)$$

这是变量可分离的方程,分离变量可得$\frac{\mathrm{d}v}{v^2}=-\frac{k}{m}\mathrm{d}t$,两边积分得

$$-\frac{1}{v}=-\frac{k}{m}t-C_1 \tag{9.4.3}$$

由于 $v(0)=x'(0)=300,v(T)=x'(T)=100$,代入方程(9.4.3)得

$$C_1=\frac{1}{300},\quad \frac{k}{m}=\frac{1}{150T}$$

于是方程(9.4.3)化为$\frac{\mathrm{d}t}{\mathrm{d}x}-\frac{1}{150T}t=\frac{1}{300}$. 这是关于 t 的一阶线性方程,应用其通解公式可得

$$\begin{aligned} t&=\mathrm{e}^{\int\frac{1}{150T}\mathrm{d}x}\left(C_2+\int\frac{1}{300}\mathrm{e}^{-\int\frac{1}{150T}\mathrm{d}x}\mathrm{d}x\right)=\mathrm{e}^{\frac{1}{150T}x}\left(C_2+\int\frac{1}{300}\mathrm{e}^{-\frac{1}{150T}x}\mathrm{d}x\right)\\ &=\mathrm{e}^{\frac{1}{150T}x}\left(C_2-\frac{T}{2}\mathrm{e}^{-\frac{1}{150T}x}\right)=C_2\mathrm{e}^{\frac{1}{150T}x}-\frac{T}{2}\end{aligned}$$

分别将 $t=0$ 与 $t=T$ 代入上式得 $C_2=\frac{T}{2},T=\frac{T}{2}(\mathrm{e}^{\frac{1}{750T}}-1)$,于是

$$T=\frac{1}{750\ln 3}\approx 0.001\,2(\mathrm{s})$$

即子弹穿过木板的时间大约为 0.001 2 s.

例 6(物理应用) 考虑电容为 C 的电容器的放电现象. 已知图 9.3 中 R 为电阻,L 为线圈的自感系数,K 为开关. 设 Q 为电容器的储存电荷,I 为线路中的电流,求电流的变化规律.

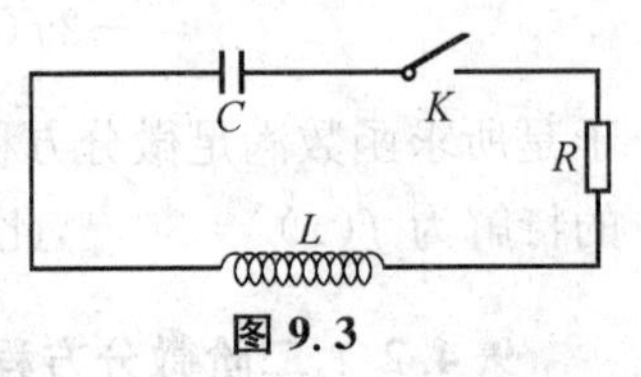

图 9.3

解 根据电学的基尔霍夫(Kirchhoff)第二定律,有

$$L\frac{\mathrm{d}I}{\mathrm{d}t}+RI+\frac{Q}{C}=0$$

此式两边求导得 $L\frac{\mathrm{d}^2I}{\mathrm{d}t^2}+R\frac{\mathrm{d}I}{\mathrm{d}t}+\frac{1}{C}I=0\left(因\ I=\frac{\mathrm{d}Q}{\mathrm{d}t}\right)$. 记$\frac{R}{L}=2h,\frac{1}{LC}=k^2$,则有

$$\frac{\mathrm{d}^2I}{\mathrm{d}t^2}+2h\frac{\mathrm{d}I}{\mathrm{d}t}+k^2I=0 \tag{9.4.4}$$

这是二阶常系数线性齐次方程，其特征方程为$\lambda^2+2h\lambda+k^2=0$. 考虑电阻较小，当$R^2<\dfrac{4L}{C}$时，方程(9.4.4)的两个特征根为共轭复根$\lambda_{1,2}=-h\pm\sqrt{k^2-h^2}\,\mathrm{i}$，于是方程(9.4.4)的通解为

$$I(t)=\mathrm{e}^{-ht}(C_1\cos\sqrt{k^2-h^2}\,t+C_2\sin\sqrt{k^2-h^2}\,t)$$

此即线路中电流的变化规律.

例 7(数学应用)　设函数$f(x)\in\mathscr{C}^{(2)}$，$f(0)=0$，$f'(0)=-2$，且曲线积分

$$\int_\Gamma yf(x)\mathrm{d}x+(f'(x)-x^3)\mathrm{d}y$$

与路线无关，求函数$f(x)$.

解　记$P(x,y)=yf(x)$，$Q(x,y)=f'(x)-x^3$. 曲线积分与路线无关的充要条件是$Q'_x=P'_y$，即

$$f''(x)-f(x)=3x^2 \tag{9.4.5}$$

这是二阶常系数线性非齐次方程，易于求得余函数为

$$Y(x)=C_1\mathrm{e}^x+C_2\mathrm{e}^{-x}$$

令其特解为$\tilde{y}=Ax^2+Bx+C$，代入方程(9.4.5)可解得$A=-3$，$B=0$，$C=-6$，故特解为$\tilde{y}=-3x^2-6$. 于是方程(9.4.5)的通解为

$$f(x)=Y(x)+\tilde{y}=C_1\mathrm{e}^x+C_2\mathrm{e}^{-x}-3x^2-6$$

又由于$f(0)=0$，$f'(0)=-2$，代入上式及其导数表达式可解得$C_1=2$，$C_2=4$，于是所求函数为

$$f(x)=2\mathrm{e}^x+4\mathrm{e}^{-x}-3x^2-6$$

习题 9.4

A 组

1. 求一曲线，使得曲线上任一点的切线、过切点平行于y轴的直线和x轴所围三角形的面积等于常数a^2.

2. 求一曲线，使坐标原点到曲线上任一点的切线的距离等于切点的横坐标.

3. 求一曲线，使得曲线上任一点的切线、过切点平行于y轴的直线以及两坐标轴所围的梯形的面积等于常数$3a^2$.

4. 已知连接$A(0,1)$，$B(1,0)$两点的一条曲线位于弦AB的上方，$P(x,y)$为曲线上任一点，若曲线和弦AP之间的图形的面积为x^3，求曲线的方程.

5. 将 100 ℃ 的物体放在 20 ℃ 的房间中,经过 20min 物体的温度降至 60 ℃. 设房间的温度保持不变,且物体冷却的速度与物体和房间的温度差成比例,问需多少时间物体的温度降至 30 ℃?

6. 将一质量为 0.4 kg 的足球以 20 m/s 的速度上抛,已知空气阻力与速度的平方成比例,且测得速度为 1 m/s时的空气阻力为 0.48 g,试求足球上升到最高点所需的时间和最高点的高度.

7. 求一可导函数 $f(x)$,使得 $f'(0)=1$,且 $\forall x,y\in\mathbf{R}$,有

$$f(x+y)=\frac{f(x)+f(y)}{1-f(x)f(y)}$$

8. 求一可导函数 $f(x)$,使得

$$\int_0^x f(t)\,\mathrm{d}t=x+\int_0^x tf(x-t)\,\mathrm{d}t$$

9. 已知火车沿水平直线方向运动,且火车的质量为 m,火车的牵引力为 F,阻力为$a+bv$,这里 a,b 为非零正常数,v 为火车的速度. 设火车的初始位移和初始速度皆为 0,求火车的运动规律.

B组

10. 一条链子长 8 m,其中一部分置于水平桌面上,垂下部分长 1 m. 桌上部分的一端先用手压住,且桌上部分成一直线与桌的边缘垂直,放手后链子自动下滑(摩擦力不计),问链子全部滑过桌面需多少时间?

11. 一条链子挂在光滑的圆钉上,其中一边垂下 8 m,另一边垂下 10 m,放手后链子自动下滑,问链子滑过圆钉需多少时间?

12. 已知函数 $f(x)\in\mathscr{D}[0,+\infty)$,$f(0)=1$,且满足等式

$$f'(x)+f(x)-\frac{1}{1+x}\int_0^x f(t)\,\mathrm{d}t=0$$

(1) 求函数 $f'(x)$;

(2) 求证:当 $x\geqslant 0$ 时,$\mathrm{e}^{-x}\leqslant f(x)\leqslant 1$.

复习题 9

1. 设 $f(x)\in\mathscr{C}^{(1)}$,求方程 $y'-f'(x)y=f(x)f'(x)$ 的通解.

2. 求函数 $f(x)$,使其满足 $x^2f(x)+\int x^2(1+f(x))\,\mathrm{d}x=x$.

3. 求方程 $yy''-2(y')^2=0$ 的一条积分曲线,使其与曲线 $y=\mathrm{e}^{-2x}$ 在(0,1)处相切.

4. 写出方程 $y''-2y'+10y=e^{x}\sin x\sin 2x$ 的一个特解形式.

5. 设 $F(x)$ 是 $f(x)$ 的一个原函数,$G(x)$ 是 $\frac{1}{f(x)}$ 的一个原函数,且 $F(x)G(x)=-1$,$f(0)=2$,求 $f(x)$.

6. 设 $y=f(x)$ 是区间 $(-\pi,\pi)$ 内过点 $\left(-\frac{\pi}{\sqrt{2}},\frac{\pi}{\sqrt{2}}\right)$ 的光滑曲线,当 $-\pi\leqslant x\leqslant 0$ 时曲线上任一点处的法线都过原点,当 $0\leqslant x\leqslant\pi$ 时函数 $f(x)$ 满足方程 $y''+y+x=0$,求函数 $f(x)$ 的表达式.

习题答案与提示

习题 5.1

1. (1) $\sqrt{2}$;(2) $\sqrt{2}$;(3) $\sqrt{2}$;(4) 2.

2. (1) $\frac{1+y^2}{xy}$;(2) $\frac{1}{2}x(x-y)$;(3) $x^2\frac{1-y}{1+y}$.

3. (1) $|x|\leqslant 1$, $|y|\geqslant 1$;(2) $x+y<0$;(3) $x>0$ 时 $-x\leqslant y\leqslant x$, $x<0$ 时 $x\leqslant y\leqslant -x$;(4) $x\geqslant 0, y>\sqrt{x}$.

4. (1) 0;(2) 2;(3) $-\frac{1}{4}$;(4) e^{-2};(5) 3;(6) 0. **5.** 连续. **6.** 不连续.

7. **(提示)** 沿着 $y=0$,让 $(x,y)\to(0,0)$,则 $f\to 0$;沿着 $y=-x+\sin x^2$,让 $(x,y)\to(0,0)$,则 $f\to 1$.

8. **(提示)** 沿着 $y=0$,让 $(x,y)\to(0,0)$,则 $f\to 0$;沿着 $x=y^2$,让 $(x,y)\to(0,0)$,则 $f\to 1$.

习题 5.2

1. (1) $z'_x=\frac{2x^2+y^2}{\sqrt{x^2+y^2}}, z'_y=\frac{xy}{\sqrt{x^2+y^2}}$;(2) $z'_x=\frac{y^2}{(x^2+y^2)^{3/2}}, z'_y=\frac{-xy}{(x^2+y^2)^{3/2}}$;

(3) $z'_x=\frac{-y}{x^2+y^2}, z'_y=\frac{x}{x^2+y^2}$;(4) $z'_x=\frac{2}{y}\csc\frac{2x}{y}, z'_y=-\frac{2x}{y^2}\csc\frac{2x}{y}$;

(5) $z'_x=\frac{1}{\sqrt{x^2+y^2}}, z'_y=\frac{y}{\sqrt{x^2+y^2}(x+\sqrt{x^2+y^2})}$;

(6) $u'_x=yz(xy)^{z-1}, u'_y=xz(xy)^{z-1}, u'_z=(xy)^z\ln(xy)$;

(7) $u'_x=yz^{xy}\ln z, u'_y=xz^{xy}\ln z, u'_z=xyz^{xy-1}$.

2. $\frac{1}{2}$,0. **3.** xy. **4.** 连续,可偏导.

5. 连续,可偏导,$f'_x(0,0)=\frac{\pi}{2}, f'_y(0,0)=-\frac{\pi}{2}$.

6. (1) $z''_{xx}=\frac{1}{x}, z''_{xy}=\frac{1}{y}, z''_{yy}=-\frac{x}{y^2}$;

(2) $z''_{xx}=2y\cos(xy)-xy^2\sin(xy), z''_{xy}=2x\cos(xy)-x^2y\sin(xy), z''_{yy}=-x^3\sin(xy)$;

(3) $z''_{xx}=y(y-1)x^{y-2}, z''_{xy}=x^{y-1}+yx^{y-1}\ln x, z''_{yy}=x^y(\ln x)^2$;

(4) $z''_{xx}=0, z''_{xy}=-\frac{1}{y^2}, z''_{yy}=\frac{2x}{y^3}$.

7. (1) $2f'_x(x,y)$;(2) $2f'_y(x,y)$.

习题 5.3

1. $\Delta f=4\Delta x+\Delta y+2(\Delta x)^2+2\Delta x\Delta y+(\Delta x)^2\Delta y$, $df=4dx+dy$.

2. (1) $\sin 2x\mathrm{d}x - \sin 2y\mathrm{d}y$;(2) $\dfrac{2}{x^2 - y^2}(x\mathrm{d}x - y\mathrm{d}y)$;(3) $y^2 x^{y-1}\mathrm{d}x + x^y(1 + y\ln x)\mathrm{d}y$;

(4) $\dfrac{1}{y^2}\mathrm{d}x - \dfrac{2x}{y^3}\mathrm{d}y$.

3. (1) $-\dfrac{\sqrt{3}}{6}(\mathrm{d}x - 2\mathrm{d}y)$;(2) $\dfrac{1}{25}(-3\mathrm{d}x - 4\mathrm{d}y + 5\mathrm{d}z)$.

4. 不可微 **5.** 可微 **6.** $\mathrm{d}l = 0.06$ cm. **7.** 可微,连续可微.

习题 5.4

1. $\dfrac{2x}{5 + 6x^2 + 2x^4}$. **2.** $y\left(1 - \dfrac{1}{x^2}\right)f', \left(x + \dfrac{1}{x}\right)f'$. **3.** $2xyf', f - 2y^2 f'$.

4. $2xf'_1 + y\mathrm{e}^{xy}f'_2, -2yf'_1 + x\mathrm{e}^{xy}f'_2$. **5.** $f'_x + f'_y \cdot \varphi'(x) + f'_z \cdot (\psi'_x + \psi'_y \cdot \varphi'(x))$.

6. $(y^2 - x^2)(x^2 + y^2)^{xy}\ln(x^2 + y^2)$. **7.** $\dfrac{1}{y}(xy)^{\frac{x}{y}}(1 + \ln(xy)), \dfrac{x}{y^2}(xy)^{\frac{x}{y}}(1 - \ln(xy))$.

8. $u''_{xx} = f''(x - at) + g''(x - bt), u''_{tt} = a^2 f''(x - at) + b^2 g''(x - bt)$.

9. $z''_{xx} = 2f'_2 + y^2 f''_{11} + 4xyf''_{12} + 4x^2 f''_{22}, z''_{xy} = f'_1 + xyf''_{11} + 2(x^2 + y^2)f''_{12} + 4xyf''_{22}$.

10. $u''_{zz} = x^2y^2 f''_{33}, u''_{yz} = xf'_3 + x^2yf''_{23} + x^2yzf''_{33}$.

11. $f'_x - \dfrac{f'_y \cdot g'_x}{g'_y}$. **12.** $0, -1$. **13.** $\dfrac{f'_1}{af'_1 + bf'_2}, \dfrac{f'_2}{af'_1 + bf'_2}$. **14.** $-\dfrac{f'_1 + f'_2 + f'_3}{f'_3}, -\dfrac{f'_2 + f'_3}{f'_3}$.

15. (提示) 原式两边对 λ 求导,并令 $\lambda = 1$.

16. $\dfrac{(y + z)(1 + z)\mathrm{e}^z + (y - x)(1 + x)\mathrm{e}^x}{(y + z)^2(1 + z)\mathrm{e}^z}\mathrm{d}x + \dfrac{(y - x)(1 + y)\mathrm{e}^y - (x + z)(1 + z)\mathrm{e}^z}{(y + z)^2(1 + z)\mathrm{e}^z}\mathrm{d}y$.

17. (1) $f''_{xx}(x, y)$;(2) $f''_{yy}(x, y)$.

习题 5.5

1. 2. **2.** $-\dfrac{9}{2}\sqrt{3}, \dfrac{9}{2}\sqrt{3}$. **3.** $\dfrac{68}{13}$. **4.** 垂直于向量(2,1,2)的任何方向. **5.** -1.

6. (1) (8,5);(2) (6,−8,−14). **7.** $(-1, 1, -1), \sqrt{3}$.

8. (提示) 应用方向导数的定义和洛必达法则,分子与分母分别对 ρ 求导.

9. 曲面 $z^2 = xy$ 上,直线 $x = y = z$ 上.

习题 5.6

1. (提示) 应用二元函数的拉格朗日中值定理.

2. $\mathrm{e}^x \sin y = \dfrac{\sqrt{2}}{2} + \dfrac{\sqrt{2}}{2}\left(x + y - \dfrac{\pi}{4}\right) + \dfrac{\sqrt{2}}{4}\left[x^2 + 2x\left(y - \dfrac{\pi}{4}\right) - \left(y - \dfrac{\pi}{4}\right)^2\right] + o(\rho^2)$,

$\rho = \sqrt{x^2 + \left(y - \dfrac{\pi}{4}\right)^2}$.

3. $\ln(1 + x - y) = x - y + \dfrac{1}{2}(-x^2 + 2xy - y^2) + o(\rho^2), \rho = \sqrt{x^2 + y^2}$.

习题 5.7

1. $\dfrac{x}{a} + \dfrac{y}{b} + \dfrac{z}{c} = \sqrt{3}$. **2.** $x + 4y + 6z = \pm 21$. **3.** $x - 2y - 2z = 4$.

4. $\dfrac{x-1}{1}=\dfrac{y-1}{1}=\dfrac{z-1}{2}, x+y+2z=4.$ **5.** $\dfrac{x-1}{1}=\dfrac{y+2}{0}=\dfrac{z-1}{-1}, x-z=0.$

6. $\dfrac{x-\frac{1}{\sqrt{2}}}{1}=\dfrac{y-\frac{1}{\sqrt{2}}}{-1}=\dfrac{z-\frac{1}{\sqrt{2}}}{-1}.$

7. (1) $z(9,-4)=-27$ 为极小值;(2) $z\left(\dfrac{\pi}{3},\dfrac{\pi}{3}\right)=\dfrac{3}{2}\sqrt{3}$ 为极大值;

(3) $z(5,2)=30$ 为极小值;(4) $z(1,-1)=z(-1,1)=-2$ 为极小值,$z(0,0)$ 不是极值.

8. 腰为$\dfrac{l}{3}$,腰与底边的夹角为$\dfrac{2}{3}\pi$. **9.** $u(2,4,6)=2\cdot 4^2\cdot 6^3$ 为极大值.

10. $\dfrac{8}{9}\sqrt{3}abc$. **11.** $(\sqrt{6},\sqrt{3},\sqrt{2}), V_{\min}=27$. **12.** $\dfrac{\sqrt{6}}{4}\pi$.

13. $z\left(\dfrac{\pi}{3},\dfrac{\pi}{3}\right)=\dfrac{3}{2}\sqrt{3}$ 为最大值,$z(0,0)=0$ 为最小值.

14. $z(0,-3)=z(-3,0)=6$ 为最大值,$z(-1,-1)=-1$ 为最小值.

15. $4x-2y-3z=3$. **16.** $a=\dfrac{l}{2}, b=\dfrac{3}{4}l, c=\dfrac{3}{4}l$,绕 a 边旋转.

17. $u\left(\dfrac{a}{3},\dfrac{a}{3},\dfrac{a}{3}\right)=\dfrac{a^3}{27}$ 为最大值.

复习题 5

1. **(提示)** 应用二元函数极限的"$\varepsilon-\delta$"定义,若 $P(x,y)\in G$,当 $|P_0P|<\delta$ 时,有

$$|f(P)-f(P_0)|\leqslant|f(x,y)-f(x,y_0)|+|f(x,y_0)-f(x_0,y_0)|$$
$$\leqslant L|y-y_0|+\frac{\varepsilon}{2}<\varepsilon$$

2. (1) 0 **(提示)** 应用夹逼准则 $0\leqslant\left|\dfrac{x+y}{x^2-xy+y^2}\right|\leqslant\dfrac{1}{|y|}+\dfrac{1}{|x|}$;

(2) 0 **(提示)** $0<\left|\dfrac{x^2+y^2}{x^4+y^4}\right|\leqslant\dfrac{1}{2y^2}+\dfrac{1}{2x^2}$;

(3) 0 **(提示)** $0<(x^2+y^2)\mathrm{e}^{-(x+y)}=\dfrac{(x+y)^2}{\mathrm{e}^{x+y}}-2\dfrac{x}{\mathrm{e}^x}\cdot\dfrac{y}{\mathrm{e}^y}$;

(4) 0 **(提示)** $(x+y)\ln(x^2+y^2)=2(\cos\theta+\sin\theta)\rho\ln\rho$.

3. $f'_x(a,a)+f'_y(a,a)(f'_x(a,a)+f'_y(a,a))=b+c(b+c)$.

4. $\dfrac{\partial u}{\partial x}=f'_x+f'_y\cdot(g'_x+g'_v\cdot h'_x), \dfrac{\partial u}{\partial z}=f'_y\cdot g'_v\cdot h'_z+f'_z, \mathrm{d}u=\dfrac{\partial u}{\partial x}\mathrm{d}x+\dfrac{\partial u}{\partial z}\mathrm{d}z$ **(提示)** y,v 是中间变量,x,z 是自变量.

5. 0 **(提示)** $\dfrac{\partial f}{\partial x}+\dfrac{\partial f}{\partial y}=1$,两边对 x 求偏导数.

6. $y'(x)=\dfrac{f'_xF'_z-f'_zF'_x}{f'_zF'_y+F'_z}$ **(提示)** 由 $\begin{cases}F(x,y,z)=0,\\G(x,y,z)=f(x,z)-y=0\end{cases}$ 确定 y,z 为 x 的函数,方程组两边对 x 求导.

7. $(0,0,0)$ **(提示)** 曲面的法向量为 $\left(\mathrm{e}^{\frac{x}{y}},\mathrm{e}^{\frac{x}{y}}\left(1-\dfrac{x}{y}\right),-1\right)$,求切平面方程.

8. $\frac{1}{4}\sqrt{((a+b)^2-(c-d)^2)((c+d)^2-(a-b)^2)}$(提示)$2S=ab\sin\alpha+cd\sin\beta$,且 $a^2+b^2-2ab\cos\alpha=c^2+d^2-2cd\cos\beta$,应用拉格朗日乘数法.

9. (提示)求函数 $f(x_1,x_2,\cdots,x_n)=x_1x_2\cdots x_n$ 在条件$\sum\limits_{k=1}^{n}x_k=a(a>0)$下的最大值.

10. $A(-1+\sqrt{2},-1+\sqrt{2},3-2\sqrt{2})$,$B(-1-\sqrt{2},-1-\sqrt{2},3+2\sqrt{2})$,$C(-1+\sqrt{2},-1-\sqrt{2},3)$,$D(-1-\sqrt{2},-1+\sqrt{2},3)$,$4\sqrt{3}\pi$(提示)先求椭圆上最高与最低两个顶点的坐标,由 $2z=x^2+y^2$,$x+y+z=1$,$x=y$ 解得这两个顶点为 $A(-1+\sqrt{2},-1+\sqrt{2},3-2\sqrt{2})$,$B(-1-\sqrt{2},-1-\sqrt{2},3+2\sqrt{2})$,则椭圆的中心为 $Q(-1,-1,3)$,再应用拉格朗日乘数法求另外两个顶点的坐标.

习题 6.1

1. (1) $\Omega=\{(x,y,z)\mid 0\leqslant z\leqslant x^2+y^2,x^2+y^2\leqslant 1\}$;

(2) $\Omega=\{(x,y,z)\mid 0\leqslant z\leqslant \sqrt{1-x^2-y^2},x^2+y^2\leqslant 2x\}$.

2. $\pi\ln 2$. 3. (1) 对;(2) 对;(3) 错;(4) 对.

4. (1) $\frac{1}{4}(\mathrm{e}-1)^2$;(2) $\frac{11}{60}$;(3) $1-\sin 1$;(4) $\frac{4}{5}$;(5) $\frac{1}{5}$;(6) $\frac{5}{6}+\frac{\pi}{4}$.

5. (1) $\int_0^1\mathrm{d}y\int_{-\sqrt{y}}^{\sqrt{y}}f(x,y)\mathrm{d}x+\int_1^4\mathrm{d}y\int_{y-2}^{\sqrt{y}}f(x,y)\mathrm{d}x$;(2) $\int_0^1\mathrm{d}x\int_{1-x}^{1}f(x,y)\mathrm{d}y+\int_1^2\mathrm{d}x\int_{x-1}^{1}f(x,y)\mathrm{d}y$.

6. $\frac{1}{2}(1-\cos 1)$. 7. (1) $\frac{\pi}{4}R^4\left(\frac{1}{a^2}+\frac{1}{b^2}\right)$;(2) $-6\pi^2$;(3) π;(4) $\frac{3}{2}\pi a^4$.

8. $\int_0^{\frac{\pi}{4}}\mathrm{d}\theta\int_0^{\sqrt{2}a}f(\rho\cos\theta,\rho\sin\theta)\rho\mathrm{d}\rho+\int_{\frac{\pi}{4}}^{\frac{\pi}{2}}\mathrm{d}\theta\int_0^{2a\cos\theta}f(\rho\cos\theta,\rho\sin\theta)\rho\mathrm{d}\rho$,$\int_0^{\sqrt{2}a}\mathrm{d}\rho\int_0^{\arccos\frac{\rho}{2a}}f(\rho\cos\theta,\rho\sin\theta)\rho\mathrm{d}\theta$.

10. (提示)令$\int_0^x f(y)\mathrm{d}y=F(x)$,则 $f(x)=F'(x)$.

11. (提示)记 D:$a\leqslant x\leqslant b,a\leqslant y\leqslant b$.因为 $f(x)$ 单调增加,所以

$$(y-x)(f(y)-f(x))\geqslant 0\Rightarrow\iint_D(y-x)(f(y)-f(x))\mathrm{d}x\mathrm{d}y\geqslant 0$$

$$\Rightarrow\quad\iint_D(yf(x)+xf(y))\mathrm{d}x\mathrm{d}y\leqslant\iint_D(xf(x)+yf(y))\mathrm{d}x\mathrm{d}y$$

$$\Rightarrow\quad\frac{b^2-a^2}{2}\left(\int_a^b f(x)\mathrm{d}x+\int_a^b f(y)\mathrm{d}y\right)\leqslant(b-a)\left(\int_a^b xf(x)\mathrm{d}x+\int_a^b yf(y)\mathrm{d}y\right)$$

$$\Rightarrow\quad(a+b)\int_a^b f(x)\mathrm{d}x\leqslant 2\int_a^b xf(x)\mathrm{d}x$$

12. $\frac{4}{3}$. 13. $a^3\left(\frac{\pi}{3}-\frac{1}{9}(16\sqrt{2}-20)\right)$. 14. $\frac{1}{2}\pi ab$.

习题 6.2

1. (1) $\frac{7}{12}$;(2) 1. 2. (1) $\frac{1}{2}\ln 2-\frac{5}{16}$;(2) $\frac{1}{180}$;(3) $\frac{1}{110}$;(4) $\frac{\pi}{4}-\frac{1}{2}$;(5) π.

3. $\int_0^1 dz\int_z^1 dx\int_0^{x-z} f(x,y,z)dy$. **4.** (1) $\frac{16}{3}\pi$;(2) πh;(3) $\frac{7}{6}\pi R^4$;(4) $\frac{59}{480}\pi R^5$;(5) $\frac{\pi}{3}$.

5. (1) $\frac{8}{9}a^2$;(2) $\frac{4}{15}\pi R^5$. **6.** $\frac{512}{75}$. **7.** $\frac{\pi}{5}\left(18\sqrt{3}-\frac{97}{6}\right)$. **8.** $\frac{8}{5}\pi$.

习题 6.3

1. (1) $\frac{6}{7}a^3$;(2) $\frac{32}{9}$;(3) $\frac{16}{3}a^3$;(4) $\frac{2}{3}(8-3\sqrt{3})\pi a^3$.

2. (1) $2(2-\sqrt{2})\pi$;(2) $\frac{2}{3}\pi[(1+a^2)^{\frac{3}{2}}-1]$;(3) $4a^2$;(4) $2a^2$.

3. (1) $\left(0,0,\frac{2}{5}a\right)$;(2) $\left(\frac{3}{8}a,\frac{3}{8}a,\frac{3}{8}a\right)$;(3) $\left(0,0,\frac{3}{4}c\right)$.

习题 6.4

1. 1 **2.** $-\frac{\pi}{2}$.

复习题 6

1. $\int_0^a dx\int_0^{\sqrt{2ax-x^2}} f(x,y)dy+\int_a^{\frac{3}{2}a}dx\int_0^{\sqrt{3a^2-2ax}} f(x,y)dy$,$\int_0^a dy\int_{a-\sqrt{a^2-y^2}}^{\frac{3a^2-y^2}{2a}} f(x,y)dx$.

2. $\frac{8}{3}$(**提示**)应用奇偶、对称性,并用 $y=x$ 将积分区域分为两部分,分别计算.

3. (1) $\frac{e}{2}-1$(**提示**)交换积分次序;(2) $\frac{\pi}{8}(1-\exp(-a^2))$(**提示**)改用极坐标计算.

4. $\frac{2}{3}\pi-\frac{1}{6}$(**提示**)改用极坐标计算,先对 θ 积分,后对 ρ 积分.

5. $\frac{1}{24}(4\sqrt{3}-3)\pi-\frac{1}{4}\ln 2$(**提示**)用直角坐标计算,先对 x 积分,后对 y 积分.

6. $\frac{5}{24}\pi+\frac{1}{4}(1-\sqrt{3})$(**提示**)用极坐标计算,先对 θ 积分,后对 ρ 积分.

7. π(**提示**)作积分变换 $x+y=u,x-y=v$, $|J|=\frac{1}{2}$,D': $|u|\leqslant\frac{\pi}{2}$, $|v|\leqslant\frac{\pi}{2}$.

8. 10π(**提示**)作积分变换 $x-2y-1=u,3x+4y-1=v$, $|J|=\frac{1}{10}$,D':$u^2+v^2\leqslant 10^2$.

9. (1) $\frac{1}{2}\int_a^b (x-a)^2 f(x)dx$(**提示**)顺次对 z,y 积分;

(2) $\int_a^b (b-x)(x-a)f(x)dx$(**提示**)先对 z 积分,再交换对 y,x 的积分次序.

10. $\frac{1}{2}f'(0)$(**提示**)应用柱坐标计算,将三重积分化为变限的定积分,再应用洛必达法则.

11. $\frac{\pi}{6}(\sqrt{2}-1)$(**提示**)用球面 $x^2+y^2+z^2=1$ 将 Ω 分为两部分,分别用球坐标计算.

习题 7.1

1. (1) 5;(2) $\sqrt{3}$.

2. (1) $\frac{2}{3}\sqrt{2}(b^2-a^2)$；(2) $\frac{a}{4}\pi e^a+2(e^a-1)$；(3) $2a^2$；(4) $\frac{8}{3}\sqrt{2}a\pi^3$；(5) $3\pi a^3$.

3. (1) $2\pi ab$；(2) -4π；(3) 4；(4) 13；(5) $\frac{1}{2}\pi a^2(1+b)$.　**4.** $\frac{c^2}{2}-2\pi a^2$.　**5.** $2(\pi-1)$.

习题 7.2

1. (1) 1；(2) $\frac{1}{30}$；(3) $\frac{1}{8}m\pi a^2$；(4) $\frac{5}{2}\pi-1+\cos 2$；(5) 2π.

2. (1) $x^2y^3+\sin xy-\cos y+C$；(2) $e^x\cos y+C$；(3) $\arctan\frac{x}{y}+C$.

3. (1) $\frac{15}{4}$；(2) 2；(3) $-\pi$.

4. **(提示)** 应用格林公式.

5. **(提示)** 应用格林公式.

6. **(提示)** 化为对弧长的曲线积分，应用积分的保号性.

习题 7.3

1. (1) $\sqrt{3}\left(\ln 2-\frac{1}{2}\right)$；(2) $\frac{1}{3}\pi a^4$；(3) $6\pi a^4$；(4) $\frac{1}{24}\sqrt{2}\pi$；(5) $\frac{2}{15}(1+6\sqrt{3})\pi$；(6) $2a^4\left(\frac{\pi}{2}-1\right)$.

2. (1) -8π；(2) $-\frac{\pi}{2}$；(3) $\frac{1}{4}-\frac{1}{6}\pi$；(4) $\frac{1}{2}\pi^2 a$.

3. $2\pi e^2$.　**4.** $\frac{3}{2}\pi$.　**5.** $-\frac{1}{2}\pi a^3$.

习题 7.4

1. (1) $\frac{12}{5}\pi a^5$；(2) $\frac{15}{8}\pi\left(1+\frac{\pi}{2}\right)a^4$；(3) $\frac{9}{10}\pi$；(4) $-\frac{\pi}{2}h^4$.

2. 0 **(提示)** 化原式为对坐标的曲面积分，再应用高斯公式.

3. 0.　**4.** $2\pi e^2$.　**5.** $4\pi abc$ **(提示)** 化原式为对坐标的曲面积分，再应用高斯公式.

习题 7.5

1. (1) 8π；(2) a^3；(3) $-\sqrt{3}\pi R^2$；(4) $-2\pi a(a+h)$.　**2.** $u=x^2+xy+2yz-3z^2+C$.

3. $u=\frac{1}{3}(x^3+y^3+z^3)-2xyz+C$.　**4.** (1) $2e$；(2) $\frac{1}{2}(e^2+1)$；(3) $\frac{1}{2}$.

5. -8π **(提示)** 取 Σ 为球面 $x^2+y^2+z^2=6y$ 位于交线 Γ 上方的部分，取上侧，再利用斯托克斯公式并采用统一投影法计算.

习题 7.6

1. (1) $3f(r)+rf'(r)$；(2) $\mathbf{0}$.

2. (1) $2(yz+zx+xy)$，$(-y^2,-z^2,-x^2)$；(2) 0，$(x,-2y,z)$.

3. (1) $\frac{1}{3}x^3-\frac{1}{2}y^2+\frac{1}{4}z^4+C$；(2) $-x+xy^2+x^2z^2+\frac{1}{4}z^4+C$；(3) $xy+x\sin z+C$.

复习题 7

1. $2\sqrt{2}\ln(1+\sqrt{2})$(**提示**) 记 Γ 在第一,二象限的部分分别为 Γ_1, Γ_2, Γ 的参数方程为 $x=\cos\theta$, $y=\sin\theta$, $\int_{\Gamma_1}\frac{x\mathrm{d}y-y\mathrm{d}x}{|x|+|y|}=\int_0^{\frac{\pi}{2}}\frac{1}{\sqrt{2}\sin\left(\theta+\frac{\pi}{4}\right)}\mathrm{d}\theta$, $\int_{\Gamma_2}\frac{x\mathrm{d}y-y\mathrm{d}x}{|x|+|y|}=\int_{\frac{\pi}{2}}^{\pi}\frac{-1}{\sqrt{2}\cos\left(\theta+\frac{\pi}{4}\right)}\mathrm{d}\theta$.

2. (**提示**) 设 l^+ 的切向量的方向余弦为 $\boldsymbol{\tau}=(\cos\alpha,\cos\beta)$,则 l^+ 的外法向量的方向余弦为 $\boldsymbol{n}=(\cos\beta,-\cos\alpha)$,应用方向导数计算公式得 $\oint_{l^+}v\frac{\partial u}{\partial \boldsymbol{n}}\mathrm{d}s=\oint_{l^+}v\left(\frac{\partial u}{\partial x}\cos\beta-\frac{\partial u}{\partial y}\cos\alpha\right)\mathrm{d}s$,化为第二型曲线积分再应用格林公式.

3. (**提示**) 应用格林公式和对称性得

$$\text{原式}=\iint_D\left(f^2(y)+\frac{1}{f^2(x)}\right)\mathrm{d}\sigma=\frac{1}{2}\iint_D\left(f^2(x)+\frac{1}{f^2(x)}+f^2(y)+\frac{1}{f^2(y)}\right)\mathrm{d}\sigma$$

4. (**提示**) 设 Σ 外法向量的方向余弦为 $\boldsymbol{n}=(\cos\alpha,\cos\beta,\cos\gamma)$,应用方向导数计算公式得

$$\text{原式}=\iint_\Sigma v\left(\frac{\partial u}{\partial x}\cos\alpha+\frac{\partial u}{\partial y}\cos\beta+\frac{\partial u}{\partial z}\cos\gamma\right)\mathrm{d}S=\iint_\Sigma v\frac{\partial u}{\partial x}\mathrm{d}y\mathrm{d}z+v\frac{\partial u}{\partial y}\mathrm{d}z\mathrm{d}x+v\frac{\partial u}{\partial z}\mathrm{d}x\mathrm{d}y$$

再应用高斯公式.

5. $2\pi e^{\sqrt{2}}(\sqrt{2}-1)$(**提示**) 应用高斯公式化为三重积分,先在截面上用极坐标计算二重积分,后对 y 积分.

6. $\frac{\pi}{4}abc^2\left(\frac{1}{a^2}+\frac{1}{b^2}+\frac{2}{c^2}\right)$(**提示**) 将曲面封闭后应用高斯公式,再用广义球坐标计算.

7. $f(x,y)=2(x-y)^2+\frac{18\pi}{5(2\pi-3)}$(**提示**) 设 $f(x,y)=2(x-y)^2+A$,再将曲面封闭后应用高斯公式.

习题 8.1

1. (1) 收敛;(2) 收敛;(3) 发散;(4) 收敛.
2. (1) 发散;(2) 发散;(3) 发散;(4) 发散.
3. (1) 收敛;(2) 发散;(3) 收敛;(4) 发散.
4. (1) 错误;(2) 错误;(3) 正确;(4) 错误.
5. (1) 收敛;(2) $k>1$ 时收敛,$k\leqslant 1$ 时发散;(3) $k>1$ 时收敛,$k\leqslant 1$ 时发散.
6. (1) 错误;(2) 错误;(3) 错误.
7. 不能.
8. (1) 发散;(2) 收敛;(3) 发散;(4) 发散;(5) 收敛;(6) 发散;
(7) 收敛;(8) 发散;(9) 收敛;(10) 发散;(11) 收敛;(12) 发散.
10. (1) 绝对收敛;(2) 发散;(3) 条件收敛;(4) 条件收敛;
(5) 条件收敛;(6) 条件收敛;(7) 绝对收敛;(8) 绝对收敛.
11. 收敛(**提示**) 先证 $a_n\to\lambda>0(n\to\infty)$.
12. (1) 1.

13. **(提示)** 先证数列$\{a_n\}$单调减少,收敛于1,得$0<\frac{a_n}{a_{n+1}}-1<a_n-a_{n+1}$,再考虑$\sum_{n=1}^{\infty}(a_n-a_{n+1})$的部分和.

14. **(提示)** 先证数列$\left\{\frac{a_n}{b_n}\right\}$收敛.

15. **(提示)** $0\leqslant b_n-a_n\leqslant c_n-a_n$,应用比较判别法和基本性质.

16. **(提示)** $a_n\to 0, a_n<1, a_n^2<a_n$; $\sqrt{a_nb_n}\leqslant\frac{1}{2}(a_n+b_n)$.

17. 收敛 **(提示)** $\frac{a_n}{S_n^2}\leqslant\frac{1}{S_{n-1}}-\frac{1}{S_n}$.

习题 8.2

1. (1) $(-1,1)$;(2) $[-2,2]$;(3) $(-1,1]$;(4) $\left[-\frac{1}{2},\frac{1}{2}\right)$;(5) $(-e,e)$;(6) $(-4,4)$.

2. (1) $1+\sum_{n=1}^{\infty}\frac{(-1)^n4^n}{2\cdot(2n)!}x^{2n}$, $|x|<+\infty$;(2) $2+x-\sum_{n=3}^{\infty}\frac{n-2}{n!}x^n$, $|x|<+\infty$;

(3) $\frac{1}{4}\sum_{n=0}^{\infty}\left((-1)^n-\frac{1}{3^n}\right)x^n$, $|x|<1$;(4) $\sum_{n=1}^{\infty}\frac{(-1)^{n+1}2^n-1}{n}x^n$, $-\frac{1}{2}<x\leqslant\frac{1}{2}$;

(5) $\frac{\pi}{4}+\sum_{n=0}^{\infty}\frac{(-1)^n}{2n+1}x^{2n+1}$, $-1\leqslant x<1$;(6) $\sum_{n=1}^{\infty}\frac{1}{4n+1}x^{4n+1}$, $|x|<1$.

3. (1) $\sum_{n=0}^{\infty}\frac{(-1)^n}{2^{n+1}}(x-1)^n$, $-1<x<3$;(2) $\sum_{n=0}^{\infty}(-1)^n\frac{n+1}{4\cdot 2^n}(x-1)^n$, $-1<x<3$.

4. (1) $\frac{3}{3-x}$, $|x|<3$;(2) $\frac{1}{2}\ln\left(\frac{1+x}{1-x}\right)$, $|x|<1$;

(3) $\frac{x}{1-x}-\ln(1-x)+\frac{1}{x}\ln(1-x)+1(-1<x<0,0<x<1)$, $S(0)=0$;

(4) $\frac{x}{(1-x)^2}$, $|x|<1$;(5) $\frac{3x-x^2}{(1-x)^2}$, $|x|<1$;(6) $\frac{2x}{(1-x)^3}$, $|x|<1$;

(7) $(1+x)\ln(1+x)-x$, $-1<x\leqslant 1$, $S(-1)=1$;(8) $\frac{x(2+x^2)}{(2-x^2)^2}$, $|x|<\sqrt{2}$.

5. (1) $\ln\frac{3}{2}$;(2) $e^{-2}-1$;(3) $\ln 2-\frac{\pi}{2}$;(4) $e-2$.

6. (1) $\sum_{n=0}^{\infty}(-1)^nx^{3n}+\sum_{n=0}^{\infty}(-1)^nx^{3n+1}$, $|x|<1$;(2) $\sum_{n=1}^{\infty}\frac{1}{n}x^n-\sum_{n=1}^{\infty}\frac{1}{n}x^{3n}$, $-1\leqslant x<1$.

7. $-\frac{1}{2x}+\frac{1+x^2}{2x^2}\arctan x(|x|\leqslant 1,x\neq 0)$, $S(0)=0$.

8. $\frac{22}{27}$.

习题 8.3

1. (1) $\frac{4}{\pi}\sum_{n=1}^{\infty}\frac{\sin(2n-1)x}{2n-1}$;(2) $\frac{\pi}{2}-\frac{4}{\pi}\sum_{n=1}^{\infty}\frac{\cos(2n-1)x}{(2n-1)^2}$.

2. $\frac{4}{\pi}\sum_{n=1}^{\infty}\frac{1}{n}\sin^2\frac{n\pi}{4}\cdot\sin nx$.

3. (1) $2\pi\sum_{n=1}^{\infty}\frac{(-1)^{n+1}}{n}\sin nx-\frac{8}{\pi}\sum_{k=0}^{\infty}\frac{1}{(2k+1)^3}\sin(2k+1)x$;

(2) $\frac{4}{3}\pi^2+4\sum_{n=1}^{\infty}\frac{1}{n^2}\cos nx-4\pi\sum_{n=1}^{\infty}\frac{1}{n}\sin nx$.

4. (1) $2+\sum_{n=1}^{\infty}\frac{6}{(n\pi)^2}[(-1)^n-1]\cos\frac{n\pi x}{3}+\sum_{n=1}^{\infty}\frac{1}{n\pi}(1-7(-1)^n)\sin\frac{n\pi x}{3}$;

(2) $\frac{1}{6}+\frac{2}{\pi^2}\sum_{n=1}^{\infty}\frac{(-1)^n}{n^2}\cos n\pi x+\frac{1}{\pi}\sum_{n=1}^{\infty}\left[\frac{(-1)^{n+1}}{n}+2\frac{(-1)^n-1}{n^3\pi^2}\right]\sin n\pi x$.

5. $\frac{8}{\pi^2}\sum_{n=1}^{\infty}\frac{(-1)^{n+1}}{(2n-1)^2}\sin\frac{(2n-1)\pi}{2}x$.

复习题 8

1. 当 $|\beta|<1$ 或 $\beta=-1,\alpha>1$ 或 $\beta=1,\alpha>1$ 时绝对收敛;当 $\beta=-1,0<\alpha\leqslant 1$ 时条件收敛;当 $|\beta|>1$ 或 $\beta=1,\alpha\leqslant 1$ 或 $\beta=-1,\alpha\leqslant 0$ 时发散.

2. (1) **(提示)** $|a_n|\leqslant M$, $|a_nb_n|\leqslant M|b_n|$;

(2) **(提示)** $\sum_{i=2}^{n}(b_i-b_{i-1})=b_n-b_1\to S, b_n\to S+b_1$,所以 $|b_n|\leqslant M$, $|a_nb_n|\leqslant Ma_n$;

(3) **(提示)** 设 $\sum_{n=1}^{\infty}(a_{2n-1}+a_{2n})=\alpha, S_n=\sum_{i=1}^{n}a_i$,因为 $S_{2n}=\sum_{i=1}^{2n}a_i=\sum_{i=1}^{n}(a_{2i-1}+a_{2i})\to\alpha, S_{2n+1}$ $=\sum_{i=1}^{n}(a_{2i-1}+a_{2i})+a_{2n+1}\to\alpha$,所以 $S_n\to\alpha$.

3. 当 $q>1$ 或 $q=1,p<-1$ 时收敛;当 $q<1$ 或 $q=1,p\geqslant -1$ 时发散 **(提示)**

当 $q>1$ 时,$a_n\sim(\ln n)^p\frac{1}{n^q}$,取 $\lambda\in(1,q)$,因级数 $\sum_{n=1}^{\infty}\frac{1}{n^\lambda}$ 收敛,应用比较判别法 Ⅱ;

当 $q=1$ 时,$(\ln n)^p\ln\left(1+\frac{1}{n}\right)\sim\frac{(\ln n)^p}{n}$,应用积分判别法;

当 $q<1$ 时,应用 $\lim_{n\to\infty}\frac{a_n}{\frac{1}{n}}=+\infty$.

4. **(提示)** 设 $\sum_{n=1}^{\infty}\frac{a_n}{n}x^n$ 与 $\sum_{n=1}^{\infty}\frac{a_n}{\sqrt{n}}x^n$ 的收敛半径分别为 R_1 与 R_2. $\forall x_0\in(-R_2,R_2)$,由 $\left|\frac{a_n}{n}x_0^n\right|\leqslant\left|\frac{a_n}{\sqrt{n}}x_0^n\right|$,可证 $R_1\geqslant R_2$. 假设 $R_2<R_1$,取 x_1,x_2,使得 $R_2<x_2<x_1<R_1$,所以 $\sum_{n=1}^{\infty}\frac{a_n}{\sqrt{n}}x_2^n$ 发散,$\sum_{n=1}^{\infty}\left|\frac{a_n}{n}x_1^n\right|$ 收敛,由 $\left|\frac{a_n}{\sqrt{n}}x_2^n\right|=\left|\frac{a_n}{n}x_1^n\right|\left|\frac{\sqrt{n}}{(x_1/x_2)^n}\right|\leqslant K\left|\frac{a_n}{n}x_1^n\right|$,得 $\sum_{n=1}^{\infty}\frac{a_n}{\sqrt{n}}x_2^n$ 收敛,导出矛盾.

5. (1) $\frac{7}{4}\sqrt{e}$ **(提示)** 由 $f(x)=\sum_{n=0}^{\infty}\frac{n^2+1}{n!}x^n=\sum_{n=2}^{\infty}\frac{1}{(n-2)!}x^n+\sum_{n=1}^{\infty}\frac{1}{(n-1)!}x^n+\sum_{n=0}^{\infty}\frac{1}{n!}x^n=$ $e^x(x^2+x+1)$, $|x|<+\infty$.

(2) $\frac{1}{4}$(**提示**) 方法 1: $f(x)=\sum\limits_{n=1}^{\infty}\frac{1}{n(n+1)(n+2)}x^{n+2}$, $f'''(x)=\frac{1}{1-x}$, $|x|<1$, $f(x)=\frac{3}{4}x^2-\frac{1}{2}x-\frac{1}{2}(1-x)^2\ln(1-x)$, $x\in[-1,1)$, $f(1^-)=\frac{1}{4}$; 方法 2: $\frac{1}{n(n+1)(n+2)}=\frac{1}{2}\left(\frac{1}{n}-\frac{1}{n+1}\right)-\frac{1}{2}\left(\frac{1}{n+1}-\frac{1}{n+2}\right)$, 故 $\sum\limits_{i=1}^{n}\frac{1}{i(i+1)(i+2)}=\frac{1}{2}\left(1-\frac{1}{n+1}-\frac{1}{2}+\frac{1}{n+2}\right)\to\frac{1}{4}$.

(3) $\frac{1}{4}(\sin1+\cos1)$(**提示**)

$$\begin{aligned}f(x)&=\sum_{n=1}^{\infty}\frac{(-1)^{n+1}n^2}{(2n)!}x^{2n}=\frac{x^2}{4}\sum_{n=0}^{\infty}\frac{(-1)^n}{(2n)!}x^{2n}+\frac{x}{4}\sum_{n=0}^{\infty}\frac{(-1)^n}{(2n+1)!}x^{2n+1}\\&=\frac{x^2}{4}\cos x+\frac{x}{4}\sin x\end{aligned}$$

(4) $\frac{\sqrt{3}}{9}\pi-\ln\frac{4}{3}$(**提示**) 令 $f(x)=\sum\limits_{n=1}^{\infty}\frac{2(-1)^{n+1}}{2n(2n-1)}x^{2n}$, 则 $f''(x)=\sum\limits_{n=1}^{\infty}2(-1)^{n+1}x^{2n-2}=\frac{2}{1+x^2}$, $f'(x)=2\arctan x$, $f(x)=2x\arctan x-\ln(1+x^2)$.

6. $\sum\limits_{n=0}^{\infty}\frac{1}{n!(2^{n+1}-1)}x^n$(**提示**) 令 $f(x)=\sum\limits_{n=0}^{\infty}a_nx^n$, 两边从 x 到 $2x$ 积分, 令其等于 $\sum\limits_{n=1}^{\infty}\frac{1}{n!}x^n$, 再比较系数求 a_n.

7. $\frac{1}{2}-\sum\limits_{n=1}^{\infty}\frac{1}{n\pi}\sin2n\pi x=\begin{cases}x-[x] & (0<x<1);\\ \frac{1}{2} & (x=0,1)\end{cases}$ (**提示**) 函数 $f(x)=x-[x]$ 的周期为 1, $l=\frac{1}{2}$, $a_0=\frac{1}{l}\int_0^1x\mathrm{d}x=1$, $a_n=\frac{1}{l}\int_0^1x\cos2n\pi x\mathrm{d}x=0$, $b_n=\frac{1}{l}\int_0^1x\sin2n\pi x\mathrm{d}x=-\frac{1}{n\pi}$.

习题 9.1

1. (1) 一阶, 线性; (2) 一阶, 非线性; (3) 二阶, 线性; (4) 二阶, 非线性;
(5) 三阶, 非线性; (6) 三阶, 线性.

2. (1) $y'=y$; (2) $y^2(y')^2+y^2=1$; (3) $y=xy'+(y')^2$; (4) $y''-3y'+2y=0$;
(5) $(x-1)y''-xy'+y=0$; (6) $(x-1)y''-xy'+y=2x-2-x^2$.

习题 9.2

1. (1) $\ln y=Cx$; (2) $(1+x^2)y^2=C$; (3) $\sin y=\ln|1+x|-x+C$; (4) $2^x+2^{-y}=C$;
(5) $\ln^2x+\ln^2y=C$; (6) $(\mathrm{e}^x+1)(\mathrm{e}^y-1)=C$; (7) $\frac{1}{2}y^2+y+\ln|y-1|=-\frac{1}{x}+C$.

2. (1) $y=C\exp\left(\frac{y}{x}\right)$; (2) $y^2=x^2+Cy$; (3) $\sin\frac{y}{x}=Cx$; (4) $y=-x\ln\ln|Cx|$;
(5) $\ln|Cx|=\cot\left(\frac{1}{2}\ln\frac{y}{x}\right)$, $y=x\mathrm{e}^{2k\pi}$, $k\in\mathbf{Z}$.

3. (1) $y=(1+2x)(C+\ln|1+2x|)+1$; (2) $y=\mathrm{e}^x(C+\ln|x|)$; (3) $y=x(C+\sin x)$;
(4) $xy=(C+x^3)\mathrm{e}^{-x}$; (5) $x=C\mathrm{e}^{-y}+\mathrm{e}^y$; (6) $x=Cy^3+y^2$.

4. (1) $\frac{1}{xy}+\frac{1}{2}\ln^2 x=C$;(2) $6xy^2-\cos(2xy)=C$;(3) $x^2\sin y+x^2+3y\sin x=C$;
(4) $4y\ln x+y^4=C$.

5. $A=-2, x-2x^2+2y^2=Cxy^2$.

6. (1) $y^2=Cx^2-2x$;(2) $y^{-2}=x^4(2e^x+C)$;(3) $\cos y=(x^2-1)\ln|C(x^2-1)|$;
(4) $e^y=Cx^2-x$.

7. 当$\frac{1}{\beta}-\frac{1}{\alpha}=1$时. **8.** $x^2=Ce^{2y}+2y$.

9. $P(x,y)=xy^4+2x^3y^2+\varphi(x)$,$\varphi(x)$为任意可导函数;$\frac{1}{2}x^2y^4+\frac{1}{2}x^4y^2+\int_0^x\varphi(x)\mathrm{d}x=C$.

习题 9.3

1. (1) $y=C_1(x-C_1\ln|C_1+x|)+C_2$;(2) $y=C_1(x-e^{-x})+C_2$;(3) $y=C_1\tan(C_1x+C_2)$;
(4) $4(e^y+C_1)=(x+C_2)^2$.

2. $y=C_1(x-1)+C_2(x^2-1)+1$.

3. $y=C_1e^x+C_2e^{2x}+x, y''-3y'+2y=2x-3$.

4. $y=C_1e^x+C_2e^{-x}+xe^x, \alpha=0, \beta=-1, \gamma=2$ (**提示**) 特解 $\tilde{y}$ 中 e^{-x} 表明有特征根$\lambda_1=-1$,特解 $\tilde{y}$ 中 xe^x 表明有特征根$\lambda_2=1$,且原方程有特解 $\tilde{y}_1=xe^x$.应用韦达定理求 α,β,将特解 $\tilde{y}_1$ 代入原方程求 γ.

5. (1) $y=C_1e^{2x}+C_2e^{\frac{x}{2}}$;(2) $y=e^{2x}(C_1\cos x+C_2\sin x)$.

6. (1) $y=C_1e^{-x}+C_2e^{3x}+\frac{1}{5}e^{4x}$;(2) $y=C_1\cos x+C_2\sin x+2(x-1)e^x$;

(3) $y=C_1e^x+C_2e^{-x}+x^2+2$;(4) $y=C_1e^x+C_2e^{2x}+\frac{3}{10}\cos x+\frac{1}{10}\sin x$;

(5) $y=C_1e^x+C_2e^{4x}-(2x^2-2x+3)e^{2x}$;(6) $y=C_1\cos x+C_2\sin x-\frac{1}{4}x^2\cos x+\frac{1}{4}x\sin x$;

(7) $y=C_1+C_2e^x-x-\frac{1}{10}(2\cos 2x+\sin 2x)$;

(8) $y=C_1\cos 3x+C_2\sin 3x+\frac{1}{12}x^2\sin 3x+\frac{1}{36}x\cos 3x$.

7. (1) $y=e^{-\frac{3}{4}x}\left(C_1\cos\left(\frac{\sqrt{7}}{4}x\right)+C_2\sin\left(\frac{\sqrt{7}}{4}x\right)\right)+C_3$;(2) $y=C_1e^x+C_2e^{2x}+C_3e^{3x}$;

(3) $y=e^x(C_1+C_2x)+C_3e^{-2x}$;(4) $y=C_1e^x+C_2e^{2x}+C_3e^{3x}+\frac{1}{6}e^{4x}$.

8. (1) $y=\sqrt{x}\left(C_1\cos\left(\frac{\sqrt{3}}{2}\ln x\right)+C_2\sin\left(\frac{\sqrt{3}}{2}\ln x\right)\right)+x^2$;

(2) $y=x(C_1\cos(\ln x)+C_2\sin(\ln x))+x\ln x$;(3) $y=C_1\frac{x}{2}+C_2\frac{1}{x}+e^x\left(1-\frac{1}{x}\right)$.

9. (1) $y=C_1e^x+C_2e^{2x}-e^{2x}\sin e^{-x}$;(2) $y=e^x(C_1+C_2x+x\ln|x|)$;

(3) $y=C_1\cos 3x+C_2\sin 3x-\frac{\cos 2x}{\cos x}$;(4) $y=C_1\cos 3x+C_2\sin 3x-x\cos x+\sin x\cdot\ln|\sin x|$.

10. (**提示**) 应用常数变易法求特解.

11. 当 $\lambda=5$ 时，$\tilde{y}=-\frac{1}{4}xe^{x}\cos 2x$；当 $\lambda\neq 5$ 时，$\tilde{y}=\frac{1}{\lambda-5}e^{x}\sin 2x$.

12. $f(x)=e^{x}+\frac{1}{2}e^{-x}-\frac{1}{2}\cos x-\frac{1}{2}x\sin x$.

13. $y'''+3y''+3y'+y=8e^{x}$.

习题 9.4

1. $(C\pm x)y=2a^{2}$. **2.** $x^{2}+y^{2}=Cx$. **3.** $xy=Cx^{3}+2a^{2}$. **4.** $y=5x-6x^{2}+1$.
5. 60 min. **6.** 约 1.78 s，约 16.58 m. **7.** $y=\tan x$. **8.** $y=e^{x}$.

9. $x(t)=\frac{1}{b^{2}}(a-F)m\left(1-\exp\left(-\frac{b}{m}t\right)\right)+\frac{1}{b}(F-a)t$.

10. $\sqrt{\frac{8}{g}}\ln(8+\sqrt{63})$. **11.** $\frac{3}{\sqrt{g}}\ln(9+\sqrt{80})$. **12.** (1) $f'(x)=-\frac{e^{-x}}{1+x}$.

复习题 9

1. $y=Ce^{f(x)}-f(x)-1$.

2. $f(x)=\frac{1}{x^{2}}(Ce^{-x}-(1-2x+x^{2}))$（**提示**）令 $g(x)=x^{2}f(x)$，则 $g(x)+\int(g(x)+x^{2})\mathrm{d}x=x$，得 $g'(x)+g(x)=1-x^{2}$.

3. $y=\frac{1}{1+2x}$（**提示**）令 $y'=u$，则 $y\frac{\mathrm{d}u}{\mathrm{d}y}=2u$，得 $u=C_{1}y^{2}$，且 $C_{1}=-2$，得 $y=\frac{1}{2x-C}$.

4. $e^{x}(A\cos x+B\sin x)+xe^{x}(C\cos 3x+D\sin 3x)$（**提示**）因 $f(x)=e^{x}\sin x\sin 2x=\frac{1}{2}e^{x}\cos x-\frac{1}{2}e^{x}\cos 3x$，特征根为 $\lambda=1\pm 3i$，分别求方程 $y''-2y'+10y=\frac{1}{2}e^{x}\cos x$ 与方程 $y''-2y'+10y=\frac{1}{2}e^{x}\cos 3x$ 的特解形式.

5. $2e^{x}$ 或 $2e^{-x}$（**提示**）根据题意，有 $F'(x)=f(x)$，$G'(x)=\frac{1}{f(x)}$，对 $F(x)G(x)=-1$ 两边求导并化简得 $F'(x)=\pm F(x)$.

6. $y(x)=\begin{cases}\sqrt{\pi^{2}-x^{2}} & (-\pi\leqslant x\leqslant 0);\\ \pi\cos x+\sin x-x & (0\leqslant x\leqslant\pi)\end{cases}$（**提示**）当 $x\in[-\pi,0]$ 时，法线方程为 $yy'=-x$；当 $x\in[0,\pi]$ 时，方程 $y''+y=-x$ 的解为 $y=C_{1}\cos x+C_{2}\sin x-x$，且 $y(0)=\pi$，$y'(0)=0$.

附录　微积分课程教学课时安排建议

一年级第二学期一般按15.5周，每周6学时安排教学，共93学时(其他学时可安排期中考试、期末总复习课及期末考试).

电子、通信、电气、计算机等专业		土木、地质、环境、化工等专业①	
章节内容	学时	章节内容	学时
4. 空间解析几何	**9**	**4. 空间解析几何**	**6**
4.2　空间的平面	2	4.2　空间的平面	2
4.3　空间的直线	2	4.3　空间的直线	2
4.4　空间平面与直线的位置关系	1	4.4　空间平面与直线的位置关系	—
4.5　空间的曲面	2	4.5　空间的曲面	1
4.6　空间的曲线	2	4.6　空间的曲线	1
5. 多元函数微分学	**20**	**5. 多元函数微分学**	**15**
5.1　多元函数的极限与连续性	2	5.1　多元函数的极限与连续性	2
5.2　偏导数	3	5.2　偏导数	3
5.3　可微性与全微分	2	5.3　可微性与全微分	2
5.4　求偏导法则	4	5.4　求偏导法则	4
5.5　方向导数与梯度	2	5.5　方向导数与梯度	—
5.6　二元函数微分中值定理	1	5.6　二元函数微分中值定理	—
5.7　偏导数的应用	6	5.7　偏导数的应用(只讲极值)	4
6. 二重积分与三重积分	**20**	**6. 二重积分与三重积分**	**7**
6.1　二重积分	8	6.1　二重积分	7
6.2　三重积分	8	6.2　三重积分	—
6.3　重积分的应用	4	6.3　重积分的应用	—
7. 曲线积分与曲面积分	**20**	**7. 曲线积分与曲面积分**	**—**
7.1　曲线积分	6	7.1　曲线积分	—
7.2　格林公式及其应用	3	7.2　格林公式及其应用	—
7.3　曲面积分	7	7.3　曲面积分	—
7.4　高斯公式及其应用	2	7.4　高斯公式及其应用	—
7.5　斯托克斯公式及其应用	2	7.5　斯托克斯公式及其应用	—
8. 数项级数与幂级数	**16**	**8. 数项级数与幂级数**	**16**
8.1　数项级数	8	8.1　数项级数	8
8.2　幂级数	8	8.2　幂级数	8
9. 微分方程	**8**	**9. 微分方程**	**8**
9.1　微分方程基本概念	0.5	9.1　微分方程基本概念	0.5
9.2　一阶微分方程	3	9.2　一阶微分方程	3
9.3　二阶微分方程	4.5	9.3　二阶微分方程	4.5

① 多余41学时可安排讲授线性代数课程.